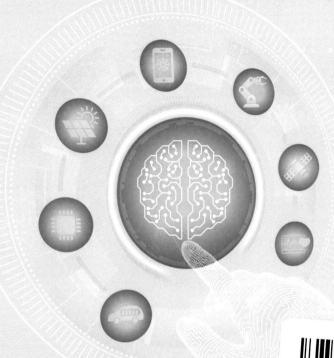

U0278892

PMAC
运动控制器 从入门 到精通

陈新松　彭朝晖
李　婷　邓翰鸣　编著

华中科技大学出版社
http://press.hust.edu.cn
中国·武汉

内 容 提 要

PMAC 是一种开放式数控系统控制器,是目前控制器领域功能最强的运动控制器之一。通过采用先进的多核处理器技术,可以控制 4 个机床通道中最多 128 个轴。这些轴既涉及直流伺服、交流伺服,也涉及步进电动机甚至力矩电动机等。在反馈元件上,PMAC 同样支持广泛,包括增量式编码器(光栅)、绝对式编码器(光栅)、激光干涉仪、磁栅等。集成的 EtherCAT 总线接口实现了各个系统之间轻松、快速地进行互连互通,同时借助 OMRON 新一代 PDK 软件,可以轻松地开发出功能强大的上位机软件。

本书深入浅出地介绍了 PMAC 的硬件和软件、数据类型、EtherCAT 总线通信、基于 IDE 软件的电动机配置及调试、脚本 PLC 程序、运动程序,数控相关的坐标系系统、Gather 功能、凸轮表和位置跟随、龙门轴设置等特殊功能,以及高级语言开发等,供读者学习参考。

本书作为 PMAC 产品的培训教材,适合新手快速入门,也可供有一定经验的工程师借鉴和参考,还可供大专院校相关专业师生学习使用。

图书在版编目(CIP)数据

PMAC 运动控制器从入门到精通/陈新松等编著. —武汉:华中科技大学出版社,2023.12

ISBN 978-7-5772-0233-4

Ⅰ.①P⋯　Ⅱ.①陈⋯　Ⅲ.①运动控制-控制器-基本知识　Ⅳ.①TP24

中国国家版本馆 CIP 数据核字(2023)第 243788 号

PMAC 运动控制器从入门到精通　　　　　　　　　　陈新松　彭朝晖

PMAC Yundong Kongzhiqi cong Rumen Dao Jingtong　　　李　婷　邓翰鸣　编著

策划编辑:王红梅

责任编辑:王红梅

封面设计:张　乐　原色设计

责任校对:刘　竣

责任监印:周治超

出版发行:华中科技大学出版社(中国·武汉)　　　电话:(027)81321913
　　　　　武汉市东湖新技术开发区华工科技园　　　邮编:430223

录　　排:武汉市洪山区佳年华文印部

印　　刷:湖北恒泰印务有限公司

开　　本:787mm×1092mm　1/16

印　　张:24.25

字　　数:588 千字

版　　次:2023 年 12 月第 1 版第 1 次印刷

定　　价:188.00 元

序

2015 年，欧姆龙自动化（中国）有限公司（以下简称欧姆龙公司）宣布收购加州 Delta Tau 数据系统公司 100％的股份。自此，Delta Tau 公司的 PMAC 产品成为欧姆龙公司自动化产品家族的一员。

此次收购是欧姆龙公司战略的一部分，以促进其在运动控制领域的技术开发和工程能力。合并两家公司的产品和技术有利于在全球范围内提供优化的运动控制解决方案。

作为工业自动化领域的领导者，欧姆龙公司拥有广泛的控制组件和设备产品线，从图像处理传感器和其他输入设备到各种控制器，再到伺服驱动器和伺服电动机等输出设备，以及一系列安全设备和柜内控制器。结合这些产品，欧姆龙公司为全球制造企业提供广泛的先进自动化解决方案。

近年来，全球制造业正在经历深刻的环境变化，如市场全球化、产品周期缩短、劳动力短缺以及数字化技术普及。在这些变化中，生产现场面临着越来越多的挑战：比如如何实现能真正超越人的自动化控制，如何实现生产工人和自动化设备的高度协调，如何用数字化技术赋能制造等。为了帮助制造企业应对这些挑战，通过提高机器的生产速度和准确性来提高生产率，通过使用机器人来节省劳动力以及提高质量，高精度运动控制器是其中关键的一环，这项技术正在中国的制造现场发挥着越来越重要的价值。

PMAC 控制器已经在中国先进制造领域获得广泛应用，包括半导体晶圆切割、液晶面板激光切割、电子设备五轴点胶等诸多工程场景，但能真正掌握并运用这一利器的工程技术人才还非常稀缺。陈新松教授念念不忘该领域的工程技术人才培养，并凭借他在运动控制领域丰富的实践和教学经验，编写了这本教材。本书深入浅出，非常好地融合理论和实操，是 PMAC 应用技术入门和进阶的不可多得的教材。

在此，对陈教授在此书的编写过程中付出的孜孜不倦的努力表示敬意，为本教材的出版表示衷心的祝贺。

2023 年 11 月

前言

2003 年,笔者承担了一套新型装备的研制任务,有幸第一次接触到了 PMAC 运动控制器,其开放的架构、良好的兼容性、突出的运动控制能力,在圆满完成新型装备研制任务的同时,也给笔者留下了深刻的印象。20 年弹指一挥间,对于 PMAC 的了解也越来越多,不论是控制单台设备,还是控制成套装备,甚至是有几十根运动轴的生产线,PMAC 都游刃有余,开放的架构更容易满足复杂生产工艺的需求。

目前,中国已经正式进入了新质生产力跃升时代,习近平总书记在主持召开新时代推动东北全面振兴座谈会上的重要讲话中强调"积极培育新能源、新材料、先进制造、电子信息等战略性新兴产业,积极培育未来产业,加快形成新质生产力,增强发展新动能。"

依靠创新驱动是发展新质生产力的关键,意味着以 PMAC 运动控制器为代表的一批高性能、高可靠性的产品将在新质生产力发展中起到举足轻重的作用。我国当前经济高质量发展需要推动制造业产业链高端化,突破一批关键核心技术,加速科技成果转化应用,培育壮大发展新动能,无疑制造业将继续承担技术、模式、业态创新的重要任务。其中自动化设备、机器人和数控机床是制造业高端化、智能化转型升级的重要载体,而以 PMAC 为代表的运动控制器对设备的机械运动部件进行实时控制管理,使其按照工艺要求进行运动,是此类自动化设备的核心组成部分,被誉为设备的"大脑"。

PMAC 运动控制器采用了开放的软件和硬件架构,具有强大的运动控制能力、高度的灵活性和可扩展性,被广泛应用于各种机器人、数控机床和自动化设备中。新一代产品中 EtherCAT 总线的引入,更是给 PMAC 运动控制器的应用带来了无限的想象力。

本书将带领读者从零开始,逐步学习、使用 PMAC 运动控制器,从硬件的选型,到项目的创建、参数的设置、程序的编制,结合多个实例练习,帮助读者掌握 PMAC 运动控制器软硬件的特点,使读者可以循序渐进地完成从简单到复杂的工程项目。

本书共分为十三章。第一章是运动控制概述;第二章是 PMAC 运动控制器入门知识;第三章是 PowerPMAC 运动控制器的数据结构;第四章是 PMAC 运动控制器控制电动机;第五章是 PowerPMAC 运动控制器 EtherCAT 总线通信;第六章是 Power-PMAC 坐标系系统;第七章是 PowerPMAC 运动程序;第八章是脚本 PLC 程序;第九章是 PowerPMAC Gather 数据采集功能;第十章是凸轮表应用;第十一章是 Power-PMAC 特殊功能;第十二章是 PMAC 运动控制器高级语言开发;第十三章是 PMAC 控制器与 Copley 驱动器的配合使用。本书理论知识和工程实际应用并重,具有极强的针对性、可读性及实用性。

参与本书编写的还有彭朝晖、李婷、邓翰鸣和 Copley 中国团队。非常感谢华中科技大学出版社、王红梅女士对本书的出版所做的一切工作和努力;非常感谢欧姆龙工业自动化公司对本书的大力支持;非常感谢苏州环萃电子科技有限公司对本书的大力支持,还有多位专家、学者参与了本书编写,在此表示衷心感谢。

本书可作为 PMAC 产品的培训教材,适合新手快速入门,也可供有一定经验的工程师借鉴和参考,还可供大专院校相关专业师生学习使用。

由于作者水平有限,加之时间仓促,书中难免有不妥之处,敬请广大读者批评指正为感!

作者

2023 年 10 月

目 录

1

运动控制概述

1.1 运动控制系统简介

制造业是立国之本、强国之基。我国 2021 年制造业增加值占 GDP 比重达27.4%，占全球制造业比重近三分之一,连续 12 年位居世界首位。我国制造业门类齐全,为经济社会发展提供了有力支撑。大力发展先进制造业,不断强化制造业核心竞争力,推动制造业转型升级,实现制造业智能化、高端化、绿色化,持续保持制造业高质量发展,是我国的长期国策。而运动控制技术是实现这一目标的技术基石。

运动控制(motion control)是自动化控制的一个子学科,通过对设备中机械运动部件的位置、速度等进行实时的控制管理,使其按照工艺预期的运动轨迹和规定的运动参数进行运动。

运动控制技术最早出现在工业革命时期(19 世纪末至 20 世纪初),在当时机械传动是主要的运动控制方式,包括齿轮传动、皮带传动等,用于实现机械设备的基本运动;随着电力技术的进步,电动机开始广泛应用于工业领域。采用电气控制设备来控制电动机的运动,实现了更灵活、可编程的运动控制。1947 年,美国麻省理工学院(MIT)的数学家约翰·波姆罗伊(John Parsons)和弗兰克·斯特拉特(Frank Stulen)开发出了第一台数控铣床,标志着运动控制进入数控技术时代;上世纪 60 年代数字控制(NC)技术的出现,标志着运动控制技术的重要进步,数字控制技术使用计算机来代替传统的逻辑控制装置,提供更强大的编程和控制能力,提高了控制精度和灵活性;上世纪 70 年代伺服系统和 PLC 的出现,使得运动控制技术有了现代的雏形架构,伺服系统结合了高精度的位置反馈和闭环控制,使得运动控制更加精确和稳定,并提供了更高的动态响应和位置控制能力;可编程逻辑控制器(PLC)可以用于编程和控制多个运动轴,实现复杂的运动控制任务,PLC 的灵活性和可编程性使得运动控制系统能适应更加广泛的应用需求;上世纪 90 年代现场总线技术的发展极大地促进了运动控制系统的集成和通信能力,现场总线技术允许多个设备通过单个通信网络进行连接和通信,简化了系统布线和配置,并提供了实时数据传输和控制能力。

运动控制技术是制造业中的核心技术之一,对提高生产效率、确保产品质量和降低制造成本等方面发挥着重要的作用。

提高生产效率:运动控制技术可以实现精确的位置、运动速度和力控制,从而使生产设备能够以更高的速度和更精准的方式进行运动。这可以大大提高生产线的生产效率，缩短生产周期，增加生产能力。

确保产品质量：运动控制技术能够实现高精度的运动控制，一些工业制造过程需要复杂的运动模式和轨迹控制，如曲线运动、多轴同步控制、插值运动等。运动控制技术可以实现这些复杂的运动控制任务，使生产设备能够精确地执行复杂的运动操作，确保产品在制造过程中的精准度，减少产品的瑕疵，确保产品的质量和一致性。

降低制造成本：运动控制技术可以实现灵活的运动模式和轨迹规划，使生产设备能够适应不同的产品要求和生产任务。通过编程和参数设置，可以快速调整运动控制系统的运动方式，实现生产线的快速切换和适应不同产品的生产需求；同时现代的运动控制系统通常具有数据采集和分析功能，可以实时监测和记录运动参数、传感器数据等。这些数据可以用于生产过程的监控和优化，帮助企业实现数据驱动的决策和持续改进。

运动控制技术广泛应用于制造业中的各个领域，主要包括机床制造、机器人、自动化生产线、包装设备、印刷设备、纺织机械、医疗设备、航空航天、汽车制造等。

1.2 运动控制系统的组成

一个典型的运动控制系统通常包括运动控制器（motion controller）、驱动器（drive）、执行器（actuator）、传感器（sensor）、通信接口（communication interface）控制软件（control software）和人机界面 HMI（human machine interface），当然，相关的机械结构（mechanical structure）也是至关重要的。图 1.1 所示的是一个典型的 PMAC 运动控制系统框图。

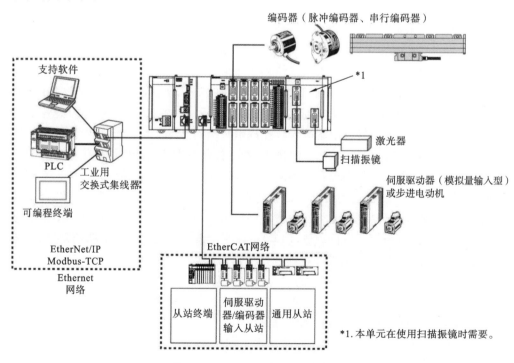

图 1.1 PMAC 运动控制系统框图

运动控制器是运动控制系统的核心,负责接收和处理来自操作者的指令,生成控制信号并将其通过专用的通信接口发送给驱动器,闭环运动控制系统还会在运动过程中实时监控位置、速度等关键参数,并进行相应的调整,以实现更加精确的运动控制。

驱动器是连接控制器和执行器(例如伺服电动机或步进电动机)的设备,负责接收来自控制器的控制信号,并将其转换为适合执行器的电压、电流或脉冲信号,从而驱动执行器实现运动。

执行器是根据控制信号进行动作的装置,包括伺服电动机、步进电动机、液压马达等。执行器根据来自驱动器的信号,将电能、液压能或其他形式的能量转换为机械运动。

传感器用于实时获取与运动相关的信息,如位置、速度等。常见的传感器包括电动机编码器、光栅尺、力传感器等,通过传感器提供的反馈信息,运动控制系统可以实时监测和控制运动状态。

通信接口用于连接运动控制器其他设备进行数据交换和通信。常见的通信接口包括以太网、现场总线、串口等,通过这些接口,运动控制器可以与其他设备进行数据传输并实现远程控制。

控制软件用于实现运动程序的自动执行、PLC 功能、工艺配置并监控运动控制系统等功能,实现对运动控制系统的自动管理。

人机界面用于实现设备与操作者的信息交互,操作者可以通过人机界面输入命令,并看到设备的实时状态。

机械结构是运动控制系统中的物理部分,包括运动轴、传动装置、连接件等。良好的机械结构是运动控制的基础。

2

PMAC 运动控制器入门

2.1 PMAC 运动控制器的发展介绍

PMAC(programmable multi-axis controller,可编程的多轴控制器),是美国 Delta Tau Systems Inc(简称 Delta Tau)于 1988 年研发、基于 DSP 架构的运动控制卡,实现了步进电动机、伺服电动机的闭环控制。

PMAC 自问世起,作为基于 PC 的集中式控制产品领先者,始终致力于多轴、高精度、插补联动的算法研发,作为高端运动控制专家,PMAC 拥有全球逾百万轴的惊人控制能力。

20 世纪 90 年代的 PMAC 产品系列已可控制 8 轴,支持 8 轴插补算法,并具有先进的 PID 结合加减速前馈的闭环算法,实现位置、速度、电流环控制,伺服周期为 440 μs。在当时的运动控制市场,因为 PMAC 在控制轴数和闭环、插补算法的先进性,开始在多轴联动控制设备中作为运动控制系统的核心被采用,如清华大学的并联机床的数控系统,北京航空航天大学的灵巧手机器人的控制系统等,PMAC 开始在国内高端运动控制领域生根发芽,奠定了高端运动控制产品地位!

到 21 世纪 10 年代,PMAC 发展到第 6 代运动控制器——Turbo PMAC 产品。Turbo PMAC 产品与上一代产品相比,CPU 从 40 MHz 主频提升到 240 MHz 主频,实现更快的计算速度;控制轴数从一个 CPU 最多控制 8 轴扩展到最多控制 32 轴;轨迹控制从之前 8 坐标系 8 轴插补联动,提升到支持 16 坐标系 16 轴插补联动,32 轴同步控制。同时,Turbo PMAC 继续发挥其强大的灵活性,可控制直线电动机、力矩电动机、音圈电动机、压电陶瓷电动机、真空电动机、液压伺服系统等高端设备能用到的电动机和驱动。Turbo PMAC 以其更多控制轴数、更快的计算速度被广泛应用在数控机床、机器人、半导体、三坐标测量机、锂电、液晶面板和 3C 等行业。作为运动控制专家,PMAC 继续引领高速高精的运动控制市场。

Turbo PMAC 代表产品有高性价比的 Clipper 卡和 3U 框架的 UMAC 产品,如图 2.1、图 2.2 所示。

图 2.1　Clipper

图 2.2　UMAC

2015 年,PMAC 加入欧姆龙公司产品大家庭,作为全球知名的自动化控制及电子设备制造厂商,欧姆龙公司凭借自己在自动化领域的深厚底蕴,为 PMAC 带来了包括 EtherCAT 总线在内的一系列新技术。

随着多核处理器和实时操作系统等新技术的涌现,PMAC 第 7 代运动控制器 PowerPMAC 横空出世,PowerPMAC 采用双核或四核 ARM CPU,主频最高到 2 GHz,支持 128 个坐标系,256 轴同步运行,支持 64 位浮点计算,具有点到点,直线,样条,PVT 等插补算法,高速前瞻 Lookahead 算法,支持 G 代码编程,支持 C 语言开发环境。随着国内外运动控制领域发展,PowerPMAC 凭借不断创新、研发,继续保持高精高速控制行业的领先地位。代表产品如图 2.3 至图 2.5 所示。

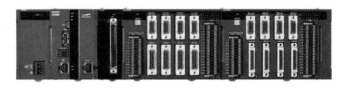

图 2.3　CK5M/CK3M

图 2.4　CK3E

图 2.5　Power UMAC

纵观 PMAC 近 30 年的发展过程,无论是简单的通用自动化设备,还是复杂的多轴插补联动设备,随处可见 PMAC 的身影,如医药、包装生产流水线、半导体生产线等自动化控制、机器人、数控机床控制等,PMAC 是当今世界上功能最强,灵活性最大的运动控制器。

2.2 PowerPMAC 运动控制器介绍

2.2.1 PowerPMAC 的硬件介绍

PowerPMAC 主要由核心处理单元和接口门阵列芯片组成。核心处理单元的结构框图如图 2.6 所示。

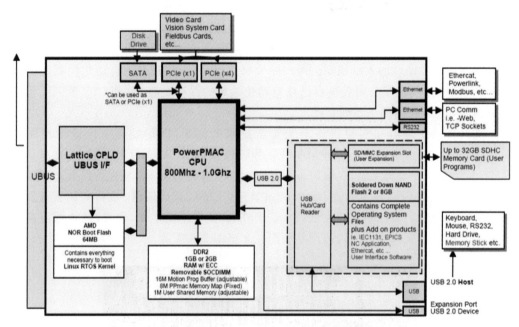

图 2.6 PowerPMAC 核心处理单元结构框图

PowerPMAC 的核心处理单元包含微处理器和内存,微处理器采用嵌入式 2 核或 4 核 ARM 架构,具有散热低的特点;PowerPMAC 的微处理器具有专用的硬件浮点数学引擎,能够直接处理单精度(32 位)和双精度(64 位)浮点的数学运算。PowerPMAC 内存包括 1~2G DDR2 或者 DDR3 的活动内存和 1~4G 的固态闪存。用户软件和项目程序都可保存在固态闪存中,并在每次上电和执行重启指令($ $ $)时自动加载到 PowerPMAC 的活动内存 RAM 中。

PowerPMAC 的门阵列是厂家专门开发的接口硬件电路芯片,包含运动轴控制信号,通用模拟和数字 I/O 信号,门阵列名称为 Gatex,其中 x 是 Gate 门阵列序号,为 1,2,3,对应不同时期开发的 Gate 门阵列版本,最新的 Gate3 门阵列是专门为 Power-PMAC 系列产品开发的。Gate3 门阵列框架示意如图 2.7 所示。

2.2.2 PowerPMAC 控制性能

(1) 第 7 代 PowerPMAC 采用 2 核或 4 核 ARM CPU,主频 1 GHz 或更高,闪存 1 GB 或更高。

(2) 控制器硬件支持 64 位数据处理。

(3) 基于 Linux 的实时操作系统,确保核心伺服算法和插补算法的实时和准确。

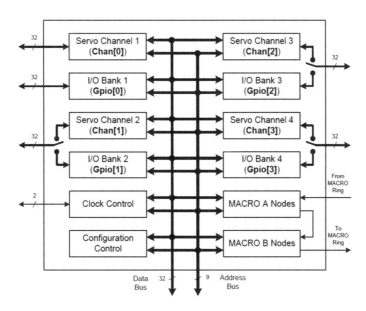

图 2.7 Gate3 门阵列框架

(4) 伺服周期最短可以到 16 μs,相较前一代控制器提高 3 倍,使伺服闭环算法刷新周期更快。

(5) 支持 128 坐标系,256 轴同步运行,支持 64 位浮点计算精度。

(6) 支持运动过程中位置捕捉 Capture(锁存)和位置比较 Compare 相等输出,硬件触发实时性高达 100 MHz,时延<100 ns。

(7) Ethernet 以太网通信速度达 1 Gbps。

2.2.3　PowerPMAC 控制功能

(1) 控制轴支持双反馈闭环算法。

(2) 运动插补模式包含 PTP 点到点、Linear 直线、Spline 样条、PVT 和 PVAT。

(3) 高速速度前瞻 Lookahead 算法,使运动过程更加平滑。

(4) 内置运动程序可自动顺序执行,并可对 I/O 信号进行编程控制。

(5) 运动程序指令既可以采用 IDE 脚本指令编程,也支持 G 代码(RS-274)指令编程。

(6) 高精度龙门双驱算法和多轴同步跟随算法。

(7) 1~3 维(1D~3D)位置补偿算法。

(8) 内置 PLC 缓冲区,用于设备逻辑 PLC 功能实现。

(9) 支持数据采集,采集周期最小为 1 伺服周期(440 μs 或更短)。

(10) 具有位置,速度,加速度等示波器监控和分析功能。

2.2.4　PowerPMAC 控制的开放性和灵活性

(1) 控制接口信号支持模拟量、脉冲、PWM 和 EtherCAT 总线,几乎涵盖所有类型伺服或步进驱动。

(2) 反馈类型支持数字 AB 正交信号、1VPP 信号、线性模拟量、串行绝对反馈(En-

dat2.2，BissC，SSI 等）。

（3）模拟量 I/O 和数字量 I/O 模块可选配。

（4）可选配专门振镜控制模块，支持 XY2-100，SL2-100 协议，适配国内外大多数振镜品牌。

（5）PowerPMAC 内置算法缓冲区，可供用户自行编写如正逆解、力补偿、伺服惯量匹配等算法，用户算法程序执行频率为 1 个伺服周期。

2.2.5 PowerPMAC 控制器工作内容

（1）执行电动机相位寻相和控制。

（2）电动机电流环闭环。

（3）电动机位置和速度闭环。

（4）计算电动机运动轨迹。

（5）位置补偿表校正。

（5）顺序执行运动程序。

（6）执行实时和异步 PLC 程序（脚本语言和 C 语言）。

（7）执行运动学变换。

（8）支持 C 语言应用程序。

（9）提供所选寄存器的同步数据采集。

（10）执行安全检查，状态更新。

（11）执行和响应计算机的在线命令。

2.3 PowerPMAC 运动控制器产品

2.3.1 CK3M/CK5M

1. CK3M/CK5M 简介

如图 2.8 所示，CK3M/CK5M 产品是欧姆龙公司推出的高性能、高精度的运动控制产品。可同时支持本地轴和 EtherCAT 总线轴。本地轴为基于模拟量、PFM、PWM

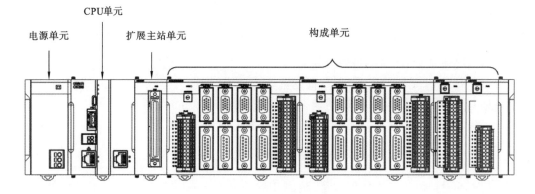

图 2.8 CK3M/CK5M 产品

指令的轴,专门对应设备的高精度,多轴插补联动的控制需求,通过 EtherCAT 总线控制的伺服电动机被称为总线轴,它可以提供高速、可靠的数据传输,并实现高精度的控制。EtherCAT 总线轴使控制方案轴数更多,配置更灵活。

2. CK3M/CK5M 产品组成

CK3M/CK5M 产品各模块示意如图 2.9 所示。

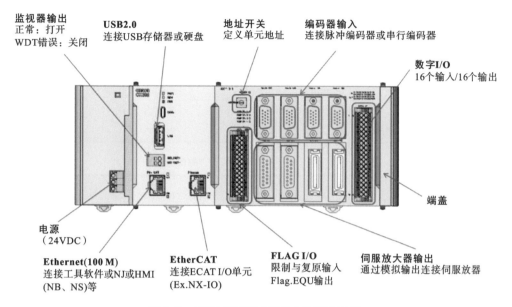

图 2.9　CK3M/CK5M 产品主要模块示意

CK3M/CK5M 采用了更加适合导轨安装的模块化设计,产品分为如下几个部分。

(1) CPU 模块,是控制器的运算和控制核心;

(2) 本地轴模块,是与 CPU 模块连接在一起的硬件,用于模拟量、脉冲、PWM 控制方式,本地轴模块数量最多为 2 个;

(3) 电源模块,提供 CPU 和各种本地模块工作时所需的电源;

(4) 本地辅助信号模块,与 CPU 和本地轴模块连接在一起工作,目前本地辅助信号模块有数字 I/O 模块、模拟量输入模块、特殊功能模块等,本地轴模块加上本地辅助信号模块数量最多为 4 个;

(5) 主站/子站扩展,当控制需求超过上述本地模块的数量限制时,可采用主站加子站的扩展方式实现更多的本地轴控制或者本地辅助信号的输入输出。

说明:本地轴模块或者本地辅助信号模块,都是相对于 EtherCAT 总线上的轴或者辅助信号模块而言的。

3. CK3M/CK5M CPU

CK3M/CK5M CPU 模块如图 2.10 所示,产品型号参数如表 2.1 所示。CK3M CPU 与 CK5M CPU 的配置和对比如表 2.2 所示。

图 2.10　CK3M/CK5M CPU 模块

表 2.1 CK3M CPU 与 CK5M CPU 型号

产品名称	存储器容量	EtherCAT 端口	EtherCAT 端口连接时的最多控制轴数	扩展	型号
CK3M CPU 单元	RAM：1 GB 内置闪存 存储器：1 GB CPU：双核 1 GHz	无	—	可使用扩展主站单元和扩展从站单元连接 1 台扩展机架	CK3M-CPU101
		EtherCAT：1 端口（DC sync）	4 轴		CK3M-CPU111
			8 轴		CK3M-CPU121
CK5M CPU 单元	RAM：2 GB 内置闪存 存储器：4 GB CPU：四核 1.6 GHz	EtherCAT：1 端口（DC sync）	16 轴	可使用扩展主站单元和扩展从站单元连接 3 台扩展机架	CK5M-CPU131
			32 轴		CK5M-CPU141

表 2.2 CK5M CPU 和 CK3M CPU 的配置和对比

产品名称		CK3M	CK5M
运动控制	最多运动控制轴数	24（轴单元 4 轴×4 台：16 轴、EtherCAT：8 轴）	64（轴单元 4 轴×8 台：32 轴、EtherCAT：32 轴）
	运动控制周期	50 μs/5 轴～	25 μs/5 轴～
	控制方式	模拟（Filtered PWM、True DAC）、脉冲、Direct PWM	
接口		Ethernet 端口、EtherCAT 端口（CPU 选项）	
反馈		AB 相、各种串行编码器、正弦波编码器	
存储器	RAM	1 GB	2 GB
	Flash	1 GB	4 GB
CK3W 单元可连接台数	CPU 机架	最多 4 台（轴接口单元最多 2 台）	
	扩展机架	最多 4 台（轴接口单元最多 2 台）	最多 12 台（轴接口单元最多 6 台）

4. CK3M/CK5M 本地轴模块

CK3M/CK5M 的轴模块如图 2.11 所示，轴模块型号如表 2.3 所示，轴模块控制信

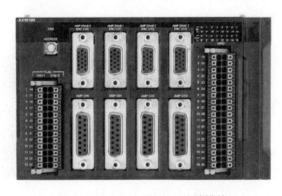

图 2.11 CK3M/CK5M 的轴模块

号规格如表 2.4 所示,轴模块编码器反馈信号规格如表 2.5 所示,轴模块标志信号和 I/O信号规格如表 2.6 所示。

表 2.3　轴模块的产品型号

产品名称	放大器接口	编码器接口	输出型	型号
轴接口单元	Direct PWM 输出	脉冲编码器/串行编码器	NPN 型	CK3W-AX1313N
	DA 输出(Filtered PWM)			CK3W-AX1414N
	DA 输出(True DAC)			CK3W-AX1515N
	Direct PWM 输出	正弦波编码器/串行编码器		CK3W-AX2323N
	Direct PWM 输出	脉冲编码器/串行编码器	PNP 型	CK3W-AX1313P
	DA 输出(Filtered PWM)			CK3W-AX1414P
	DA 输出(True DAC)			CK3W-AX1515P
	Direct PWM 输出	正弦波编码器/串行编码器		CK3W-AX2323P

表 2.4　CK3M 模拟量和脉冲轴模块信号规格

项目		规格(CK3W-)			
		AX1414N	AX1414P	AX1515N	AX1515P
地址设定范围		0～F			
通道数		4 通道/单元			
编码器用电源输出		DC 5 V　500 mA/通道以下 但是,总输出电流应在 1 A/单元以下			
脉冲编码器输入	输入形式	线路接收器输入			
	最大响应频率	A、B、C 相:10 MHz			
串行编码器输入	对应协议	关于对应协议,请咨询相关厂商			
数字霍尔传感器		4 点/通道(U,V,W,T)			
OUTFlagB 输出		1 点/通道			
模拟量输出	方式	FilteredPWM 型		TrueDAC 型	
	点数	1 点/通道		2 点/通道	
	输出范围	DACA+/DACB+,DACA−/DACB−间:−20～+20 V DACA+/DACB+,AGND 间:−10～+10 V			
脉冲输出	输出形式	线性驱动器输出			
	输出方式	脉冲+方向输出或相位差输出			
	最大输出频率	10 MHz			
放大器使能输出		1 点/通道			
故障输入		1 点/通道			
标志	数字输入	4 点/通道(HOME,PLIM,NLIM,USER)			
	数字输出	1 点/通道(EQU)			

续表

项目		规格(CK3W-)			
		AX1414N	AX1414P	AX1515N	AX1515P
通用数字输入输出	点数	输入 16 点、输出 16 点			
	内部公共端线处理	NPN	PNP	NPN	PNP
消耗电力		DC 5 V:4.5 W 以下 DC 24 V:10.8 W 以下		DC 5 V:4.5 W 以下 DC 24 V:12.5 W 以下	
外形(高度×厚度×宽度)		90(H)/80(D)/130(W)			
重量		520 g 以下			

表 2.5　CK3M PWM 轴模块信号规格

项目		规格(CK3W-)			
		AX1313N	AX1313P	AX2323N	AX2323P
地址设定范围		0~F			
通道数		4 通道/单元			
编码器用电源输出		DC 5 V　500 mA/通道以下 但是,总输出电流应在 1 A/单元以下			
脉冲编码器输入	输入形式	线路接收器输入		—	
	最大响应频率	A、B、C 相:10 MHz			
串行编码器输入	对应协议	关于对应协议,请咨询相关厂商			
正弦波编码器输入	输入信号	—		1 VPP SIN/COS 信号	
	最大输入频率			2 MHz	
数字霍尔传感器		4 点/通道(U,V,W,T)			
DirectPWM 输出		Delta Tau 公司专用放大器接口			
放大器使能输出		1 点/通道(内置于 DirectPWM)			
故障输入		1 点/通道(内置于 DirectPWM)			
标志	数字输入	4 点/通道(HOME,PLIM,NLIM,USER)			
	数字输出	1 点/通道(EQU)			
通用数字输入输出	点数	输入 16 点、输出 16 点			
	内部公共端线处理	NPN	PNP	NPN	PNP
消耗电力		DC 5 V:3.4 W 以下 DC 24 V:12.5 W 以下		DC 5 V:3.0 W 以下 DC 24 V:13.1 W 以下	
外形(高度×厚度×宽度)		90(H)/80(D)/130(W)			
重量		480 g 以下		490 g 以下	

表 2.6　轴模块 I/O 信号规格

项目		规格说明
DIO	数字输入	
	点数	16 个点(16 个点/通用,1 个电路)
	额定输入电压	24 V
	最大输入电压	26.4 V
	输入电流	24 V 下为 4.0 mA(典型值)
	接通电压/接通电流	最小 15 V/最小 3 mA
	关断电压/关断电流	最大 5 V/最大 1 mA
	接通/关断响应时间	最长 20 μs/最长 400 μs
	隔离方法	光电耦合器隔离
	同时接通的点数	100%(24 V)
	数字输出(NPN)	
	内部 I/O 通用	NPN(16 个点/通用,1 个电路)
	额定电压	12～24 V
	运行负载电压范围	10.2～26.4 V
	负载电流最大值	0.5 A/点,2 A/单元
	最大侵入电流	4.0 A/点,最长 10 ms
	漏电流	最大 0.1 mA
	残余电压	最大 1.0 V
	接通/关断响应时间	最长 0.1 ms/最长 0.8 ms
	隔离方法	光电耦合器隔离
	保护功能	不支持
	数字输出(PNP)	
	内部 I/O 通用	PNP(16 个点/通用,1 个电路)
	额定电压	12～24 V
	运行负载电压范围	10.2～26.4 V
	负载电流最大值	0.5 A/点,2 A/单元
	最大侵入电流	4.0 A/点,最长 10 ms
	漏电流	最大 0.1 mA
	残余电压	最大 1.0 V
	接通/关断响应时间	最长 0.1 ms/最长 0.8 ms
	隔离方法	光电耦合器隔离
	保护功能	带负载短路保护功能

续表

项目		规格说明
标志	数字输入	
	I/O信号	每个通道：HOME、PLIM、NLIM、USER
	传感器类型	仅限三线类型 无法连接双线类型传感器(无法连接双线接近传感器)
	额定输入电压	5~24 V
	最大输入电压	26.4 V
	输入电流	24 V下为 7.7 mA(典型值)
	接通电压/接通电流	最小 3 V/最小 1 mA
	关断电压/关断电流	最大 1.0 V/最大 0.1 mA
	接通/关断响应时间	HOME、PLIM、NLIM：最长 20 μs/最长 400 μs USER：最长 20 μs/最长 20 μs
	隔离方法	标志输入与内部电路之间＝光电耦合器隔离
	数字输出	
	I/O信号	每个通道：EQU
	额定电压	5 V
	最大负载电流(L)	最大 35 mA
	上拉电阻	330 Ω±5％
	漏电流	最大 0.1 mA
	残余电压	最大 0.4 V
	接通响应时间	与现有 PMAC 相同
	关断响应时间	与现有 PMAC 相同
	隔离方法	无绝缘

5. CK3M/CK5M 辅助信号模块

CK3M/CK5M 辅助信号模块目前有 Biss C 绝对编码器反馈模块,如表 2.7 所示。本地数字 I/O 模块如表 2.8 所示。本地模拟量输入模块如表 2.9 所示。本地专用振镜和激光控制模块如表 2.10 所示。

表 2.7　Biss C 绝对编码器反馈模块

产品名称	编码器类型	通道数	协议	型号
编码器输入单元	串行编码器	4 通道	BiSS-C、Endat2.2、R88M-1L □/ -1M□电动机内置编码器	CK3W-ECS300

表 2.8　本地数字 I/O 模块

产品名称	输入点数	输出点数	输入输出类型	型号
数字输入输出单元	16 点	16 点	NPN	CK3W-MD7110
			PNP	CK3W-MD7120

表 2.9 本地模拟量输入模块

产品名称	输入范围	输入点数	型号
模拟输入单元	−10～+10 V	4 点	CK3W-AD2100
		8 点	CK3W-AD3100

表 2.10 本地专用振镜和激光控制模块

产品名称	通信方法	激光输出	型号
激光接口单元	XY2-100	PWM 输出	CK3W-GC1100
		PWM 输出、TCR 输出	CK3W-GC1200
	SL2-100	PWM 输出	CK3W-GC2100
		PWM 输出、TCR 输出	CK3W-GC2200

6. CK3M/CK5M 电源模块

CK3M/CK5M 的电源模块如图 2.12 所示,型号参数如表 2.11 所示。

图 2.12 CK3M/CK5M 的电源模块

表 2.11 型号参数

产品名称	规格	型号
CK□M-CPU1□1 用电源单元	额定输出电压 DC5 V/DC24 V 最大输出功率:DC5 V 23 W、DC24 V 55 W	CK3W-PD048

7. CK3M/CK5M 扩展主站/从站接口模块

CK3M/CK5M 的本地模块最多可有 4 个模块,最多 2 个轴模块,其他可为 I/O、振镜等模块。如果客户要求轴模块超过 2 个、本地模块超过 4 个,CK3M/CK5M 需通过主站、子站模块实现扩展。CK3M 只能扩展 1 个子站,CK5M 可以扩展 3 个子站。

为 CK3M/CK5M 配套主站、子站相关型号如表 2.12 所示。

表 2.12 CK3M/CK5M 主站、子站型号

产品名称	说明	型号
扩展主站单元	直接连在 CPU 单元右侧	CK3W-EXM01
扩展从站单元	直接连在电源单元右侧	CK5W-EXS01
		CK3W-EXS02
扩展电缆	连接扩展主站单元与扩展从站单元(0.3 m)	CK3W-CAX003A

CK3M CPU 主站、子站连接示意图如图 2.13 所示。

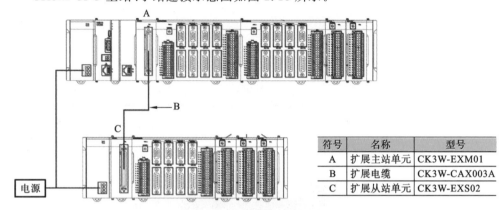

符号	名称	型号
A	扩展主站单元	CK3W-EXM01
B	扩展电缆	CK3W-CAX003A
C	扩展从站单元	CK3W-EXS02

图 2.13 CK3M CPU 主站、子站连接示意

CK5M CPU 主站、子站连接示意图如图 2.14 所示。

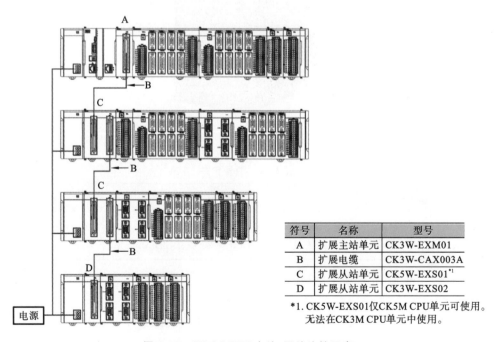

符号	名称	型号
A	扩展主站单元	CK3W-EXM01
B	扩展电缆	CK3W-CAX003A
C	扩展从站单元	CK5W-EXS01[*1]
D	扩展从站单元	CK3W-EXS02

*1. CK5W-EXS01仅CK5M CPU单元可使用。
无法在CK3M CPU单元中使用。

图 2.14 CK5M CPU 主站、子站连接示意

2.3.2　CK3E EtherCat 总线控制器

CK3E 产品如图 2.15 所示。

1. CK3E 简介

CK3E 和伺服驱动接口只有 EtherCat 总线形式，CK3E 最多可控制 32 个总线轴，可实现 250 μs 的高速多轴控制，CK3E 产品的厚度为 28.6 mm，大小如手掌，是 PowerPMAC 产品尺寸最小的控制器。

图 2.15　CK3E 产品

2. CK3E 控制示意

CK3E 控制示意如图 2.16 所示。

图 2.16　CK3E 控制示意

3. CK3E 型号

CK3E 型号参数如表 2.13 所示。

表 2.13　CK3E 型号参数

产品名称	规格			型号
	存储器	端口	轴数	
可编程多轴运动控制器 CK3E	DDR3 存储器：1 GB Flash 存储器：1 GB	Ethernet 端口：1 EtherCAT 端口：1	8 轴	CK3E-1210
			16 轴	CK3E-1310
			32 轴	CK3E-1410

2.3.3　Power UMAC 控制器

Power UMAC 产品如图 2.17 所示。

1. Power UMAC 简介

Power UMAC 是 PowerPMAC 家族最早推出的 Power 系列运动控制产品，结构为模块化，3U 机架外观形式。Power UMAC 是 PowerPMAC 产品中配置最丰富、使用

图 2.17 Power UMAC 产品

最灵活的产品,主要应用于超精运动控制高端设备领域。

Power UMAC 产品组成:

(1) CPU 模块;

(2) 轴模块;

(3) 辅助接口模块;

(4) 电源、背板、框架模块。

2. Power UMAC CPU

CPU 采用 ARM 作为主控制芯片,分 2 核和 4 核两种配置,Power UMAC CPU 和计算机通过以太网通信,支持 TCP/IP 和 MODBUS TCP 通讯协议。Power UMAC 2 核 CPU 型号如图 2.18 所示。Power UMAC 4 核 ARM CPU 型号如图 2.19 所示。

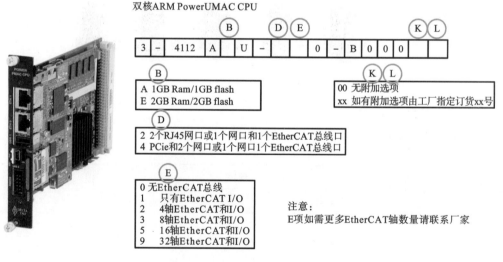

图 2.18 Power UMAC 2 核 CPU

Power UMAC 2 核 CPU 的主要性能指标如下:

(1) CPU 主频 1.0 GHz;

(2) 32-bit 2 核 ARM 控制核心;

(3) 标配 1 GB DDR3L RAM 内存;

(4) 标配程序存储容量为 1 GB 闪存;

(5) 控制轴数为本地 32 轴,总线 32 轴。

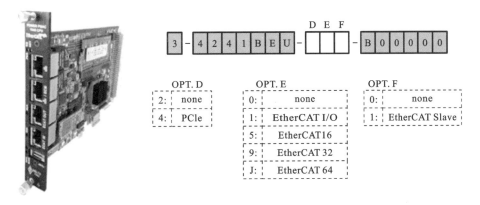

图 **2.19**　Power UMAC 4 核 ARM CPU

Power UMAC 4 核 ARM CPU 的主要性能指标如下：

（1）CPU 主频 1.6 GHz；

（2）32-bit 4 核 ARM 控制核心；

（3）标配 1 GB DDR3L 内存；

（4）标配用户程序存储容量为 4 GB 闪存；

（5）控制轴数为本地 32 轴,总线 64 轴。

Power UMAC 2 核 CPU 与 Power UMAC 4 核 CPU 计算速度对比如表 2.14 所示。

表 **2.14**　Power UMAC 2 核 CPU 与 4 核 ARM CPU 计算速度对比

浮点计算	Power UMAC ARM 2 核 CPU 1. 0 GHz(nsec)	Power UMAC ARM 4 核 CPU 1. 6 GHz(nsec)
乘法运算	1.7	0.9
开平方根	40.1	16.3
反正切运算	171.1	69.4
正弦运算	279.7	117.2
除法运算	1.6	0.8
正切运算	337.5	140.8

3. Power UMAC **轴控制模块**

Power UMAC 控制伺服轴模块以 ACC-24xx 表达,如图 2.20 所示。常用轴模块型号如表 2.15 所示。

图 **2.20**　轴模块

表 2.15　常用轴模块型号

轴模块名称	门阵列	控制信号形式
ACC-24E3	Gate3 门阵列	模拟量 16 bit,模拟量 18 bit,直接 PWM 可选(选配)
ACC-24E2S	Gate2 门阵列	脉冲输出
ACC-24E2A	Gate2 门阵列	16 bit 模拟量输出
ACC-24E	Gate2 门阵列	直接 PWM 控制输出

说明:Gatex 是门阵列表达,x 是第 x 代的门阵列的序号。Gate3 是专门为 Power-PMAC 产品开发最新第 3 代门阵列芯片,Gate2 是第 2 代 Turbo PMAC 产品的门阵列,PowerUMAC 产品可兼容部分 Gate2 门阵列轴模块产品。对于 Power UMAC 产品新客户,建议选择 ACC-24E3,Gate3 门阵列轴模块产品。

ACC-24Exx 轴模块,可提供专用数字 I/O 信号,包括每轴的正负限位,零点(home),用户自定义(user)输入信号;伺服使能输出信号;伺服报警输入信号;高速位置比较相等输出信号;编码器丢数输出信号。

4. 轴模块编码器反馈接口

轴模块编码器反馈接口的说明和型号如表 2.16 所示。

表 2.16　轴模块编码器反馈接口型号

轴模块名称	门阵列	反馈信号形式
ACC-24E3	Gate3 门阵列	1 VPP,AB 正交,旋变可选其一,都支持串行绝对反馈,见后文介绍
ACC-59E3	Gate3 门阵列	12 bit/16 bit 模拟量电压或电流反馈
ACC-24Exx	Gate2 门阵列	AB 正交反馈
ACC-84E	Gate2 门阵列	串行绝对反馈,见后文介绍
ACC-51E	Gate2 门阵列	1 VPP 模拟量反馈
ACC-36E	Gate2 门阵列	16 通道±10 V 模拟量反馈,12 bit 分辨率

ACC-24E3 支持的串行绝对反馈协议包括:

(1) Kawasaki;

(2) SSI;

(3) EnDat 2.1/2.2;

(4) Mitutoyo ;

(5) Tamagawa;

(6) Mitsubishi;

(7) Panasonic 芯片;

(8) Yaskawa;

(9) Nikon-D。

ACC-84E 支持串行绝对反馈信号:

(1) Biss C;

（2）Endat 2.1/2.2；

（3）SSI。

5. Power UMAC 其他附件模块

数字量 I/O 模块的型号和说明如表 2.17 所示。模拟量 I/O 模块的型号和说明如表 2.18 所示。Power UMAC 机箱、背板、电源 ACC-Rx 如表 2.19 所示。

表 2.17　数字量 I/O 模块的型号和说明

数字量 I/O 模块名称	门阵列	说明
ACC-65E	Gate3 门阵列	24 IN/24 OUT 数字量 I/O,24 V 光隔,可选 NPN 和 PNP,输出 0.6 A 驱动能力
ACC-66E	Gate2 门阵列	48 IN 数字,24 V,PNP 输入
ACC-67E	Gate2 门阵列	48 OUT 数字 24 V, PNP 输出,0.6 A 驱动
ACC-68E	Gate2 门阵列	24 IN/24 OUT,24 V,NPN 数字 I/O,输出 0.6 A 驱动能力
ACC-11E	Gate2 门阵列	24 IN/24 OUT, 24 V,PNP 或 NPN 输入输出,输出 100 mA 驱动能力

表 2.18　模拟量 I/O 模块型号和说明

模拟量 I/O 模块名称	门阵列	说明
ACC-59E3	Gate3 门阵列	8 路 DAC 输出,12 bit/16 bit 可选;8 路 ADC 输入,12 bit/16 bit;可选电压±10 V 或电流 4~20 mA 输入形式
ACC-28E	Gate2 门阵列	2 或 4 路±10 V 模拟量输入, 16 bit 分辨率
ACC-36E	Gate2 门阵列	16 路±10 V 模拟量输入,12 bit 分辨率

表 2.19　Power UMAC 机箱、背板、电源 ACC-Rx 型号和说明

名称	说明
ACC-R1	6 slot 背板＋10 槽 rack 框架＋ACC-E1 电源
ACC-R2	12 slot 背板＋15 槽 rack 框架＋ACC-E1 电源
ACC-R3	18 slot 背板＋21 槽 rack 框架＋ACC-E1 电源

2.3.4　PowerPMAC 伺服驱动产品 CK3A

CK3A 系列 Direct PWM 伺服驱动器产品（简称 CK3A 伺服驱动器）如图 2.21 所示。

1. 产品简介

CK3A 是欧姆龙公司专门针对 PowerPMAC 控制器开发的高性能伺服驱动器产品。

2. CK3A 伺服驱动器特点

（1）直接 PWM 接口,保证控制和驱动器之间信号延迟时间极短。

（2）配套电动机灵活,可适用电动机种类包括 AC/DC 同步无刷电动机（旋转型或线性,如伺服电动机)、DC 有刷电动机(如音圈执行器)、AC 异步电动机(如感应电动机)。

（3）纳米特性接近线性伺服定位精度。

（4）高达 20 kHz 的 PWM 频率。

（5）16 位 ADC 高分辨率电流检测。

（6）最大 6.125 MHz 电流频率 ADC 采样。

（7）双 STO 输入和输出。

（8）带有能量放电、动态制动、风扇控制。

（9）基本数据监测:DC 总线电压、电源模块温度、固件版本。

（10）双 7 段 LED 状态显示。

（11）内置或外部再生电阻。

（12）支持低电压主回路电源工作。

图 2.21 CK3A 伺服
驱动器

3. PowerPMAC 产品和 CK3A 伺服驱动器连接

连接示意图如图 2.22 所示。

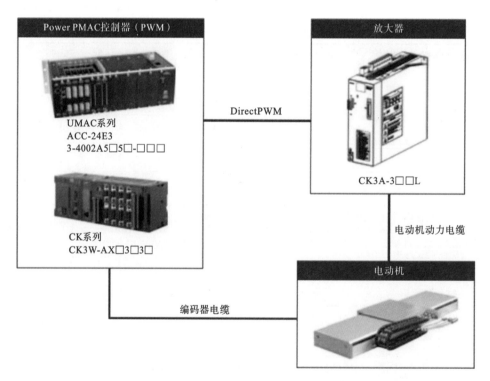

图 2.22 连接示意

CK3A 伺服驱动器通过 PWM 电缆与运动控制器连接。电动机动力电缆与 CK3A 伺服驱动器连接。电动机编码器反馈电缆连接到运动控制器。

4. CK3A 伺服驱动器和配件

CK3A 伺服驱动器型号如表 2.20 所示,连接运动控制器和 CK3A 伺服驱动器的 PWM 电缆型号如表 2.21 所示。

表 2.20 CK3A 伺服驱动器型号

产品名称	主回路电源	额定电流	型号
CK3A 系列 DirectPWM 放大器	三相 AC240 V、单相 AC110~240 V、单相 DC48 V	5 A	CK3A-G305L
	三相 AC240 V、单相 AC110~240 V、无单相 DC	10 A	CK3A-G310L

表 2.21 连接运动控制器和 CK3A 伺服驱动器的 PWM 电缆型号

产品名称	电缆长度	型号
DirectPWM 电缆	0.9 m	CK3W-CAAD009A
	1.8 m	CK3W-CAAD018A
	3.6 m	CK3W-CAAD036A

2.4 PowerPMAC 软件和手册

2.4.1 PowerPMAC 软件

1. PowerPMAC 的 IDE 软件

如图 2.23 所示，IDE(integrated development environment)是集成开发环境的简

图 2.23 IDE 软件主画面示意

称,IDE 软件是 PowerPMAC 调试和编程软件。软件风格类似微软公司的 Visual studio,IDE 软件提供了 PowerPMAC 所必要的开发软件组件和调试工具。

IDE 软件具有如下功能:

(1) 位置,速度,误差显示;

(2) PowerPMAC 各种状态显示;

(3) PowerPMAC 相关变量监视;

(4) 程序编辑器;

(5) 电动机伺服整定功能;

(6) 数据图表采集 plot 显示和示波器功能;

(7) 项目管理;

(8) PowerPMAC 相关信息提示。

(说明:具体 IDE 软件工具画面在后面各个功能介绍中会有详细介绍。)

2. PowerPMAC PDK 软件

PDK(PowerPMAC development kit)是厂家提供的用于客户开发 HMI 人机界面的通信库。通信库函数基于 C♯ 开发环境,用户需在 VS2015 版本以上使用。PDK 软件适用于所有 PowerPMAC 系列产品。

2.4.2　PowerPMAC 相关手册

PowerPMAC 相关手册如表 2.22 所示。

表 2.22　PowerPMAC 相关手册

英文名称	中文名称	说明
PowerPMAC User Manual	PowerPMAC 用户手册	PowerPMAC 控制器所有功能介绍和使用手册
PowerPMAC Software Reference Manual	PowerPMAC 软件手册	PowerPMAC 所有参数,在线指令,编程,变量寄存器,运算符等软件开发所有相关内容的字典
PowerPMAC 5-Day Training	PowerPMAC 5 天培训讲义	原厂提供的 PowerPMAC 培训讲义
PowerPMAC IDE	IDE 软件在线帮助手册	IDE 软件所有菜单工具的在线帮助
PowerPMAC development kit (PDK) manual	PDK 通信库函数手册	PDK 开发库的用户手册

2.5　PowerPMAC 运动控制器初次使用

2.5.1　PowerPMAC 运动控制器硬件准备

(1) 计算机:工控机、笔记本、PC 机电脑均可,至少有一个网口,装有 Windows7 以上版本操作系统。

(2) PowerPMAC 控制器硬件,包括 CPU 模块,如 CK3M 的 CPU111;本地轴模

块,如 CK3W-AX1515N 模拟量控制轴模块;电源模块,CK3W-PD048,CK3M 电源模块。

(3) 伺服驱动器和电动机,OMRON G5 驱动器和电动机。

(4) 直流 24 V 电源。

(5) 以太网线。

(6) 控制器和驱动器控制和反馈信号电缆。

(7) 驱动器和伺服电动机连接电缆:动力电缆,反馈电缆。

2.5.2　硬件连接

1. 连接示意

初次使用硬件连接如图 2.24 所示。

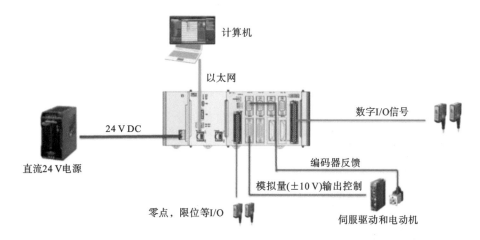

图 2.24　硬件连接示意

2. CK3M 硬件组装及接口介绍

CK3M 模块连接示意如图 2.25 所示。按图 2.25(a)顺序将 CPU、轴模块、盖板(随 CPU 带)依次插接好;按图 2.25(b)所示,将模块之间黄色锁定拨叉按红色箭头方向按下,保证模块直接连接稳固。CK3M 接口介绍如图 2.26 所示。

（a）　　　　　　　　　　　　　　　　　（b）

图 2.25　CK3M 模块连接

3. CK3M 供电连接和网线连接

网线连接:以太网通信线要求为对等 CAT5 连接方式,最好采用 6 类网线,网线头

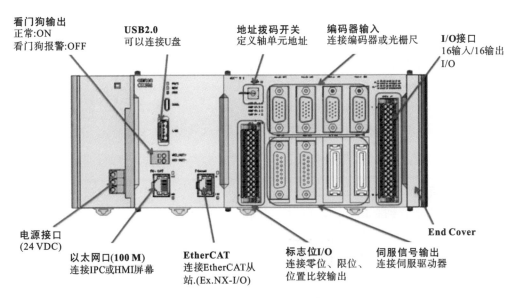

看门狗输出
正常:ON
看门狗报警:OFF

USB2.0
可以连接U盘

地址拨码开关
定义轴单元地址

编码器输入
连接编码器或光栅尺

I/O接口
16输入/16输出
I/O

电源接口
(24 VDC)

以太网口(100 M)
连接IPC或HMI屏幕

EtherCAT
连接EtherCAT从
站.(Ex.NX-I/O)

标志位I/O
连接零位、限位、
位置比较输出

伺服信号输出
连接伺服驱动器

End Cover

图 2.26　CK3M 接口示意

图 2.27　CK3M 电源，以太网接线

建议采用带屏蔽的金属壳，以保证通信抗干扰性能，将准备好的网线一头与 CPU 模块的以太网口连接，另一头与计算机网口连接。CK3M 电源，以太网接线如图2.27 所示。

4. CK3W-AX1515N 轴模块与伺服驱动器连接

CK3W-AX1515N 轴模块、伺服驱动器、伺服电动机连接示意如图 2.28 所示。CK3W-AX1515N 轴模块 AMP 驱动器控制接口定义如图 2.29 所示。轴模块 ENC 编码器反馈定义如图2.30所示。CK3M 和欧姆龙 G5 系列伺服驱动器接线图如图 2.31 所示。

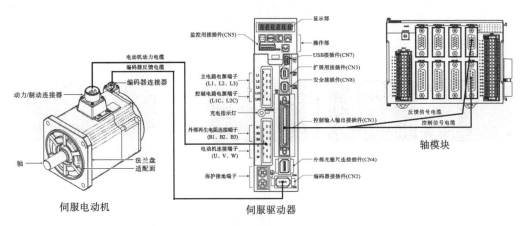

图 2.28　CK3M、伺服驱动、伺服电动机连接示意

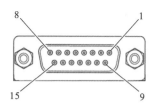

针号	符号	模拟量输出时		脉冲输出时	
1	DACA+	模拟量输出 A+	输出	未连接	—
2	DACB+	模拟量输出 B+	输出	未连接	—
3	AGND	模拟量 GND	Common	未连接	—
4	FAULT+	故障输入+	输入	故障输入+	输入
5	PULSE+	未连接	—	脉冲输出+	输出
6	DIR+	未连接	—	方向输出+	输出
7	AE_NO	放大器使能 NO	输出	放大器使能 NO	输出
8	AE_NC	放大器使能 NC	输出	放大器使能 NC	输出
9	DACA−	模拟量输出 A−	输出	未连接	—
10	DACB−	模拟量输出 B−[*1]	输出	未连接	—
11	FAULT−	故障输入−	输入	故障输入−	输入

图 2.29 CK3W-1515N **轴模块** AMP **驱动器控制接口定义**

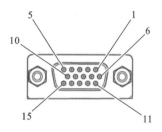

针号	符号	脉冲编码器+UVW 信号		串行编码器		脉冲编码器+串行编码器	
1	CHA	编码器 A+	Input	未连接	—	编码器 A+	Input
2	CHB	编码器 B+	Input	未连接	—	编码器 B+	Input
3	CHC	编码器 C+	Input	未连接	—	编码器 C+	Input
4	CHU	霍尔传感器 U	Input	串行编码器 CLK+	Output	串行编码器 CLK+	Output
5	CHW	霍尔传感器 W	Input	串行编码器 DAT+	Input/Output	串行编码器 DAT+	Input/Output
6	CHA/	编码器 A−	Input	未连接	—	编码器 A−	Input
7	CHB/	编码器 B−	Input	未连接	—	编码器 B−	Input

图 2.30 CK3W-AX1515N ENC **编码器反馈插头管脚定义**

8	CHC/	编码器 C—	Input	未连接	—	编码器 C—	Input
9	CHV	霍尔传感器 V	Input	串行编码器 CLK—	Output	串行编码器 CLK—	Output
10	CHT	霍尔传感器 T	Input	串行编码器 DAT—	Input/ Output	串行编码器 DAT—	Input/Output
11	ENCPWR	编码器用电源 （+5 VDC）	Output	编码器用电源 （+5 VDC）	Output	编码器用电源 （+5 VDC）	Output
12	ENCPWR	编码器用电源 （+5 VDC）	Output	编码器用电源 （+5 VDC）	Output	编码器用电源 （+5 VDC）	Output
13	GND	编码器用电源 （GND）	Output	编码器用电源 （GND）	Output	编码器用电源 （GND）	Output
14	GND	编码器用电源 （GND）	Output	编码器用电源 （GND）	Output	编码器用电源 （GND）	Output
15	OutFlagB	OutFlagB	Output	OutFlagB	Output	OutFlagB	Output
壳体	SHELL	屏蔽		屏蔽		屏蔽	

续图 2.30

按照上述 CK3W-AX1515N 轴模块管脚定义和欧姆龙 G5 驱动器控制接口 CN1 管脚定义，制作：

（1）CK3W-AX1515N AMP1 口与 G5 CN1 连接控制信号电缆。

（2）G5 CN1 编码器反馈信号到 CK3W-AX1515N 轴模块 ENC 接口反馈电缆。

注明：编码器反馈电缆电动机侧和驱动器到 CK3M 控制器侧都建议采用双绞双屏蔽电缆进行制作，以保证反馈信号不受强电干扰。

（1）将 CK3M 控制和反馈电缆与 G5 驱动器连接，保证连接牢固；

（2）连接驱动器和伺服电动机的动力线，和反馈线连接；

（3）给驱动器供 220 V 交流电；

（4）准备用于测试的电动机正负限位和零点开关；

（5）CK3W-AX1515N 轴模块如图 2.32 中红框所示的拨码确认在 0 位置。

说明：拨码是本地模块站点号的设定。0 位置代表模块 1515N 设为第 1 站点号；当插有多个本地模块时，保证每个模块站点设定不重复，将后面的本地模块拨码分别设定到如 1,2,3 等位置，重复的站点模块不能够正常工作。

（1）给伺服驱动器上电，将伺服驱动器工作方式设定为扭矩控制方式。

（2）确认伺服驱动和电动机上电后，先确认伺服驱动无故障报警，如果驱动器有报警，报警信息及故障排除方法参阅相关伺服驱动器手册。

（3）正确连接伺服驱动和电动机，正确设置伺服驱动器参数，是控制器设置、调试、编程等工作的基础。

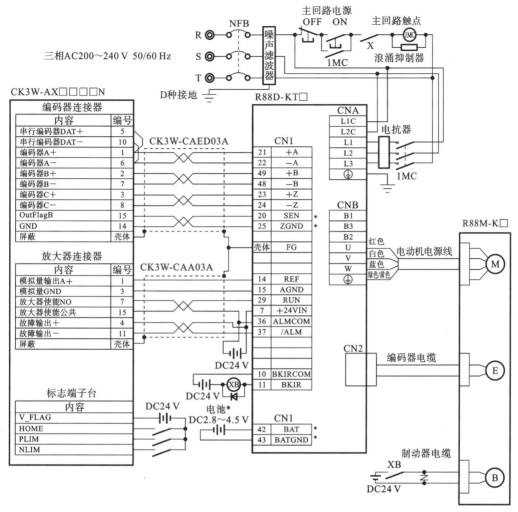

图 2.31　CK3M 和欧姆龙 G5 系列伺服驱动器接线图

图 2.32　CK3M 轴模块

2.5.3　CK3M 控制器配置及调试

1. 安装 PowerPMAC IDE 软件

（1）计算机上电，正常启动 windows 系统。

（2）将 IDE 软件拷贝到 Windows 系统下的某个文件夹下，如图 2.33(a)所示。

（3）选择 IDE 软件文件夹，点击进入。

（4）点击 PowerPMAC IDE 安装文件，安装 IDE 软件，如图 2.33(b)所示。

名称	修改日期	类型	大小
PowerPMAC-IDE_4.6.1.12	2023-3-23 12:11	文件夹	

（a）拷贝IDE软件

（b）安装IDE软件

（c）IDE软件图标

图 2.33　IDE 软件

（5）安装成功后，在 windows 系统桌面可看到 IDE 软件的快捷图标，如图 2.33(c)所示。

（6）计算机网关设定：在 Windows 控制面板的网络窗口中找到相应的以太网适配器，如图 2.34 所示。

图 2.34　寻找以太网适配器

（7）鼠标右键选择以太网属性，如图 2.35 所示。

（8）选择 IPv4，点击确定，如图 2.36 所示。

图 2.35　选择以太网属性

图 2.36　选择 IPv4

（9）进入 IP 地址和子网掩码设定画面，进行如图 2.37 所示修改。

图 2.37 修改 IP 地址和子网掩码

2. IDE 软件与 CK3M 通信

（1）CK3M 上电，确认 CK3M 电源指示灯 PWR 和 RDY 两个绿灯亮起，ERR 红色灯未亮。

（2）点击运行 PowerPAMC IDE 软件；在 IP 地址输入 192.168.0.200，点击连接窗口上方会有成功连接提示，如图 2.38 所示。

（a）选择 IDE 软件　　　　　　　　（b）IP 地址和连接

（c）成功连接提示

图 2.38 IDE 软件建立通信

（3）复位 PowerPMAC 控制器，复位工作是将 PowerPMAC 恢复为出厂状态，复位指令为 ＄＄＄∗∗∗，如图 2.39 所示。

3. CK3M 相关配置

PowerPMAC 配置流程示意如图 2.40 所示。

（1）初次使用建立新项目名称：在菜单栏的文件中选择新建项目，如图 2.41 所示。输入项目名称，点击 OK。

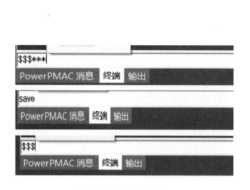

图 2.39 复位指令

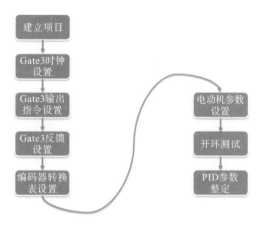

图 2.40 IDE 开发项目流程

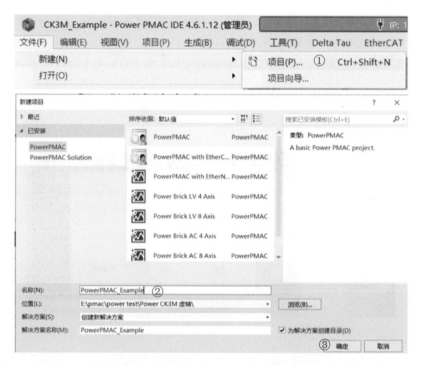

图 2.41 在菜单栏的文件中选择新建项目

（2）PowerPMAC CK3M 配置：PowerPMAC 配置分向导配置和 IDE 脚本指令模板配置等 2 种方法。

向导配置是引导客户按照设置流程，分别输入控制器参数，驱动器参数，电动机和反馈参数，并进行相关硬件的测试确认，完成 CK3M 硬件基础配置工作。向导配置画面示意如图 2.42 所示。

（3）IDE 脚本模板配置方法是在 IDE 软件的脚本编辑器里面编写电动机的配置参数，操作如图 2.43 所示。

对于欧姆龙伺服 G5 驱动器为例，采用模拟量控制，AB 正交编码器反馈，模板设置

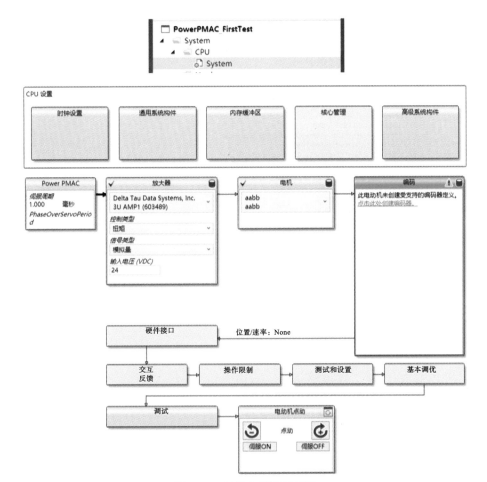

图 2.42　IDE 向导配置示意

（a）

图 2.43　脚本模板配置示意

```
01-SystemSetup.pmh        02-Gate3Setup.pmh        04-MotorSetup.pmh    ↗ ×
        Motor[1].ServoCtrl=1
        Motor[1].Ctrl=Sys.ServoCtrl
        Motor[1].pEnc=EncTable[1].a
        Motor[1].pEnc2=EncTable[1].a
        Motor[1].pDac=Gate3[0].Chan[0].Pfm.a
        Motor[1].pAmpFault=Gate3[0].Chan[0].Status.a
        Motor[1].pAmpFault=0
        Motor[1].AmpFaultBit=7
        Motor[1].pLimits=0
        Motor[1].LimitBits=137
        Motor[1].pEncStatus=Gate3[0].Chan[0].Status.a
        Motor[1].CaptControl=$14080801
        Motor[1].pCaptFlag=Gate3[0].Chan[0].Status.a
        Motor[1].pCaptPos=Gate3[0].Chan[0].HomeCapt.a
        Motor[1].MaxDac=32767
        Motor[1].Servo.Kp = 8
        Motor[1].Servo.Kvfb = 0
        Motor[1].Servo.Kvff = 3.3
        Motor[1].Servo.Ki = 0.0
        Motor[1].AmpFaultLevel = 1

        Motor[2].ServoCtrl=1
        Motor[2].Ctrl=Sys.ServoCtrl
        Motor[2].pEnc=EncTable[2].a
        Motor[2].pEnc2=EncTable[2].a
        Motor[2].pDac=Gate3[0].Chan[1].Pfm.a
        Motor[2].pAmpFault=Gate3[0].Chan[1].Status.a
        Motor[2].AmpFaultBit=7
        Motor[2].AmpFaultLevel = 1
        Motor[2].pAmpFault=0
        Motor[2].pLimits=0
        Motor[2].LimitBits=137
        Motor[2].pEncStatus=Gate3[0].Chan[1].Status.a
        Motor[2].CaptControl=$14080801
100 %  ◂  ◂
```

（b）

续图 2.43

示例如下。时钟和 Gate 设定如图 2.44 所示，正交编码器设定如图 2.45 所示。

```
Sys.WpKey = $AAAAAAAA

Gate3[i].PhaseFreq = 16000  //Phase 16 kHz
Gate3[i].ServoClockDiv = 1
Gate3[i].EncClockDiv = 4

Sys.ServoPeriod = 1000 * (Gate3[0].ServoClockDiv + 1) / Gate3[0].PhaseFreq
Sys.PhaseOverServoPeriod = 1 / (Gate3[0].ServoClockDiv + 1)

Gate3[i].Chan[j].OutputMode=3  //3或7或15
Motor[x].MaxDac=32767  //对应+-10V
```

图 2.44 时钟和 Gate 设定

```
Sys.WpKey = $AAAAAAAA

Gate3[0].EncClockDiv=5      //编码器采样时钟3.125MHz，高精度反馈需降低该值

Gate3[0].Chan[0].EncCtrl=7  //使用正交编码器时设定为3或7
Gate3[0].Chan[1].EncCtrl=7  //使用正交编码器时设定为3或7
Gate3[0].Chan[2].EncCtrl=7  //使用正交编码器时设定为3或7
Gate3[0].Chan[3].EncCtrl=7  //使用正交编码器时设定为3或7
```

图 2.45 正交编码器设定

电动机模拟量控制方式设定如下。

```
Motor[1].ServoCtrl=1                    //电动机 1 控制有效
Motor[1].Ctrl=Sys.ServoCtrl            //控制方式为模拟量控制
```

```
Motor[1].pEnc=EncTable[1].a                              //指向编码器表 1 的地址
Motor[1].pEnc2=EncTable[1].a                             //指向编码器表 2 的地址
Motor[1].pDac=GATE3[0].Chan[0].Dac[0].a                 //指向模拟量输出地址
Motor[1].pAmpFault=0 //GATE3[0].Chan[0].Status.a        //指向伺服报警地址,
                                                         //如=0 表示伺服报警无效
Motor[1].AmpFaultBit=7                                   //伺服报警控制字
Motor[1].pLimits=GATE3[0].Chan[0].Status.a              //指向电动机限位地址
Motor[1].LimitBits=9                                     //电动机限位控制字
Motor[1].pEncStatus=GATE3[0].Chan[0].Status.a
Motor[1].CaptControl=$ 14080801                          //位置捕捉控制字
Motor[1].pCaptFlag=GATE3[0].Chan[0].Status.a           //位置捕捉的信号选择
Motor[1].pCaptPos=GATE3[0].Chan[0].HomeCapt.a
                                                         //位置捕捉的位置保存地址
Motor[1].MaxDac=32767                                   //模拟量输出最大值
Motor[1].FatalFeLimit=50000                             //电动机跟随误差限制值
```

AB 正交编码器转换表设定如下。

```
EncTable[1].type=1                                      //编码器表 1 反馈信号类型
EncTable[1].pEnc=GATE3[0].Chan[0].ServoCapt.a         //编码器 1 反馈信号对应地址
EncTable[1].pEnc1=Sys.pushm                            //编码器 2 地址,因为无第二反
                                                        //馈信号,所以设为 =Sys.pushm
EncTable[1].index1=0
EncTable[1].index2=0
EncTable[1].index3=0
EncTable[1].index4=0
EncTable[1].index5=0
EncTable[1].MaxDelta=0
EncTable[1].SinBias=0
EncTable[1].CosBias=0
EncTable[1].ScaleFactor=1/256
```

模板配置完成后,构建下载电动机的配置项目,下载成功后,完成 CK3M 配置工作。

说明:项目配置是保存在上位计算机建立的项目文件中,项目配置或者修改下载到控制器上后,可使用"Save"指令将配置保存在卡上的 FlashRAM 中。

(4) 手动指令测试:设置完成,给伺服驱动器上电(伺服驱动前面已设定为力矩控制模式) 选择电动机电动功能区菜单,如图 2.46 所示,测试电动机正转,反转,点动正反向运动;也可用手动指令在终端窗口输入指令,如图 2.47 所示,发送手动指令。

```
#1j+   回车   //电动机 1 连续正传
#1j-   回车   //电动机 1 连续反转
#1j/   回车   //电动机 1 手动停止
```

手动指令后,在位置窗口观察电动机的位置数据变化,如图 2.48 所示。CK3M 控制欧姆龙 G5 系列伺服电动机的配置和调试工作完成。

图 2.46　IDE 手动测试

图 2.47　IDE 终端窗口

图 2.48　IDE 位置窗口

2.5.4　建立一个运动程序

CK3M 控制伺服配置完成后,在 IDE 软件里面编写轴运动的程序。

在项目管理器下的 PMAC Script Language→Motion Program→选择添加一个新建项,如图 2.49 所示。在名称栏输入 prog1.pmc,选择"添加",如图2.50所示。

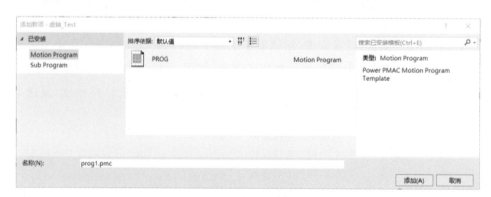

图 2.49　IDE 新建程序

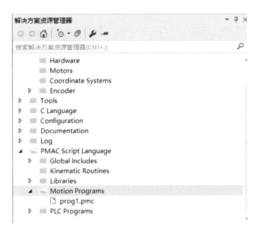

图 2.50 添加 prog1

选择"prog1.pmc"双击后,出现 prog1.pmc 程序的文本编辑器如图 2.51 所示。

```
prog1.pmc*  +  ×
        /*For more information see notes.txt in the Documentation folder */

        open prog 1
        // --------------------User Code Goes Here--------------------

        close


100 %   ▾   ◂                                                           ▸
```

图 2.51 文本编辑器

在"prog1.pmc"文本框编写 PMAC 运动程序如图 2.52 所示。

```
prog1.pmc  +  ×
        /*For more information see notes.txt in the Documentation folder */
        &1
        #1->X
        open prog 1
        // --------------------User Code Goes Here--------------------
        abs
        X0
        rapid
        X10.0
        linear
        inc
        X15.0 F30
        X20.0
        x40.0 F100
        abs
        rapid
        X0.0
        close


100 %   ▾   ◂                                                           ▸
```

图 2.52 PMAC 运动程序

构建和下载编写好的 prog1.pmc 程序,如图 2.53 所示。

下载成功后,在 IDE 软件的终端发指令:

&1B1R 回车

图 2.53　构建和下载程序

程序运行。在电动机的位置窗口可以监测到电动机的位置、速度数据变化。

2.6　PowerPMAC 应用实例——三轴高精度工作台演示项目

2.6.1　实例简介

图 2.54 所示的是三轴高速高精度工作台,采用 PowerPMAC CK3M 系列控制器、直线电动机驱动、大理石床身,可实现三轴三联动。

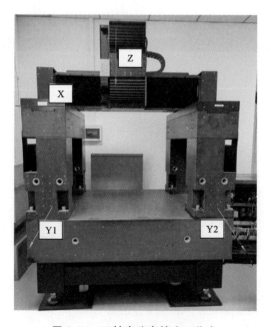

图 2.54　三轴高速高精度工作台

X 轴由直线电动机驱动,反馈装置为光栅尺。

Y 轴由 Y1、Y2 两个直线电动机驱动,反馈装置为两套光栅尺,PowerPMAC 控制器实现 Y1、Y2 同步运动控制。

Z 轴由伺服电动机驱动,反馈装置为电动机编码器。

2.6.2 控制系统配置

三轴高速高精度工作台控制系统配置如表 2.23 所示。

表 2.23 控制系统配置

名称	型号	说明
CPU 模块	CK3M-CPU101	PowerPMAC 控制器中枢单元
轴模块	CK3W-AX1515N	4 轴模拟量控制,每轴 2 路增量编码器反馈
电源模块	CK3W-PD048	24 V 电源输入模块
直线电动机驱动器	CopleyXEL230-18	X 轴、Y 轴直线电动机驱动
伺服驱动器、电动机	欧姆龙 G5 系列,400W	Z 轴驱动,带抱闸

三轴高速高精度工作台指标如下。

(1) X、Y 轴行程 1000 mm;

(2) X、Y 轴定位精度为 1 μm,重复定位精度为 0.5 μm;

(3) X、Y 轴控制速度 2 m/s,加速度 2 G;

(4) 三轴三联动。

2.6.3 设备控制和驱动的连接示意图

设备控制和驱动的连接示意图如图 2.55 所示。

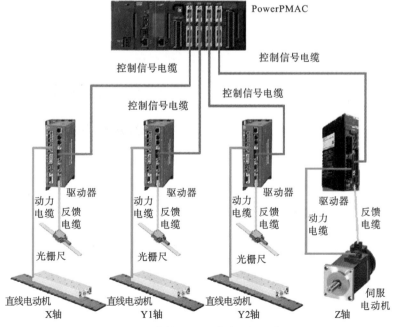

图 2.55 设备控制和驱动的连接示意图

（1）PowerPMAC 控制器的轴模块，发送±10 V 模拟量信号控制伺服。

（2）伺服驱动器工作在电流环模式。

（3）X、Y 轴光栅尺与伺服驱动器连接，在驱动器上实现电流环闭环控制。

（4）光栅反馈信号通过伺服驱动器分频输出，接到 CK3W-AX1515N 轴模块的反馈接口，在 CK3M 控制器上形成位置和速度闭环。

2.6.4 三轴高速高精度工作台项目实施

（1）在三轴高速高精度工作台上，采用 CK3M 控制器作为控制核心，使用 PowerP-MAC 的 IDE 软件，实现图 2.56 所示轨迹的演示程序编写和运行。

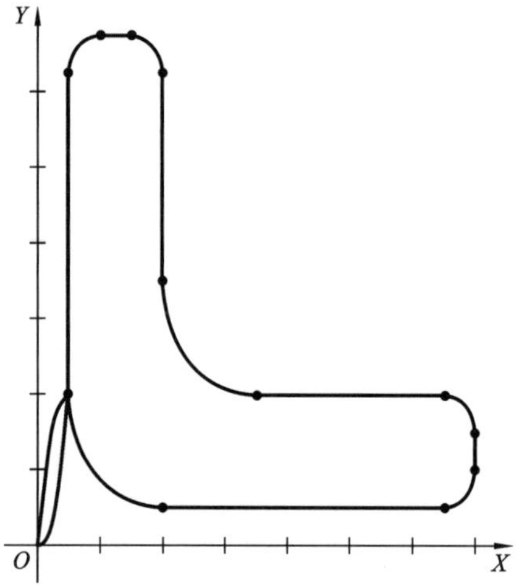

（2）项目流程如下。

① IDE 软件建立演示项目；

② 设定平台 X、Y1、Y2、Z 轴参数；

③ 调试 X、Y1、Y2、Z 轴 PID 参数；

④ 使能 Y1、Y2 轴龙门双驱模式；

⑤ 编写轨迹运动程序；

⑥ 执行轨迹运动程序和监测程序的运行状况。

（3）项目 IDE 软件操作示意如下。

① 建立 3 轴平台项目如图 2.57 所示。

② 在 PMAC Script Language 脚本语言栏进行参数设定，如图 2.58 所示。设定参数包括时钟参数配置，如图 2.59 所示；电动机配置，如图 2.60 所示；编码器反馈配置，如图 2.61 所示。

图 2.56 轨迹演示程序示例图

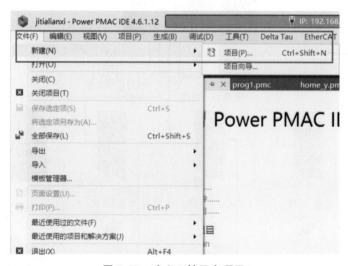

图 2.57 建立 3 轴平台项目

配置完成后，下载配置参数到 PMAC 卡，如图 2.62 所示。保存下载参数如图 2.63 所示。

图 2.58 在 PMAC Script Language
脚本语言栏进行参数设定

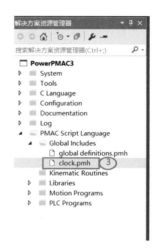

图 2.59 时钟参数设置

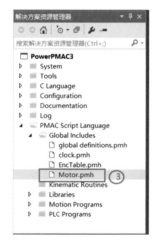

图 2.60 电动机配置

图 2.61 编码器反馈配置

图 2.62 下载配置参数

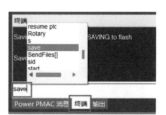

图 2.63 保存下载参数

③ IDE 软件调试伺服电动机特性:在工具栏上点击调谐,选择电动机,开始电动机特性调试工作。直线电动机电流环开环测试,判定驱动器上电流环的特性情况,如图 2.64 所示。

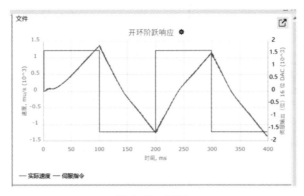

图 2.64　测试

PowerPMAC 位置环阶跃响应特性调谐如图 2.65 所示。

图 2.65　特性调谐

PowerPMAC 在 IDE 软件抛物线曲线调谐如图 2.66 所示。

调谐完成后在终端窗口输入"save"进行保存,如图 2.67 所示。

④ Y1、Y2 轴龙门双驱算法使能。

在 IDE 软件使能 PMAC 卡的龙门双驱功能,实现 Y1、Y2 轴龙门同步方式,后面编程只需编写 Y 轴指令,就可实现 Y1、Y2 轴的同时运行。

⑤ 在 IDE 软件编写运动程序。XYZ 平台实现如下运动轨迹程序,程序动作顺序描述:

X、Y、Z 三轴运动到平台 0 坐标位置;

Z 轴向下运动到平台表面 300 mm 位置,X、Y 轴移动到轨迹起点坐标(10 mm,40 mm);开始按照各段轨迹的位置坐标,编写 X、Y 轴运动指令,其中包括三轴点到点定位,单轴的直线运行,2 轴圆弧插补运行等。

定义坐标系程序示例如下。

```
&1
#1-> 10000X              //定义#1为 X 轴,用户单位为 mm
```

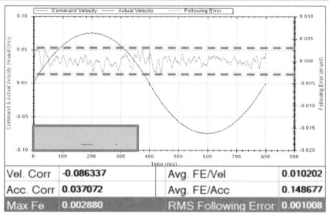

图 2.66 曲线调谐

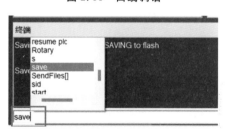

图 2.67 保存

```
#2-> 10000Y                    //定义#2为 Y 轴,用户单位为 mm
Coord[1].SegMoveTime=10 //坐标系下细分插补的计算时间,多轴插补时参数设为>0
                               //圆弧插补建议设为 10,单位为 ms
```

IDE 软件 Motion Prog 编辑器编写运动程序如下。

```
open prog 10                   //打开 prog10 程序,程序号为 10
abs                            //绝对坐标编程
rapid x10 y40 Z300             //快速定位到起点
ta500
ts250
f 50
linear y130                    //Y 轴直线运动到第 1 段位置
```

```
circle1 x20 y140 i10 j0        //第 2 段位置,X,Y 运行圆弧
linear x30                     //第 3 段,X 轴直线运动
circle1 x40 y130 i0 j-10       //第 4 段,X,Y 圆弧
linear y70                     //第 5 段 Y 轴直线运动
circle2 x70 y40 i30 j0         //第 6 段,X,Y 圆弧
linear x130                    //第 7 段,X 轴直线
circle1 x140 y30 i0 j-10       //第 8 段,X,Y 圆弧
linear y20                     //第 9 段,Y 轴直线
circle1 x130 y10 i-10 j0       //第 10 段,X,Y 圆弧
linear x40                     //第 11 段,X 轴直线
circle1 x10 y40 i0 j40         //第 12 段,X,Y 圆弧
dwell100                       //暂停 100 ms
rapid x0 y0 z0                 //快速运动到各轴坐标 0 位置
close                          //编写结束,关上 prog10 程序
```

⑥ 执行运动程序 prog10：

a. X、Y、Z 轴回参考点,回参考点是执行轨迹运动程序前的必须步骤,是确定 X、Y、Z 三轴坐标的参考点基准;

b. 在 IDE 软件的 Motion program 编辑器下编写上述轨迹运动程序 prog 10;

c. 构建和下载 prog 10 运动程序;

d. 执行 prog 10 运动程序,在终端窗口发送指令:&1B10R 回车;

e. 程序运行时,在 IDE 软件位置窗口观察到各个电动机位置、速度等信息变化;

f. 可使用 IDE 软件的 Plot 绘图工具中,采集 prog 10 程序运行时轴的位置,速度等数据,并以图形显示,如图 2.68 所示。

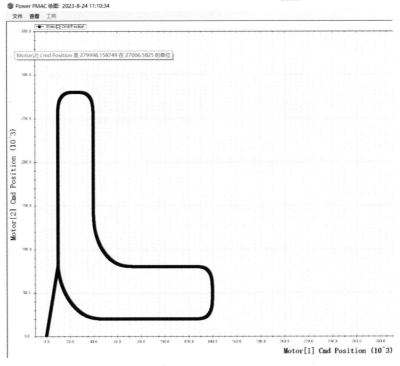

图 2.68 运动轨迹

3

PowerPMAC 运动控制器的数据结构

3.1 数据结构概述

数据结构是相互之间一种或多种特定关系的数据元素的集合,即带"结构"的数据元素的集合。"结构"就是指数据元素之间存在的关系,分为逻辑结构和存储结构。PowerPMAC 数据结构由厂家预先定义,可以通过在线指令、脚本语言和 C 语言编程访问。PowerPMAC 脚本语言编程时数据结构和元素名称不区分大小写,可自动匹配数据结构类型。但在 C 语言编程中,需要区分大小写。

PowerPMAC 的数据类型按存储方式分为如下三种。

(1)掉电存储数据:使用"SAVE"指令可将这些数据保存在闪存中,断电以后不会丢失。

(2)掉电不存储数据:无法保存在闪存中的数据,断电以后会丢失。重新上电、复位、初始化时会被设置为默认值(通常为 0)。如果需要,建议在 IDE 项目的 Global Includes 文件夹中的. pmh 文件中对相关数据进行初始化,或者通过一个 PLC 程序在上电启动后初始化这些元素。

(3)只读数据:PowerPMAC 内部数据,只允许用户读取。

3.2 PowerPMAC 运动控制器的基本数据类型

主要数据结构分组如表 3.1 所示。

表 3.1　主要数据结构分组表

关键字	说明	举例
Sys.	全局"系统"元素	Sys.MaxMotors 可使用的最大电动机数量
Motor[x].	电动机元素,由 Motor ♯x 索引	Motor[1].MaxSpeed ♯1 最大编程速度
Motor[x]. Servo.	电动机伺服算法元素	Motor[1].Servo.Status ♯1 输出迟滞死区状态

续表

关键字	说明	举例
Coord[x].	坐标系元素，由 CS ♯ x 索引	Coord[1].FeedTime CS ♯ 1 速度时间单位
EncTable[n].	编码器转换表元素，由 entry ♯ n 索引	EncTable[1].pEnc 编码器表条目 1 主数据源地址
CompTable[m].	补偿表元素，由 table ♯ m 索引	CompTable[1].Ctrl 补偿表 1 校正模式控制
Gate3[i].	Gate3 伺服 IC 元素，由 IC ♯ i 索引	Gate3[i].PartRev Gate3 IC 板的硬件版本号
Gate3[i].Chan[j].	Gate3 通道元素，由 channel ♯ j 索引	Gate3[0].Chan[1].HomeCapt 在外部触发器上锁定的编码器计数值
GateIo[i].	IOGate I/O IC 元素，由 IC ♯ i 索引	GateIo[i].PartNum IOGate IC 板的硬件部件号
Gather.	数据采集元素	Gather.Index 伺服中断数据采集样本索引

注:(1) 方括号[]中的内容是索引号，索引号必须是整型常量或局部 L 变量。

(2) 索引号不能是表达式，也不能是分数。

(3) 如果计算索引值，必须在单独的程序命令中执行，并使用赋值指令将计算结果赋给 Local(L 变量)，例如 L0＝Ldata. Motor，Motor[L0].JogSpeed＝100。

(4) 索引号总是从 0 开始。

(5) Motor[x].索引号与电动机编号(♯ x)匹配。

(6) Coord[x].索引号与坐标系编号(＆x)匹配。

(7) ASIC 的索引号与 ASIC 编号 i 匹配，例如对于 Gate3[0]来说 i＝0。

(8) ASIC 通道索引号(0～3)比 ASIC 通道编号(1～4)少 1。

(9) ASIC 索引号是通过在各硬件上的 DIP 开关设置来确定的。

(10) 用于索引号的变量可以从 L0 到 L8191。

3.3 PMAC 的变量

3.3.1 用户变量简述

PowerPMAC 脚本环境为程序员提供了类型丰富的用户变量，并提供了多种访问方式。这些变量保存在 PowerPMAC 的共享内存中。

变量的具体声明方式如下。

1. 在 IDE 中声明用户变量

用户可以通过集成开发环境(integrated development environment，IDE)为用户变量分配变量名，可以自定义有意义、易于理解的用户变量名。

2．自动分配已声明的用户变量

可以使用"变量声明语句"为用户变量建立用户变量名，声明语句以变量类型开始，后面是此类型变量的一个或多个用户名的列表。对于指针变量，除了变量的名称之外，还包括包含该变量地址的寄存器定义。然后，IDE 会自动将用户变量名分配给 Power-PMAC 中的特定变量。用户变量名到 PowerPMAC 特定变量的完整映射包含在"符号表"中，"符号表"在 IDE 和 PowerPMAC 中保持协调和同步。例如

```
global CycleCount;
```

IDE 将为 CycleCount 变量分配一个系统全局（"P"）变量。在随后的用户程序中使用该变量时，IDE 将自动用分配的内部变量名替换用户变量名。如果 IDE 分配了变量 P517，则在整个项目中每次使用 CycleCount 时都会自动替换为 P517。

IDE 启动时将 pp_proj.ini 文件中每种类型的内部变量分配给用户指定的名称，变量数由 xVARSTART 指令决定，其中"x"是表示变量类型的字母，后面跟着的数字表示用于自动分配的起始变量数。数字高于这个值的变量将被分配给用户变量。例如，执行 PVARSTART 256 指令后，系统全局变量 P0～P255 可以直接使用或与手动定义的变量名一起使用；P256 及以上将被分配给用户指定的变量名。

pp_proj.ini 文件中的 xVARSTART 指令的默认值为

```
PVARSTART=8192
QVARSTART=1024
MVARSTART=8192
```

这些内容可以在 IDE 的"项目属性"窗口中进行更改。通过使用符号表，用户可以在 IDE 的所有窗口（编辑器窗口、终端窗口、观察窗口等）中使用自定义变量名。

3．声明数组

在 IDE 中，用户还可以声明数组名称和大小。IDE 会自动将声明类型的连续编号内部变量组分配给数组。例如

```
global IncrementDist(512);
```

IDE 将为 IncrementDist 数组分配 512 个连续的系统全局（"P"）变量。随后在用户程序中使用数组时，IDE 将该数组的"基数"添加到用户指定的数组索引中。例如，如果 IDE 将从 P860 开始的内部变量分配给这个数组，在程序中使用 IncrementDist(Cycle-Num)时，IDE 将用 P(860＋CycleNum)替换这个变量。

对于已声明的数组名称，该名称可以在需要起始变量数作为参数的向量或矩阵函数调用中使用。例如

```
MyTotalDist=sum(&IncrementDist, 512, 1)
```

代替

```
MyTotalDist=sum(860, 512, 1)
```

4．手动定义的变量名称

也可以通过 ♯ define 指令直接为 IDE 中的特定内部变量分配用户变量名。这一功

能常用于老版本(Turbo PMAC)项目升级到新版 PowerPMAC,例如

```
#define TargetPressure  P100
#define CornerRadius    Q53
#define SolenoidOn      M233
```

PowerPMAC 的内部变量如表 3.2 所示。

表 3.2　PowerPMAC 的内部变量

类型	说明	数据类型	数量	声明举例
I 变量	参数变量,延续之前版本的参数变量 I 表达形式	全局,64 位浮点	I0-I16383	命令 I123-> PowerPMAC 返回: Motor[1].HomeVel
P 变量	可访问 PowerP-MAC 任何任务的用户变量	global 声明,全局变量,64 位浮点	65,536 个	global LineSpeed;
Q 变量	在同一坐标系多个任务操作可访问的用户变量	csglobal 声明,坐标系统全局变量,64 位浮点	每个坐标系 8192 个	csglobal LineSpeed;
M 变量	用户分配给特定地址或数据结构元素的全局变量	ptr 声明,指针全局变量,64 位浮点	16,384 个(M0 ~M16383)	ptr LaserMag->Gate1 [4].Chan[3].Dac[1]
L 变量	程序中临时调用的变量	local 声明,局部变量,64 位浮点	每个坐标系下 8192 个	local LineSpeed;
R 变量	子程序之间传递和返回参数,使用"r 变量"名称对堆栈上的局部变量进行替代命名	局部变量	相当于不同编号的 L 变量	
坐标系轴 C 变量	用于运动学子程序传递轴位置和速度的局部用户变量	坐标系轴变量,局部变量	等价于不同编号的 L 变量	
D 变量	用于创建符合 RS-274 标准代码(G,M,T…)子例程中使用	局部变量	单个字母 A~Z 相关联的值分别被分配给 D1~D26。与双字母 AA~ZZ 相关联的值分别被分配给 D27~D52	查询方法: Coord[x].Ldata.D [n] 或 Plc[i].Ldata.D [n] 包含坐标系或 PLC 程序当前执行的(或挂起)的例程的 Dn 值

续表

类型	说明	数据类型	数量	声明举例
用户共享内存缓冲区 Sys. Xdata 变量	在用户定义的缓冲区空间中的全局用户数组变量;可以使用多种变量格式	Sys. Ddata[i] 双精度(64 位,8 字节)浮点格式 Sys.Fdata[i] 单精度(32 位,4 字节)浮点格式 Sys. Idata[i] 有符号整数(32 位,4 字节)格式 Sys.Udata[i] 无符号整数(32 位,4 字节)格式 Sys.Cdata[i] 字符(8 位,1 字节)格式		ptr CycleTime-> Sys. Fdata[L100];

3.3.2 系统全局 P 变量

global 声明的用户变量对应内部 P 变量,是 64 位浮点值全局变量,可以被 Power-PMAC 的任何任务访问,共有 65,536 个(P0～P65535)。当用户使用 global 声明全局变量时,IDE 会自动将声明的全局变量映射给一个 P 变量。使用默认设置时,全局变量映射从 P8192 开始,用户仍然可以自由使用 P0～P8191 的 P 变量。

在应用程序中,系统全局变量需在程序最开始处进行声明,例如

```
//全局变量声明
global RunLength, CycleCount;
global LineSpeed;
global PartWidth(1000);
//程序语句
P17=3.14159;
P200=P100+1;
P(P1)=7;
P2=L(Q13+Q14-1);
```

上例中,声明的全局变量可以通过 P 变量直接访问,这由字母 P 后跟一个数值指定。数值可以指定为字母 P 后面的整数常数,也可以指定为括号中的数学表达式。

3.3.3 坐标系全局 Q 变量

Csglobal 声明的用户变量对应内部 Q 变量,是 64 位浮点值坐标系全局变量,可以被同一坐标系中的所有任务程序使用,每个坐标系有 8192(Q0～Q8191)个。由于 PowerP-MAC 可以定义多个坐标系,所以 Csglobal 坐标系变量只属于定义的那个坐标系。

在应用程序中,坐标系全局变量需在程序最开始处进行声明,例如

```
//坐标系变量声明
&1        //定义坐标系,坐标系统变量应用于哪个坐标系,必须有
csglobal RunLength, CycleCount;
csglobal LineSpeed;
//程序语句
&1
Q17=3.14159;
Q200=Q100+1;
Q(Q1)=7;
Q2=P(L13+L14-1);
```

由于 Q 变量是坐标系全局变量,即每个坐标系有一套自己的 Q 变量,因此无论通过终端在线指令或 PLC 程序访问 Q 变量时,需要指明访问的是哪一个坐标系的 Q 变量。例如:对于 Q1,隶属坐标系 1 的 Q1 与隶属坐标系 2 的 Q1,虽然名称相同但不是同一个变量。

在 PLC 程序中,可以通过 Ldata.Coord 参数设定,更改选定的坐标系,以便于访问指定坐标系下的 Q 变量。例如:用户希望通过 PLC 程序先访问坐标系 2 下的 Q 变量,再访问坐标系 1 下的 Q 变量,可以使用以下程序:

```
Open plc 1
Ldata.Coord=2              //设定选定坐标系 2
Q1=2
Ldata.Coord=1              //设定选定坐标系 1
Q1=1
Close
```

在 PowerPMAC 脚本语言环境中(适用于 PLC 及运动程序等),也可以通过 Coord[x].Q[i] 对指定坐标系下的 Q 变量进行访问,其中 x 表示坐标系序号,i 表示需要访问的 Q 变量序号。

在 C 语言程序中,可以直接通过指针 pshm->Coord[x].Q[i] 进行访问,其中 x 表示坐标系序列号,i 表示需要访问的 Q 变量序号。

3.3.4 用户指针 M 变量

ptr 声明的用户变量对应内部 M 变量,是指针类型全局变量,用于访问数据结构元素、用户内存地址、用户 I/O 地址,或"自定义"分配的内存地址的指针变量。共有 16,384 个(M0~M16383)。

在应用程序中,用户指针变量需在程序最开始处进行声明,例如

```
//用户指针变量声明
ptr LaserOn->u.io.$ A00000.8.1        //ptr 后跟变量用户名称,"-> "指向 Power
                                      //PMAC 地址
ptr LaserMag->Gate1[4].Chan[3].Dac[1]
//程序语句
```

可以通过相应的数据结构元素访问有编号的 M 变量:Sys.M[i](i 为 M 变量序号)。在 C 语言中无法直接访问 M 变量,只能通过 API 函数调用来访问它们。在 C 语

言中可以使用函数 double GetPtrVar（unsigned varname）获取 M 变量的数值,其中 varname 为 ptr 指令声明的变量名。与此同时,也可以使用函数 void SetPtrVar（unsigned varname,double value）设定 M 变量数值,其中 varname 为 ptr 指令声明的变量名,value 为设定值。

3.3.5　参数 I 变量

I 变量实现 PowerPMAC 运动控制器的所有参数设置,等同于预定义的数据结构的控制元素。

```
I0-I99     电动机 0 设置；
I100-I199   电动机 1 设置；
……
Ixx00-Ixx99   电动机 xx 设置；
I5000-I5099   坐标系 0 设置；
I5100-I5199   坐标系 1 设置；
……
Ixx00-Ixx99   坐标系 xx 设置；
I8000-I8099   全局参数设置；
```

例如,预定义的数据结构的控制元素 Motor[x].HomeVel 设置电动机回零的速度。对应的 I 变量是 Ixx23(xx 是电动机序号),所以 Motor[1].HomeVel 和 I123 都可以设定 1 号电动机的回零速度；I5098 是坐标系 0 的最大反馈速率；I8010->,将返回 Sys.ServoPeriod 系统伺服周期。

可以在 IDE 中使用 I{data}-> 命令查看 I 变量对应的预定义的数据结构,例如,执行 I123-> PowerPMAC,返回 Motor[1].HomeVel；I5198-> PowerPMAC,返回 Coord[1].MaxFeedRate。

3.3.6　局部 L 变量

local 声明的用户变量对应内部 L 变量,是 64 位浮点值局部变量,只能被特定程序或任务集使用,每个特定程序有 8192(L0～L8191)个。

在特定程序中,局部变量可以在程序内部进行声明,例如

```
//局部变量声明
local RunLength, CycleCount;
local LineSpeed;
//程序语句
L17=3.14159;
L200=L100+1;
L(L1)=7;
L2=L(P13+P14-1);
```

在上例中,字母 L 后面可以直接跟数值,也可以是括号中的数学表达式。

L 变量与 R 变量用于与子程序传递数据。在 PowerPMAC 中主程序中的 R0 变量与被调用的子程序中的 L0 变量通过一个变量。因此主程序可以通过 R 变量向子程序传递数据,同时子程序也可以通过 L 变量向主程序返回数据。主程序 R 变量与子程序

L 变量之间的映射关系如图 3.1 所示。

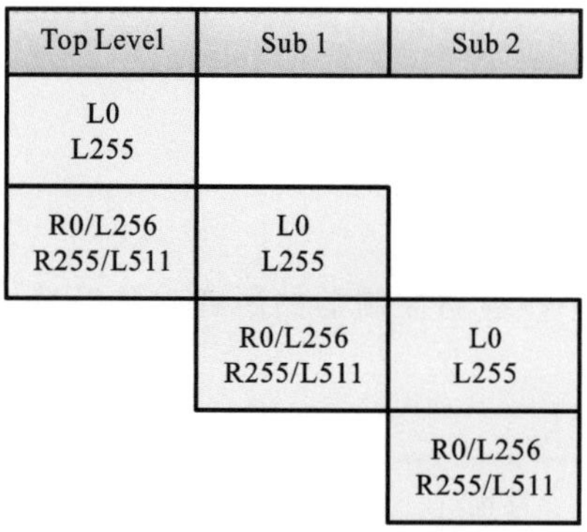

Top Level	Sub 1	Sub 2
L0 L255		
R0/L256 R255/L511	L0 L255	
	R0/L256 R255/L511	L0 L255
		R0/L256 R255/L511

图 3.1 堆栈偏移量的调用

3.3.7 返回/堆栈 R 变量

为了便于使用子程序之间传递和返回参数，PowerPMAC 支持用局部变量作为主程序与被调用子程序间的参数传递方式。

调用程序或例程的变量 Ri 与被调用的子程序或子例程中的变量 Li 相同。在主程序中 Ri 变量与被调用程序中 Li 变量其实为相同变量。其中在下载程序文本之前的打开命令中为程序声明了堆栈偏移，该方式允许建立通用的子程序，这些子程序可以被不同的主程序，如运动程序或 PLC 程序调用，其具有独立的参数传递变量。举一个简单的例子，我们将查看一个子程序，它使用勾股定理来计算传递给它的两个"垂直边"的值，并返回"对角线"的值。在原 PowerPMAC 代码中，没用用变量名替代 L 变量，这个子程序的代码可以是

```
open subprog 100
L2= sqrt(L0* L0+L1* L1);
close
```

然后可以用 PowerPMAC 代码调用这个子程序（同样没有变量声明和替换），如

```
R0= 3; R1= 4;
call 100;     // 返回的结果在 R2 中可用
```

IDE 项目管理器支持变量的用户名和子程序/子例程名，因此该子程序可以在 IDE 中写为

```
open subprog Pythag (Run, Rise, &Hypot)
Hypot= sqrt(Run* Run+Rise* Rise);
close
```

如上述的实际 PowerPMAC 代码。在 IDE 中，这个子程序将用一个程序语句来调用，如

```
call Pythag (Xvelocity, Yvelocity, &VectorVel);
```

实际的 PowerPMAC 代码，如

```
R0=P8207; R1=P8208; call 100; P8215=R2;
```

其中分别为 Xvelocity，Yvelocity，和 VectorVel，自动分配（全局）变量 P8207、P8208 和 P8215。

可以通过在线指令访问这些局部变量，这一功能主要用于调试目的。例如使用：

```
Coord[x].Ldata.R[n]或 Plc[i].Ldata.R[n]
```

通过在线指令进行访问[x].Ldata.R[n]或 Plc[i].Ldata.R[n]包含坐标系或 PLC 程序当前执行的（或挂起的）例程的 Rn 值。

3.3.8　坐标系运动学算法轴 C 变量

当使用运动学算法时，需要在电动机（关节坐标系）与轴（工具坐标系）之间进行数据转换，此时运动学子程序通过 C 变量与 L 变量完成数据的传递。

在运动学子程序中，电动机位置（关节坐标系）由 L0 至 L(Sys. MaxMotors-1)表示，例如：L1 代表电动机♯1 的位置；L2 代表电动机♯2 的位置。

与此同时，C 变量代表坐标系轴的位置（工具坐标系）。由于在 PowerPMAC 中每个坐标系包含 32 个轴（A、B、C…X、Y、Z…XX、YY、ZZ），因此 C 变量的范围为 C0 至 C31。例如：C0 代表 A 轴位置，C1 代表 B 轴位置，C6 代表 X 轴位置，C7 代表 Y 轴位置等。

上述的 L 变量和 C 变量，在运动学算法子程序中也可以用 KinPosMotorX 表示电动机位置（X 表示电动机序号）和 KinPosAxis□表示轴位置（□表示轴字母）。例如：KinPosMotor1 表示电动机♯1 位置，KinPosAxisY 表示坐标系 Y 轴位置。

3.3.9　非堆栈本地 D 变量

坐标系、PLC 程序或通信线程的局部 D 变量用于某些特定的数据传递。这些变量不在堆栈上，因此重复使用它们可能会导致对现有值的覆盖。

如果子例程或子程序执行读取命令，则与指定的单字母或双字母相关联的值将自动分配给执行运动程序或特定 PLC 程序的坐标系的 D 变量。该功能的主要目的是为子例程提供参数，同时保持特定程序为 RS-274"G 代码"的传统字母/数字格式。

与单个字母 A～Z 相关联的值分别被分配给 D1～D26。与双字母 AA～ZZ 相关联的值分别被分配给 D27～D52。如果最近的读取命令为 Dn 赋值，则 D0 的位 n-1 设置为 1；否则为 0。

D 变量还用于保存对轴查询命令的响应，包括缓冲程序命令 dread，dtogread，fread，pread，tread 和 vread，以及在线命令（当前面有 &x 坐标系说明符时）d、f、g、p、t 和 v。在这种情况下，D0～D31 分别用于 A～ZZ 轴的值。

坐标系的变量 D0 与运动学子程序有几种用途。PowerPMAC 将自动在正向运动学例程的入口上设置 D0，以表示它是否需要一次或两次通过该例程（需要两次通过来计算速度和以下错误）。用户的前向运动学代码必须在退出程序时设置 D0，以告诉 PowerPMAC 已经计算了哪个轴值，位 0～31 分别用于 A～ZZ 轴。

PowerPMAC 将自动在逆运动学程序的入口上设置 D0，以表示它是否要从轴速度计算电动机速度（以及从轴位置计算电动机位置）。速度计算仅用于坐标系统不在分割模式时的 pvt 模式移动。

可以从例程的外部访问这些本地 D 变量,如

Coord[x].Ldata.D[n] 或 Plc[i].Ldata.D[n]

包含坐标系或 PLC 程序当前执行的(或挂起的)例程的 Dn 值。

3.4 PowerPMAC 用户自定义内存

PowerPMAC 有一个"用户自定义内存"(ushm)缓冲区,可用于存储和共享大量的变量值,所有程序和通信线程都可以通过各种不同的方式访问。如果没有为应用程序提供足够的全局变量,此缓冲区特别有用。

默认情况下,PowerPMAC 为用户自定义内存缓冲区保留 1 兆字节的内存,用户可以在 IDE 的项目管理器的"属性"控制窗口中,修改"用户自定义内存"的大小(以兆字节为单位),修改的结果存储在"ppproj.ini"项目配置文件中。

用户自定义内存的基本地址可以在全局状态元素 Sys.pushm 中找到。

缓冲区数据结构元素如下。

```
Sys.Ddata[i]      //双精度(64位,8字节)浮点格式
Sys.Fdata[i]      //单精度(32位,4字节)浮点格式
Sys.Idata[i]      //有符号整数(32位,4字节)格式
Sys.Udata[i]      //无符号整数(32位,4字节)格式
Sys.Cdata[i]      //字符(8位,1字节)格式
```

表 3.3 所示的是如何以上述格式访问用户自定义内存的 16 个字节。

表 3.3 用户自定义内存的 16 字节分配示意图

Sys.pushm+	Ddata	Fdata	Idata	Udata	Cdata
0	[0]	[0]	[0]	[0]	[0]
					[1]
					[2]
					[3]
4		[1]	[1]	[1]	[4]
					[5]
					[6]
					[7]
8	[1]	[2]	[2]	[2]	[8]
					[9]
					[10]
					[11]
12		[3]	[3]	[3]	[12]
					[13]
					[14]
					[15]

需要注意的是,所有这些数据结构都可以访问用户自定义内存中的相同地址。如果用户希望在用户自定义内存中使用多种格式,那么他有责任确保没有存储地址冲突。

在重新初始化时,由于 PowerPMAC 电动机的输出指针没有分配给任何接口硬件,此时电动机的输出指针被自动分配给 Sys.pushm 开始的 8 个字节。如果在电动机输出指针被更改之前电动机被激活,那么会覆盖这些字节中的值。

1. 通过 M 变量访问用户自定义内存

在某些应用程序中,可以通过 PowerPMAC 的 M 变量指针访问用户自定义内存。例如,声明:

```
ptr CycleTime-> Sys.Fdata[L100];
```

通过上述声明则可以通过"CycleTime"以单精度浮点数格式,在线指令或程序中访问

```
Sys.Fdata[100]。
```

在声明 M 变量时,还可以用方括号中的索引的局部变量进行声明,从而允许使用已声明的变量名访问整个数组。例如,使用以下声明:

```
ptr CycleTime-> Sys.Fdata[L100];
```

可能会使用以下代码:

```
TotalTime=0.0;
L100=5000;
while (L100<10000) TotalTime+=CycleTime; L100++;
```

当在声明 M 变量时使用变量,则可以在程序中通过改变变量值,从而使 M 变量访问不同的数据。如上述程序所示,通过更改 L100 变量值,可以访问 Sys. Fdata[5000]到 Sys. Fdata[14999]。

除了上述方法外,也可以使用下面的方法使 M 变量访问用户自定义内存:

```
Mn-> {format}.user:{byte offset}.[{bit offset}.{width}]
```

例如

```
ptr InsertionComplete-> u.user:$ 3000.7.1
```

其中:{format}代表访问数据格式;u 表示无符号整数;i 表示有符号整数;f 代表单精度浮点数;d 代表双精度浮点数;user 表示访问区域为用户自定内存区;{byte offset}表示偏移地址;[{bit offset}.{width}]表示起始 bit 位与位宽。

例如:需要以无符号整数形式访问 Sys. Udata[100]的 bit0 到 bit7,可以通过如下方式进行定义。

```
ptr Counts-> u.user:$ 190.0.8
```

由于地址代表 byte,即 8 个 bits 代表一个地址,Sys. Udata[100]为 32 bits 无符号整数,即 Sys. Udata[0]的地址应为 $0, Sys. Udata[1]的地址应为 $4,而 Sys. Udata[100]应为 $190(以上地址均为十六进制表示)。

2. 从 C 程序访问用户自定义内存

可以使用指针变量从 C 例程中访问用户共享内存缓冲区中的元素。例如，使用变量声明：

```
int * MyUshmIntVar;
double * MyUshmDarray;
```

可以使用以下命令来分配指针：

```
MyUshmIntVar=(int * ) pushm+9;              // Sys.Idata[9]
MyUshmDarray=(double * ) pushm+8192         // Sys.Ddata[8192]
```

PMAC运动控制器控制电动机

在现代社会中,电能是最主要的能源之一。在电能的生产、输送和使用等方面,电动机发挥着重要的作用。电动机主要包括发电机、变压器和电动机等类型。发电机是将其他形式的能源转换成电能的设备;变压器是利用电磁感应原理实现电能传递或信号传输的一种设备;电动机(motor)也称马达,是依据电磁感应定律实现电能转换的一种设备。它的主要作用是将电能转化为机械能,作为设备的动力源。图 4.1 是直流有刷电动机原理图。

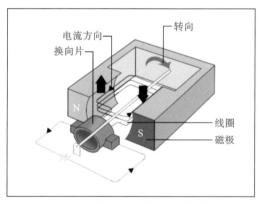

图 4.1　直流有刷电动机原理图

作为电能生产、传输、使用和电能特性变化的核心装备,电动机结构类型繁多,与运动控制相关的主要有伺服电动机、步进电动机等。相关电动机介绍如表 4.1 所示。

表 4.1　控制电动机介绍表

名称	性能介绍
伺服电动机	伺服电动机(servo motor)是指在伺服系统中驱动机械元件运转的电动机,是精密运动控制中一种可控的,进行机电能量转换和信号转换的机械电磁装置。 伺服电动机转子轴,可在受控状态下非常准确地复现上位机要求的位置、速度和转矩命令,以驱动负载对象。伺服电动机在自动控制系统中,用作执行元件,且具有机电时间常数小、过载能力强、线性度高等特性。

续表

名称	性能介绍
步进电动机	 步进电动机是一种直接将电脉冲转化为机械运动的机电装置,当步进驱动器接收到一个脉冲信号,它就驱动步进电动机按设定的方向转动一个固定的角度(即步进角)。通过控制施加在电动机线圈上的电脉冲顺序、频率和数量,可以实现对步进电动机的转向、速度和旋转角度的控制。如果没有接收到信号,步进电动机驱动器将锁定步进电动机。在不借助带位置感应的闭环反馈控制系统的情况下,仅使用步进电动机和配套的驱动器就可以组成开环控制系统。因为省略了位置测量装置(编码器、光栅尺等),简化了控制系统、降低了成本,但代价是降低了位置和速度控制精度。
力矩电动机	 作为伺服电动机的一种,力矩电动机是一种特殊类型的无刷永磁同步电动机,具有低速、大转矩、过载能力强、响应速度快、线性度好、转矩波动小等特点。力矩电动机的轴不是以恒功率输出动力而是以恒力矩输出动力,由于负载直接连接转子,不需要任何传动件,因此力矩电动机属于直驱电动机,是一种具有软机械性和宽调速范围的专用电动机。
直线电动机	作为伺服电动机的一种,直线电动机也称为线性电动机,在结构上可以看做是旋转电动机从中间切开并拉伸成直线而形成的。直线电动机中,将定子称为初级(primary),将转子称为次级(secondary)。它是一种将电能转换成直线运动的机电装置,不需要任何中间传动转换环节。 根据电源类型的不同,直线电动机分为直流直线电动机和交流直线电动机;根据有无铁芯又分为铁芯直线电动机和无铁芯直线电动机。铁芯直线电动机采用特殊的电磁设计,将线圈缠绕在硅钢板(铁叠片)上,通过单面磁路最大限度提高动力,可提供最大额定推力。这种电动机推力大,电动机 Km 常数高、热损低、齿槽力小,是传动大重量物品的理想之选,可在机加工与处理过程中保持刚性。无铁芯直线电动机没有铁芯或插槽,因此其齿槽效应为零,重量较轻。该类电动机适用于需要非常小的轴承摩擦力、对较轻负载具有高加速度,以及在超低速度条件下依然可确保最高恒速的场合。 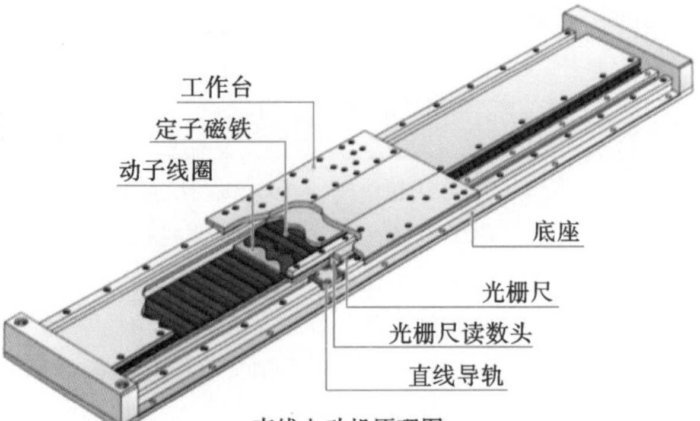 工作台 定子磁铁 动子线圈 底座 光栅尺 光栅尺读数头 直线导轨 直线电动机原理图

4.1 伺服系统概述

伺服系统(servo mechanism)是用来精确地跟随或复现某个过程的反馈控制系统，由控制器(PowerPMAC)、功率驱动装置(电动机驱动器)、反馈装置(编码器、光栅尺)和电动机(伺服电动机、步进电动机)组成。伺服系统按照反馈类型可以分为开环(步进电动机，无反馈)、半闭环(编码器反馈)和全闭环(光栅尺反馈)三种，伺服系统反馈类型如图 4.2 所示。

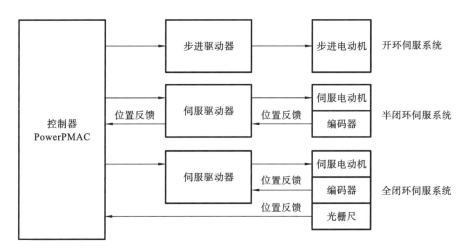

图 4.2 伺服系统反馈类型

4.1.1 工作原理

在伺服系统中，PowerPMAC 通常与伺服电动机配合使用。

伺服电动机(servo motor)通过将输入的控制信号转化为轴上输出的角位移和角速度来驱动控制对象。伺服电动机可以非常准确地控制输出扭矩、速度、位置精度。伺服电动机按照供电类型可以分为直流伺服电动机、交流伺服电动机两大类。

交流伺服电动机内部的转子是永磁铁，驱动器控制 U/V/W 三相电形成电磁场，转子在此磁场的作用下转动，同时电动机自带的编码器反馈信号给驱动器，驱动器将反馈值与目标值进行比较，据此调整转子转动的角度。在没有控制电压时，定子内只有励磁绕组产生的脉动磁场，转子静止不动。当有控制电压时，定子内便产生一个旋转磁场，转子沿旋转磁场的方向旋转，在负载恒定的情况下，电动机的转速随控制电压的变化而变化，当控制电压的相位相反时，伺服电动机将反转。

直流伺服电动机的工作原理与普通的直流电动机工作原理基本相同。依靠电枢气流与气隙磁通的作用产生电磁转矩，使伺服电动机转动。通常采用电枢控制方式，在保持励磁电压不变的条件下，通过改变电压来改变转速。电压越小转速越低，电压为零时，停止转动。因为电压为零时，电流也为零，不会产生电磁转矩，所以电动机不会出现自转现象。

伺服系统有三种控制方式，即转矩控制(电流环)、速度控制(电流环、速度环)、位置控制(电流环、速度环、位置环)。

转矩控制:根据输入信号对伺服电动机输出的转矩进行严格控制。

速度控制:根据输入信号对伺服电动机转动的速度进行严格控制。

位置控制:根据输入信号对伺服电动机转动的速度进行严格控制,根据反馈装置测量的数据来确定转动的角度。

这三种控制方式对应着伺服驱动器(控制器)的电流环、速度环、位置环。

第一环是电流环,此环完全在伺服驱动器内部进行,通过霍尔装置检测驱动器给电动机的各相输出电流,负反馈对电流的设定进行 PID 调节,从而使输出电流尽量接近或等于设定电流,电流环就是控制电动机转矩的,所以在转矩模式下驱动器的运算量最小,动态响应最快。

第二环是速度环,通过检测伺服电动机编码器的信号进行负反馈 PID 调节,它的环内 PID 输出直接就是电流环的设定,所以速度环控制时就包含了速度环和电流环。换句话说任何模式都必须使用电流环,电流环是控制的根本,在速度和位置同时控制的系统实际上也需要进行电流(转矩)控制以实现速度和位置的相应控制。

第三环是位置环,它是最外环,可以在驱动器和伺服电动机编码器间构建,也可以在外部控制器和电动机编码器或者最终负载间构建,要根据实际情况来定。由于位置环内部输出就是速度环的设定,位置控制模式下系统进行了所有 3 个环的运算,此时的系统运算量最大,动态响应也最慢。

4.1.2 伺服电动机选型

1. 伺服电动机的选型原则

(1) 连续工作扭矩小于伺服电动机额定扭矩。

(2) 瞬时最大扭矩小于伺服电动机最大扭矩(加速时)。

(3) 惯量比小于电动机规定的惯量比。

(4) 连续工作速度小于电动机额定转速和编码器分辨率的确认。

2. 伺服电动机选型步骤

(1) 确定机械结构,还要确定各机构零件(滚珠丝杠的长度、导程和带轮直径等)的细节。

(2) 确定运转模式,如加减速时间、匀速时间、停止时间、循环时间、移动距离等。运转模式对电动机的容量选择有很大的影响。例如,加减速时间、停止时间如果选较大值,就可以选择较小的电动机容量。

(3) 计算负载惯量和惯量比,结合各机构部件计算负载惯量(请参照普通的惯量及其计算方法),并且用所选的电动机的惯量去除负载惯量,计算惯量比。

(4) 计算转速,根据移动距离、加减速时间、匀速时间计算电动机转速,再根据精度要求,选择合适的编码器(或别的反馈元件)。

(5) 计算转矩,根据负载惯量和加减速时间、匀速时间计算所需的电动机转矩。

(6) 选择电动机,查询相关伺服电动机选型手册,选择能够满足上述条件的伺服电动机。如果有疑问,可以咨询厂商技术人员。

(7) 电动机抱闸,电动机抱闸的主要作用是防止电动机在掉电时的滑动或漂移现象,比如 Z 轴电动机,具体选型可以参考相关产品手册或咨询厂商技术人员。

(8) 动态制动器,由动态制动电阻组成,在伺服电动机的 U、V、W 相上分别串一个制动电阻,这三个电阻接到一个继电器上,在伺服电动机正常工作时三个相线不通过制动电阻短接,当伺服电动机要制动时通过继电器动作将三个相线通过制动电阻接到一起。在要求伺服电动机能尽快停车场的合需选用动态制动器,选择时要依据负载的重量、电动机的工作速度、减速时间等条件。

(9) 再生制动器,再生制动是指伺服电动机在减速或停止过程中通过制动产生的动力再通过变频器电路反馈到直流母线,并由 RC(电阻电容)电路吸收,不断产生反向转动而制动的过程。具体选型可以参考相关产品手册或咨询厂商技术人员。

4.1.3　调试方法

1. 控制卡和伺服接线

将控制卡断电,连接控制卡与伺服电动机之间的信号线。需要的接线有:控制卡的模拟量输出线、使能信号线、伺服输出的编码器信号线。复查接线没有错误后,电动机和控制卡(以及 PC)上电。此时电动机轴可手动轻松转动,可通过转动电动机轴,再控制 IDE 软件检测电动机位置是否有计数,以此验证编码器信号的接线。

2. 设定伺服参数

在伺服电动机上设置控制方式,设置使能由外部控制、编码器信号输出的齿轮比,设置控制信号与电动机转速的比例关系。一般来说,建议使伺服工作中的最大设计转速对应 9 V 的控制电压。比如,欧姆龙伺服是设置 1 V 电压对应的转速,出厂值为 500。

此时控制卡端将 PID 参数清零,控制卡上电时使能输出信号设为关闭,"save"保存,确保控制卡再次上电时即为此状态。

3. 控制器开环测试伺服

PowerPMAC 控制器可通过 Out 指令开环使能电动机和模拟量控制电动机正反运动。确认给出正指令,如 Out1,观察电动机是否正转,编码器计数是否增加;给出负指令,如 Out-1,观察电动机是否反转,编码器计数是否递减。测试开环指令电压不要过大,建议在 1 V 以下。如果电动机带有负载,或行程很小,请根据设备安全决定能否执行开环指令。开环测试是控制器闭环前的检查工作,对于闭环控制系统,如果反馈信号方向与指令信号方向不一致,将会导致控制环路正反馈,后果是灾难性的。指令开环测试如发现运动方向和编码器反馈方向不一致,必须修改控制器编码器反馈极性参数或伺服驱动器上的类似参数,保证指令与反馈方向一致后,才可执行控制器闭环的指令和程序工作。

4. 伺服模拟量方式抑制零漂

零漂指当伺服驱动器输入模拟量信号为零(即没有指令输入)时,由于受温度、电源电压不稳等因素的影响,电路输出端电压偏离而上下漂动的现象。

在模拟量闭环控制系统中,零漂的存在对控制效果有一定的影响,PowerPMAC 通过控制器中 Motor[x].DacBias 参数可以调整指令零漂,也可通过驱动器参数调整零漂。方法是在 PowerPMAC IDE 软件终端发出 Out0 指令,使电动机开环使能,输出零伏电压,观察电动机在"0"指令时的转速情况,通过设置 Motor[x].DacBias 参数使电动机的转速趋近于零。零漂本身有一定的随机性,不可能绝对消除。

5. 建立闭环控制

在确认电动机反馈信号正常,电动机使能信号正常,电动机指令信号正常,电动机反馈方向与电动机指令方向一致的情况下,可以开始进行闭环参数调试。在进行闭环参数调试时,建议使用 IDE 软件中的调试工具,并将"运动后结束电动机"选项勾选,以保证调试安全性。

6. 伺服调整闭环参数

本书限于篇幅,伺服调试相关参数请参照各伺服电动机生产厂家的使用手册。

4.1.4 伺服电动机其他注意事项

在产品安全方面需要注意以下事项。

1. 伺服电动机需要防水防油

(1) 水和油会腐蚀伺服电动机的零件和绝缘层,导致伺服电动机损坏,在有水、油的环境下需要选择相应防护等级的伺服电动机,如果防护等级不够要采取相应隔离措施。

(2) 如果伺服电动机连接到一个减速齿轮,使用伺服电动机时应当加油封,以防止减速齿轮的油进入伺服电动机。

(3) 伺服电动机的电缆也需要注意防水防油。

2. 伺服电动机电缆的保护

(1) 确保电缆不因外部弯曲力或自身重量而受到力矩或垂直负荷,尤其是在电缆出口处或连接处。

(2) 在伺服电动机移动的情况下,应把电缆(就是随电动机配置的那根)牢固地固定到一个静止的部分(相对电动机),并且应当用一个装在电缆支座里的附加电缆来延长它,这样弯曲应力可以减到最小。

(3) 电缆弯曲时弯头半径不能小于电缆的最小弯曲半径。

3. 伺服电动机允许的轴端负载

(1) 确保在安装和运转时加到伺服电动机轴上的径向和轴向负载控制在每种型号的规定值以内。

(2) 在安装刚性联轴器时要格外小心,特别是过度的弯曲负载可能导致轴端和轴承的损坏或磨损。

(3) 最好用柔性联轴器,以便使径向负载低于允许值,此物是专为高机械强度的伺服电动机设计的。

(4) 关于允许轴负载,请参阅"允许的轴负荷表"(使用说明书)。

4. 伺服电动机安装注意事项

(1) 在安装/拆卸和伺服电动机轴端连接的部件时,不要用锤子直接敲打轴端。如果用锤子直接敲打轴端,会损坏和伺服电动机轴相连的编码器。

(2)安装时尽量使轴端对齐,否则可能导致振动或轴承损坏。

4.2 PowerPMAC 时钟及系统设置

PowerPMAC 作为一个实时控制系统,其时钟信号在整个系统中具有举足轻重的地位。时钟频率将会影响 PowerPMAC 内部控制伺服算法、伺服闭环增益效果等,对于控制性能和精度有至关重要的作用。如果更改了 PowerPMAC 时钟系统频率相关参数,所有与 PowerPMAC 闭环增益特性相关的设置均需重新调整。

4.2.1 PowerPMAC 的任务系统

在 PowerPMAC 系统中,相位中断任务用来处理电动机电流环路控制及电动机电流换相。伺服中断任务用来处理电动机速度环路和位置环路,以及指令精插补等任务。

因此,相位和伺服时钟对于 PowerPMAC 控制电动机闭环运动非常重要。在 PowerPMAC 中相位和伺服时钟信号,还会用来锁存关键的输入输出数据,以及中断 CPU 触发相位及伺服中断任务,其等效于 PLC 中的扫描周期,如图 4.3 所示。

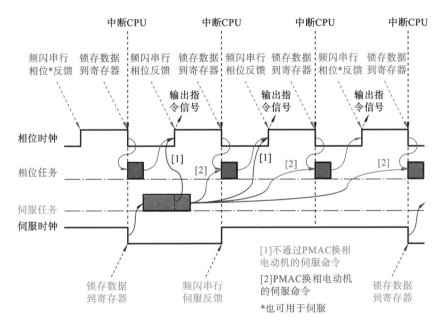

图 4.3 PowerPMAC 的相位/伺服同步

1. 相位和伺服时钟触发的硬件任务

(1)锁存编码器计数;

(2)锁存并行反馈数据;

(3)锁存串行编码器数据;

(4)锁存 A/D 转换数据;

(5)更新 D/A 转换数据;

(6)更新 PWM 占空比。

2. 相位时钟触发的 CPU 软件任务(相位中断任务)

(1)"Servo-in-Phase"功能启用时,处理指令精插补,以及环路控制;

(2)数字电流环;

(3)电动机换相;

(4)复用 A/D 转换器数据处理;

(5)相位周期的数据采集。

3. 伺服时钟触发的 CPU 软件任务(伺服中断任务)

(1)编码器转换表的反馈预处理;

(2)轨迹指令的精插补;

(3)位置跟随(电子齿轮)计算;

(4)补偿表与凸轮表的数据更新;

(5)电动机的运动方程计算;

(6)电动机状态检查,跟随误差报警,零指令速度状态,电动机到位状态;

(7)EtherCAT 周期同步数据的发送;

(8)伺服周期的数据采集。

4.2.2 PowerPMAC 时钟源

在 PowerPMAC 的时钟系统中有两种时钟源。

1. Gate3 的硬件时钟源

对于 CK3M 或 CK5M 产品而言,其 CK3W-AX□□□□ 轴模块或 CK3W-AD □□□□模拟量输入模块都带有 Gate3 硬件时钟源。此时 CPU 的相位及伺服时钟信号由最低地址模块的硬件时钟决定。相位及伺服时钟信号如图 4.4 所示。

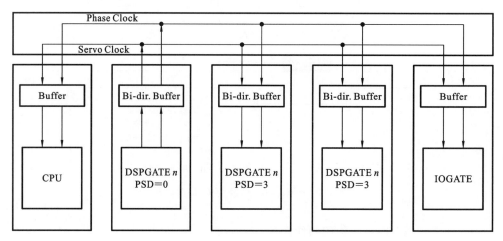

图 4.4　相位及伺服时钟信号示意图

2. CPU 使用内部时钟作为时钟源

对于只有 EtherCAT 总线控制的电动机和 I/O 信号等,如使用 CK3E,CK3M-CPU1□1/CK5M-CPU1□1(仅使用 CPU 与电源),CPU 使用内部时钟源,同步 EtherCAT 的分布时钟与 CPU 内部时钟同步。同步 EtherCAT 偏移模式分为总线偏移模式

(Bus Shift Mode)与主站偏移模式(Master Shift Mode)两种。

1）总线偏移模式

总线偏移模式下,所有 EtherCAT 总线下带有分布时钟的从站,会以主站 PowerP-MAC 为时钟基准进行同步。

2）主站偏移模式

主站偏移模式下,主站 PowerPMAC 会以 EtherCAT 从站的分布时钟为基准进行同步。

3. 系统中同时存在 Gate3 硬件时钟源与 CPU 内部时钟源

当一个系统同时拥有本地轴和总线轴,且 CPU 模块为 Power UMAC、CK3M、CK5M 时,EtherCAT 总线模块(CPU 内部时钟源)和 Gate3 硬件时钟源的模块会同时存在于一个系统中。

此时需要将 CPU 内部时钟(此处可理解为 EtherCAT 分布时钟)与硬件时钟进行同步,因此要求硬件时钟源的频率必须为 62.5 μs 的整数倍。具体设置方法将在后续章节中讲解。

4.2.3　时钟系统的初始化

当通过 IDE 软件的终端向 PowerPMAC 发送 \$\$\$*** 指令时,CPU 会自动检查与其相连的模块,然后进行时钟系统的初始化。

对于使用硬件时钟源的情况,CPU 遵循以下原则,选定作为时钟源的模块。找到地址位最低的包含 Gate3 的模块,并将相位时钟频率设定为 9035.69 Hz,伺服时钟频率设定为 2258.9225 Hz。如果上电时,Sys.HWChangeErr 为 1,即检测到硬件模块与上一次上电时不一样,则将自动初始化时钟系统。如果初始化后 CPU 没有检测到时钟信号,则将 Sys.NoClocks 置 1。

如果系统中没有任何硬件时钟源,则在执行 \$\$\$*** 指令后,CPU 会将伺服频率设定为 1000 Hz,并将 Sys.CpuTimerIntr 置 1,表明 CPU 不使用硬件时钟源,而使用 CPU 内部时钟。此种情况下,CPU 将关闭相位中断任务。

4.2.4　时钟系统设定

使用硬件时钟源时,需要指定哪个模块产生时钟信号,哪些模块接收时钟信号。使用 \$\$\$*** 指令后,CPU 会自动设定相关参数,也可通过 Gate 3[i].Phase ServoDir 参数进行设定。

1. 通过脚本语言进行设定

通过脚本语言设定时,可以将设定参数编写于 IDE 工程中的 PMAC Script Language 文件夹中的文件内,如图 4.5 所示。

使用脚本语言设定时钟时,我们需要设定以下几个数据元素:

```
Gate3[i].PhaseFreq
Gate3[i].ServoClockDiv
```

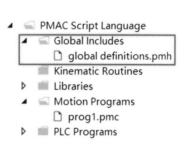

图 4.5　PMAC Script Language **文件夹**

```
Sys.ServoPeriod
Sys.PhaseOverServoPeriod
```

其中，Gate3［i］. PhaseFreq 与 Gate3［i］. ServoClockDiv 需要解除写保护功能，指令 Sys. WpKey＝＄AAAAAAA；如需恢复写保护，指令 Sys. WpKey＝＄0。Gate3［i］中的 i，是模块的地址编号。如果整个系统中存在多个模块，需要将每一个模块的 Gate3［i］. PhaseFreq 和 Gate3［i］. ServoClockDiv 设定为相同数值。Gate3［i］. PhaseFreq 代表相位时钟频率，其单位为 Hz。Gate3［i］. ServoClockDiv 代表伺服时钟的分频系数。伺服时钟信号由相位时钟信号经 Gate3［i］. ServoClockDiv 分频得到。伺服时钟的频率按以下公式计算：

$$f_{Servo} = \frac{f_{Phase}}{Gate3[i]. ServoClockDiv + 1}$$

其中：f_{Phase} 代表相位时钟频率；f_{Servo} 代表伺服时钟频率。

例如，希望获得 16 kHz 相位时钟频率，以及 8 kHz 伺服时钟频率，则需按以下参数进行设定：

```
Sys.WpKey=$ AAAAAAA
Gate3[i].PhaseFreq=16000
Gate3[i].ServoClockDiv=1
Sys.WpKey=$ 0
```

上述时钟相关参数的时间单位，由 Sys. ServoPeriod 参数决定，单位为 ms，因此我们也称 Sys. ServoPeriod 为 PowerPMAC 控制器的时间基准（time base）。后面 PowerPMAC 关于速度、加速度等的表达式，均以此为时间基准。

上例中，如果伺服时钟频率为 8 kHz，则

```
Sys.ServoPeriod=0.125
```

同时，还需设定 Sys. PhaseOverServoPeriod，CPU 将会通过

```
Sys.PhaseOverServoPeriod
```

得知相位时钟频率与伺服时钟频率的关系，此参数在某些特殊功能时需要设定。其设定遵循以下公式：

$$Sys. PhaseOverServoPeriod = \frac{1}{Gate3[i]. ServoClockDiv + 1}$$

式中，i 为时钟输出模块的地址编号，通常系统在使用＄＄＄＊＊＊指令复位后，以最低地址模块作为时钟输出模块，默认该值为 0。实际情况请参看各个模块硬件拨码开关数值。

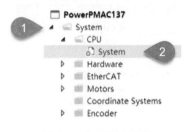

图 4.6　向导设定流程

2. 通过向导进行设定

向导设定是按照向导画面，通过选择、勾选等方法，按提示步骤实现时钟系统的设定。

（1）打开工程下 System 文件夹→CPU 文件夹→System 文件，如图 4.6 和图 4.7 所示。

（2）在打开的 System 文件中选择 Clock Settings 完成设定，如图 4.8 所示。

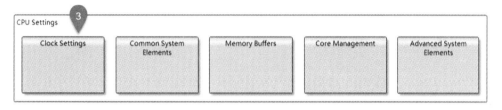

图 4.7　打开 System 文件

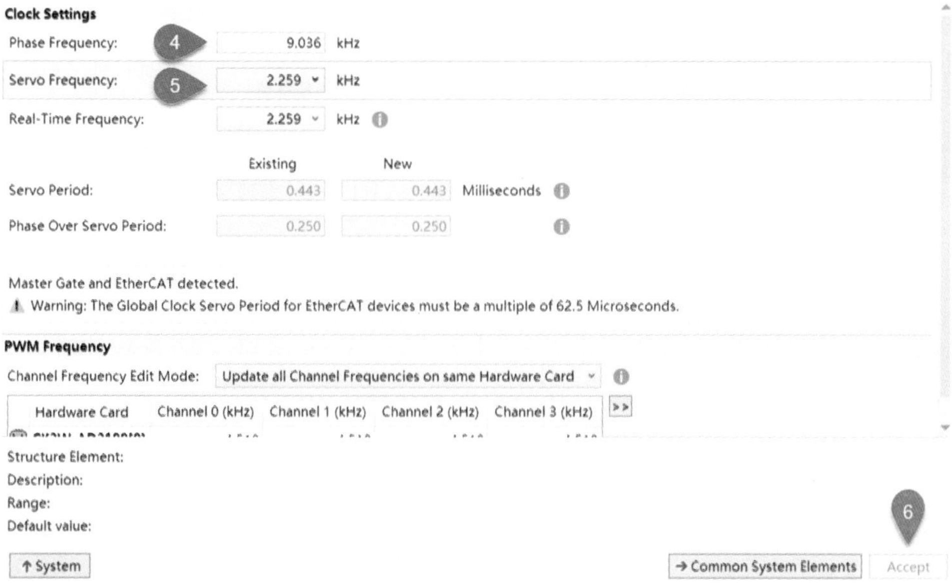

图 4.8　选择 Clock Settings 后的对话框

4.2.5　使用 CPU 内部时钟源

当使用 CPU 内部时钟源,即 CPU 未连接任何硬
件模块,系统中不包含任何 Gate[i]时,只需设置 Sys. ServoPeriod。当执行 $$$*** 指令后,Sys. ServoPeriod 会被设置为 1,此时伺服任务周期执行频率为 1000 Hz。更改此设定后必须使用 save 指令,并使用 $$$ 指令重启控制后才能生效。

其设定方式与上文所述相同,同样分为脚本设定和向导设定。

4.2.6　实时中断任务频率设定

在 PowerPMAC 中,除了相位/伺服中断任务外,还存在一个实时任务 RTI(实时中断任务)。实时中断任务(RTI)虽然不参与电动机控制,但参与运动程序、实时 PLC运算等控制工作,其控制频率由伺服中断任务执行频率分频而来,公式如下。

$$f_{RTI} = \frac{f_{Servo}}{Sys.\ RtIntPeriod + 1}$$

其中:f_{RTI}为实时中断任务(RTI)执行频率;f_{Servo}为相位中断任务执行频率。Sys. RtIntPeriod 的默认值为 0,即实时中断任务(RTI)与伺服中断任务执行频率相同。其可脚本设定也可向导设定。

4.3 模拟量控制电动机配置及调试

PowerPMAC 可以输出模拟量信号控制伺服电动机,通过闭环反馈信号和闭环算法,控制器实现位置和速度闭环。模拟量控制方式,要求伺服驱动器设定为转矩和速度模式。图 4.9 所示的是模拟量控制示意图。

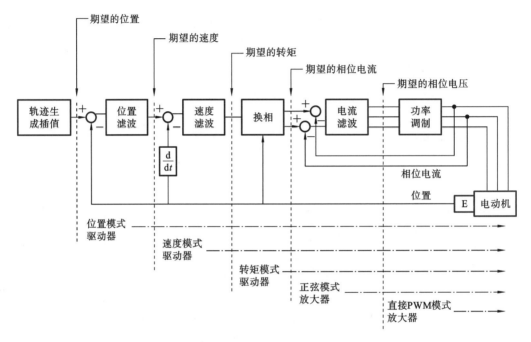

图 4.9 模拟量控制示意图

伺服工作于转矩模式时,控制器模拟量电压指令代表伺服转矩指令,输入电压数值与伺服转矩输出成正比。

伺服工作于速度模式时,控制器模拟量电压指令代表伺服转速指令,输入电压数值与伺服转速输出成正比。

4.3.1 PowerPMAC 模拟量控制设置流程

控制器和伺服驱动器设置流程如表 4.2 所示。

表 4.2 控制设备的设置流程

1 控制器设置准备	控制器设置的准备工作
1-1 创建一个新的项目	
1-2 控制器初始化设置	
2 各种设备接线	硬件接线:伺服,电动机,控制器
2-1 轴指令接口单元和驱动器接线	

续表

3 控制器设置	相关参数设置
4 伺服驱动器设置	
5 动作确认	
6 电动机调谐	
6-1 开环试验	
6-2 带宽自动设置	
6-3 手动校正带宽	
6-4 前馈值设置	
6-5 调谐参数项目保存	
7 基于运动程序的操作检查	
7-1 创建运动程序	
7-2 项目数据传递并操作检查	

4.3.2 PowerPMAC 设置准备

1. IDE 下创建一个新项目

创建新项目步骤如表 4.3 所示。

表 4.3 创建新项目步骤

序号	内容	图示
1	安装 PowerPMAC IDE 软件到电脑上	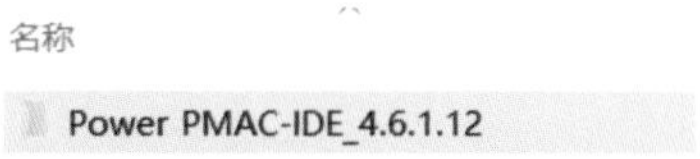 名称 Power PMAC-IDE_4.6.1.12
2	通过 Ethernet 电缆连接控制器和电脑	
3	接通控制器的电源	
4	启动 PowerPMAC IDE	 PowerPMAC IDE
5	将 Windows 的 IP 地址变更为 192.168.0.2	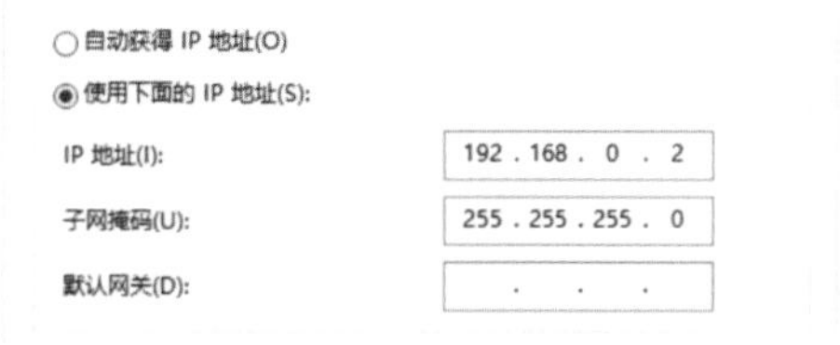 ○自动获得 IP 地址(O) ●使用下面的 IP 地址(S): IP 地址(I): 192.168.0.2 子网掩码(U): 255.255.255.0 默认网关(D):

序号	内容	图示
6	在"通讯设置"画面,指定连接对象控制器的 IP 地址,单击 [连接]。 控制器的默认 IP 地址为 192.168.0.200	
7	启动 PowerPMAC IDE,变为与控制器连线的状态	
8	选择[文件]菜单中的[新建]→[项目]	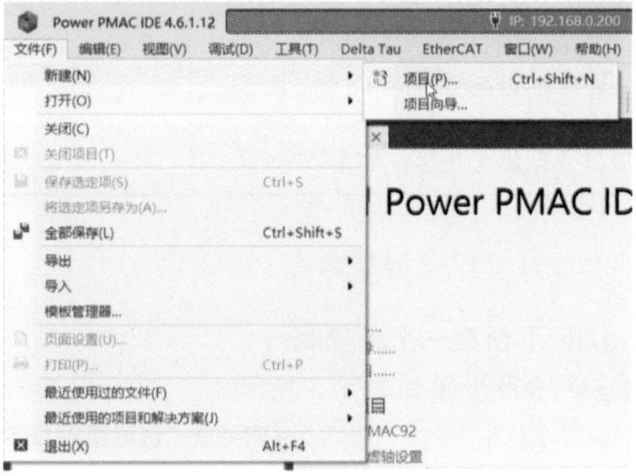
9	选取项目类型 PowerP-MAC,输入项目名称、保存位置,选择[确定]	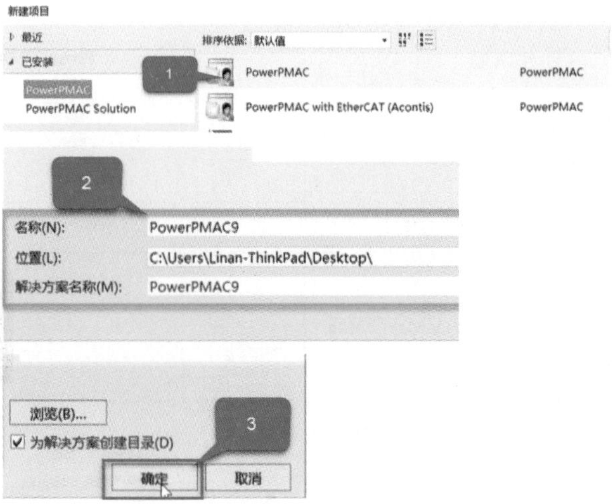

2. 控制器初始化设置

控制器初始化设置如表 4.4 所示。

表 4.4　控制器初始化设置

序号	内容	图示
1	通过"终端"窗口输入[$$$***]指令,将控制器恢复为出厂状态	
2	通过 PowerPMAC IDE 的"终端"窗口输入[save]指令。 结束后,Terminal 中将显示"Save Completed"	
3	通过 PowerPMAC IDE 的"终端"窗口输入[$$$]指令	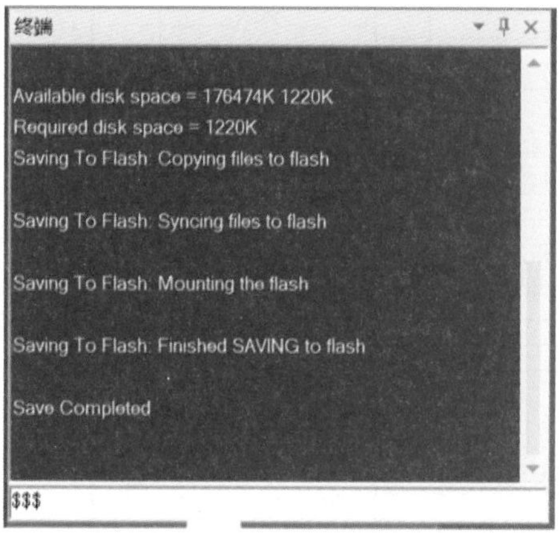

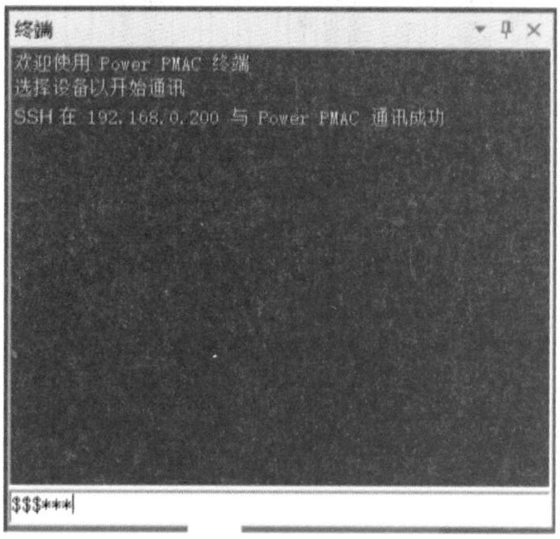

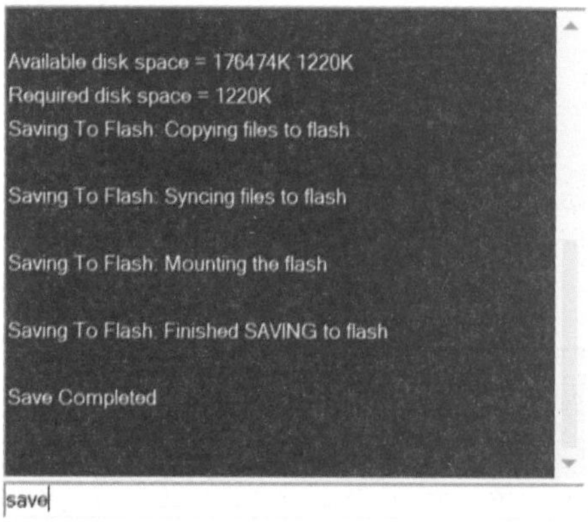

4.3.3　设备硬件接线

CK3W-1515N 与欧姆龙伺服 G5 之间的指令线连接如图 4.10 所示。

增量反馈方式的指令连线如图 4.11 所示。

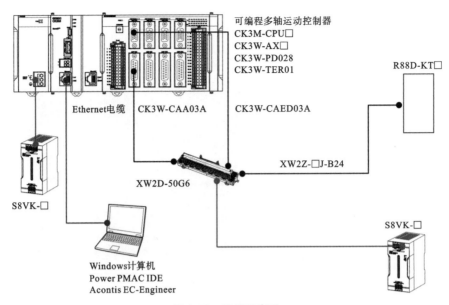

图 4.10   连接示意图

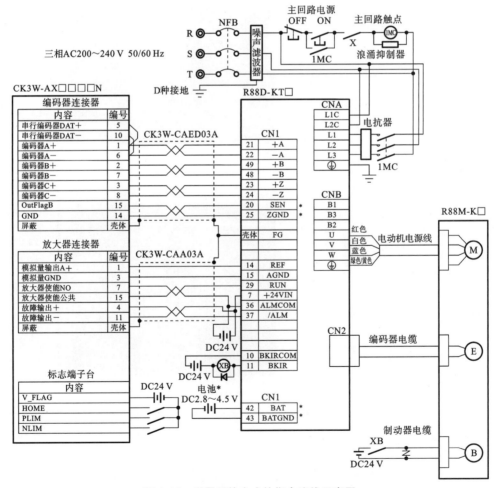

图 4.11   增量反馈方式的指令连线示意图

绝对值反馈方式的指令连线如图 4.12 所示。

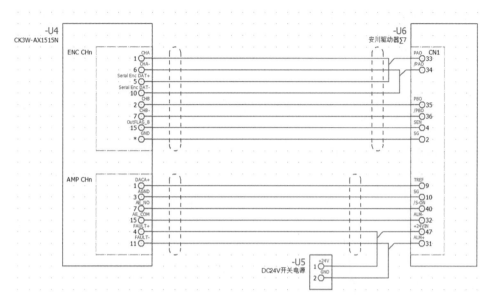

图 4.12 绝对值反馈方式的指令连线示意图

4.3.4 控制器参数设置

控制器时钟设置如表 4.5 所示。

表 4.5 控制器时钟设置

序号	内容	图示
1	打开"解决方案资源管理器"的［PMAC Script Language］→［Global Includes］下的 Global Definitions. pmh	 解决方案资源管理器 搜索解决方案资源管理器(Ctrl+;) PPMAC-1515-TRUE-DAC ▷ System ▷ Tools ▷ C Language ▷ Configuration ▷ Documentation ▷ Log ▲ PMAC Script Language 　▲ Global Includes 　　global definitions.pmh 　 Kinematic Routines ▷ Libraries ▷ Motion Programs ▷ PLC Programs
2	将右侧的文本写入 Global Definitions. pmh 中	Sys.WpKey=$ AAAAAAAA Gate3[0].PhaseFreq= 64000 Gate3[0].ServoClockDiv= 3 Gate3[0].Chan[0].PwmFreqMult= 5 Sys.ServoPeriod=1/16 Sys.PhaseOverServoPeriod=1/4 Motor[1].ServoCtrl=1 Gate3[0].Chan[0].OutputMode=7

序号	内容	图示
2	将右侧的文本写入 Global Definitions. pmh 中	Gate3[0].Chan[0].PackOutData=0 Motor[1].pDac=Gate3[0].Chan[0].Dac[0].a Motor[1].pLimits=0 Motor[1].AmpFaultLevel=1
3	使用绝对编码器时,将右侧的设定补记到 Global Definitions. pmh 文件的下部	Gate3[0].EncClockDiv=3 Gate3[0].SerialEncCtrl=\$ 82230005 Gate3[0].Chan[0].SerialEncCmd=\$ 13000 Gate3[0].Chan[0].SerialEncEna=1 Gate3[0].Chan[0].OutFlagD=0

4	编码器转换表设置	EncTable[1].type=1 //编码器工作模式 1 表示单整数读取 32 位
		EncTable[1].pEnc=Gate3[0].Chan[0].ServoCapt.a
		//编码器反馈来源
		EncTable[1].index1=0 //转换参数
		EncTable[1].index2=0 //转换参数
		EncTable[1].index3=0 //转换参数
		EncTable[1].index4=0 //转换参数
		EncTable[1].index5=0 //转换参数
		EncTable[1].ScaleFactor=1/256 //比例因子,低 8 位是小数位,除
		//以 2^8=256 取整

5	电动机参数设置	Motor[1].ServoCtrl=1 //激活电动机
		Motor[1].Ctrl=Sys.ServoCtrl //电动机控制算法 ServoCtrl 是模
		//拟量电动机控制算法
		Motor[1].pEnc=EncTable[1].a //位置反馈
		Motor[1].pEnc2=EncTable[1].a //速度反馈
		Motor[1].pDac=Gate3[0].Chan[0].Dac[0].a //指令输出
		Motor[1].pAmpEnable=Gate3[0].Chan[0].OutCtrl.a
		//使能输出,//对应硬件地址
		Motor[1].AmpEnableBit=8 //Gate3 芯片使能位设为 8
		Motor[1].MaxDac=32767 //单端接线 (1,3 端子)±10 V 时
		//MaxDac=32767 差分双绞接线 (1,9 端
		//子)±10 V 时 MaxDac=32767/2=16384
		Motor[1].pLimits=Gate3[0].Chan[0].Status.a
		//pLimits=0 限位屏蔽,屏蔽设置限位地址为空【限位】
		Motor[1].LimitBits=9+128
		//9 常闭+128 极性取反为常开
		Motor[1].pAmpFault=Gate3[0].Chan[0].Status.a
		//pAmpFault=0 驱动器报警屏蔽,屏蔽设置报警地址为空【驱动器
		//报警】
		Motor[1].AmpFaultBit=7 //Gate3 芯片驱动器故障位设为 7
		Motor[1].AmpFaultLevel=1 //驱动器报警,继续取反
		Gate3[0].Chan[0].EncCtrl=3
		//Gate3[0].Chan[0].EncCtrl=3 或 7,编码器方向取反【编码器
		//方向】

续表

序号	内容	图示
6	项目的下载:右键单击 IDE 画面右上方的[解决方案资源管理器]项目名称,选择[构建并下载所有程序],执行构建和下载	
7	通过 Output Window 确认没有异常。传送失败时,请通过 Output Window 确认错误内容。如果是程序错误,请修改程序	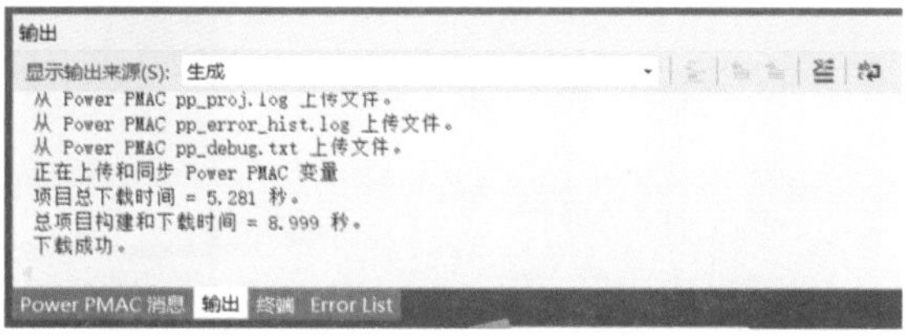
8	通过 PowerPMAC IDE 的"终端"窗口输入[save]指令。结束后,Terminal 中将显示"Save Complete"	
9	通过 PowerPMAC IDE 的"终端"窗口输入[$ $ $]指令	

4.3.5　伺服驱动器设置

可以使用 CX-Drive 软件进行 R88D-KT□的设定,变更驱动器的参数如表 4.6 所示(表 4.6 以外的参数请保持出厂设定)。关于 CX-Drive 软件和 R88D-KT□的具体操作方法,请参阅相关手册。

表 4.6　变更驱动器参数

No.	名称	变更后
Pn001	选择控制模式	2:扭矩控制(模拟指令)
Pn319	转矩指令光栅尺	10
Pn321	速度限制值设定	6000

4.3.6 模拟量控制伺服动作确认

需要让电动机动作确认参数设置的正确性,如表 4.7 所示。

表 4.7 动作确认

序号	内容	图示
1	通过"终端"窗口输入[♯1 out0]指令。此时,应确认马达处于伺服 ON 的状态。 使用绝对编码器时,请事先通过"终端"窗口输入 [Gate3[0].Chan[0].OutFlagB= 1]	 终端 欢迎使用 Power PMAC 终端 选择设备以开始通讯 SSH 在 192.168.0.200 与 Power PMAC 通讯成功 #1 out 0 Power PMAC 消息 输出 终端 Error List
2	通过 Terminal 输入[♯1 out1]指令	 终端 Power PMAC 复位完成 #1 out 0 #1 out 1 #1 out 1 Power PMAC 消息 输出 终端 Error List
3	确认电动机正在旋转。同时,确认 Watch 窗口中[Position]的值向正方向增加。 如果输入[♯1 out1]指令后电动机仍不旋转,请输入[♯1 out2]、[♯1 out3]等更大的数值	 终端 Power PMAC 复位完成 #1 out 0 #1 out 1 #1 out 1 Power PMAC 消息 输出 终端 Error List

4.3.7 模拟量控制方式 PID 开/闭环调谐

1. 开环测试

开环测试步骤如表 4.8 所示。

表 4.8 开环测试步骤

序号	内容	图示
1	从[Delta Tau]→[Tools]菜单打开右侧的 Tune 画面,选择[开环测试]→[阶跃]。 使用绝对编码器时,在进行调谐前,请通过"终端窗口"输入 [Gate3[0].Chan[0].Out-FlagB= 1]	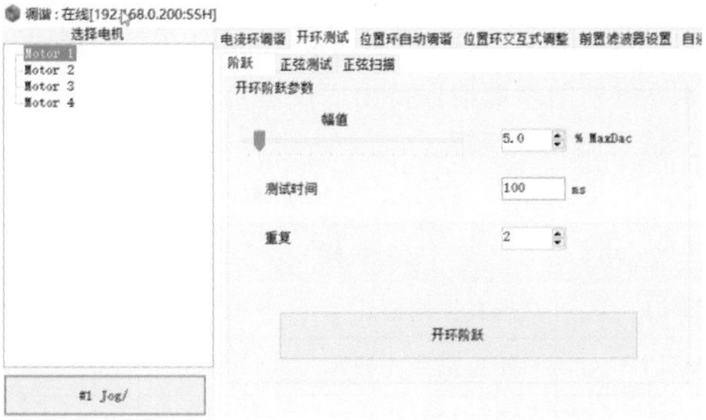 调谐:在线[192.168.0.200:SSH] 选择电机 电流环调谐 开环测试 位置环自动调谐 位置环交互式调整 新置滤波器设置 自 Motor 1 Motor 2 阶跃 正弦测试 正弦扫描 Motor 3 开环阶跃参数 Motor 4 幅值 5.0 % MaxDac 测试时间 100 ms 重复 2 开环阶跃 #1 Jog/

续表

序号	内容	图示
2	设定右侧的调谐参数	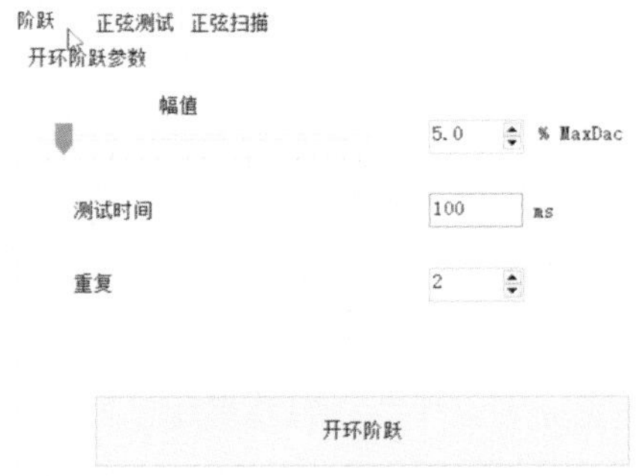
3	单击[开环阶跃],确认电动机进行往复运动	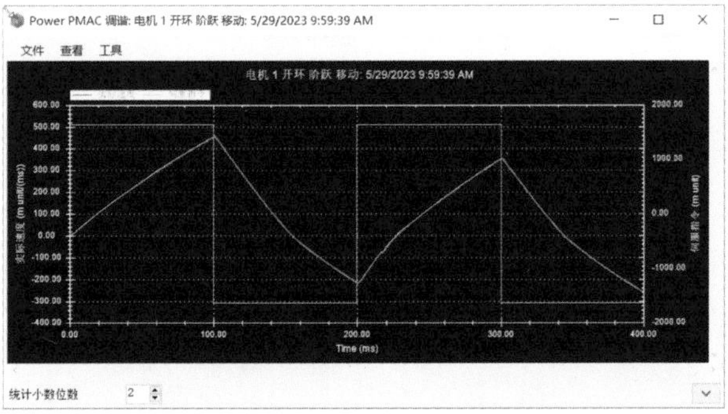

2. 伺服带宽自动设定

使用 PowerPMAC IDE 的自动调谐功能,自动设定伺服回路的带宽,如表 4.9 所示。

表 4.9 带宽设定步骤

序号	内容	图示
1	选择[位置环自动调谐]→[高级自动调谐]	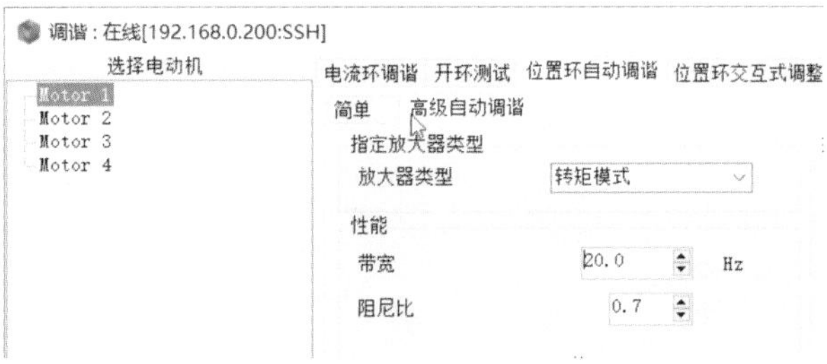

续表

序号	内容	图示
2	设定右侧的调谐参数。 [编码器分辨率]请设定为根据所用伺服电动机的编码器分辨率及伺服驱动器的电子齿轮比决定的、电动机每转 1 圈的输出脉冲数的值	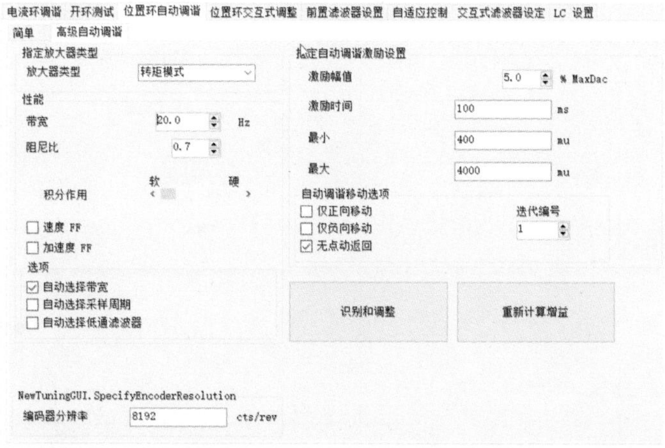 电流环调谐 开环测试 位置环自动调谐 位置环交互式调整 前置滤波器设置 自适应控制 交互式滤波器设定 LC 设置 简单　高级自动调谐 指定放大器类型　　　　　　　　　　指定自动调谐激励设置 放大器类型 转矩模式　　激励幅值 5.0 % MaxDac 性能　　　　　　　　　　激励时间 100 ms 带宽 20.0 Hz　　最小 400 nu 阻尼比 0.7　　最大 4000 nu 软　硬　自动调谐移动选项 积分作用 ＜＞ □仅正向移动 迭代编号 □速度 FF □仅负向移动 1 □加速度 FF ☑无点返回 选项 ☑自动选择带宽 □自动选择采样周期　　识别和调整 重新计算增益 □自动选择低通滤波器 NewTuningGUI.SpecifyEncoderResolution 编码器分辨率 8192 cts/rev
3	单击[识别和调整]	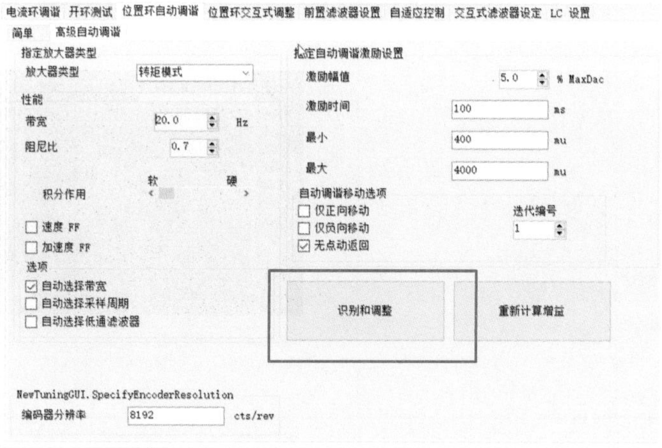 电流环调谐 开环测试 位置环自动调谐 位置环交互式调整 前置滤波器设置 自适应控制 交互式滤波器设定 LC 设置 简单　高级自动调谐 指定放大器类型　　　　　　　　　　指定自动调谐激励设置 放大器类型 转矩模式　　激励幅值 5.0 % MaxDac 性能　　　　　　　　　　激励时间 100 ms 带宽 20.0 Hz　　最小 400 nu 阻尼比 0.7　　最大 4000 nu 软　硬　自动调谐移动选项 积分作用 ＜＞ □仅正向移动 迭代编号 □速度 FF □仅负向移动 1 □加速度 FF ☑无点返回 选项 ☑自动选择带宽 □自动选择采样周期　　识别和调整 重新计算增益 □自动选择低通滤波器 NewTuningGUI.SpecifyEncoderResolution 编码器分辨率 8192 cts/rev
4	出现右侧的消息后，单击[是]	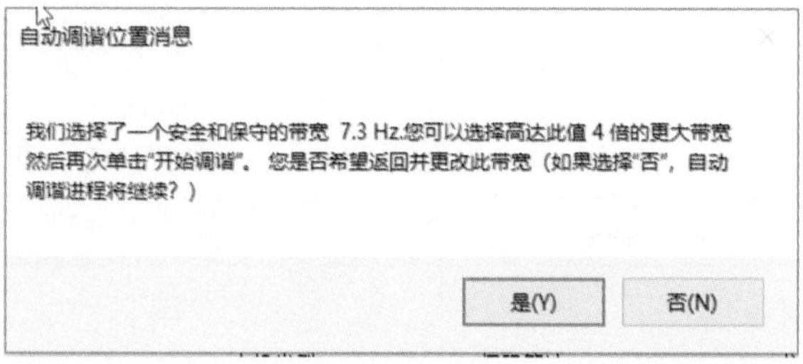 自动调谐位置消息 我们选择了一个安全和保守的带宽 7.3 Hz.您可以选择高达此值 4 倍的更大带宽然后再次单击"开始调谐"。您是否希望返回并更改此带宽（如果选择"否"，自动调谐进程将继续？） 是(Y) 否(N)
5	出现右侧的画面后，单击[确定]	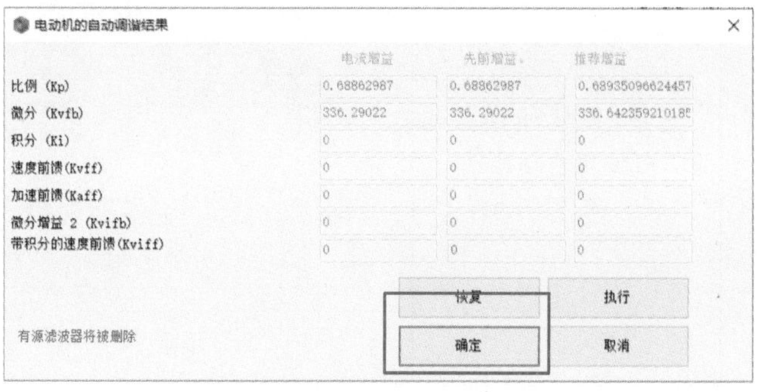 电动机的自动调谐结果 　　　　　电流增益 先前增益 推荐增益 比例 (Kp) 0.68862987 0.68862987 0.68935096624457 微分 (Kvfb) 336.29022 336.29022 336.642355921018! 积分 (Ki) 0 0 0 速度前馈 (Kvff) 0 0 0 加速前馈 (Kaff) 0 0 0 微分增益 2 (Kvifb) 0 0 0 带积分的速度前馈 (Kviff) 0 0 0 恢复 执行 有源滤波器将被删除 确定 取消

3. 带宽的手动调谐

选择更合适的带宽,并通过阶跃响应曲线观察,如表 4.10 所示。

表 4.10　带宽的手动修正

序号	内容	图示
1	选择[位置环交互式调整]	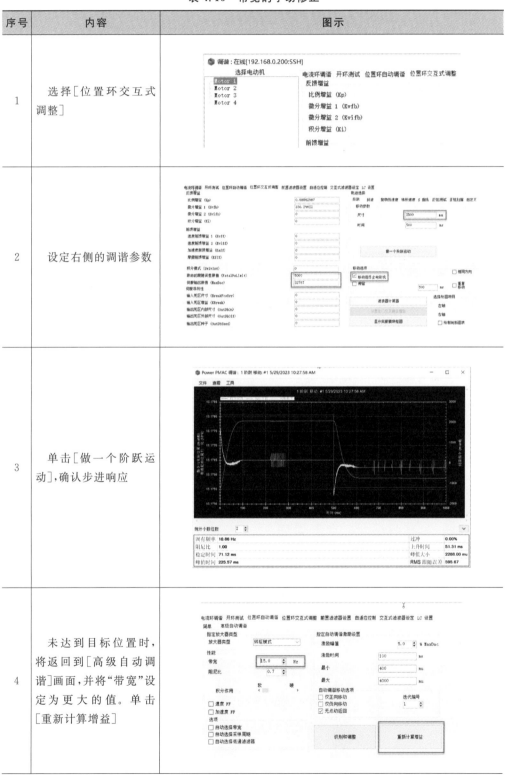
2	设定右侧的调谐参数	
3	单击[做一个阶跃运动],确认步进响应	
4	未达到目标位置时,将返回到[高级自动调谐]画面,并将"带宽"设定为更大的值。单击[重新计算增益]	

序号	内容	图示
5	出现右侧的画面后，单击[执行]	
6	返回到步骤 1。重复以上步骤，直至得到期待的响应性能	

4. 前馈值的设定

设定前馈值的步骤如表 4.11 所示。

表 4.11　设定前馈值步骤

序号	内容	图示
1	选择[位置环自动调谐]→[高级自动调谐]，勾选[速度 FF]和[加速度 FF]	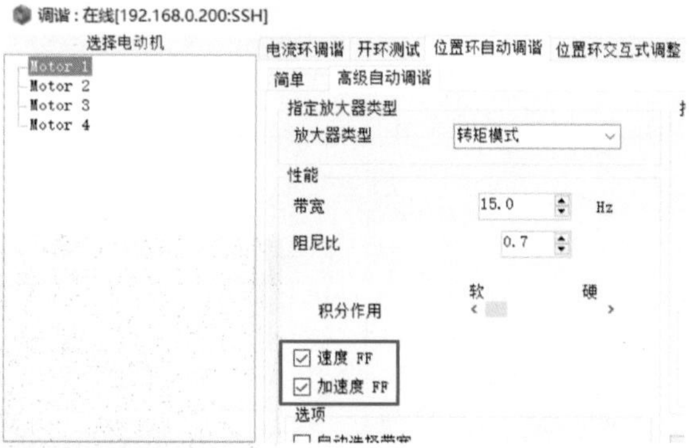
2	单击[重新计算增益]，然后单击弹出窗口中的[执行]	
3	请选择[抛物线速度]。"尺寸"及"时间"请使用相同的值	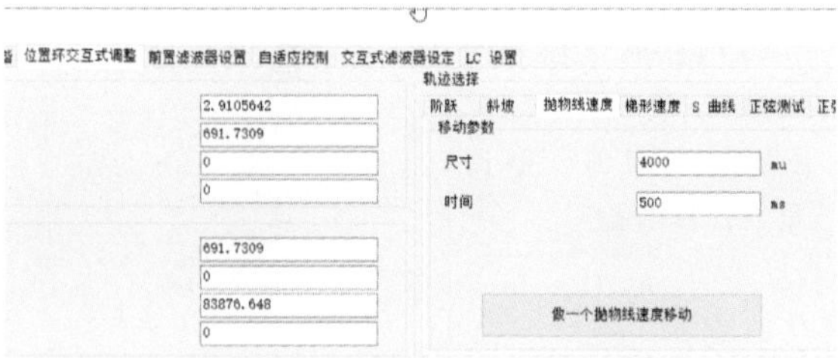

续表

序号	内容	图示
4	单击［做一个抛物线速度移动］	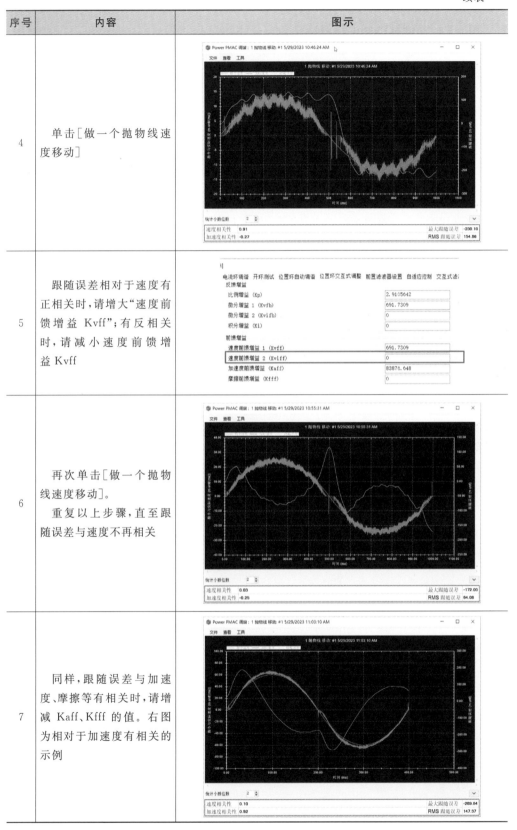
5	跟随误差相对于速度有正相关时，请增大"速度前馈增益 Kvff"；有反相关时，请减小速度前馈增益 Kvff	
6	再次单击［做一个抛物线速度移动］。重复以上步骤，直至跟随误差与速度不再相关	
7	同样，跟随误差与加速度、摩擦等有相关时，请增减 Kaff、Kfff 的值。右图为相对于加速度有相关的示例	

5．电动机调谐参数保存

电动机调谐参数保存的步骤如表 4.12 所示。

表 4.12　电动机调谐参数保存步骤

序号	内容	图示
1	通过"终端"窗口输入 [♯1 j+]指令	
2	确认电动机正在旋转。 同时，确认 Watch 窗口中[Velocity]的值为 +32 附近	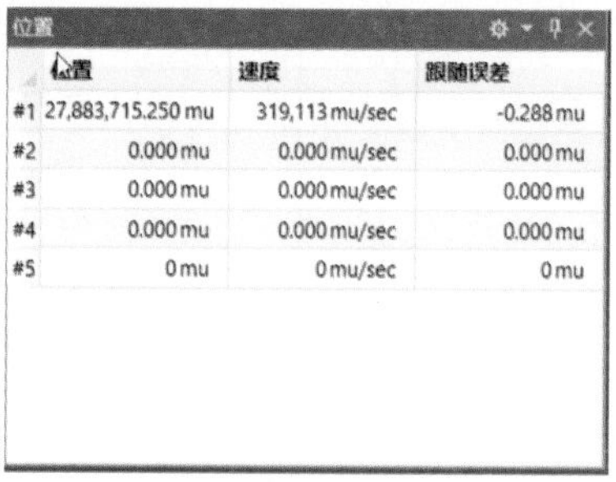
3	打开"解决方案资源管理器"的[PMAC Script Language] — [Global Includes]下的 global definitions. pmh	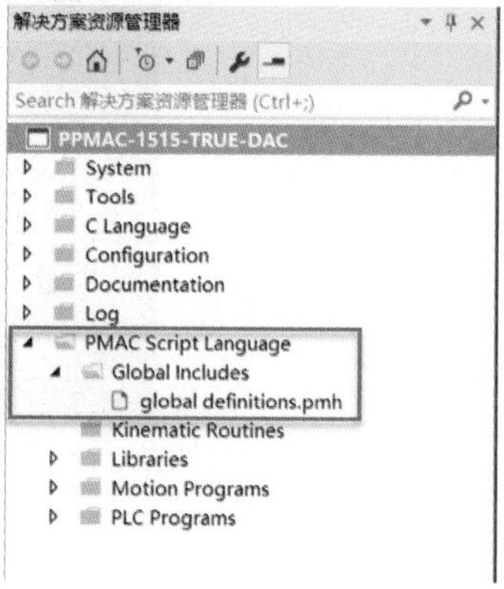
4	将通过调谐获得的值补记到 global definitions. pmh 中	Motor[1].Servo.Kaff=＊＊＊ Motor[1].Servo.Kvff=＊＊＊ Motor[1].Servo.Kp=＊＊＊ Motor[1].Servo.Kvfb=＊＊＊ Motor[1].MaxDac=32767

4.3.8　运动程序执行

运动程序执行的步骤如表 4.13 所示。

表 4.13　运动程序执行步骤

序号	内容	图示
1	创建 Motion 程序 在"解决方案资源管理器"窗口中打开[项目名称]→[PMAC Script Language]→[Motion Programs]→[prog1.pmc]	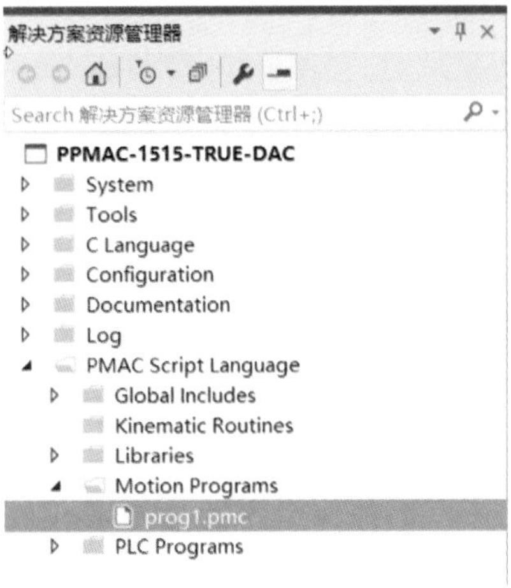

2	在 prog1.pmc 选项卡的编程区域中写入右侧的程序。
	本程序示例为电动机向正方向旋转,停止后,向反方向旋转,再停止,一直重复
		`&1;`
		`# 1->131072X;`
		`OPEN PROG 1`
		`INC;`
		`TA800;`
		`TS300;`
		`LINEAR;`
		`While (1<2)`
		`{`
		`TA800;`
		`TS300;`
		`TM3000;`
		`X20;`
		`DWELL2000;`
		`X-20;`
		`DWELL2000;`
		`}`
		`CLOSE`

3	创建 PLC 程序。 在"解决方案资源管理器"窗口中打开[项目名称]→[PMAC Script Language]→[PLC Programs]→[plc1.plc]	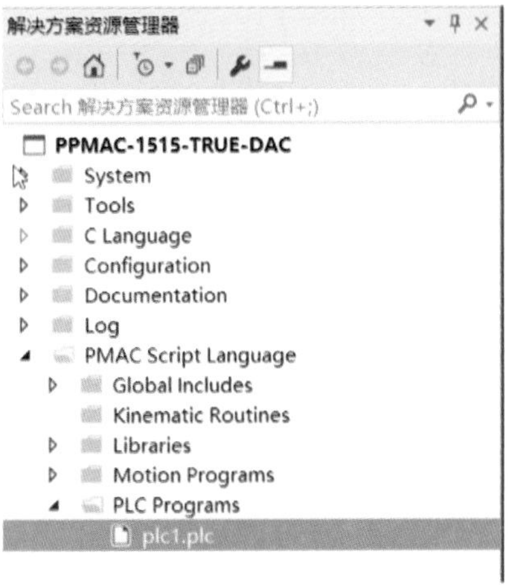

序号	内容	图示

4	在[plc1. plc]选项卡的编程区域中写入右侧的程序。
	本程序示例为将伺服设为 ON,启动电动机运动程序 1 后,结束 PLC1 程序的周期执行。(上电只运行一次)
		``
		open plc 1
		P1000=Sys.Time+1;
		while(P1000>Sys.Time){};
		cmd"&1enable";
		P1000=Sys.Time+5;
		while(P1000>Sys.Time){};
		cmd"&1b1r";
		disable plc 1;
		close
		``

5	用户程序的启动设定。 在 Solution Explorer 窗口中打开[项目名称]→[Configuration]→[pp_disable. txt]	
6	在[pp_disable. txt]选项卡的编程区域中,将右侧的程序补记到最后一行。 [pp_disable. txt]会在启动控制器时自动执行。 记述示例中,执行 PLC1 的脚本	``` enable plc 1; ```
7	电动机控制参数的设定。 在"解决方案资源管理器"窗口中打开[项目名称]→[PMAC Script Language]→[Global Includes]→[global definitions. pmh]	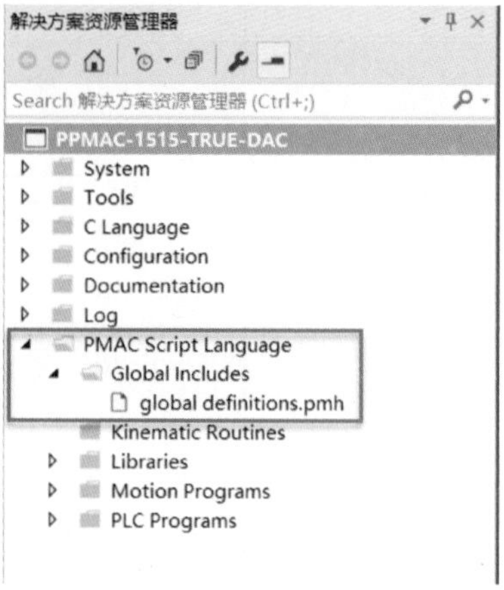

序号	内容	图示
8	在［global definitions. pmh］选项卡的编程区域中，记述想要通过电源 ON 时的自动执行设定的设定值。 右侧为设定的示例	``` Motor[1].FatalFeLimit=0; Motor[1].AbortTa=-0.1; Motor[1].AbortTs=0; Motor[1].MaxSpeed=5000; Motor[1].JogTa=-0.1; Motor[1].JogTs=-1; Motor[1].JogSpeed=1000; Motor[1].HomeVel=1000; Coord[1].Tm=100; Coord[1].FeedTime=60000; Coord[1].MaxFeedRate=5000; Coord[1].Td=-0.1; Coord[1].Ta=-0.1; Coord[1].Ts=-1; ```

4.3.9　项目下载和保存

将已创建的项目下载到控制器并保存，如表 4.14 所示。

表 4.14　项目数据的下载并保存

序号	内容	图示
1	项目的下载。右键单击 IDE 画面右上方的［解决方案资源管理器］项目名称，选择［构建并下载所有程序］，执行构建和下载	
2	通过 Output Window 确认没有异常。 传送失败时，请通过 Output Window 确认错误内容。如果是程序错误，请修改程序	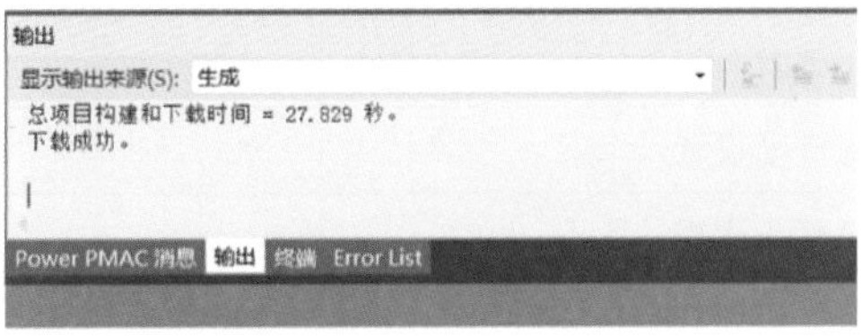

续表

序号	内容	图示
3	下载成功后,将执行程序	
4	确认能正常运行后,将项目保存到控制器中。 通过 Terminal 执行"save"指令。 如果只是传送,项目不会保存到控制器中。如果不执行"save"指令,直接关闭控制器的电源,传送的项目将废弃	

4.4　脉冲控制方式配置及调试

位置控制是通过 PowerPMAC 将脉冲串指令发送给伺服单元,通过控制脉冲数来控制位置运动,以发送的脉冲频率来控制运动速度。此应用常见于步进驱动电动机控制,和伺服驱动器工作在位置控制模式的场景。

常见的脉冲指令信号形式有脉冲＋方向和 CW＋CCW 双路脉冲两种。

PowerPMAC 根据是否连接反馈信号,将脉冲控制方式分为如下两种。

开环形式:指令为脉冲信号,无反馈编码器信号回到 PowerPMAC 卡。

闭环形式,指令为脉冲信号,连接电动机反馈编码器信号回到 PowerPMAC 卡。

脉冲控制步骤如表 4.15 所示,操作程序如图 4.13 所示。

表 4.15　操作步骤

1 控制器设置准备	控制器设置准备工作
1-1 创建一个新的项目	
1-2 控制器初始化设置	
2 各种设备接线	对每台设备进行接线
2-1 轴指令接口单元和驱动器接线	
3 控制器设置	相关参数设置
4 伺服驱动器设置	开环需要调试 PID
5 动作确认	
6 电动机调谐	开环控制跳过此步骤
6-1 开环试验	
6-2 带宽自动设置	
6-3 手动校正带宽	
6-4 前馈值设置	

续表

6-5 调谐参数项目保存	
7 基于运动程序的操作检查	
7-1 创建运动程序	
7-2 项目数据传递并操作检查	

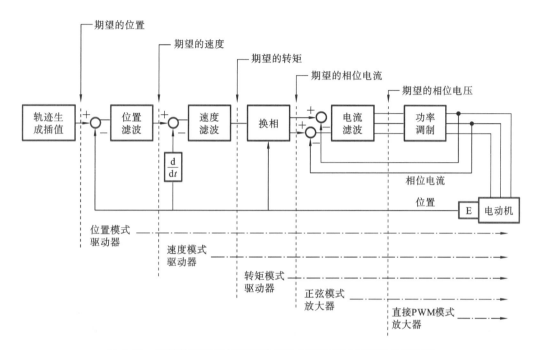

图 4.13　连接控制器和伺服驱动器以及操作运动控制设备的程序

4.4.1　控制器设置准备

1. 创建一个新的项目

创建一个新的项目如表 4.16 所示。

表 4.16　创建新项目

序号	内容	图示
1	安装 PowerPMAC IDE 软件到电脑上	名称 Power PMAC-IDE_4.6.1.12
2	通过 Ethernet 电缆连接控制器和电脑	
3	接通控制器的电源	
4	启动 PowerPMAC IDE	PowerPMAC IDE

续表

序号	内容	图示
5	将 Windows 的 IP 地址变更为 192.168.0.2	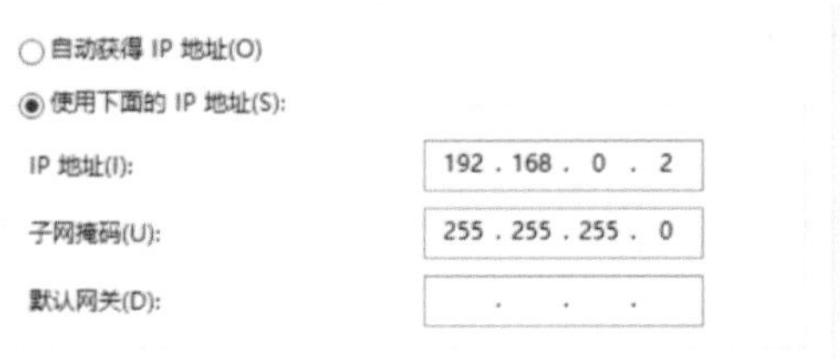 ○ 自动获得 IP 地址(O) ● 使用下面的 IP 地址(S): IP 地址(I): 192.168.0.2 子网掩码(U): 255.255.255.0 默认网关(D):
6	将显示"通讯设置"画面，指定连接对象控制器的 IP 地址，单击 连接 。 控制器的默认 IP 地址为 192.168.0.200	 通讯设置 IP 地址: 192.168.0.200 用户: root 密码: ******** 连接　测试　无设备
7	启动 PowerPMAC IDE，变为与控制器连线的状态	 IP: 192.168.0.200　类型: POWER PMAC UMAC　CPU: arm,LS1021A　固件: 2.6.1.0 rCAT　窗口(W)　帮助(H)
8	选择[文件]中菜单的[新建]、[项目]	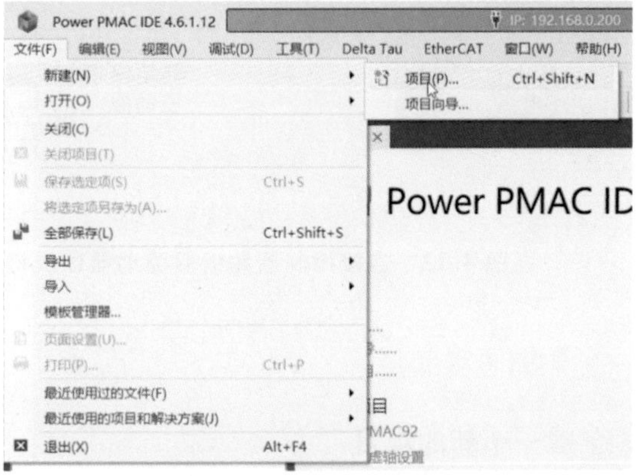 Power PMAC IDE 4.6.1.12　IP: 192.168.0.200 文件(F) 编辑(E) 视图(V) 调试(D) 工具(T) Delta Tau EtherCAT 窗口(W) 帮助(H) 新建(N) ▶ 项目(P)... Ctrl+Shift+N 打开(O) ▶ 项目向导... 关闭(C) 关闭项目(T) 保存选定项(S) Ctrl+S 将选定项另存为(A)... 全部保存(L) Ctrl+Shift+S　Power PMAC ID 导出 ▶ 导入 ▶ 模板管理器... 页面设置(U)... 打印(P)... Ctrl+P 最近使用过的文件(F) ▶ 最近使用的项目和解决方案(J) ▶ MAC92 退出(X) Alt+F4
9	选取项目类型 PowerP-MAC，输入任意项目名称、保存位置，选择[确定]	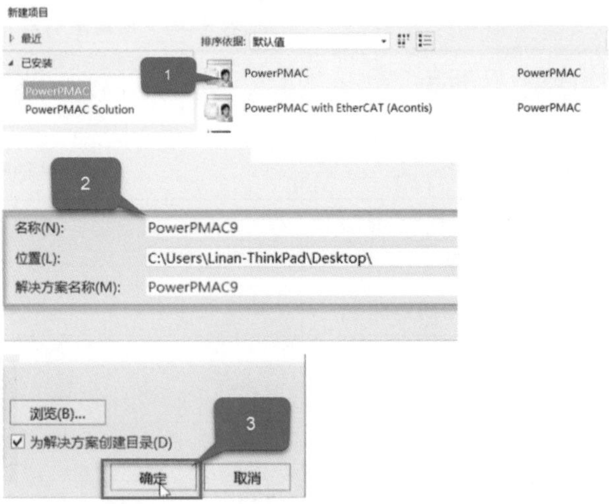 新建项目 ▷ 最近　排序依据: 默认值 ▲ 已安装 PowerPMAC　① PowerPMAC　PowerPMAC PowerPMAC Solution　PowerPMAC with EtherCAT (Acontis) PowerPMAC ② 名称(N): PowerPMAC9 位置(L): C:\Users\Linan-ThinkPad\Desktop\ 解决方案名称(M): PowerPMAC9 浏览(B)... ③ ☑ 为解决方案创建目录(D) 确定　取消

2. 控制器初始化设置

控制器初始化设置如表 4.17 所示。

表 4.17 控制器初始化设置

序号	内容	图示
1	通过"终端"窗口输入[$$$***]指令,将控制器恢复为出厂状态	
2	通过 PowerPMAC IDE 的"终端"窗口输入[save]指令。 结束后,Terminal 中将显示"Save Completed"	
3	通过 PowerPMAC IDE 的"终端"窗口输入[$$$]指令	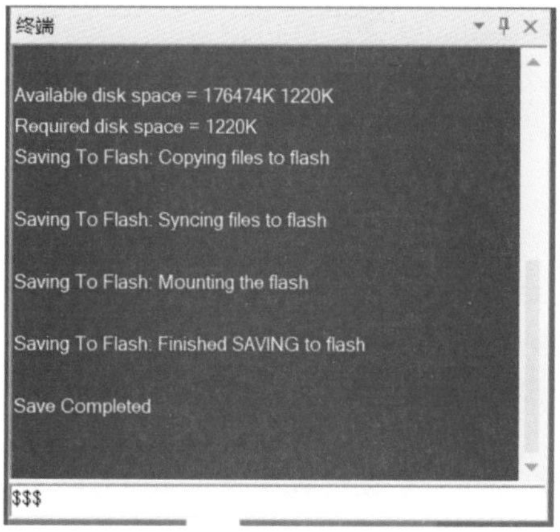

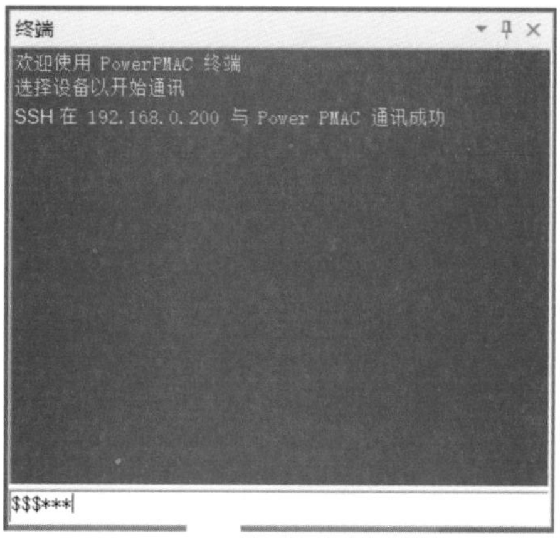

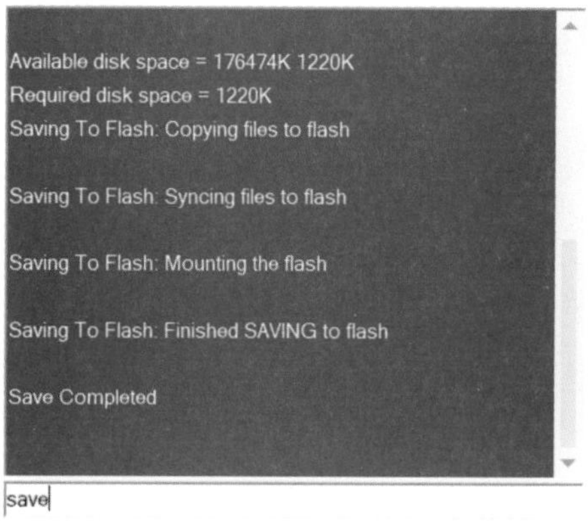

4.4.2 控制、伺服设备接线

CK3W-AX1515N 与欧姆龙伺服 G5 之间的位置指令线（闭环控制）如图 4.14 所示。

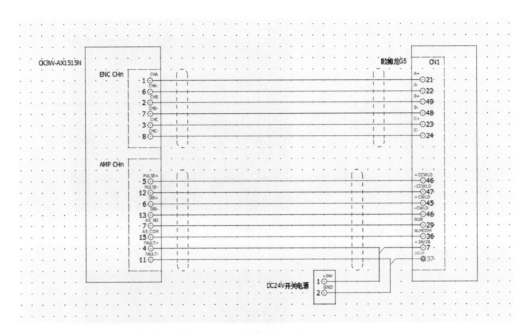

图 4.14 CK3W-AX1515N 与欧姆龙伺服 G5 之间的位置指令线（闭环控制）

CK3W-AX1515N 与东方步进电动机 AZD-A 驱动器之间的指令线（开环控制）如图 4.15 所示。

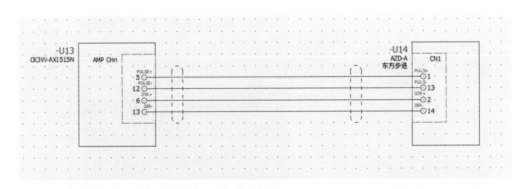

图 4.15 CK3W-AX1515N 与东方步进电动机 AZD-A 驱动器之间的指令线（开环控制）

4.4.3 脉冲控制相关参数设置

脉冲控制相关参数设置如表 4.18 所示。

表 4.18 脉冲控制相关参数设置

序号	内容	图示
1	打开"解决方案资源管理器"的 [PMAC Script Language]→[Global Includes] 下的 Global Definitions. pmh	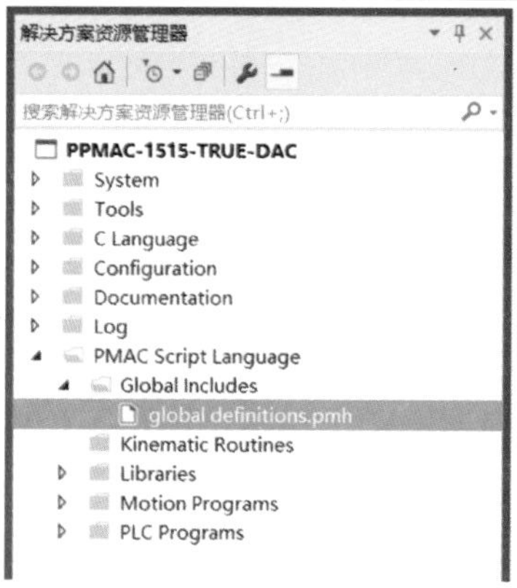 （解决方案资源管理器界面：PPMAC-1515-TRUE-DAC，包含 System、Tools、C Language、Configuration、Documentation、Log、PMAC Script Language→Global Includes→global definitions.pmh、Kinematic Routines、Libraries、Motion Programs、PLC Programs）
2	将右侧的文本写入 Global Definitions. pmh	Sys.WpKey=$ AAAAAAAA Gate3[0].PhaseFreq=16000 Gate3[0].ServoClockDiv=1 Sys.ServoPeriod = 1000 * (Gate3[0].ServoClockDiv + 1)/Gate3[0].PhaseFreq Sys.PhaseOverServoPeriod=1/(Gate3[0].ServoClockDiv+1) Sys.RtIntPeriod=1 Gate3[0].EncClockDiv=3

3	PFM 设置参数，脉冲宽度及脉冲形式和反馈方式。将右侧的文本写入 Global Definitions. pmh	Gate3[0].Chan[0].OutputMode=8
		　　//IC 通道相位输出模式 (PFM:bit3 ON)
		Gate3[0].Chan[0].PackOutData=0
		　　//不启用 IC 通道 PWM/DAC"pack"
		Gate3[0].Chan[0].PfmFormat=0
		　　//=1 输出正交脉冲 (=0:脉冲+方向;建议设为正交脉冲,抗干扰
		　　//能力较强)
		Gate3[0].Chan[0].PfmWidth=15
		　　//脉冲宽度
		Gate3[0].Chan[0].TimerMode=3
		　　//IC 通道编码器定时器控制 (=3:PFM 脉冲计数)
		Gate3[0].Chan[0].EncCtrl=3
		　　//EncCtrl=8 编码器无反馈　EncCtrl=3 编码器有反馈//

4	编码器转换表设置	EncTable[1].type=1
		EncTable[1].pEnc=Gate3[0].Chan[0].ServoCapt.a
		　　//Gate3[0].Chan[0].ServoCapt.a　无反馈
		　　//pEnc= Gate3[0].Chan[0].TimerA.a　有反馈
		EncTable[1].pEnc1=Sys.pushm
		EncTable[1].index1=0
		EncTable[1].index2=0
		EncTable[1].index3=0
		EncTable[1].index4=0
		EncTable[1].index5=0
		EncTable[1].MaxDelta=0
		EncTable[1].SinBias=0
		EncTable[1].CosBias=0
		EncTable[1].ScaleFactor=1/256

续表

序号	内容	图示
5	电动机参数设置	Motor[1].JogSpeed=0.03 Motor[1].ServoCtrl=1 Motor[1].Ctrl　=Sys.ServoCtrl Motor[1].pEnc　=EncTable[1].a Motor[1].pEnc2　=EncTable[1].a Motor[1].PosSf　=0.001 Motor[1].Pos2Sf=0.001 Motor[1].pDac=Gate3[0].Chan[0].Pfm.a Motor[1].pAmpEnable=Gate3[0].Chan[0].OutCtrl.a Motor[1].AmpEnableBit=8 Motor[1].pAmpFault=Gate3[0].Chan[0].Status.a Motor[1].AmpFaultBit=7 Motor[1].pLimits=Gate3[0].Chan[0].Status.a Motor[1].LimitBits=137 Motor[1].pEncStatus=Gate3[0].Chan[0].Status.a Motor[1].pCaptFlag=Gate3[0].Chan[0].Status.a Motor[1].pCaptPos=Gate3[0].Chan[0].HomeCapt.a Motor[1].MaxDac=32767
6	项目的下载,右键单击 IDE 画面右上方的[解决方案资源管理器]项目名称,选择[构建并下载所有程序],执行构建和下载	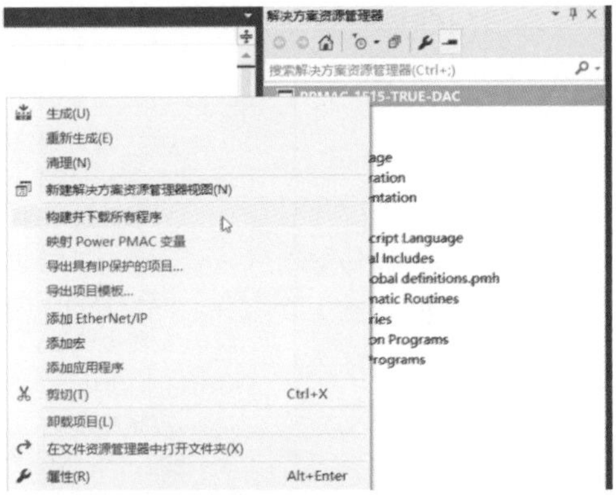
7	通过 Output Window 确认没有异常。 传送失败时,请通过 Output Window 确认错误内容。如果是程序错误,请修改程序	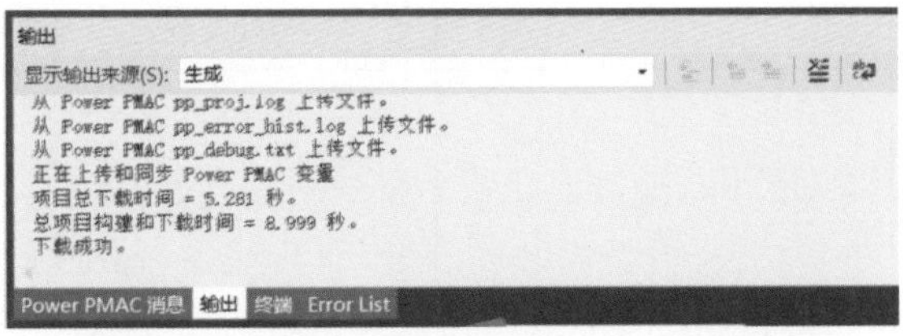
8	通过 PowerPMAC IDE 的"终端"窗口输入[save]指令。 结束后,Terminal 中将显示"Save Complete"	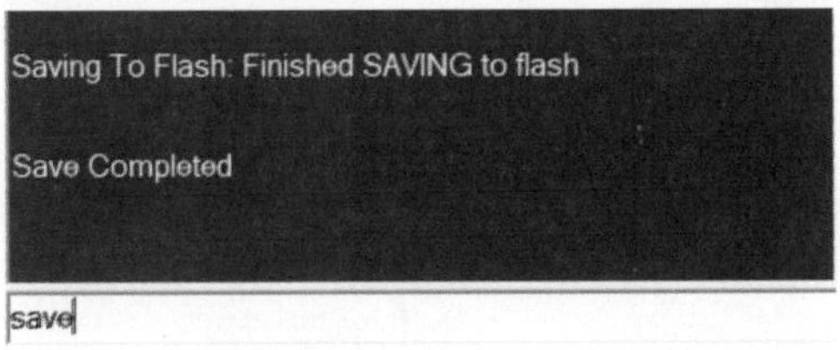

续表

序号	内容	图示
9	通过 PowerPMAC IDE 的"终端"窗口输入［＄＄＄］指令	Saving To Flash: Finished SAVING to flash Save Completed $$$

4.4.4　伺服驱动器设置

可以使用 CX-Drive 软件进行 R88M-KP□ 的设定,如表 4.19 所示,变更驱动器的参数(表 4.19 以外的参数请保持出厂设定)。关于 CX-Drive 软件和 R88M-KP□ 的具体操作方法,请参阅相关手册。

表 4.19　使用 CX-Drive 进行设置

No.	名称	变更后
Pn001	控制模式选择	0 位置控制
Pn005	命令脉冲输入选择	1
Pn006	命令脉冲旋转方向切换选择	0
Pn007	命令脉冲模式选择	3
Pn009	电子齿轮比分子 1	512
Pn010	电子齿轮传动比分母	1

4.4.5　脉冲指令电动机动作确认

发送脉冲指令,确认上述参数设置的正确性,如表 4.20 所示。

表 4.20　脉冲指令电动机动作确认

序号	内容	图示
1	通过"终端"窗口输入［＃1 out0］指令。此时,应确认电动机处于伺服 ON 的状态。 使用绝对编码器时,请事先通过"终端"窗口输入［Gate3［0］. Chan［0］.OutFlagB＝1］	终端 欢迎使用 PowerPMAC 终端 选择设备以开始通讯 SSH 在 192.168.0.200 与 PowerPMAC 通讯成功 #1 out 0 PowerPMAC 消息　输出　终端　Error List

序号	内容	图示
2	通过 Terminal 输入[♯1 out1]指令	 终端 PowerPMAC 复位完成 #1 out 0 #1 out 1 #1 out 1 PowerPMAC 消息　输出　终端　Error List
3	确认电动机正在旋转。同时,确认 Watch 窗口中[Position]的值向正方向增加。 如果输入[♯1 out1]指令后电动机仍不旋转,请输入[♯1 out2]、[♯1 out3]等更大的数值	 终端 PowerPMAC 复位完成 #1 out 0 #1 out 1 #1 out 2 PowerPMAC 消息　输出　终端　Error List

4.4.6　脉冲控制电动机调谐

脉冲控制方式,只对有编码器接回到 PowerPMAC 闭环的电动机进行伺服环闭环调谐。如无反馈编码器接回 PowerPMAC 的应用,可跳过电动机调谐步骤。

1. 带宽的自动设定

使用 PowerPMAC IDE 的自动调谐功能,自动设定伺服回路的带宽,如表 4.21 所示。

表 4.21　带宽的自动设定

序号	内容	图示
1	选择[位置环自动调谐]→[高级自动调谐]	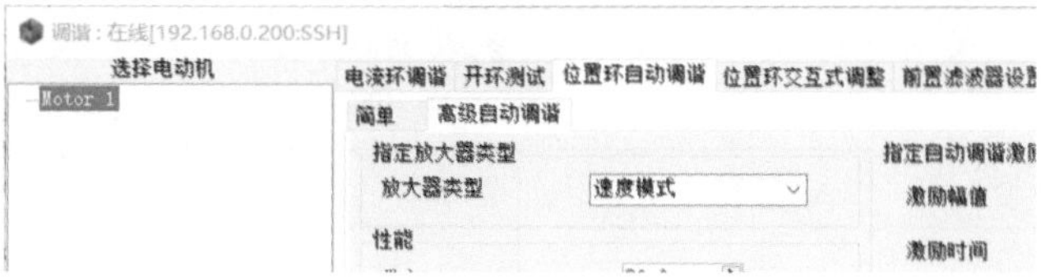 调谐：在线[192.168.0.200:SSH] 选择电动机　电流环调谐　开环测试　位置环自动调谐　位置环交互式调整　前置滤波器设置 Motor 1 简单　高级自动调谐 指定放大器类型　　　　　指定自动调谐激 放大器类型　速度模式　　激励幅值 性能　　　　　　　　　　激励时间
2	设定右侧的调谐参数。[编码器分辨率]请设定为根据所用伺服电动机的编码器分辨率及伺服驱动器的电子齿轮比决定的、电动机每转 1 圈的输出脉冲数的值	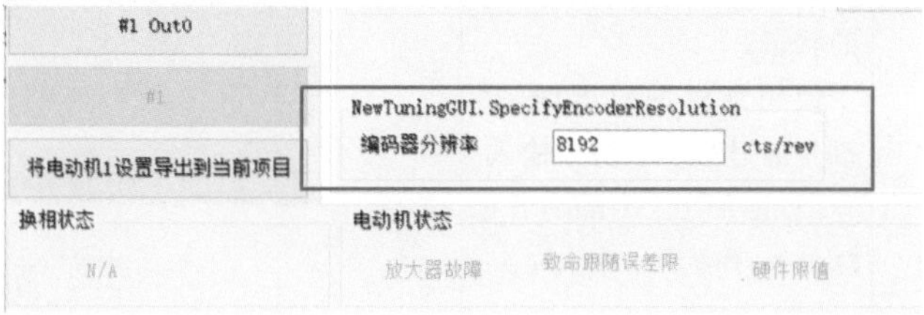 #1 Out0 #1 将电动机1设置导出到当前项目 换相状态　　　　　电动机状态 N/A NewTuningGUI.SpecifyEncoderResolution 编码器分辨率　8192　cts/rev 放大器故障　致动跟随误差限　硬件限值

续表

序号	内容	图示
3	单击[识别和调整]	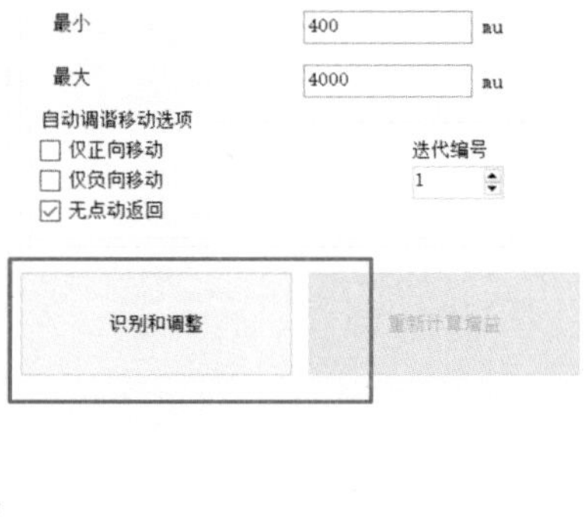 最小 400 mu 最大 4000 mu 自动调谐移动选项 □仅正向移动　迭代编号 □仅负向移动　1 ☑无点动返回 [识别和调整]　[重新计算增益] /rev
4	出现右侧的消息后,单击[是]	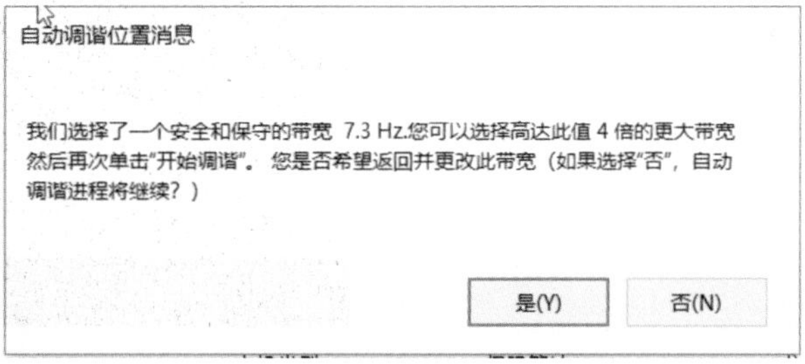 自动调谐位置消息 我们选择了一个安全和保守的带宽 7.3 Hz.您可以选择高达此值4倍的更大带宽后再次单击"开始调谐"。 您是否希望返回并更改此带宽(如果选择"否",自动调谐进程将继续?) [是(Y)]　[否(N)]
5	出现右侧的画面后,单击[确定]	 电动机的自动调谐结果　× 　　　　　　　　　　电流增益　　关闭增益　　接受增益 比例 (Kp)　0.68862987　0.68862987　0.68935096624457 微分 (Kvfb)　336.29022　336.29022　336.64235921018 积分 (Ki)　0　0　0 速度前馈(Kvff)　0　0　0 加速前馈(Kaff)　0　0　0 微分增益 2 (Kvifb)　0　0　0 带积分的速度前馈(Kviff)　0　0　0 [恢复]　[执行] 有源滤波器待被删除　[确定]　[取消]

2. 带宽的手动修正

对阶跃响应进行观测的同时,可以手动选择更合适的带宽,如表4.22所示。

表 4.22　带宽的手动修正

序号	内容	图示
1	选择[位置环交互式调整]	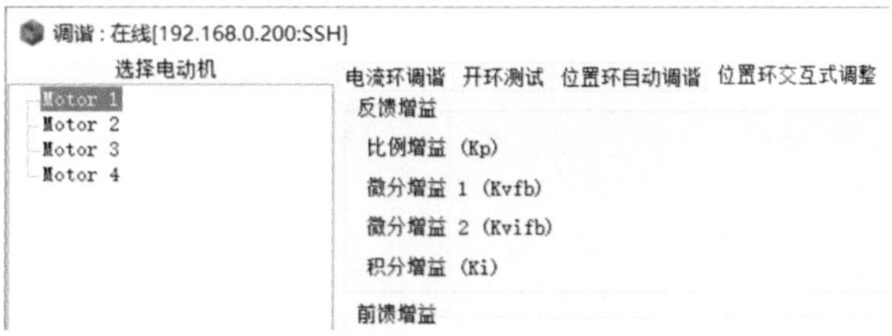 调谐：在线[192.168.0.200:SSH] 选择电动机　电流环调谐 开环测试 位置环自动调谐 位置环交互式调整 Motor 1　反馈增益 Motor 2　比例增益 (Kp) Motor 3　微分增益 1 (Kvfb) Motor 4　微分增益 2 (Kvifb) 　　　　积分增益 (Ki) 　　　　前馈增益

续表

序号	内容	图示
2	设定右侧的调谐参数	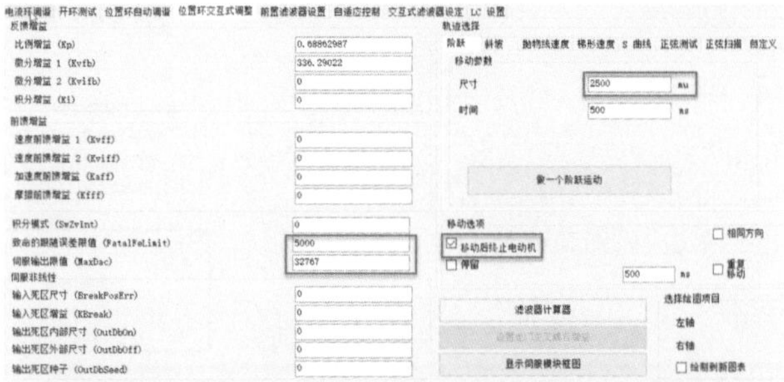
3	单击[做一个阶跃运动],确认步进响应	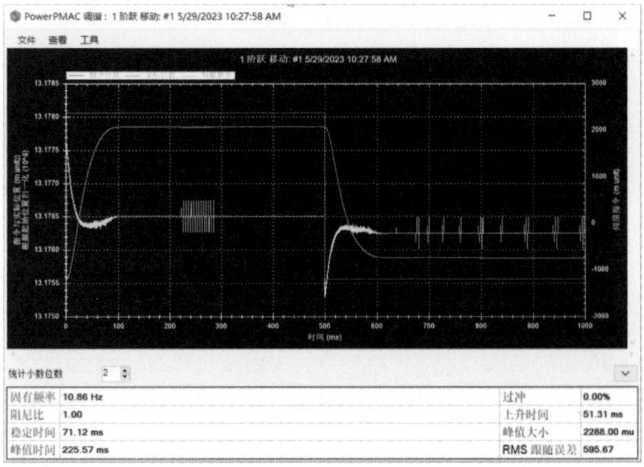
4	未达到目标位置时,将返回到[高级自动调谐]画面,并将"带宽"设定为更大的值。 单击[重新计算增益]	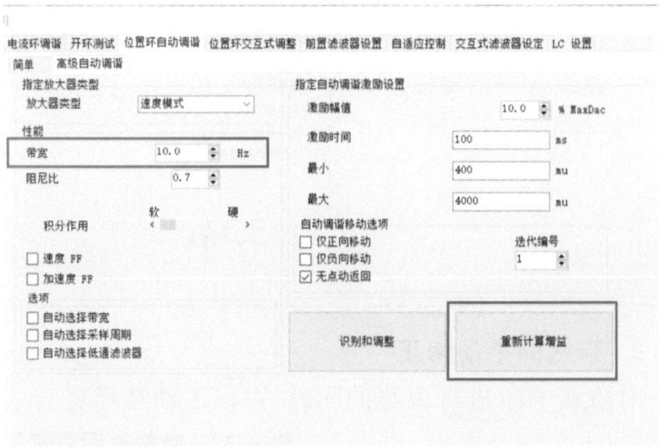
5	出现右侧的画面后,单击[执行]	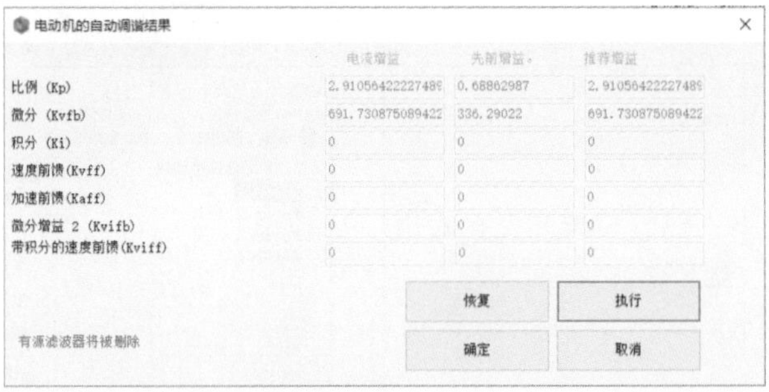
6	返回到步骤 1。重复以上步骤,直至得到期待的响应性能	

3. 前馈值的设定

前馈值的设定步骤如表 4.23 所示。

表 4.23   前馈值的设定步骤

序号	内容	图示
1	选择[位置环自动调谐]→[高级自动调谐]，勾选[速度 FF]和[加速度 FF]	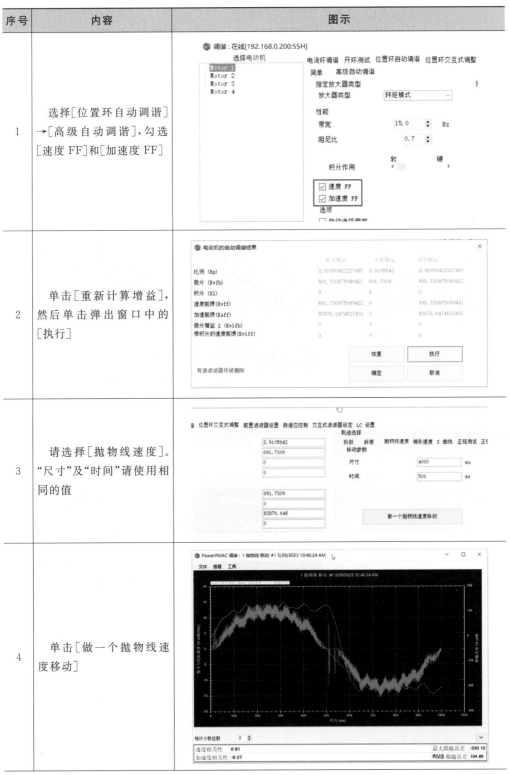
2	单击[重新计算增益]，然后单击弹出窗口中的[执行]	
3	请选择[抛物线速度]。"尺寸"及"时间"请使用相同的值	
4	单击[做一个抛物线速度移动]	

序号	内容	图示
5	跟随误差相对于速度有正相关时,请增大速度前馈增益 Kvff。有反相关时,请减小速度前馈增益 Kvff	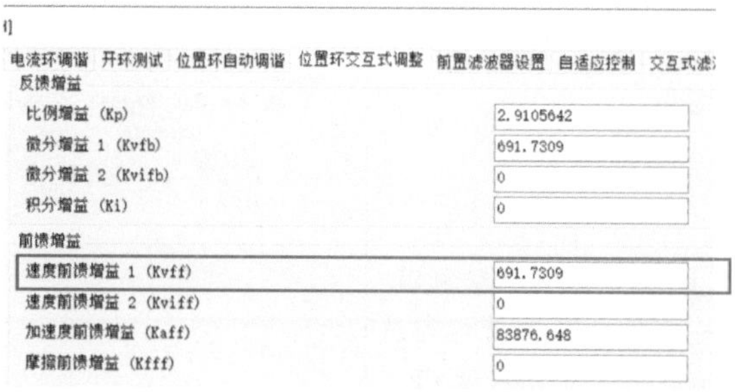
6	再次单击[做一个抛物线速度移动]。重复以上步骤,直至跟随误差与速度不再相关	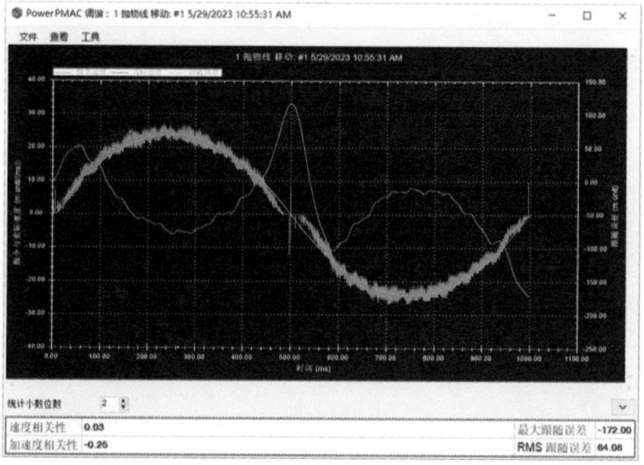
7	同样,跟随误差与加速度、摩擦等有相关时,请增减 Kaff、Kfff 的值。右图为相对于加速度有相关的示例	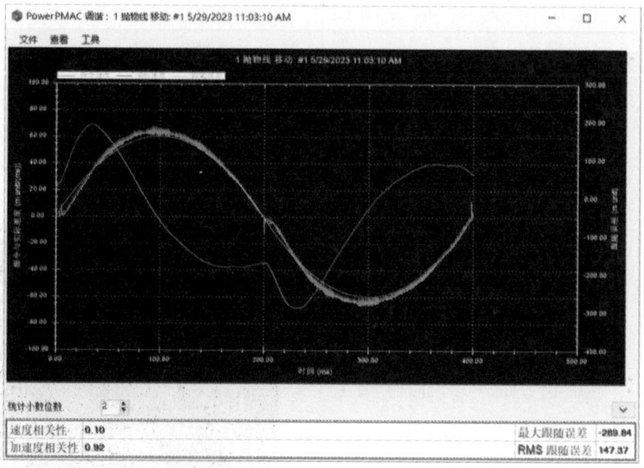

4. 闭环调谐参数的项目保存

闭环调谐参数的项目保存的步骤如表 4.24 所示。

表 4.24 闭环调谐参数的项目保存步骤

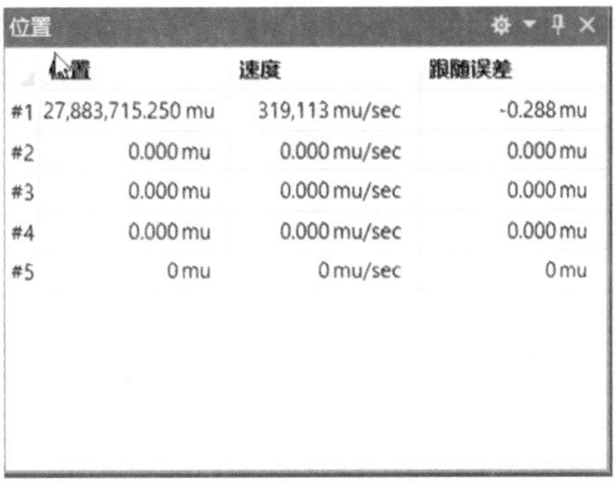

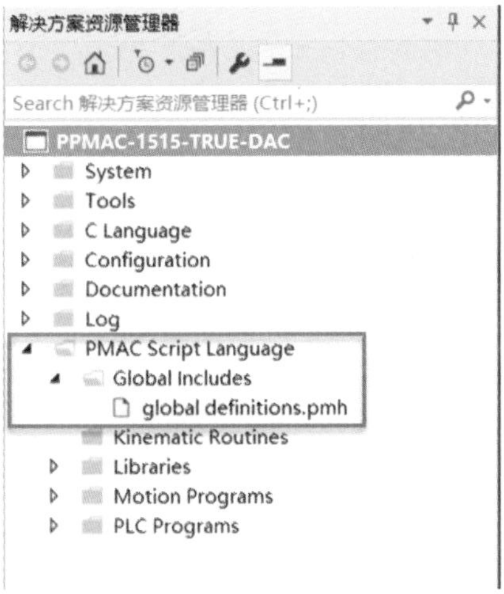

序号	内容	图示
1	通过"终端"窗口输入 [♯1 j+] 指令	终端 Save Completed #1j+| PowerPMAC 消息　输出　终端　Error List
2	确认电动机正在旋转。 同时,确认 Watch 窗口中 [Velocity] 的值为 +32 附近	位置 　　位置　　　　　速度　　　　　跟随误差 #1 27,883,715.250 mu　319,113 mu/sec　-0.288 mu #2　0.000 mu　　　0.000 mu/sec　　0.000 mu #3　0.000 mu　　　0.000 mu/sec　　0.000 mu #4　0.000 mu　　　0.000 mu/sec　　0.000 mu #5　0 mu　　　　　0 mu/sec　　　　0 mu
3	打开"解决方案资源管理器"的 [PMAC Script Language]—[Global Includes] 下的 global definitions. pmh	解决方案资源管理器 Search 解决方案资源管理器 (Ctrl+;) ■ PPMAC-1515-TRUE-DAC 　▷ ■ System 　▷ ■ Tools 　▷ ■ C Language 　▷ ■ Configuration 　▷ ■ Documentation 　▷ ■ Log 　▲ ■ PMAC Script Language 　　▲ ■ Global Includes 　　　🗋 global definitions.pmh 　　　■ Kinematic Routines 　▷ ■ Libraries 　▷ ■ Motion Programs 　▷ ■ PLC Programs
| 4 | 将通过调谐获得的值补记到 global definitions. pmh 中 | ```
Motor[1].Servo.Kaff=***
Motor[1].Servo.Kvff=***
Motor[1].Servo.Kp=***
Motor[1].Servo.Kvfb=***
``` |

4.4.7　运动程序执行

运动程序执行的步骤如表 4.25 所示。
```

表 4.25 运动程序执行的步骤

序号	内容	图示
1	创建 Motion 程序在"解决方案资源管理器"窗口中打开［项目名称］→［PMAC Script Language］→［Motion Programs］→［prog1.pmc］	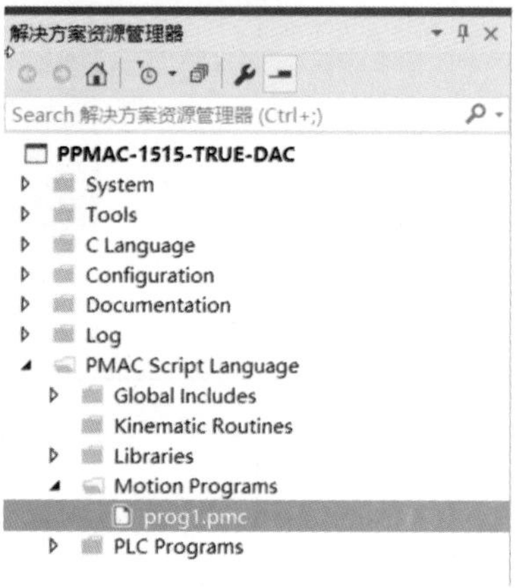 解决方案资源管理器 Search 解决方案资源管理器 (Ctrl+;) **PPMAC-1515-TRUE-DAC** ▷ System ▷ Tools ▷ C Language ▷ Configuration ▷ Documentation ▷ Log ▲ PMAC Script Language 　▷ Global Includes 　　Kinematic Routines 　▷ Libraries 　▲ Motion Programs 　　　prog1.pmc 　▷ PLC Programs

2	在 prog1.pmc 选项卡的编程区域中写入右侧的程序。
	本程序示例为电动机向正方向旋转，停止后，向反方向旋转，再停止，一直重复
		`&1;`
		`# 1->131072X;`
		`OPEN PROG 1`
		`INC;`
		`TA800;`
		`TS300;`
		`LINEAR;`
		`While (1<2)`
		`{`
		`TA800;`
		`TS300;`
		`TM3000;`
		`X20;`
		`DWELL2000;`
		`X-20;`
		`DWELL2000;`
		`}`
		`CLOSE`

3	创建 PLC 程序在"解决方案资源管理器"窗口中打开［项目名称］→［PMAC Script Language］→［PLC Programs］→［plc1.plc］	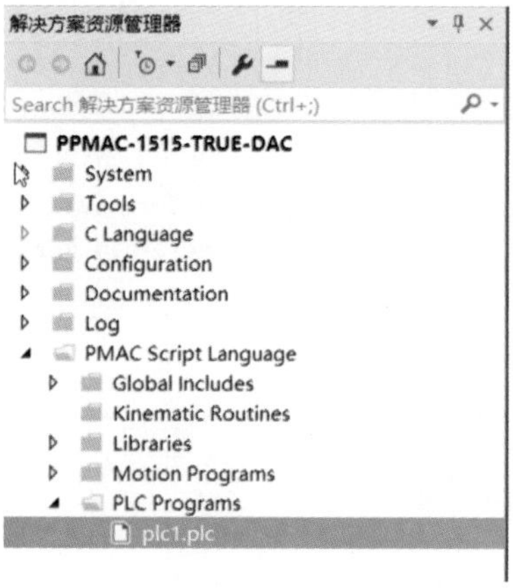 解决方案资源管理器 Search 解决方案资源管理器 (Ctrl+;) **PPMAC-1515-TRUE-DAC** 　System ▷ Tools ▷ C Language ▷ Configuration ▷ Documentation ▷ Log ▲ PMAC Script Language 　▷ Global Includes 　　Kinematic Routines 　▷ Libraries 　▷ Motion Programs 　▲ PLC Programs 　　　plc1.plc

续表

序号	内容	图示

4	在[plc1. plc]选项卡的编程区域中写入右侧的程序。
	本程序示例为将伺服设为 ON,启动电动机运动程序 1 后,结束 PLC1 程序的周期执行(上电只运行一次)
		``
		open plc 1
		P1000=Sys.Time+1;
		while(P1000>Sys.Time){};
		cmd"&1enable";
		P1000=Sys.Time+5;
		while(P1000>Sys.Time){};
		cmd"&1b1r";
		disable plc 1;
		close
		``

5	用户程序的启动设定 在 Solution Explorer 窗口中打开[项目名称]→[Configuration]→[pp_disable. txt]	
6	在[pp_disable. txt]选项卡的编程区域中,将右侧的程序补记到最后一行。 [pp_disable. txt]会在启动控制器时自动执行。 记述示例中,执行 PLC1 的脚本	``` enable plc 1; ```
7	电动机控制参数的设定 在"解决方案资源管理器"窗口中打开[项目名称]→[PMAC Script Language]→[Global Includes]→[global definitions. pmh]	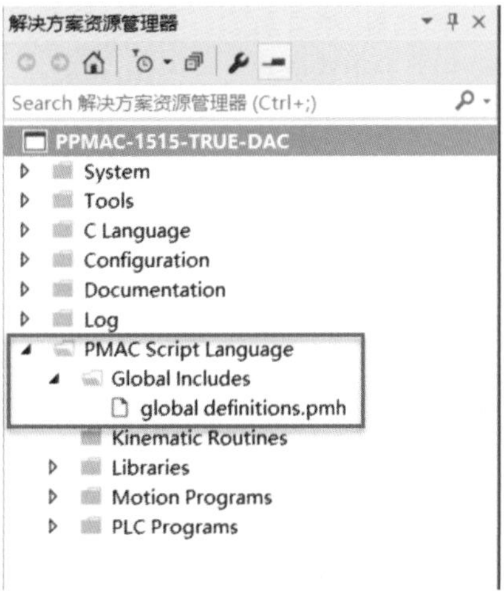

续表

序号	内容	图示

8	在［global definitions. pmh］选项卡的编程区域中,记述想要通过电源 ON 时的自动执行设定的设定值。
	右侧为设定的示例
		`Motor[1].FatalFeLimit=0;`
		`Motor[1].AbortTa=-0.1;`
		`Motor[1].AbortTs=0;`
		`Motor[1].MaxSpeed=5000;`
		`Motor[1].JogTa=-0.1;`
		`Motor[1].JogTs=-1;`
		`Motor[1].JogSpeed=1000;`
		`Motor[1].HomeVel=1000;`
		
		`Coord[1].Tm=100;`
		`Coord[1].FeedTime=60000;`
		`Coord[1].MaxFeedRate=5000;`
		`Coord[1].Td=-0.1;`
		`Coord[1].Ta=-0.1;`
		`Coord[1].Ts=-1;`

4.4.8 项目下载和执行

构建和下载已创建的项目数据,如表 4.26 所示。完成后,可自动启动程序,控制电动机旋转。

表 4.26 构建和下载项目

序号	内容	图示
1	项目的下载。右键单击 IDE 画面右上方的［解决方案资源管理器］项目名称,选择［构建并下载所有程序］,执行构建和下载	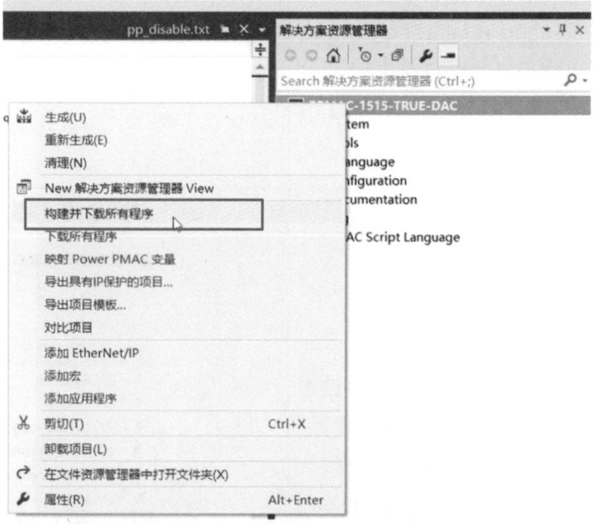
2	通过 Output Window 确认没有异常。 传送失败时,请通过 Output Window 确认错误内容。如果是程序错误,请修改程序	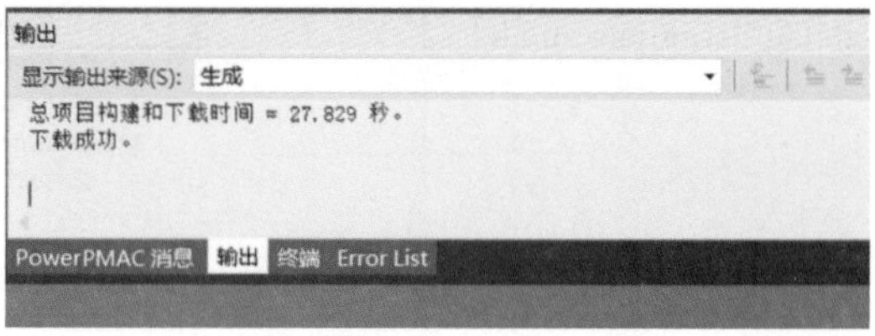

续表

序号	内容	图示
3	下载成功后,将执行程序	
4	确认能正常运行后,将项目保存到控制器中。 通过 Terminal 执行"save"指令。 如果只是传送,项目不会保存到控制器中。如果不执行"save"指令,直接关闭控制器的电源,传送的项目将废弃	

4.5 PowerPMAC 电动机回零

当完成伺服电动机或步进电动机闭环设定和特性调谐后,电动机就可正常闭环运动。在编写电动机运动程序之前,需要确定电动机编程坐标参考点(也称为参考零点)位置,这个确定参考点也称零点位置的过程,就是电动机回零。PowerPMAC 对于增量反馈的电动机,参考点确认的方法是,在电动机负载装有零位开关,系统通过发送回零指令控制电动机执行回零运动。当回零运动中触碰到零位开关,电动机执行减速停止完成回零动作,电动机停的位置就是参考点零位坐标位置,PowerPMAC 控制系统会将显示位置数值清零,后面运动程序编程的位置坐标都是以零点坐标为参考基准。

增量反馈信号断电后无法保存,所以控制器每次断电再上电后,需重新执行回零操作确认零点位置。对于装有绝对反馈的电动机,断电再上电反馈计数会保存断电前的数值,所以控制器不需要每次上电都执行回零运动,只需在设备第一次上电调试时,将绝对反馈计数数值与设备参考零点位置进行确定标定,后面每次断电再上电后,电动机都知道所在位置的坐标数值。

下面介绍对于增量反馈的电动机,PowePMAC 回零操作的相关参数和指令。

4.5.1 回零相关的数据结构

```
Gate3[i].Chan[j].CaptFlagSel
```

其中:i 是 IC 门阵列号,从 0 开始,一个 IC 控制 4 个通道;j 是每个 IC 门阵列控制的通道号,每个 IC 对应 1~4 通道。

设定选择哪个输入信号作为零位信号。零位置信号可选择的输入信号:

```
HOMEn, PLIMn, MLIMn USERn
```

其中 n 是电动机轴号。

```
Gate3[i].Chan[j].CaptFlagSel=0: HOMEn (回零标志 n)
```

//表示零点选择 HOMEn 输入信号

Gate3[i].Chan[j].CaptFlagSel=1: PLIMn (正限位标志 n)
//表示零点选择 PLIMn 输入信号

Gate3[i].Chan[j].CaptFlagSel=2: MLIMn (负限位标志 n)
//表示零点选择 MLIMn 输入信号

Gate3[i].Chan[j].CaptFlagSel=3: USERn (用户自定义标志 n)
//表示零点选择 USERn 输入信号

例如:电动机 1 选择 HOME1 作为零位触发信号,则设定

Gate3[0].Chan[1].CaptFlagSel=0

电动机 3 选择 USER3 作为零位触发信号,则设定

Gate3[0].Chan[3].CaptFlagSel=3
Gate3[i].Chan[j].CaptCtrl

其中:i 是 IC 门阵列号,从 0 开始,一个 IC 控制 4 个通道;j 是每个 IC 门阵列控制的通道号,每个 IC 对应 1~4 通道。

设定回零动作触发的方式,包括零位触发信号选择和信号极性选择,分为以下三类。

(1) 只触发零位输入 Flag 信号,高低电平;

(2) 只触发编码器 index(也称 C)信号,高低电平;

(3) 触发零位输入 Flag 信号与编码器 index(也称 C)信号,各自高低电平组合。

由上述分类,零位捕获触发方式组合有 15 种,如图 4.16 所示。

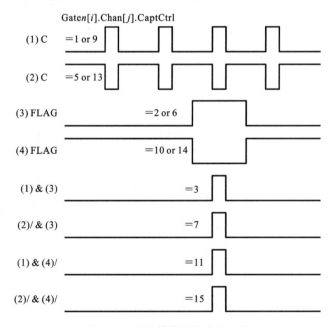

图 4.16 零位捕获触发方式组合

例如:

Gate3[0].Chan[1].CaptCtrl=1   //表示电动机 1 回零触发信号为编码器 index 信号
//的上升沿

```
Gate3[0].Chan[2].CaptCtrl=10    //表示电动机 2 回零触发信号为回零输入信号的下
                                //降沿
Gate3[0].Chan[3].CaptCtrl=3     //表示电动机 3 回零触发信号为回零输入信号的上
                                //升沿与上编码器 index 信号的上升沿
```

详细内容请查阅 PowerPMAC 软件手册中 Gate3[i].Chan[j].CaptCtrl 参数说明。

```
Motor[x].HomeOffset [motor units]
```

其中:x 是电动机号,单位是用户单位。

电动机零触发位置与设备实际零坐标位置偏移量。例如:

```
Motor[1].HomeOffset=50          //表示电动机 1 零位位置相对零位触发位置偏移正
                                //50 用户单位
Motor[2].HomeOffset=-10         //表示电动机 2 零位位置相对零位触发位置偏移负
                                //10 用户单位
```

```
Motor[x].HomeVel [motor units/msec]
```

其中:x 是电动机号,单位是用户单位/ms。

设定电动机的回零速度和方向,正值表示电动机执行正向回零运动,负值表示电动机执行正向回零运动。例如:

```
Motor[1].HomeVel=10             //表示电动机 1 正向回零,速度为 10 用户单位/ms
Motor[2].HomeVel=-15            //表示电动机 2 负向回零,速度为 15 用户单位/ms
Motor[x].JogTa 和 Motor[x].JogTs,
```

其中:x 是电动机号,单位是正值时为时间 ms,是负值时为加速度单位。

设定回零运动的加减速时间或者加减速度。Ta 为直线加减速,Ts 为 S 曲线加减速。

4.5.2　PowerPMAC 回零指令

PowerPMAC 回零在线指令为

```
#n hm
```

例如♯5hm 表示 5 号电动机回零,♯6..8hm 表示♯6 到♯8 号电动机同时回零。

运动程序或者 PLC 编程回零指令为

```
Home n
```

例如 home5 表示 5 号电动机回零,home6..8 表示♯6 到♯8 号电动机同时回零。回零指令只是启动轴的回零运动,必须配合其他相关参数设置、程序语句来监视回零是否成功并处理回零过程中可能发生的错误情况。

4.5.3　回零参数和指令举例

电动机 1 负方向回零,回零速度 50 cts/ms,回零方式是寻找 Home 感应开关并且正方向偏移 2000 cts,设定和指令如表 4.27 所示。

表 4.27　回零实例

序号	内容	图示
1	设置回零参数	Home Move.pmh　prog1.pmc　global definitions.pmh Gate3[0].Chan[0].CaptCtrl = 2 Gate3[0].Chan[0].CaptFlagSel = 0 Motor[1].HomeVel = -50 Motor[1].HomeOffset = 2000
2	下载回零参数到 PMAC	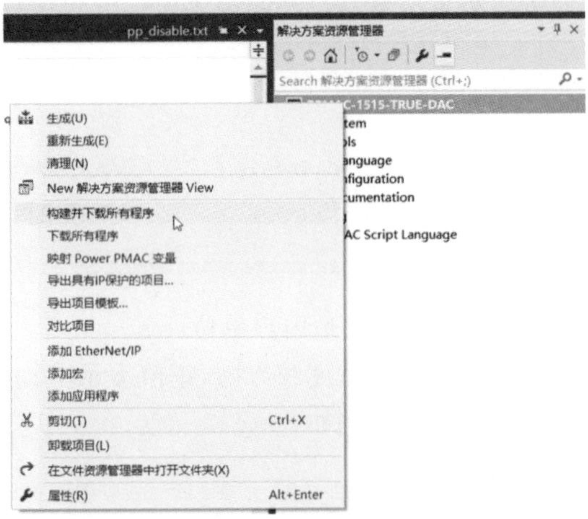
3	在"终端"窗口键入回零指令 #1 hm	终端 #1hmz sys.CompEnable=1 #1 hm Power PMAC 消息　输出　终端　Error List
4	查看回零完成标志	HomeComplete　True

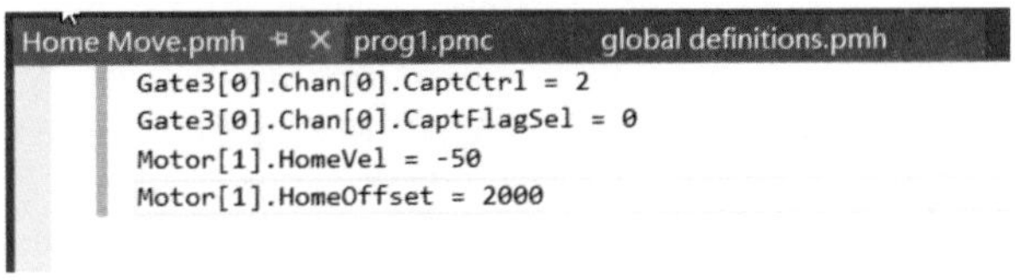

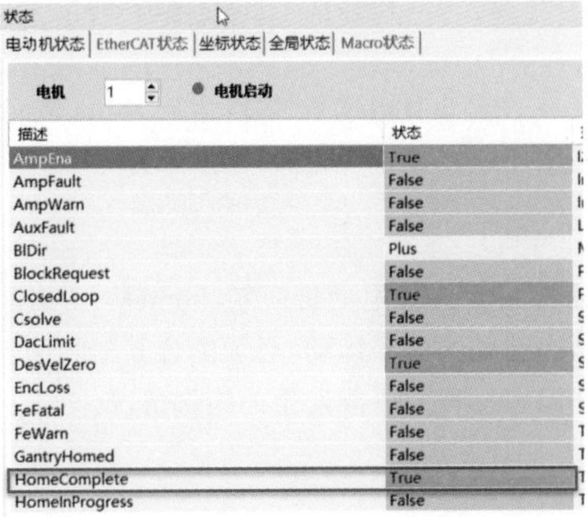

4.6 PowerPMAC 螺距补偿功能

螺距误差补偿的基本原理就是将设备电动机轴的指令位置与高精度位置测量系统所测得的实际位置相比较,计算出全行程上的误差分布曲线,再将误差以表格的形式输入控制系统。控制系统在控制该轴运动时,会自动计算误差值,并加以补偿。螺距补偿是采用激光干涉仪等测量工具得到电动机轴的补偿数据,PowerPMAC 具有螺距补偿功能,实现定位精度补偿校正。下面介绍 PowerPMAC 如何将补偿数据填入 1 维(1D)补偿表中,如表 4.28 所示。

表 4.28 填入补偿数据

序号	内容	图示
1	在项目中添加应用	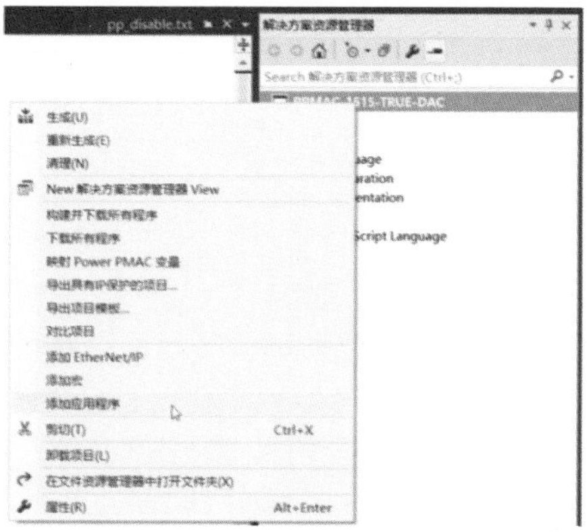
2	在窗体中勾选补偿表,点击［添加］按钮	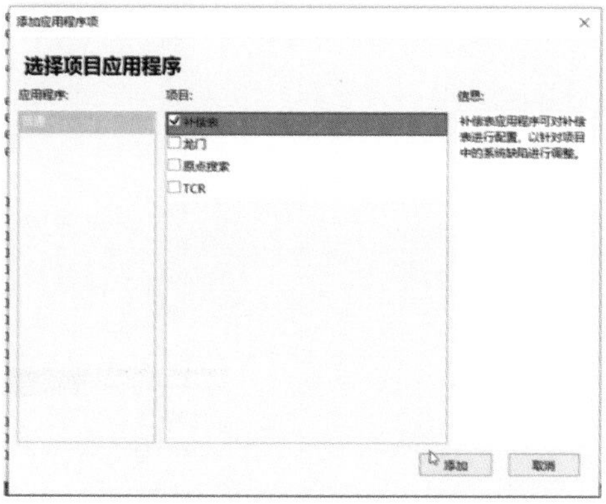
3	在"解决方案资源管理器"窗口中打开［项目名称］→［Application］→［Compensation］	

序号	内容	图示
4	设置补偿设置参数	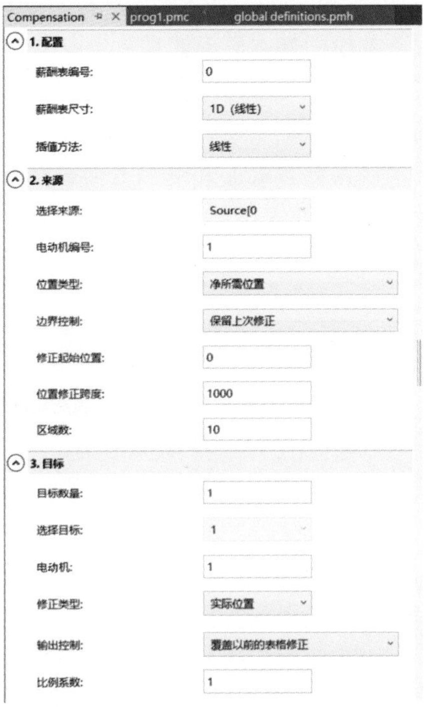
5	填写补偿值	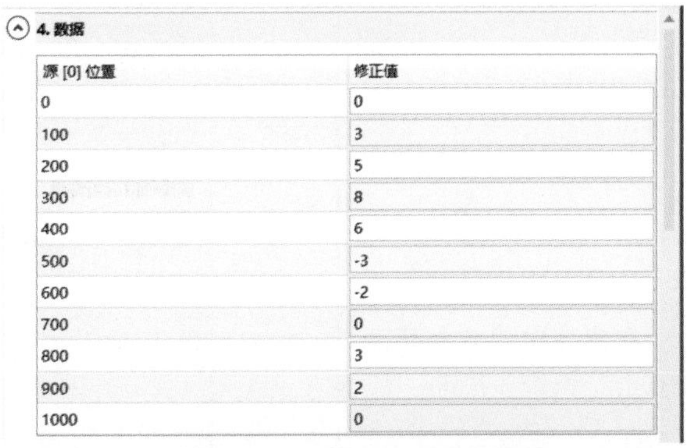
6	下载补偿表到 PMAC	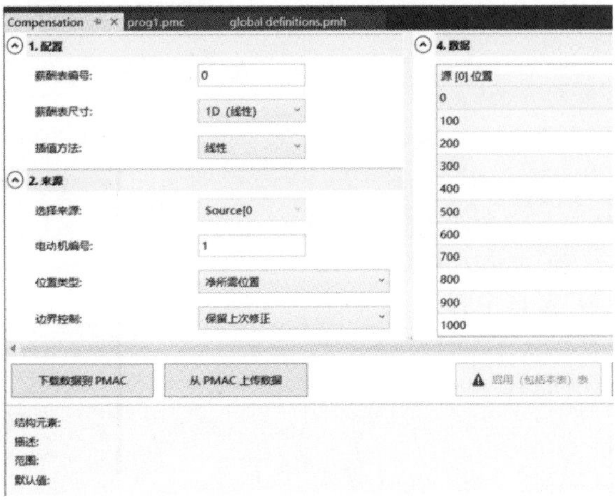

续表

序号	内容	图示
7	下载成功提示	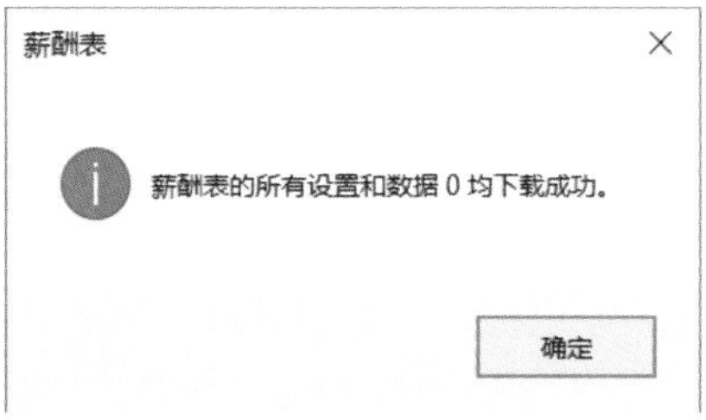 <div>薪酬表 × ⓘ 薪酬表的所有设置和数据 0 均下载成功。 确定</div>
8	查看补偿表	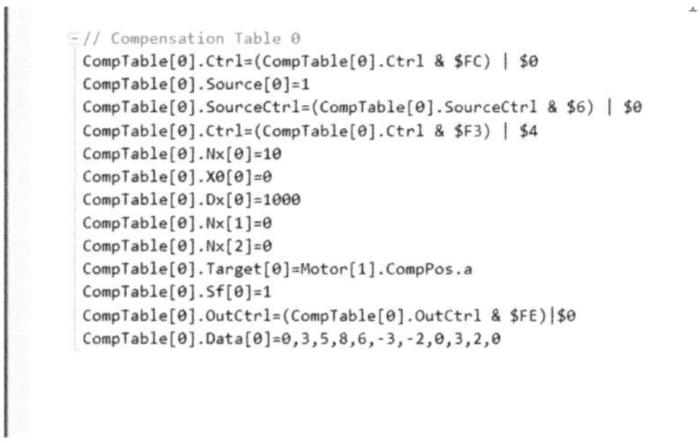 ```// Compensation Table 0 CompTable[0].Ctrl=(CompTable[0].Ctrl & $FC) | $0 CompTable[0].Source[0]=1 CompTable[0].SourceCtrl=(CompTable[0].SourceCtrl & $6) | $0 CompTable[0].Ctrl=(CompTable[0].Ctrl & $F3) | $4 CompTable[0].Nx[0]=10 CompTable[0].X0[0]=0 CompTable[0].Dx[0]=1000 CompTable[0].Nx[1]=0 CompTable[0].Nx[2]=0 CompTable[0].Target[0]=Motor[1].CompPos.a CompTable[0].Sf[0]=1 CompTable[0].OutCtrl=(CompTable[0].OutCtrl & $FE)|$0 CompTable[0].Data[0]=0,3,5,8,6,-3,-2,0,3,2,0```
9	激活补偿表在"终端"窗口中键入 Sys. CompEnable＝1	 <div>终端 #1hmz sys.CompEnable=1 sys.CompEnable=1 Power PMAC 消息 输出 终端 Error List</div>

5

PowerPMAC 运动控制器 EtherCAT 总线通信

5.1 PowerPMAC 运动控制器 EtherCAT 总线通信基础

1. 现场总线

现场总线(fieldbus)的定义是：安装在生产过程区域的现场设备或仪表与控制室内的自动控制装置或系统之间的一种数字、串行、双向、多节点通信的数据总线(根据 IEC 61158)。用于连接和控制现场设备，例如运动控制器、伺服驱动器和 I/O 等。它替代了传统的点对点布线方法，通过使用单一的通信介质和协议来连接多个设备。

现场总线技术的发展可以追溯到 20 世纪 70 年代，目前已经发展到第三代现场总线技术，工业以太网，其特点是技术上与商用以太网(Ethernet)兼容，但在产品设计上必须满足工业现场对实时性、可靠性、可互操作性、抗干扰性、本质安全性、环境适应性等方面的需要。工业以太网采用 TCP/IP 协议，和 IEEE 802.3 标准兼容，但在应用层会加入各自特有的协议(通常为 IEEE 802.3/IEEE 802.3u)其特点是利用以太网作为通信基础，提供了更高的数据传输速率、更强的实时性能、更广泛的设备兼容性和更强大的通信能力，使得分布在现场的设备能够进行数据采集、控制和监测等操作，并确保相关数据的及时性和准确性。

2. EtherCAT 总线

2003 年，EtherCAT 技术首次由德国倍福自动化公司(Beckhoff Automation)的工程师埃尔文·罗曼(Erwin Raimond)提出并开发。

EtherCAT 是目前速度最快的工业以太网技术，同时它提供纳秒级精确的同步。由于采用经过修改的以太网协议传输数据，并且使用专门的硬件处理数据，使得响应时间小于 1 ms，它的实时数据和非实时数据也是分开传输的，彻底避免数据报文冲突。目前，EtherCAT 和 Safety over EtherCAT 都是 IEC 标准(IEC 61158 和 IEC 61784)。这些标准不仅包括底层协议层，还包括应用层和设备行规，如针对伺服产品的设备行规。

2014 年国家标准 GB/T 31230.1-6-2014《工业以太网现场总线 EtherCAT》(6 个部

分)正式发布,欧姆龙工业自动化公司是起草单位之一。

SEMI™(semiconductor equipment and materials international,国际半导体设备和材料协会)已接受 EtherCAT 作为半导体工业的通信标准(E54.20)。

3. 基于以太网技术的 EtherCAT 总线

EtherCAT 是工业以太网,采用标准的以太网数据帧和符合以太网标准 IEEE 802.3 的物理层。然而,EtherCAT 可解决工业自动化领域的具体需求如下:

(1)需要确定的响应时间的硬实时性;

(2)系统由多个节点构成,且每个节点只有少量的周期性过程数据;

(3)相对于 IT 和办公应用中的硬件成本而言,工业自动化的硬件成本更加重要。

标准以太网网络几乎无法满足以上需求的现场级应用。如果每个节点使用一个独立的以太网报文传输几个字节的周期性过程数据,那么有效数据利用率会明显下降。因为以太网报文的最短长度为 84 字节(包括帧间距),其中的 46 个字节可以用于过程数据。例如,一个驱动器发送 4 字节的实际位置和状态信息过程数据,同时接收 4 字节的目标位置和控制字信息数据,则发送/接收报文的有效数据利用率下降到 4.8% (4/84)。另外,驱动器通常在接收到目标值后触发传输实际值需要一定的响应时间。最终,100 Mbit/s 的带宽所剩无几。而在 IT 领域通常使用的路由(IP)和连接(TCP)协议栈需要为每个节点使用附加的协议头,会产生进一步的延时。

4. EtherCAT 运行原理

一个 EtherCAT 数据帧足以完成所有节点控制数据的发送和接收,这种高性能的运行模式克服了前面章节描述的各种问题!

EtherCAT 主站发送一个报文,报文经过所有节点。EtherCAT 从站设备高速动态地(on the fly)读取寻址到该节点的数据,并在数据帧继续传输的同时插入数据。这样,数据帧的传输延时只取决于硬件传输延时。当某一网段或分支上的最后一个节点检测到开放端口(无下一个从站)时,利用以太网技术的全双工特性,将报文返回给主站。

EtherCAT 报文的最大有效数据利用率达 90% 以上,而由于采用全双工特性,有效数据利用率理论上高于 100 MBit/s。

EtherCAT 主站是网段内唯一能够主动发送 EtherCAT 数据帧的节点,其他节点仅传送数据帧。这一设想是为了避免不可预知的延时,从而保证 EtherCAT 的实时性能。

EtherCAT 主站采用标准的以太网介质访问控制器(MAC),无需额外的通信处理器。因此,任何集成了以太网接口的硬件平台都可以实现 EtherCAT 主站,而与所使用的实时操作系统或应用软件无关。

EtherCAT 从站设备采用 EtherCAT 从站控制器(ESC)在硬件中高速动态地(on the fly)处理 EtherCAT 数据帧,不仅使网络性能可预测,而且其性能独立于具体的从站设备实施方式。

5. EtherCAT 协议

EtherCAT 将其报文嵌入到标准的以太网数据帧中(形成 EtherCAT 数据帧)。设备通过帧类型 0x88A4 识别 EtherCAT 数据帧。由于 EtherCAT 协议被优化为适用于短周期性的过程数据,因此无需庞大的协议堆栈,例如 TCP/IP 或 UDP/IP。

采用 IEEE 802.3 定义的标准以太网帧传输 EtherCAT 报文如图 5.1 所示。

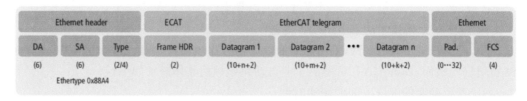

图 5.1　采用 IEEE 802.3 定义的标准以太网帧传输 EtherCAT 报文

为了保证节点之间的 IT 通信,TCP/IP 可选择性地通过邮箱通道传输,从而不影响实时数据的传输。

在启动期间,EtherCAT 主站设备为从站设备配置并映射过程数据。主站与从站之间交换的数据量可以各不相同,从一个位到几个字节,甚至是几 KB。

EtherCAT 数据帧包含一个或多个 EtherCAT 子报文,子报文头标明了主站设备的访问方式如下:

(1) 读、写、或读+写;

(2) 通过直接寻址访问指定的从站设备,或通过逻辑寻址访问多个从站设备(隐式寻址)。

逻辑寻址方式主要用于周期性交换的过程数据。每个报文定位到 EtherCAT 网段中过程映像的具体位置,过程映像具有 4 GB 的地址空间。网络启动阶段,在全局地址空间中,为每个从站分配一个或多个地址。如果多个从站设备被分配到了相同的地址域,那么可通过单个报文对其进行寻址。由于报文中包含了所有的数据访问相关信息,因此主站可决定何时对哪些数据进行访问。例如,主站设备可以使用短循环周期刷新驱动器中数据,长循环周期采样 I/O 端口,固定的过程数据结构不是必要的。这也使得 EtherCAT 主站设备相较于传统的现场总线系统减轻了负担,在传统的现场总线系统中,主站需要单独读取每个节点的数据,并在通信控制器的协助下对数据进行分类后复制到内存中。而 EtherCAT 主站设备仅需要将新的输出数据填入单个 EtherCAT 数据帧,并通过自动的直接存储访问(DMA)将该数据帧发送给 MAC 控制器即可。当带有新输入数据的数据帧被 MAC 控制器接收时,主站设备又可通过 DMA 将该数据帧拷贝到计算机存储中——而无需 CPU 主动复制任何数据。

除了周期性数据,EtherCAT 报文还可用于异步或事件触发通信。高速动态地插入过程数据("on the fly")如图 5.2 所示。

除了逻辑寻址外,EtherCAT 主站还可以通过设备在网络中的位置寻址从站设备。该方法是在网络启动期间检测网络的拓扑结构,并将其与预期的拓扑结构进行比较。

在检查完网络配置后,EtherCAT 主站为每个节点分配一个配置好的节点地址,并通过该固定的地址与节点进行通信。这使得主站可以有针对性地访问某个从站设备,即使网络拓扑结构在操作过程中发生改变,例如对于热插拔组。有两种方法可以实现从-从式通信:一种是从站直接发送数据给与其相连接的位于网络下游的从站设备,由于 EtherCAT 数据帧只能在向前传输的过程中被处理,因此这种直接通信方式取决于

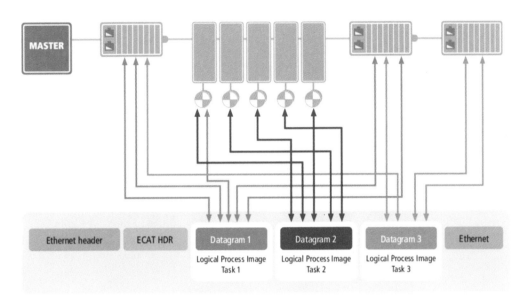

图 5.2　高速动态地插入过程数据("on the fly")

网络的拓扑结构,尤其适用于一些设备架构不变的机械中的从-从式通信(如印刷机、包装机械等);另一种与其相反,是经由主站设备运行可自由配置从-从式通信,这种通信方式需要两个总线周期(而不必两个控制周期)。EtherCAT 的卓越性能使这种从-从式通信相对于其他通信技术来说仍是最快的。

6. 灵活的拓扑结构

EtherCAT 几乎支持所有的拓扑结构:线形、树形、星形、菊花链形,如图 5.3 所示。EtherCAT 使得带有成百上千个节点的纯总线型或线性拓扑结构成为可能,而不受限于级联交换机或集线器。

最有效的系统连线方法是对线形、分支或树权结构进行拓扑组合。用于创建分支的端口被直接集成到 I/O 模块中,无需专用的交换机或其他有源设备。另外,还可以使用以太网传统的星形拓扑结构。

对于模块化机器或工具更换,往往需要在运行期间连接或断开网段或单个节点。EtherCAT 从站控制器已经具备了这种热插拔特性的基础。当移除一个相邻站点时,该站点对应的端口会自动关闭,网络的剩余部分继续正常运行。整个切换时间小于 15 μs,从而保证了平稳切换。

EtherCAT 还提供了多种灵活的电缆类型,每个网段可以根据具体需求选择相应的电缆类型。成本低廉的工业以太网电缆可采用 100BASE-TX 模式(传输信号)连接两个间距长达 100 m 的节点。通过实施可选的 Power over EtherCAT 协议(兼容 IEEE 802.3af 标准),可使用单条线缆连接传感器等设备。此外,对于节点间距大于 100 m 的应用,还可使用光纤(如 100BASE-FX)。可以说,以太网的任何线缆类型都适用于 EtherCAT。

EtherCAT 网络可连接多达 65535 个设备,网络容量几乎没有限制。由于实际上节点数量没有限制,可以将模块化的 I/O 设备设计为每个 I/O 片都是一个独立的 EtherCAT 从站。因此无需本地扩展总线,高性能的 EtherCAT 能直达每个模块。因为在

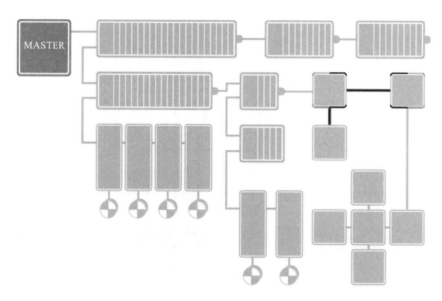

图 5.3 灵活的拓扑结构：线形、树形、星形或菊花链形

总线耦合器上无需网关，所以没有任何延时。

7. 用于高精度同步的分布式时钟

精确同步对于同时动作的分布式过程而言尤为重要。例如，对于执行协同运动的多个伺服轴的应用便是如此。

对于完全同步的通信，通信错误会立即影响其同步品质，而与其相比，分布式同步时钟对于通信系统的抖动具有很好的容错性。因此，EtherCAT 采用分布式时钟（DC）的方式同步节点。

各个节点的时钟校准完全基于硬件。第一个具有分布时钟功能的从站设备的时间被周期性地发布给系统中的其他设备。采用这样的机制，其他从站时钟可以根据参考时钟精确地进行调整。整个系统的抖动远小于 1 μs。完全基于硬件并带有传输延迟补偿的同步如图 5.4 所示。

由于参考时钟发送时间到其他从站设备时产生轻微的传输延时，因此必须能够测量该延时并补偿给每个从站设备，以确保通信的同步性和同时性。该延时可在网络的启动过程中测量，如有需要，甚至在通信过程中还可以连续不断地进行测量，从而保证各个从时钟彼此之间时差不超过 1 μs。

如果所有节点都具有相同的时间信息，那么它们可以同时触发输出信号，也可以给输入信号附上一个精确的时间戳。对于运动控制而言，除了同步性和同时性外，精确的周期同样重要。在运动控制应用中，速度值通过检测到的位置值计算，因此位置的精确等距测量非常关键（例如，以精确的周期）。尤其是对于短的周期时间来说，即使位置测量出现很小的抖动，也会造成速度计算值出现很大偏差。使用 EtherCAT，位置的测量时刻可通过精确的本地时钟来触发，而不是使用总线系统的时间，从而达到更高的精确性。

除此之外，使用分布时钟还可以减轻主站的负担，因为对于某些应用，例如位置的测量时刻是通过本地时钟来触发的，而不是数据帧的到达时刻，这样主站无需严格地发

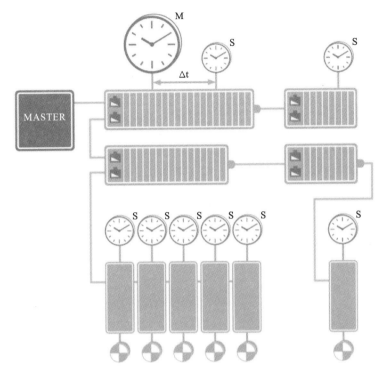

图 5.4 完全基于硬件并带有传输延迟补偿的同步

送数据帧。这使得主站可以软件的方式在标准以太网硬件设备中实现。即使是几微秒范围内的时间抖动也不会影响分布时钟的精确性！时钟的精确性并不取决于设置时钟的时间，因此它与数据帧的绝对传输时间无关。EtherCAT 主站仅需要确保 Ether-CAT 报文在从站的分布时钟输出触发信号之前尽早地发送即可。

8. 诊断和错误定位

传统现场总线的应用经验表明，诊断能力对于机器的可用性和调试时间起着决定性的作用。在故障排除过程中，错误检测和错误定位非常重要。EtherCAT 可以在启动过程中扫描网络拓扑结构，并将其与预期的拓扑结构进行对比。另外，EtherCAT 还在其系统具有许多额外的诊断能力。

每个节点中的 EtherCAT 从站控制器利用校验码对传输的数据帧进行错误检测，只有在数据帧被正确接收之后，从站应用才会得到相关信息。而一旦发现位错误，错误计数器就会自动加 1，后面的节点则会被通知数据帧中包含错误。主站也会检测到数据帧包含错误，并摒弃其中的信息。主站通过分析节点的错误计数器，能够检测到系统中发生错误的最初位置。这相对于传统的现场总线系统而言有很大优势，在传统现场总线中，错误一旦发生就会沿着公用线缆一路传播，而不可能对错误进行定位。Ether-CAT 能够检测并定位偶发的干扰，避免对机器运行造成影响。

基于其独特的运行原理，EtherCAT 具有出色的带宽利用率。采用此种传输方式，EtherCAT 比传统以太网那样每个节点用一个独立帧的传输方式的效率高出数倍。如果使用同一循环周期，在一个 EtherCAT 帧内由位错误引发干扰的可能性很低。而且，在典型的 EtherCAT 方式中，由于循环周期更短，恢复错误所需要的时间也将明显缩短。因此,在应用中对于主站出现这样的问题也会更为简单。

在数据帧中,工作计数器(WKC)用于监视子报文中信息的一致性。若被数据报文寻址的节点的内存可用,则工作计数器值自动增加。从而主站可以周期性地确认所有节点数据是否保持一致。如果实际工作计数器的值和预期值不同,主站则不会转发该数据报文给控制应用程序。然后,主站会自动地根据来自节点的状态和错误信息以及链路状态,检测出现意外状态的原因。

由于 EtherCAT 采用的是标准的以太网数据帧结构,因此以太网网络流量可以通过免费的以太网软件工具来记录。例如,广为人知的 Wireshark 软件为 EtherCAT 提供了协议解析,这样协议相关的信息,比如工作计数器、命令等,都能以纯文本的形式显示出来。图 5.5 所示的是 EtherCAT 诊断功能汇总。

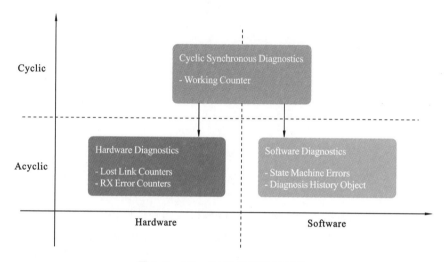

图 5.5　EtherCAT 诊断功能汇总

9. 独立于主站的诊断接口

通过前文功能的介绍,所有 EtherCAT 网络中的主站都可以使用必要的诊断信息来监控网络状态以及检测和定位错误。

但是,这些"原始"信息需要提供给诊断工具和最终用户,便于进行解释、执行和使用。通过"主站诊断接口协议"ETG.1510 规范,ETG 定义了一种解决方案,使外部工具可以访问 EtherCAT 网络提供的诊断信息,且该方式与主站供应商及软件实施无关。

ETG.1510 完善了 ETG.1500 "EtherCAT 主站类型"规范。诊断信息被映射到 ETG.5001 定义的 EtherCAT 主站对象字典中,并进行了扩展,提供了基于"离线"配置中主站所预期的网络结构和在线扫描检测到的当前实际网络拓扑。诊断信息本身以一致的、累积的计数器形式映射,该计数器汇总了从启动到当前的网络状态。因此,可以以独立于 EtherCAT 网络周期时间的频率访问诊断接口,且外部工具无需实时性能。

通过完善的基于 EtherCAT 的 CAN 应用层协议(CoE)可以访问诊断信息。基于现存且完全标准的协议和功能,诊断接口可以很轻松地作为精简软件扩展实施在任何标准主站实施基础上。这种软件扩展所需的资源数量很小,因此,诊断接口的实施对于所有主站解决方案(包括简单且紧凑的嵌入式系统)来说都是可行的。

适用 EtherCAT 诊断接口,机器和网络诊断工具的供应商可以使用普通的接口从

EtherCAT 网络采集诊断数据。他们能够以对用户友好、有直观图形的方式将信息报给技术人员和工程师,而无需根据特定的主站制造商进行更改,也无需针对每个不同的主站实施使用供应商专有的访问协议。独立于 EtherCAT 主站的诊断接口原理如图5.6 所示。

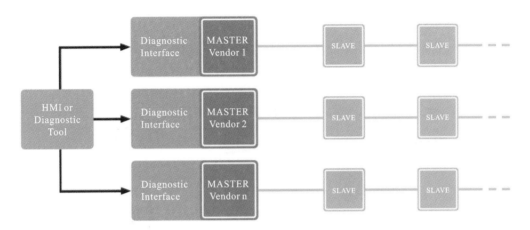

图 5.6　独立于 EtherCAT 主站的诊断接口原理

10. 高可用性需求

对于具备高可用性的机器或设备,当出现线缆损坏或节点故障时,不应影响对某个网段的访问或导致整个网络失效。

EtherCAT 可通过简单的措施实现线缆冗余,如图 5.7 所示。通过将网络中最后一个节点与主站设备中的以太网端口连接,可以将线形拓扑结构扩展为环形拓扑结构。在需要冗余的情况下,例如当线缆损坏或节点故障发生时,可被主站堆栈中的附加软件检测到。仅此而已,而各节点无需为此而改变,甚至不会意识到网络通信正在冗余线路中运行。

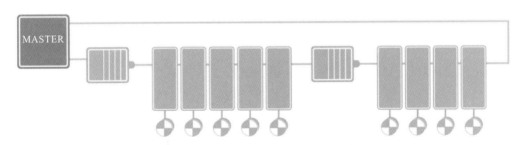

图 5.7　标准 EtherCAT 从站设备低成本实现线缆冗余

位于从站设备中的链路检测功能会自动地检测并解决冗余问题,且恢复时间不超过 15 μs,因此最多破坏一个通信周期。这意味着即使是周期时间很短的运动控制应用,在线缆损坏时,也可以平稳地继续工作。

使用 EtherCAT 还可以通过热备份实现主站设备的冗余。对于比较脆弱的网络部件,例如通过拖链连接的部件,可以使用分支线缆连接,确保在线缆损坏时,机器的其他部分仍能继续运行。

5.2　IDE 软件在 EtherCAT 总线通信中的应用

EtherCAT 总线如图 5.8 所示,可以连接 EtherCAT 伺服驱动器控制电动机(如欧姆龙 1S 系列伺服等)。另外,在 EtherCAT 总线上也可以通过耦合器(如欧姆龙 NX-ECC203 模块)挂接丰富的 NX 系列的 I/O 模块(如 Model NX-ID、Model NX-IA、Model NX-OC、Model NX-OD、Model NX-MD)。

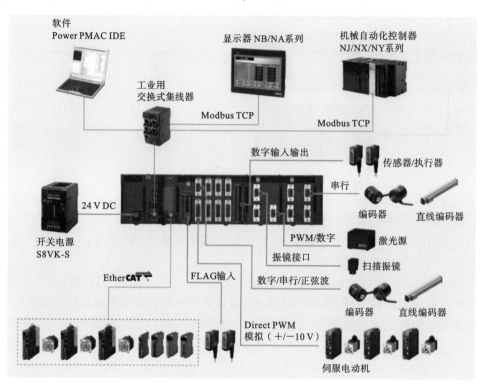

图 5.8　EtherCAT 总线

5.3　EtherCAT 总线电动机配置及调试

以下操作是以欧姆龙交流伺服驱动器 1S 系列 EtherCAT 通信内置型为例进行的。图 5.9 所示的是连接控制器和驱动器。

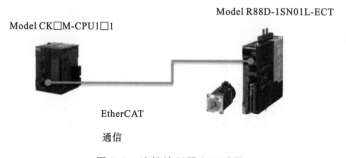

图 5.9　连接控制器和驱动器

设置 EtherCAT 设备有以下三个步骤:

(1) 连接 EtherCAT 网络设备;

(2) 加载映射到 PowerPMAC;

(3) 如果 EtherCAT 设备是一个驱动器,则添加和配置电动机。

5.3.1　连接 EtherCAT 网络设备

1. EtherCAT 网络连接

通信电缆的连接如图 5.10 所示。

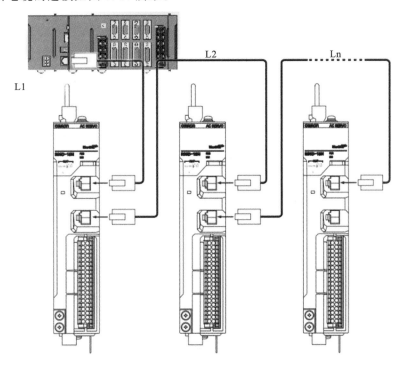

图 5.10　通信电缆的连接

如图 5.11 所示,请将电缆的屏蔽两端都与连接器罩连接。在 EIA/TIA 布线标准中规定了双绞线的两种线序 T568A 和 T568B。我们采用的是 T568A 接线方法。

针号	电线颜色		电线颜色	针号
1	白色、绿色		白色、绿色	1
2	绿色		绿色	2
3	白色、橙色		白色、橙色	3
4	蓝色		蓝色	4
5	白色、蓝色		白色、蓝色	5
6	橙色		橙色	6
7	白色、棕色		白色、棕色	7
8	棕色		棕色	8
连接器罩盖	屏蔽线		屏蔽线	连接器罩盖

图 5.11　电缆连接

2. 节点地址的设定

PowerPMAC 作为 EtherCAT 总线主站时,将所有从站节点 ID 设定为 00,Power-PMAC 不使用设定节点号与从站设备通信。PowerPMAC 只通过从站物理连接顺序进行通信。图 5.12 所示的是 ID 开关。

3. 时钟设置

由于 PowerPMAC 在通过 EtherCAT 总线控制电动机时,需要与总线保持同步,因此设定控制器内部的伺服频率十分重要。

通过单击"系统-CPU 文件夹或双击拓扑"视图上的 PowerPMAC 块来打开 Power-PMAC 时钟设置,以打开图 5.13 所示的"时钟设置"视图。

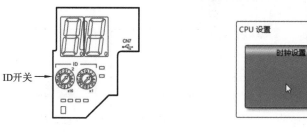

图 5.12 ID 开关   图 5.13 时钟设置视图

设备所需的时钟速率应在设备手册中定义。大多数 EtherCAT 设备接受 250 μs、500 μs 和 1 ms 的时钟周期。将 PowerPMAC 伺服时钟频率设置为所需频率之一,如图 5.14 所示。脚本语言时钟设置程序如下。

```
/*===&&&=============只有总线轴时钟设置=================&&&===*/
/*===【Step0】===关闭写入保护,以便对芯片进行写入操作========*/
Sys.WpKey=$ AAAAAAAA
Sys.BgSleepTime=1000              //后台周期 1 k 即 1 ms
Sys.ServoPeriod=1                 //1 ms 总线扫描周期
EtherCAT[0].ServoExtension=0      //只有总线轴(硬件上没有轴卡链接)
```

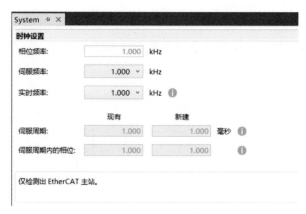

图 5.14 时钟设置

5.3.2 配置 EtherCAT 设备

通过单击 EtherCAT 文件夹下的"主节点"节点来打开"主节点"视图,如图 5.15 所示。

图 5.15 打开主节点

这将在编辑器区域中打开主控器视图,如图 5.16 所示。

图 5.16 主控制器视图

从周期时间元素中选择与 PowerPMAC 伺服时钟频率相同的时钟频率。用户可以选择在时态或频率模式下编程时钟。如果 EtherCAT 驱动器支持 16 kHz,那么用户必须选择自由运行模式,然后从下拉菜单中选择 16000 Hz。

1. 追加或扫描从设备的操作

要将从设备添加到主设备,需执行以下操作:

(1)将设备连接到 EtherCAT 网络;

(2)扫描网络,从列表中附加该从设备。

使用扫描网络将从设备添加到主设备。右键单击主节点以打开关联菜单,并选择"扫描 EtherCAT 网络"选项,如图 5.17 所示。

图 5.17 关联菜单

选择扫描 EtherCAT 网络后,网络扫描。如果主节点下已经存在设备,将请求权限在扫描前删除节点,如图 5.18 所示。

图 5.18 请求权限在扫描前删除节点

扫描完成后,将在 PowerPMAC 消息中显示一条消息,检测到的从设备将被添加到主节点下,如图 5.19 所示。

图 5.19 添加到主节点

从属设备将被添加到主节点中,如图 5.20 所示。

如果控制器没有连接物理上的从站,仍然可以通过以下方式配置 EtherCAT 主站。在这种情况下,有一个 PowerPMAC,但没有连接 EtherCAT 设备。右键单击主节点,然后选择"附加从属"选项,如图 5.21 所示。

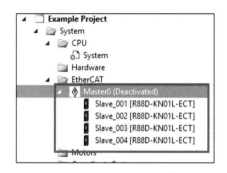

图 5.20 从属设备将被添加到主节点中

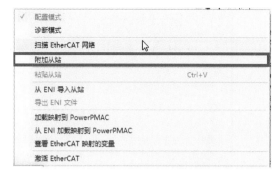

图 5.21 选择"附加从站"选项

选择"附加从站"将打开"附加从站"对话框,如图 5.22 所示。

图 5.22 "附加从站"对话框

选择要添加的设备。使用从属数计数器可以添加多个从属数,默认值为 1。添加设备后,将在 PowerPMAC 消息框中显示一条消息,从属设备将被添加到主节点下。如图 5.23 所示,R88D-KNO1L-ECT-L 欧姆龙驱动器从设备被附加到主节点上。

图 5.23 附加到 Master 上

2. 命名从设备

IDE V4.3 以后支持命名从设备。用户可以通过单击项目中的从设备来打开从属对话框。选择"常规"选项卡页,并更改名称。例如,在图 5.24 所示的屏幕中,从属名称

图 5.24　从属名称将被更改为 MyXaxis

将被更改为 MyXaxis。

根据我们的规范,从属名必须以字母表字符开头。有效的名称是 My_Axis、X_Axis、Y_Axis 等,无效的名称是 1_Xaxis、234_Ypos、_12YAxis 等,如图 5.25 所示。

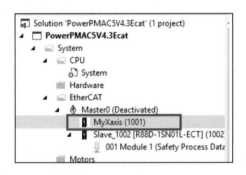

图 5.25　有效名称

3. 配置主站分布时钟

请确保欧姆龙设备的分布式时钟-时钟调整被设置为主站偏移模式,如图 5.26 所示。

图 5.26　设置主位移模式

5.3.3　加载映射到 PowerPMAC

右键单击主节点以选择"加载映射到 PowerPMAC"选项,如图 5.27 所示。

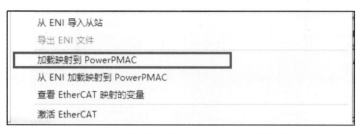

图 5.27 "加载映射到 PowerPMAC"选项

在选择"加载映射到 PowerPMAC"时,该进程通过在 PowerPMAC 消息框中显示一个对话框和一条消息来指示其进度。

在成功完成到 PowerPMAC 的加载映射后,将完成以下操作。

生成 eni.xml(EtherCAT 网络信息)并复制到"项目配置"文件夹,然后将文件下载到"PowerPMAC/var/ftp/usrflash/项目配置"文件夹。

映射文件 EtherCATConfig.cfg 被创建并复制到"项目配置"文件夹,并下载到"PowerPMAC/var/ftp/usrflash/项目配置"文件夹。下载后,使用 gpascii-iEtherCATConfig.cfg 命令将文件加载到 PowerPMAC。

EtherCATMap.pmh 和 EtherCATMap.h 文件被创建并复制到 PowerPMAC 脚本语言——全局包括和 C 语言——包括用于 C 应用程序和脚本语言的文件夹。这些头文件由♯定义值访问 C 应用程序或脚本 EtherCAT 映射的语言。

5.3.4 添加 EtherCAT 电动机

转到项目中的"电动机"节点,右键单击"添加电动机",然后选择"EtherCAT 拓扑",如图 5.28 所示。

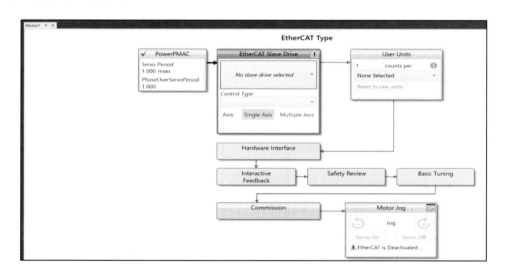

图 5.28 选择"EtherCAT 拓扑"

用户需要在橙色块中选择一个从驱动器。下拉列表会自动填充来自项目-EtherCAT 主节点的所有可用的从属驱动器,如图 5.29 所示。

该列表显示了有关从属的所有细节,包括从属是否已经分配给一个电动机。从列

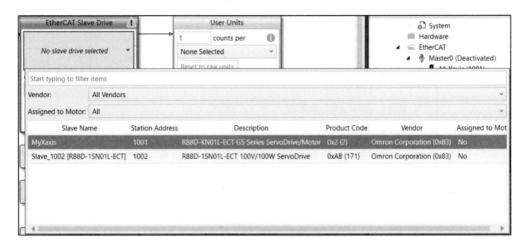

图 5.29 自动填充从属驱动器

表中选择适当的从设备，并输入控制类型。一旦被选中，EtherCAT 从驱动器将看起来如图 5.30 所示。在输入正确的设置时，按下保存符号以保存更改。成功后，从驱动器的颜色将变成绿色，复选标记如图 5.31 所示。

图 5.30 EtherCAT 从驱动器

图 5.31 复选标记

下一个步骤是用户单位配置。

这不是一个强制选项，由用户选择定义一个用户单位对应的计数。例如，在一台需要 32767 计数移动 1 mm 的机器上，用户将输入以下内容，如图 5.32 所示。

图 5.32 计数移动

按下保存符号后，将设置所有必要的 PowerPMAC 结构元素，以反映用户单元的变化，以便用户可以在用户单元中编程（即在前一个示例中的 mm）。

下一个步骤是硬件接口配置。

PowerPMAC 通过 EtherCAT 总线连接电动机和编码器的接口设置，如图 5.33(a)

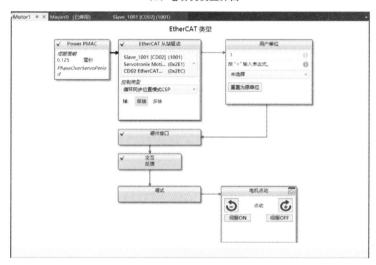

（a）电动机设置界面

（b）电动机设置成功界面

图 5.33　电动机设置

所示的电动机设置界面。其中控制类型（control type）有如下三种模式可以选择。

周期同步位置（cyclic synchronous position，CSP）模式与位置规划（profile position，PP）模式的原理类似，不同之处在于位置指令的插补由主站（PowerPMAC）完成，同时主站可以提供附加的速度前馈指令以及转矩前馈指令。插补周期定义了目标位置（target position）更新的时间间隔，在该模式下，插补周期与 EtherCAT 同步，周期相同。

周期同步速度（cyclic synchronous velocity，CSV）模式与速度规划（profile velocity，PV）模式的原理类似，不同之处在于速度指令的插补由主站（PowerPMAC）完成，同时主站可以提供附加的转矩前馈指令。插补周期定义了目标速度（target velocity）更新的时间间隔，在该模式下，插补周期与 EtherCAT 同步，周期相同。

周期同步扭矩（cyclic synchronous torque，CST）模式与扭矩规划（profile torque，PT）模式的原理类似，不同之处在于扭矩指令的插补由主站（PowerPMAC）完成，插补周期定义了目标扭矩（target torque）更新的时间间隔，在该模式下，插补周期与 EtherCAT 同步，周期相同。

如果在驱动器中正确地设置了相关参数,则硬件接口信息将自动填充到对应位置。验证条目并按接受键,拓扑视图上的硬件接口将显示为完成。电动机设置成功,如图 5.33(b)所示。

所选项目将用于周期同步位置模式。

下一个要配置的是交互式反馈的编码器反馈测试。为此,需要激活 EtherCAT。右键单击主节点,然后单击激活 EtherCAT,如图 5.34 所示。

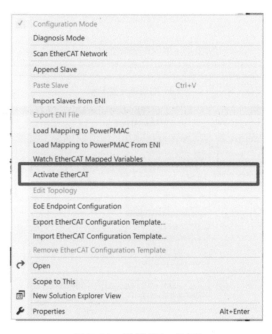

图 5.34 激活 EtherCAT

在成功激活时,主节点将显示"已激活",如图 5.35 所示。

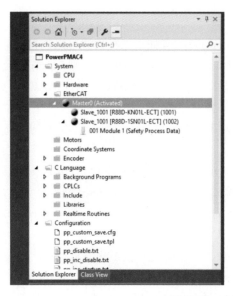
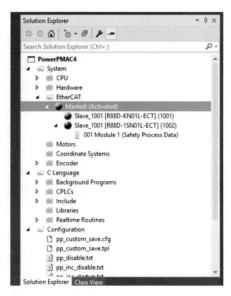

图 5.35 成功激活的界面

绿色圆圈表明进入 OP 状态,可以正常工作。非绿色圆圈表明从站未进入 OP 状态,无法正常工作。成功激活后,用户可以验证编码器的反馈,手动移动电动机,在示波器中可以观察到反馈数值变化。

接下来的两个步骤是安全审查和基本调整。

对于周期同步位置模式,这两步是不需要的,用户可以直接跳到调试和电动机手动测试步骤。当所有必要的步骤都成功后,此时 EtherCAT 已经被激活,用户可以手动测试 EtherCAT 电动机。

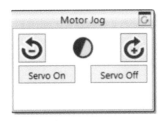

图 5.36 旋转圆形图标

如图 5.36 所示,用户可以点击 Servo On 按钮使能 EtherCAT 电动机或点击 Servo Off 按钮去掉 EtherCAT 电动机的使能,在使能后可以通过点击＋、－按钮转动电动机,并观察旋转圆形图标的旋转状态。

此时,周期同步位置模式 EtherCAT 电动机设置已完成,其余模式的设置与此类似。

5.4 EtherCAT 轴与本地轴共用

5.4.1 检查并设置 PowerPMAC 时钟

对于所有 EtherCAT 设备,PowerPMAC 的伺服频率必须是 62.5 μs 的整数倍。EtherCAT 的标准规范可以在 http://ethercat.org/ 上找到。

通过单击"系统-CPU 文件夹或双击拓扑"视图上的 PowerPMAC 来打开 PowerP-MAC 时钟设置,已打开"时钟设置"视图,如图 5.37 所示。

设备所需的时钟速率应在设备手册中定义。大多数 EtherCAT 设备接受 250 μs、500 μs 和 1 ms 的时钟周期。将 PowerPMAC 伺服时钟频率设置为所需频率之一,如图 5.38 所示。

图 5.37 "时钟设置"视图

图 5.38 将 PowerPMAC 伺服时钟频率设置为所需频率

1)时钟同步

(1) EtherCAT 以从站时钟作为基准;

(2) PowerPMAC 以 Gate3 门阵列作为时钟基准;

（3）存在同步问题。

2）伺服时钟设置方法

（1）PowerPMAC 的伺服周期必须是 $62.5\,\mu s$ 的整数倍。

（2）PowerPMAC 的伺服周期必须与 EtherCAT 同步周期。

（3）EtherCAT[i].ServoExtension 必须设置，PMAC 每（EtherCAT[i].ServoExtension + 1）个伺服周期会更新一次总线数据，即伺服周期频率除以（EtherCAT[i].ServoExtension+1）等于总线通信频率。

（4）EtherCAT 电动机的 Motor[x].Stime 需要与 EtherCAT[i].ServoExtension 保持一致。

（5）为保证 CPU 负荷正常，建议同时使用 EtherCAT 与本地轴时 CPU 资源不要超越 60%。

（6）由于 EtherCAT 对 CPU 消耗资源比较多，因此两者供用时，注意节约系统资源，关闭不用的编码器转换表，使用较低的伺服频率，以及通过 Motor[x].Stime 降低一些不必要的本地轴的伺服刷新率。

5.4.2 脚本语言设置

脚本语言设置方法如下所示。

1. 时钟设置

```
/*===&&&=========本地轴和总线轴共用时钟设置===============&&&===*/
/*=====【Step0】===关闭写入保护,以便对 Gate3 进行写入操作========*/
Sys.WpKey=$ AAAAAAAA
/*===【Step1】===相位中断频率(↓16K)===如果反馈精度高于 1um,Phase 频率设为
16000=====*/
Gate3[0].PhaseFreq=16000
/*===【Step2】===伺服中断频率(↑↓8K)===IC 伺服时钟频率 f[ServoClock]=
f[PhaseClock]/(ServoClockDiv+ 1)==*/
Gate3[0].ServoClockDiv=1
Sys.ServoPeriod=0.25
                //伺服插补频率(当与 EtherCAT 共用时,不要写公式,直接赋值)
Sys.PhaseOverServoPeriod=1 / (Gate3[0].ServoClockDiv+1)
                //相位更新周期与伺服更新周期之比
/*===【Step3】===实时中断频率(↑↓4K)===默认=0;每个伺服中断都会发生一个实
时中断===*/
Sys.RtIntPeriod=1
/*===【Step4】===后台周期(↓5000μs)===后台周期,单位微秒(=0:指定 1000μs)=
==*/
Sys.BgSleepTime=5000
/*===【Step5】=== PWM 频率(↑↓8K)(AX1414 必须设为 30K 以上)===PWM 频率=
PhaseFreq*(PwmFreqMult+1)/2===*/
Gate3[0].Chan[0].PwmFreqMult=0
/*===【Step6】===PFM 频率(↓12.5MHz)===PFM 频率=100MHz/2^PfmClockDiv===*/
Gate3[0].PfmClockDiv=3
/*===【Step7】===//编码器采集频率(↓12.5MHz)(需≤40MHz)===编码器采集频率=
```

```
100MHz/2^EncClockDiv===*/
Gate3[0].EncClockDiv=3
/*===【Step8】===EtherCAT 频率(↑↓1K)===ECT 频率=伺服中断频率/(ServoEx-
tension+1)(注:只有 EtherCAT 时,ServoExtension 设为 0;Motor[x].Stime 设定值需
=ServoExtension)===*/
EtherCAT[0].ServoExtension=7
```

2. 编码器转换表设置

```
//==========位置反馈=====【6064----Positionactualvalue】====
EncTable[1].pEnc=Slave_1001_R88D_1SN01H_ECT_1001_6064_0_Positionactual-
value.a
EncTable[1].pEnc1=Sys.pushm
EncTable[1].index1=0
EncTable[1].index2=0
EncTable[1].index3=0
EncTable[1].index4=0
EncTable[1].index5=0
EncTable[1].index6=0
EncTable[1].MaxDelta=0
EncTable[1].SinBias=0
EncTable[1].CosBias=0
EncTable[1].CoverSerror=0
EncTable[1].TanHalfPhi=0
EncTable[1].ScaleFactor=1
```

3. 电动机参数设置

```
Motor[1].ServoCtrl=1              //激活电动机
//==========模式控制=====【6060----Modesofoperation】====8 位置控制,9 速
度控制,10 力矩控制
Slave_1001_R88D_1SN01H_ECT_1001_6060_0_Modesofoperation=8
Motor[1].Stime=7                 //参考 EtherCAT[0].ServoExtension=7
Motor[1].Ctrl=Sys.PosCtrl        //位置控制模式
Motor[1].pEnc=EncTable[1].a      //位置反馈
Motor[1].pEnc2=EncTable[1].a     //速度反馈
//==========目标位置=====【607A----Targetposition】====
Motor[1].pDac=Slave_1001_R88D_1SN01H_ECT_1001_607A_0_Targetposition.a
                            //目标位置
//==========状态控制字=====【6040----Controlword】====控制使能
Motor[1].pAmpEnable=Slave_1001_R88D_1SN01H_ECT_1001_6040_0_Controlword.a
Motor[1].AmpEnableBit=0
//==========状态显示字=====【6041----Statusword】====使能状态,故障状态等
Motor[1].pAmpFault=Slave_1001_R88D_1SN01H_ECT_1001_6041_0_Statusword.a
Motor[1].AmpFaultBit=3
Motor[1].AmpFaultLevel=1
Motor[1].EtherCATAmpFaultLimit=$ 7D0
//==========数字输入=====【60FD----Digitalinputs】====正负限位
```

```
Motor[1].pLimits=Slave_1001_R88D_1SN01H_ECT_1001_60FD_0_Digitalinputs.a
Motor[1].LimitBits=0+ 64
Motor[1].PosSf=1/8388608          //==转/脉冲数
Motor[1].Pos2Sf=Motor[1].PosSf
Motor[1].FatalFeLimit=0.8         //致命跟随误差限制
Motor[1].InPosBand=0.01
Motor[1].InPosTime=3
Motor[1].JogSpeed=Motor1Speed/60000
Motor[1].JogTa=-1020.4082
Motor[1].JogTs=-102040.8163
//===========外部锁定功能设定=====【60B8----Touchprobefunction】====回零模式
Motor[1].CaptureMode=0   //与硬件信号匹配
Slave_1001_R88D_1SN01H_ECT_1001_60B8_0_Touchprobefunction=$ 16
//===========外部锁定 1 位置启动=====【60BA----Touchprobepos1posvalue】==
==锁存激活
Motor[1].pCaptPos=Slave_1001_R88D_1SN01H_ECT_1001_60BA_0_Touchprobepos1posvalue.a
//===========外部锁定状态显示=====【60B9----Touchprobestatus】====回零信号
Motor[1].pCaptFlag=Slave_1001_R88D_1SN01H_ECT_1001_60B9_0_Touchprobestatus.a
Motor[1].CaptFlagBit=1
//指定 pCaptFlag 的 Bit(60B9:Bit1 外部锁定 1 数据的有无;OFF:无;ON:有)
Motor[1].CaptFlagInvert=0
//对 CaptFlag 是否逆处理(=0:否。当 CaptureMode=0, CaptFlagInvert 必须设为 0)
//===========外部锁定功能设定=====【60B8----Touchprobefunction】====回零方式
Motor[1].pCaptEna=Slave_1001_R88D_1SN01H_ECT_1001_60B8_0_Touchprobefunc-
tion.a
Motor[1].CaptEnaBit=0
//指定 pCaptEna 的 Bit(当执行 home 指令时,PMAC 会将 60B8 的 Bit0 置 1,开启驱动器的外
部锁定 1 功能,在此为 Z 相检测,当 home 指令执行完成,PMAC 会将 60B8 的 Bit0 置 0)

Motor[1].HomeVel=-0.02
Motor[1].HomeOffset=0
```

本地轴设置方法请参照本书第 3 章相关内容。

6

PowerPMAC 坐标系系统

6.1 PowerPMAC 坐标系概述

PowerPMAC 坐标系是对一个电动机组和一系列执行电动机对应轴的关系描述。PowerPMAC 的运动程序只能在坐标系下运行,所以 PowerPMAC 的坐标系建立是执行运动程序的必备基础。

PowerPMAC 坐标系和电动机轴关系示意如图 6.1 所示。

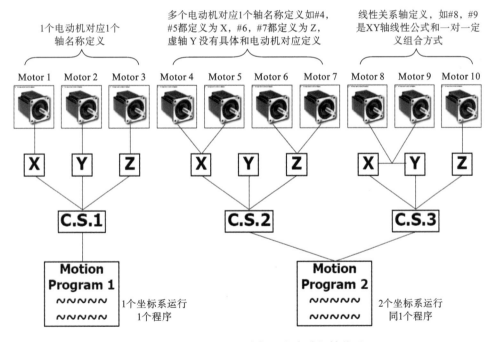

图 6.1 PowerPMAC 坐标系和电动机轴关系

6.1.1 PowerPMAC 坐标系简介

PowerPMAC 可声明多个坐标系(表达 C.S.n),数量最多为 128 个,坐标系序号为 0～127。坐标系声明指令和参数如表 6.1 所示。

表 6.1 坐标系声明指令和参数

指令	解释	说明和举例
&x	定义坐标系号 x,如 x 为 1,指令格式:&1,表示声明 1 号坐标系	x 的范围为 0~127,最多可声明 128 个坐标系
Sys. MaxCoords=数值	参数:设定项目中使用的坐标系数量	如:Sys. MaxCoords=16,代表项目最多使用 16 个坐标系,坐标系号从 0 到 Sys. MaxCoords −1,即 &0~&15

6.1.2 PowerPMAC 坐标系下电动机轴定义

PowerPMAC 需要为每个坐标系分配编程所需的电动机,如图 6.2 所示,每个坐标系被分配的电动机数量最多 32 个。PowerPMAC 需要为坐标系下分配的电动机规定坐标系中轴名称,如图 6.2 中的 X、Y、Z,PowerPMAC 轴名称列表如表 6.2 所示。

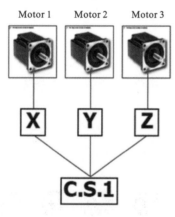

图 6.2 每个坐标系所需的电动机

表 6.2 轴名称列表

轴名称			
A	Z	HH	SS
B	AA	LL	TT
C	BB	MM	UU
U	CC	NN	VV
V	DD	OO	WW
W	EE	PP	XX
X	FF	QQ	YY
Y	GG	RR	ZZ

PowerPMAC 对坐标系下分配的电动机,需进行电动机到坐标系编程轴名称之间的关系描述,称为坐标系的轴定义。

笛卡尔直角坐标系是 PowerPMAC 最常用到的坐标系形式,如图 6.3 所示。

图 6.3 所示的 XYZABC 符合国际笛卡尔坐标系轴名称规范,如 PowerPMAC 将电动机定义到上述笛卡尔坐标系下,对应各个轴名称的指令格式为

```
# 1-> X
# 2-> Y
# 3-> Z
# 4-> A
# 5-> B
# 6-> C
```

图 6.3 笛卡尔坐标系

1. 笛卡尔坐标系轴定义指令和相关参数

笛卡尔坐标系轴定义指令和参数说明如表 6.3 所示。

表 6.3 笛卡尔坐标系轴定义指令和相关参数

指令	解释	说明和举例
#n->m[轴名称]	将电动机#n一对一定义到坐标系下编程【轴名称】	#1->10000X 寻址电动机1 分配给 轴X的比例因子是10000 #1是电动机 1,X 是电动机定义的轴名称,-> 是电动机到轴定义的指令格式。 10000 是 X 轴用户单位对应电动机 1 反馈计数的比例因子。这里 10000X 表示 X 轴编程距离走 1 mm 时(如 X1.0),#1 电动机反馈计数是 10000 cts(脉冲数),即 1 mm 对应 10000 cts
motor[x].SF	表示用户单位对应反馈计数脉冲的系数。用户单位是编程时的长度或角度单位,如 mm、度(°)等。 功能同轴定义中比例因子。 参数设定方法和轴定义比例因子方法只能任用其一	如轴定义 #1->10000X 时,参数 motor[1].SF=1;如轴定义 #1->X 时,参数 motor[1].SF=10000

2. PowerPMAC 笛卡尔坐标系轴定义灵活应用和注意事项

PowerPMAC 允许同一坐标系下,不同的轴都定义为一个轴名称,如图 6.4 所示,坐标系 2 下,#4 和 #5 轴都定义为 X 轴,#6、#7 都定义为 Z 轴,这种轴定义格式常应用于同步的双驱机构或机床的双 Z 轴结构。

```
&2
#4->X
#5->X
#6->Z
#7->Z
```

注意:一个电动机只能被分配一个轴名称,即一个电动机不能同时拥有两个轴名称,如下面示例的分配是错误的:

```
&1#1-> X
&1#1->Y
```

和

```
&1#1->X
&2#1->X
```

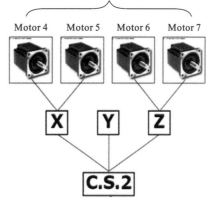

图 6.4 不同的轴都定义为一个轴名称

6.1.3 PowerPMAC 坐标系相关操作

PowerPMAC 坐标系常用操作指令如表 6.4 所示。

表 6.4 PowerPMAC 坐标系常用操作指令

指令	解释	说明
&x undefine	删除坐标系 x 里所有轴定义	
Undefine all	删除所有坐标系声明和轴定义	
#n->0	删除坐标系中 #n 轴已有的轴定义	如：&1#1->0，表示删除坐标系 1 中电动机 1 已有的轴定义

6.2 PowerPMAC 坐标系变换

PowerPMAC 的坐标系变换包括多轴线性关系式和非线性关系式，通过坐标系变换可实现坐标系平移、旋转、镜像等。

PowerPMAC 电动机和轴名称定义技术上支持如下矩阵轴的表达式：

$$\# i\ k_{Ai}\ A\ k_{Bi}\ B\ \ldots\ k_{Zi}\ Z\ \ldots\ k_{AAi}\ AA\ \ldots k_{ZZi}\ ZZ\ d_i$$

矩阵轴展开式示意如图 6.5 所示。

$$\begin{bmatrix} \#0 \\ \#1 \\ \#2 \\ \#3 \\ \#4 \\ \#5 \\ \#6 \\ \#7 \\ \#8 \\ \#9 \\ \cdots \\ \cdots \\ \cdots \\ \cdots \\ \#n \end{bmatrix} = \begin{bmatrix}
k_{A0} & k_{B0} & k_{C0} & K_{U0} & k_{V0} & k_{W0} & k_{X0} & k_{Y0} & k_{Z0} & k_{AA0} & \cdots & k_{HH0} & k_{LL0} & \cdots & k_{ZZ0} \\
k_{A1} & k_{B1} & k_{C1} & k_{U1} & k_{V1} & k_{W1} & k_{X1} & k_{Y1} & k_{Z1} & k_{AA1} & \cdots & k_{HH1} & k_{LL1} & \cdots & k_{ZZ1} \\
k_{A2} & k_{B2} & k_{C2} & k_{U2} & k_{V2} & k_{W2} & k_{X2} & k_{Y2} & k_{Z2} & k_{AA2} & \cdots & k_{HH2} & k_{LL2} & \cdots & k_{ZZ2} \\
k_{A3} & k_{B3} & k_{C3} & k_{U3} & k_{V3} & k_{W3} & k_{X3} & k_{Y3} & k_{Z3} & k_{AA3} & \cdots & k_{HH3} & k_{LL3} & \cdots & k_{ZZ3} \\
k_{A4} & k_{B4} & k_{C4} & k_{U4} & k_{V4} & k_{W4} & k_{X4} & k_{Y4} & k_{Z4} & k_{AA4} & \cdots & k_{HH4} & k_{LL4} & \cdots & k_{ZZ4} \\
k_{A5} & k_{B5} & k_{C5} & k_{U5} & k_{V5} & k_{W5} & k_{X5} & k_{Y5} & k_{Z5} & k_{AA5} & \cdots & k_{HH5} & k_{LL5} & \cdots & k_{ZZ5} \\
k_{A6} & k_{B6} & k_{C6} & k_{U6} & k_{V6} & k_{W6} & k_{X6} & k_{Y6} & k_{Z6} & k_{AA6} & \cdots & k_{HH6} & k_{LL6} & \cdots & k_{ZZ6} \\
k_{A7} & k_{B7} & k_{C7} & k_{U7} & k_{V7} & k_{W7} & k_{X7} & k_{Y7} & k_{Z7} & k_{AA7} & \cdots & k_{HH7} & k_{LL7} & \cdots & k_{ZZ7} \\
k_{A8} & k_{B8} & k_{C8} & k_{U8} & k_{V8} & k_{W8} & k_{X8} & k_{Y8} & k_{Z8} & k_{AA8} & \cdots & k_{HH8} & k_{LL8} & \cdots & k_{ZZ8} \\
k_{A9} & k_{B9} & k_{C9} & k_{U9} & k_{V9} & k_{W9} & k_{X9} & k_{Y9} & k_{Z9} & k_{AA9} & \cdots & k_{HH9} & k_{LL9} & \cdots & k_{ZZ9} \\
\cdots & \cdots & \cdots & \cdots & \cdots & \cdots & \cdots & \cdots & \cdots & \cdots & \cdots & \cdots & \cdots & \cdots & \cdots \\
\cdots & \cdots & \cdots & \cdots & \cdots & \cdots & \cdots & \cdots & \cdots & \cdots & \cdots & \cdots & \cdots & \cdots & \cdots \\
\cdots & \cdots & \cdots & \cdots & \cdots & \cdots & \cdots & \cdots & \cdots & \cdots & \cdots & \cdots & \cdots & \cdots & \cdots \\
\cdots & \cdots & \cdots & \cdots & \cdots & \cdots & \cdots & \cdots & \cdots & \cdots & \cdots & \cdots & \cdots & \cdots & \cdots \\
k_{An} & k_{Bn} & k_{Cn} & k_{Un} & k_{Vn} & k_{Wn} & k_{Xn} & k_{Yn} & k_{Zn} & k_{AAn} & \cdots & k_{HHn} & k_{LLn} & \cdots & k_{ZZn}
\end{bmatrix} \begin{bmatrix} A \\ B \\ C \\ U \\ V \\ W \\ X \\ Y \\ Z \\ AA \\ \cdots \\ HH \\ LL \\ \cdots \\ ZZ \end{bmatrix} + \begin{bmatrix} d_0 \\ d_1 \\ d_2 \\ d_3 \\ d_4 \\ d_5 \\ d_6 \\ d_7 \\ d_8 \\ d_9 \\ \cdots \\ \cdots \\ \cdots \\ \cdots \\ d_n \end{bmatrix}$$

图 6.5 矩阵轴展开式

矩阵轴展开式从左到右，有

第 1 列是电动机 #0⋯#n；

第 2 列是电动机 #n 和轴矩阵转化的比例系数 k_{A0}，k_{B1}，⋯，k_{ZZn}；

第 3 列是轴名称 A，B，C，⋯，XX，YY，ZZ；

第 4 列是轴偏移量 d_0，d_1，⋯，d_n。

6.2.1　PowerPMAC 矩阵轴线性变换

根据矩阵轴定义格式,可以轻松实现笛卡尔坐标系的平移、旋转,举例如表 6.5 所示。

表 6.5　坐标系的平移、旋转

指令	举例说明
#n->m[轴名称]+[偏置值]	#1->10000X+600 #2->10000Y+400 　说明:♯1 轴 X 后面＋600 表示 X 轴坐标起点偏移 600 cts 脉冲数,♯2 轴 Y 后面＋400,表示 Y 轴坐标起点偏移 400 cts 脉冲数,PowerPMAC 轴定义加上偏移量指令形式可实现坐标系的偏移功能。 Y(mm) Motor #2 6 mm O′　　X(mm) 4 mm　Motor #1 O
#n->m[轴名称 1]+n[轴名称 2]+…	例如:将 XY 直角坐标系(♯1->X,♯2->Y)旋转 45°。 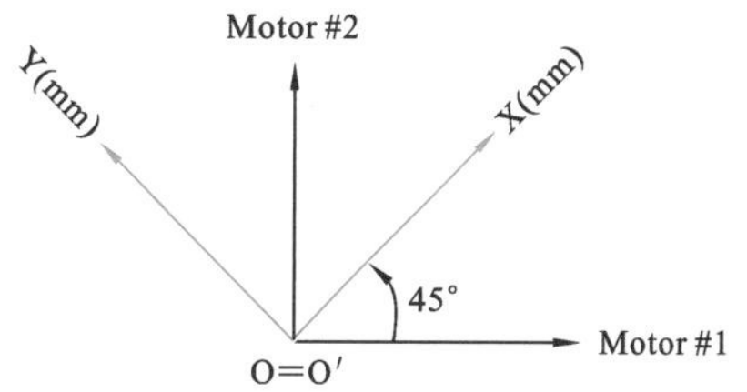 Motor #2 Y(mm)　　X(mm) 45° O=O′　　Motor #1 通过 45°三角函数计算出轴 X 和 Y 的矩阵系数,定义到♯1 和♯2 轴定义中,如下所示。 #1->0.707X-0.707Y #2->0.707Y+0.707X 就可实现将 XY 直角坐标系旋转 45°。 轴旋转定义形式,可用于 XY 直角坐标轴校正。 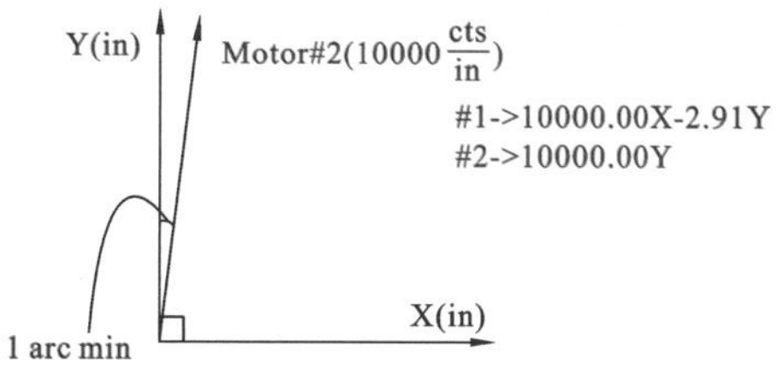 Y(in)　Motor#2(10000 $\frac{cts}{in}$) #1->10000.00X-2.91Y #2->10000.00Y X(in) 1 arc min 如上图所示,通过测量得到 Y 轴与 X 轴垂直度有 1 arcmin 偏差,计算得到垂直偏差在 X 方向的数据关系,再通过如下轴定义: #1->10000.00X-2.91Y #2->10000.00Y 可帮助对 XY 垂直度进行校正,而不需要机械调整

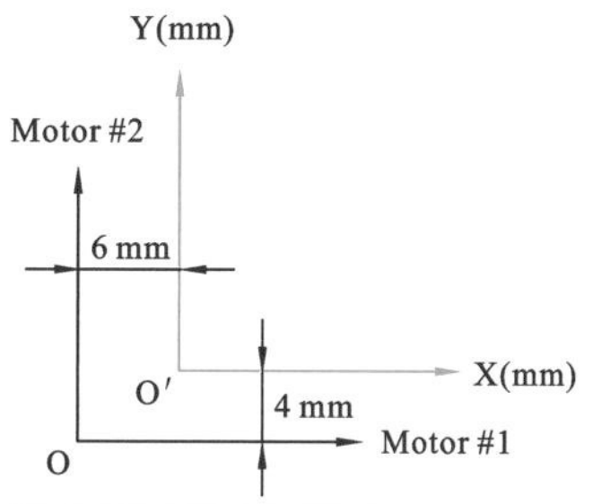

对于四个三轴（X/Y/Z，U/V/W，XX/YY/ZZ 和 UU/VV/WW）的笛卡尔坐标，PowerPMAC 通过提供完整的 3×3 矩阵系数，即可实现笛卡尔坐标系旋转、镜像和倾斜等变换。

6.2.2 PowerPMAC 矩阵轴定义非线性变换

对于非线性关系坐标系，如末端轴（工具尖）位置和电动机（关节或执行器）位置之间是非线性坐标系的关系，PowerPMAC 可通过正、逆解计算，配合坐标系轴矩阵定义，实现非线性轴坐标系的运动控制。将末端运动轴的位置转换为电动机位置的关系，在数学上称为"逆运动学"转换。反之，将电动机位置转换为末端轴位置的关系，称为"正运动学"转换。

末端轴位置，电动机位置，和中间转换的正、逆解程序示意如图 6.6 所示。

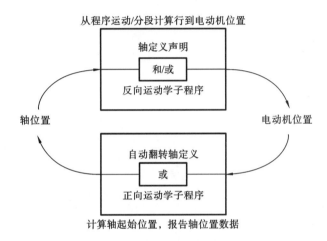

图 6.6 坐标系中轴和电动机正、逆解关系示意

采用 PowerPMAC 轴定义矩阵语句，将末端轴位置值代入定义语句的方程中，计算得到电动机轴位置，称为逆解程序。从电动机（关节或执行器）轴位置到末端轴（工具尖）位置的转换称为正解程序。

PowerPMAC 正、逆解使用注意事项：

（1）程序开始时，PowerPMAC 自动执行正解程序。

（2）在运动程序中，假设前一步运动的结束位置是后续运动的起点，不需要在每次移动时进行正解计算。

（3）只有当运动程序第一次运行时，才需要进行一次正解计算，因为第一行运动指令需要知道运动的起始位置。

（4）如果在运动程序中加入其他功能改变了电动机和轴位置之间的关系（如使用位置跟随模式），必须在下一次运动之前发出 pmatch 命令；否则，下一个动作将无法正确执行。

6.3 PowerPAMC 运动学功能

当工具坐标与机构的执行器（关节）电动机的位置之间存在非线性数学关系时，需要进行运动学计算。PowerPMAC 运动学功能常用于 5 轴联动或者其他非线性关系的机构,如 5 轴机床中刀尖路径编程(RTCP)和 SCARA 机械臂等的应用,都涉及典型的非线性坐标系数学关系。PowerPMAC 运动学计算分为:运动学正解与运动学逆解两大部分。

"正运动学"计算使用关节位置作为输入,并将其转换为工具尖端坐标。这些计算需要在运动程序开始时执行,计算出工具尖端坐标系中运动的第一个起始坐标。同样的计算也可以用于报告设备在工具尖端坐标系中的实际位置、速度和跟随误差,这些误差从关节上的传感器位置换算而来。

"逆运动学"计算使用刀尖位置作为输入,输出为关节电动机坐标。根据工具尖端运动轨迹,PowerPMAC 可周期性进行逆运动学计算。

PowerPMAC 在 IDE 软件中提供正、逆解运动学程序缓冲区,刷新周期为 1 个伺服周期,用户可采用 IDE 脚本语言或者 C 语言编程,编写的正、逆解程序可下载保存在 PowerPMAC 闪存中。

6.3.1 PowerPMAC 运动学编程

1. PowerPMAC 运动学编程前准备

开启坐标系分段工作模式,即参数 Coord[x]. SegMoveTime 值为非"0"正数,其中 x 代表坐标系序号。Coord[x]. SegMoveTime 值决定了粗插补(coarse interpolation)精度,值越小插补精度越高,耗费 CPU 资源越大。

插补:PowerPMAC 根据输入零件的程序信息,将程序段所描述的曲线的起点、终点之间的空间进行数据密化,从而形成要求的轮廓轨迹,这种"数据密化"机能就称为"插补"。

精插补(fine interpolation)误差:$E = \dfrac{V^2 T^2}{6R}$。其中:V 是路径速率;T 是 Coord[x]. SegMoveTime;R 是路径曲率半径。

特殊情况下,需要调整加工程序中的曲线点,以优化最终插补误差。

当坐标系使用运动学功能时,所有需要使用的关节电动机,应属于同一个坐标系,用于关节的电动机轴定义名称为 I 轴,代表此电动机有运动学逆解程序定义,如

```
Undefine all
&1
#1->I
#2->I
#3->I
```

2. PowerPMAC 运动学正解程序

(1)运动正解程序中,输入的是关节坐标,即关节电动机的位移量,输出的是工具尖端坐标,即坐标系(运动程序)中的轴坐标,如 X、Y、Z 等。

其中,关节坐标是输入量,使用 L 变量表示,例如:L1 表示电动机♯1,L2 表示电动机♯2。

(2)采用 IDE 编程时,需用 KinPosMotorx 代替 L 变量,其中 x 表示电动机序号,例如:KinPosMotor1 代表 L1,即电动机♯1。

（3）正解程序的输出为工具尖端坐标，即坐标系（运动程序）中的轴坐标，在程序中使用 C 变量表示，范围为 C0～C31，其对应 A～ZZ 轴，具体对应可参考表 6.6。

表 6.6　C 变量与轴的映射关系

Axis Name	Var.	IDE Var. Name	D0 bit value	Axis Name	Var.	IDE Var. Name	D0 bit value
A	C0	KinPosAxisA	$1	HH	C16	KinPosAxisHH	$10000
B	C1	KinPosAxisB	$2	LL	C17	KinPosAxisLL	$20000
C	C2	KinPosAxisC	$4	MM	C18	KinPosAxisMM	$40000
U	C3	KinPosAxisU	$8	NN	C19	KinPosAxisNN	$80000
V	C4	KinPosAxisV	$10	OO	C20	KinPosAxisOO	$100000
W	C5	KinPosAxisW	$20	PP	C21	KinPosAxisPP	$200000
X	C6	KinPosAxisX	$40	QQ	C22	KinPosAxisQQ	$400000
Y	C7	KinPosAxisY	$80	RR	C23	KinPosAxisRR	$800000
Z	C8	KinPosAxisZ	$100	SS	C24	KinPosAxisSS	$1000000
AA	C9	KinPosAxisAA	$200	TT	C25	KinPosAxisTT	$2000000
BB	C10	KinPosAxisBB	$400	UU	C26	KinPosAxisUU	$4000000
CC	C11	KinPosAxisCC	$800	VV	C27	KinPosAxisVV	$8000000
DD	C12	KinPosAxisDD	$1000	WW	C28	KinPosAxisWW	$10000000
EE	C13	KinPosAxisEE	$2000	XX	C29	KinPosAxisXX	$20000000
FF	C14	KinPosAxisFF	$4000	YY	C30	KinPosAxisYY	$40000000
GG	C15	KinPosAxisGG	$8000	ZZ	C31	KinPosAxisZZ	$80000000

（4）使用 IDE 编程时，可用 KinPosAxisα 代替 C 变量，其中 α 代表轴名，例如：KinPosAxisX 代表 C6，即代表 X 轴。

（5）在运动学正解程序的最开始，需要告知 PowerPMAC，该坐标系会使用哪些轴参与运动学计算，可通过对 D0 变量赋值或对 KinAxisUsed 变量赋值实现。例如：X、Y、Z 三轴参与运动学计算，需要在程序最开头输入指令：

```
KinAxisUsed=$40+$80+$100;
```

其中，D0 变量或 KinAxisUsed 对应的不同轴的设定值也可以从上表中获得，如

```
A轴为$1,X轴为$40
```

（6）正解运动学需要查询坐标系位置时，可使用 &xp 指令，其中 x 代表坐标系序号，由于查询指令会调用正解程序，此时如果不进行任何处理会造成坐标系运行的运动程序产生错误，因此必须判断当前正解程序是 pmach 指令或运动程序开始时要求执行的，还是查询指令要求执行的，此处 PowerPMAC 称其为 double-pass 检查。PowerPMAC 通过 KinVelEna 变量值进行判断，当 KinVelEna 大于 0 时，PowerPMAC 认为正解程序被查询指令调用，因此不执行 KinAxisUsed 赋值，这样可以保证正解输出结果不会影响程序执行，如

```
Open forward(1)
if (KinVelEna>0) callsub 100;
KinAxisUsed={axis mask}
```

```
n100:  //{kinematic calculations}
return;
close
```

IDE 软件创建 PowerPMAC 正解程序操作流程：创建运动学正解程序需要右键 Kinematic Routines 文件夹选择添加→新建项，如图 6.7 所示。

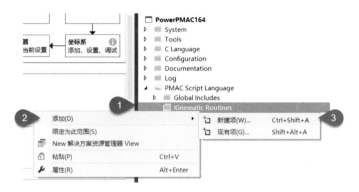

图 6.7　创建运动学正解程序

之后，在弹出窗口选择 Forward Kinematic→Forward，单击 Add 按钮，如图 6.8 所示。

图 6.8　选择加入 Forward 正解程序

单击新创建的文件 Forward1.kin，将文件中"//open forward (1)"的"//"去掉，修改为"open forward (1)"，其中"(1)"表示该正解程序应用于坐标系 1，如图 6.9 所示。

图 6.9　编写正解程序

正解程序编写于"open forward (1)"与"close"之间。下面是一个完整运动学正解程序举例。

```
Open forward(1)                  //打开 forward kinematics 缓存区
if (KinVelEna) callsub 100;      //检查是否需要 double-pass,需要则跳转至行号
                                 //100 位置
KinAxisUsed=$C0                  //指定 X 和 Y 轴使用运动学功能
N100:                            //行号
if (Coord[1].HomeComplete)       //坐标系是否回零完成?
{
    {kinematics contents}        //运动学正解程序
}
else                             //没有回零完成
{
    if (Ldata.Status & $40)      //正解程序是否被运动学程序调用?
    {
    Coord[1].ErrorStatus= 255;   //用户赋值错误,代码终止运动程序执行
    }
    else                         //如果不是运动程序调用的正解程序
    {
    KinPosAxisX= sqrt(-1);       //返回 "not-a-number"给 X 轴
    KinPosAxisY= sqrt(-1);       //返回 "not-a-number"给 Y 轴
    }
}
close                            //关闭运动学正解缓存区
```

3. PowerPMAC 运动学逆解程序

运动学逆解与正解正相反,其输入变量为 C 变量,输出变量为 L 变量。其规则同前面介绍的正解运动学规则,只是无需给 KinAxisUsed 赋值。

IDE 软件建立逆解程序操作流程如下。

创建运动学逆解程序需要右键 Kinematic Routines 文件夹选择添加→新建项,如图 6.10 所示。

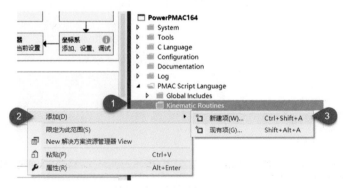

图 6.10 创建逆解程序

之后,在弹出窗口选择 Inverse Kinematic→Inverse,单击 Add 按钮,如图 6.11 所示。

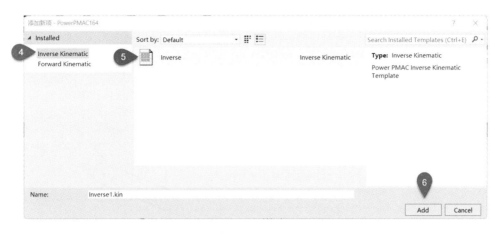

图 6.11　选择和添加 Inverse 程序

单击新创建的文件 Inverse1. kin,"open inverse(1)"中的"(1)"表示该逆解程序应用于坐标系 1,如图 6.12 所示。

图 6.12　单击逆解程序进入编辑窗

下面是一个完整运动学逆解程序举例。

```
&1                          //调用坐标系 1
csglobal InvKinErr;         //声明坐标系局部变量,用作用户自定义标志位
open inverse(1)             //打开缓冲区
If ({work space constraint}) //检查判断运动程序输入的 C 变量数值是否符合逆
                            //解要求
{
    {contents}              //逆解计算
InvKinErr=0;               //设定标志位为 0
}
else                        //如果不符合要求
{
InvKinErr=1;               //设定标志位为 1
Coord[1].ErrorStatus= 255;  //用户赋值错误,代码终止运动程序执行
}
Close                       //关闭运动学逆解缓存区
```

6.3.2 PowerPMAC 运动学应用实例

实例机构:2 轴 SCARA 机器人,如图 6.13 所示。

说明和要求:电动机关节由 A 轴和 B 轴控制,机械臂末端实现 X、Y 坐标的运动。

运动学正解方程:

$$X = L_1 \cos(A) + L_2 \cos(A+B)$$
$$Y = L_1 \sin(A) + L_2 \sin(A+B)$$

运动学逆解方程:

$$B = \cos^{-1}\left(\frac{X^2 + Y^2 - L_1^2 - L_2^2}{2L_1 L_2}\right)$$

$$A = \operatorname{atan2}(Y,X) - \cos^{-1}\left(\frac{X^2 + Y^2 + L_1^2 - L_2^2}{2L_1 \sqrt{X^2 + Y^2}}\right)$$

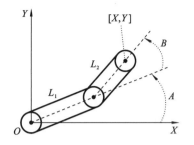

图 6.13　2 轴 SCARA 机器人结构示意

运动学正解程序如下。

```
&1
csglobal Len1, Len2;                        //坐标系变量声明,L1 对应 Len1,L2 对应 len2
csglobal CtsPerDeg, DegPerCt;               //关节分辨率变量声明
csglobal FwdKinErr;                         //正解计算错误标志
Len1=400                                    //Len1 上臂长度值 400 设定
Len2=300                                    //Len2 下臂长度值 300 设定
CtsPerDeg=1000                              //A 和 B 角度对应脉冲当量数值 1000 设定
DegPerCt=1/1000                             //A 和 B 脉冲对应角度当量数值 1/1000 设定
open forward(1)
if (KinVelEna)
callsub 100;
KinAxisUsed=$ C0                            //使用 XY 轴的结果
N100: if (Coord[1].HomeComplete)           //是否轴已回零完成
{
KinPosAxisX= Len1* cosd(KinPosMotor1* DegPerCt)+Len2* cosd((KinPosMotor1+
KinPosMotor2)* DegPerCt+ 90);              //计算末端 X 方向位置值
KinPosAxisY= Len1* sind(KinPosMotor1* DegPerCt)+Len2* sind((KinPosMotor1+
KinPosMotor2)* DegPerCt+ 90);              //计算末端 Y 方向位置值
}
else                                       //如果功能计算无效,暂停操作
{
    if (Ldata.Status & 40)                 //是否为运动程序调用
    {
    Coord[1].ErrorStatus=255;              //错误,结束运动程序
    }
    else                                   //如果无运动程序调用
    {
    KinPosAxisX= sqrt(-1);                 //返回无效计算结果
    KinPosAxisY= sqrt(-1);                 //返回无效计算结果
    }
```

```
}
Close
```

运动学逆解程序如下。

```
csglobal SumLenSqrd;        //坐标系变量 SumLenSqrd 声明,含义为 Len1² + Len2²
csglobal InvProdOfLens;     //InvProdOfLens 变量声明,含义为 1/(2*Len1*Len2)
csglobal DifLenSqrd;        //DifLenSqrd 声明,含义为 Len1² - Len2²
csglobal InvKinErr;         //InvKinErr 变量声明,自定义逆运动学错误标志位
csglobal TwoLen1;           //TwoLen1 变量声明,含义是 2* Len1
                            //提前计算其他系统常量
    &1
SumLenSqrd=Len1*Len1+Len2*Len2
InvProdOfLens=1.0/(2.0*Len1*Len2)
DifLenSqrd=Len1*Len1 - Len2*Len2
TwoLen1=2.0*Len1;
open inverse(1)             //打开逆解程序缓冲区
                           //声明局部变量
local X2Y2;                //X2Y2 变量含义 X² + Y²
local Bcos;                //Bcos 变量含义是 B 轴余弦
local Bangle;              //Bangle 变量含义是 B 轴角度
local AplusC;              //AplusC 变量含义是 A+ C 角度
local Cangle;              //Cangle 变量含义是 C 角度
local Aangle;              //Aangle 变量含义是 A 角度
X2Y2=KinPosAxisX*KinPosAxisX+KinPosAxisY*KinPosAxisY;
Bcos= (X2Y2-SumLenSqrd)*InvProdOfLens;
if (abs(Bcos)<0.9998)      //是否为有效解
{
    Bangle=acosd(Bcos);
    AplusC=atan2d(KinPosAxisY, KinPosAxisX);
    Cangle=acosd((X2Y2+DifLenSqrd) / (TwoLen1*sqrt(X2Y2)));
    Aangle=AplusC-Cangle;
    KinPosMotor1=Aangle*CtsPerDeg;
    KinPosMotor2=(Bangle-90)*CtsPerDeg;
    InvKinErr=0;
}
else                        //为无效解时按如下操作处理
{
    InvKinErr=1;            //设置定义的错误标志位为 1
    Coord[1].ErrorStatus=255;  //停止运行程序
}
Close
```

正、逆解程序在 IDE 软件中编写完成后,构建和下载正、逆解程序。

在 IDE 下编写末端坐标轴 X、Y 运动程序(prog KinProgExample),如 XY 走 100 mm 方形轨迹,IDE 编写 PLC(PositionReportingPLC)程序报告 SCARA 末端位置 XY 值,通过 IDE Plot 采集工具,显示末端 XY 位置值,如图 6.14 所示。

报告 SCARA 末端 XY 位置的 PLC 程序。

```
globalReportActPosX=0, ReportActPosY=0;
globalReportDesPosX=0, ReportDesPosY=0;
openplcPositionReportingPLC
Ldata.coord=1                  //选择坐标系 1
PREAD
ReportActPosX=D6               //X 真实值
ReportActPosY=D7               //Y 真实值
DREAD
ReportDesPosX=D6               //X 指令值
ReportDesPosY=D7               //Y 指令值
Close
```

SCARA 末端 XY 执行方形轨迹运动程序。

```
openprogKinProgExample
enableplcPositionReportingPLC; dwell100;
LinearAbsF100TA0 TS100
Gather.Enable=2; dwell0
X 200Y 200dwell0
inc
Y 100dwell0
X 100dwell0
Y -100dwell0
X -100dwell0
Gather.Enable=0; dwell0
disableplcPositionReportingPLC; dwell100;
close
```

IDE Plot 采集工具显示末端位置图形如图 6.15 所示。

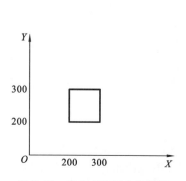

图 6.14   末端 XY 指令位置值

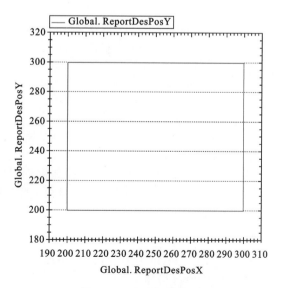

图 6.15   末端位置图形

6.4 PowerPMAC 前瞻功能

6.4.1 PowerPMAC 前瞻功能简介

PowerPMAC 前瞻功能,也称 LookAhead 功能,即提前读取并计算运动程序,可根据用户的运动路径自动平滑速度曲线,从而减少对机台的冲击和提高加工精度。如在运动指令轨迹将会出现拐点时,PowerPMAC 自动计算拐点处的运动速度,同时依据用户设定的最大加速度值计算速度规划,使运行的加减速度都不超过参数 ACCEL 和 DECEL 的限制值,从而防止对机械产生破坏冲击力。当 PowerPMAC 发现编程存在超速和超加速度的情况,将自动减速,确保编程轨迹位置插补不变情况下,不超过电动机最大速度与最大加速度限定。

当 PowerPMAC 前瞻功能有效时,将提前扫描编程的轨迹,寻找可能违反其位置、速度和加速度限制的情况。

PowerPMAC 前瞻控制对于 linear(直线插补)、Circle(圆弧插补)和 PVT 运动模式有效。

PowerPMAC 前瞻计算:要求坐标系工作于分段模式,参数 Coord[x].SegMoveTime 值为非零正数,其中 x 代表坐标系序号。

前瞻功能在转角时生效效果如图 6.16 所示。

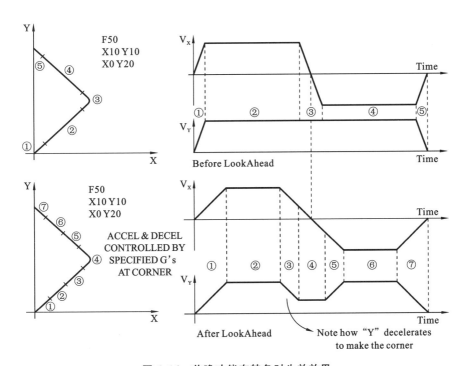

图 6.16 前瞻功能在转角时生效效果

前瞻功能还可实现坐标系运动原轨迹回退,如 EDM 电火花加工设备的回退功能。

6.4.2 PowerPMAC 前瞻功能的使用定义方法

（1）坐标系正确的轴定义。

（2）坐标系中的电动机参数 Motor[x]. MaxSpeed，即电动机的最大速度，应根据机械结构设计和电动机选型等参数设定。

（3）设定 Motor[x]. InvAmax，其将限定电动机的最大加速度。

（4）设定 Coord[x]. SegMoveTime，通常为 10～20 个伺服周期，单位为毫秒。

（5）计算电动机减速所需的最长时间，如果坐标系中存在多个电动机，以减速时间最长的电动机为准，最长减速时间公式：

$$StopTime(msec)=Motor[x].MaxSpeed*Motor[x].InvAmax$$

（6）根据最大减速时间计算出减速过程中最多需要的分段数，减速分段数公式：

$$SegmentsNeeded= (Motor[x].MaxSpeed*Motor[x].InvAmax)/Coord[x].SegMoveTime$$

（7）设定前瞻长度 Coord[x]. LHDistance，前瞻长度需要大于最大减速时间分段数的 1.5 倍，即 Coord[x]. LHDistance＝1.5 * SegmentsNeeded，同时，Coord[x]. LHDistance 的最小值必须大于 1024，如果计算结果小于 1024，则按 1024 进行设定。

（8）用 define lookahead ｛♯ of segments｝定义前瞻缓冲区大小，定义的前瞻缓冲区必须大于 Coord[x]. LHDistance。当 define lookahead ｛♯ of segments｝指令定义的前瞻缓冲区大于 Coord[x]. LHDistance 的设定值时，将会提供另一个功能，即坐标系中的电动机可以沿原轨迹回退，此功能一般应用于 EDM 加工。

6.4.3 PowerPMAC 前瞻功能相关指令

（1）在 IDE 编辑器中输入：

```
Coord[1].LHDistance=1024
&1 define lookahead 1024
```

前瞻功能将自动生效。

（2）delete lookahead 用于删除坐标的前瞻缓存区，如

```
&1 delete lookahead
```

表示删除 &1 坐标系的前瞻缓冲区。

（3）Coord[x]. LHDistance＝0，表示关闭前瞻功能，其中 x 代表坐标系序号。

（4）终端窗口指令暂停前瞻运动程序，如 &1\表示暂停 &1 坐标系的前瞻运动，可以使用"r"指令或">"指令恢复坐标系的前瞻运动。

7

PowerPMAC 运动程序

7.1 PowerPMAC 运动程序概述

PowerPMAC 运动程序用于轴运动相关的指令编程，运动程序指令是自动按顺序执行，例如实现数控铣床轮廓加工的 CNC 程序，数控激光钻孔设备的孔位运动和激光开合控制的程序等，如图 7.1 所示。

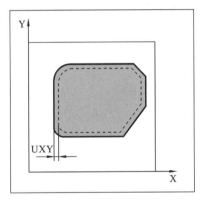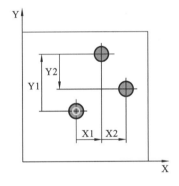

图 7.1　运动程序轨迹举例

PowerPMAC 运动程序需在声明的坐标系下执行。PowerPMAC 支持多个声明的坐标系同时执行相同或者不同的运动程序，最多可有 128 个声明的坐标系同时执行运动程序。

PowerPMAC 运动程序分为固定运动程序和旋转运动程序。固定运动程序称为prog，可完整下载到 PowerPMAC 的程序内存中，固定运动程序容量不能超过 PowerP-MAC 卡设定的程序内存容量，如 PowerPMAC 程序内存默认设定为 16 MB，那么固定运动程序容量不能超过 16 MB。

旋转运动程序称为 rotary，相对固定运动程序（prog）而言，对于大容量无法完整存储在 PowerPMAC 内存中的程序，PowerPMAC 提供了一个旋转程序缓冲区 rot，rot 旋转缓冲区可以在执行程序的同时，自动删除执行完的指令，上位机通过判断 rot 缓冲区空余容量，在不停止程序的情况下下载新的程序指令，这种自动边执行边下载的 rot 程序执行方式完美解决了大容量运动程序无法完整下载到 PowerPMAC 的程序内存的问题。rot 程序还可用于边执行已下载指令，边根据正在执行的轴位置等数据，计算后续新运动指令，再实时不停顿的下载和执行，如目标实时跟踪系统，也可采用 rotary 旋转缓冲区的程序方案。

PowerPMAC 程序内存缓冲器设定方法如图 7.2 所示。

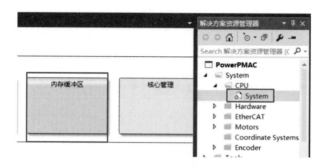

图 7.2 内存缓冲

选择项目中 System 下双击"内存缓冲区"（红色框），出现图 7.3 所示的 PowerPMAC 缓冲区工具框。

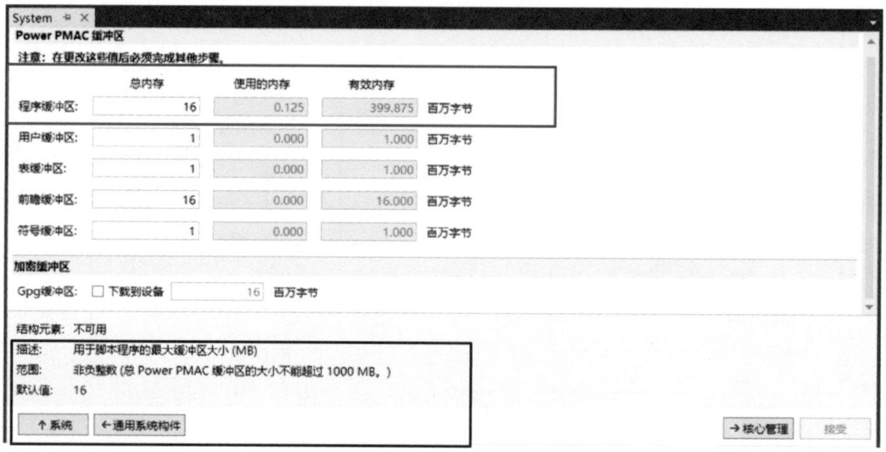

图 7.3 PowerPMAC 缓冲区工具框

其中"程序缓冲区"一栏设定内容是 PowerPMAC 所有脚本程序缓冲区，包括运动程序、PLC 程序和子程序，正、逆解程序等，程序缓冲区出厂默认容量为 16 MB，如图 7.3 的黑框中，介绍了程序缓冲区的容量单位是 MB，最大容量不能超过 1000 MB。

根据需求设定程序缓冲区数值后，按照画面提示，点击"接受"保存设定，如图 7.4 所示。

图 7.4 中的红框的 ⚠，点击后会弹出程序内存修改后的操作步骤，如图 7.5 所示。

PowerPMAC 最多有 1023 个固定运动程序，序号从 1 到 4294967295（$2^{32}-1$），如 prog 5，程序序号可以不连续，编号高低不影响执行顺序。运动程序命名可以使用字母名称，或字母数字组合，如 Prog MainProg、Prog Test1 等，IDE 软件会为字母程序名自动分配序号。

图 7.4 接受保存缓冲区设定

1. 点击 **接受** 按钮以保存项目中的变化。
2. 右击解决方案资源管理器中的项目，然后选择 **构建并下载所有程序** 命令。
3. 在终端窗口中键入以下命令以保存所有修改后的参数：**Save**
4. 在终端窗口中键入以下命令以重新启动 Power PMAC：**Reboot**

图 7.5 操作步骤

PowerPMAC 在每个坐标系下有且只有一个 rotary 旋转程序，rotary 旋转程序编号规定为"0"。IDE 软件下创建运动程序。

运动程序位于 IDE 工程的 PMAC Script Language→Motion Programs 文件夹下。选择添加一新建项，如图 7.6 所示。

图 7.6 添加新建项

输入程序名，点击 Add，如图 7.7 所示。

如图 7.8 所示，在 Motion Programs 下可看到 prog1.pmc 程序和弹出的 prog1.pmc 程序编辑窗口，如图 7.9 所示。

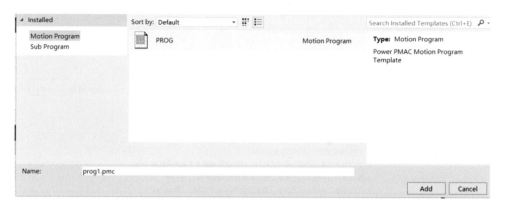

图 7.7 输入程序名

图 7.8 找到 prog1.pmc   **图 7.9 prog1.pmc 程序编辑窗口**

在上面程序编辑文件中编写运动程序指令。可将编写好的运动程序保存在项目中,从菜单"文件"下拉找到相应保存操作。

运动程序编写前,必须进行坐标系轴定义,如

```
&1
# 1-> X
# 2-> Y
```

具体内容请参考本书第 6 章 PowerPMAC 坐标系系统。

7.2 PowerPMAC 运动程序结构

(1)以 open prog{constant}指令开头,打开运动程序缓冲区,其中{constant}代表运动程序序号或程序名;

(2)选择运动模式,如 Linear、Circle、Spline、Rapid 或 PVT 等;

(3)选择坐标模式,abs 绝对坐标或 inc 增量坐标;

(4)使用 TM 设定运动时间或使用 F 设定运动速度,同时使用 TA 与 TS 设定加速度时间与 S 曲线时间;

(5)编写轴运动,如 X 100 Y 50;

(6)以 close 结尾关闭缓冲区。

下面为运动程序示例。

```
open prog 1          //打开 prog1 缓冲区
Abs                  //绝对编程模式
linear               //直线插补
ta 125               //加速时间 125 ms
ts 35                //S 曲线时间 35 ms
tm 1000              //运动时间 1000 ms
X 10 Y 20            //从起点位置以直线运动到 X 10 Y 20
close                //关闭 prog1 缓冲区
```

7.3　PowerPMAC 运动程序执行

在 IDE 软件项目下"构建和下载所有程序",下载运动程序到 PowerPMAC 控制器中,如图 7.10 所示。下载完成并成功,在 IDE 软件"输出"栏可看到下载信息,如图 7.11 所示。

图 7.10　构建和下载运动程序

从 IDE 软件"任务管理器"中可看到已下载的运动程序,如图 7.12 所示。

运动程序执行条件如下。

(1) 运动程序只能由坐标系运行;

(2) 坐标系下定义的所有电动机必须是使能且闭环状态;

(3) 坐标系下所有电动机状态无错误报警,所有电动机不在正负软硬限位,否则运动程序无法执行;

(4) 坐标系下电动机都应正常完成上电"回零"(或称为回参考点、回原点)操作程序执行;

(5) 在终端窗口发送电动机闭环和程序执行指令:

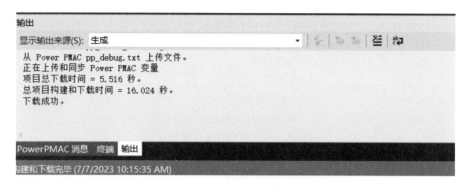

图 7.11   下载信息提示栏

图 7.12   IDE 执行下载的运动程序工具

```
&1 enable                //使能坐标系 1 下定义的所有电动机闭环
&1 B 1 R                  //坐标系 1 下 prog1 程序运行
```

在 IDE 软件"任务管理器"工具画面可以控制运动程序启动/停止。如图 7.13 所示，先选中要运行的程序，再点击下面红框"启动选项"按钮。

对于已定义分配坐标系的运动程序，直接点击"开始"，程序就开始执行。如果未给运动程序分配坐标系，点击"分配 CS 并启动"项，为运动程序分配一个坐标系后，运动程序开始执行。

附：PowerPMAC 运动程序操作相关在线指令列表如表 7.1 所示。

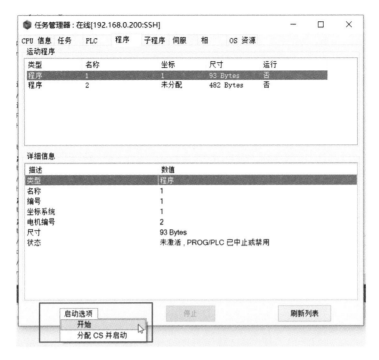

图 7.13　控制运动程序启动/停止

表 7.1　PowerPMAC 运动程序操作相关在线指令列表

指令	说明	举例
List prog n	查询显示下载到卡上的运动程序,n 为程序号或者程序名	如在终端输入指令: list prog2 回车 在终端显示窗会显示 program 2 程序的具体内容
&x enable	使能并闭环坐标系 x 下所有定义的电动机,用于程序执行前使能闭环坐标系下所有电动机	如坐标系定义: &1 　# 1-> X 　# 2-> Y IDE 终端输入: &1 enable 回车则 # 1,# 2 电动机使能并闭环
&n disable	在线指令,断使能 & n 下所有定义的电动机,常用于停止坐标系下运行的程序,并断开坐标系下定义电动机的使能	&1 disable 回车 坐标系 1 下定义的所有电动机断使能
&n ddisable (delay disable)	在线指令,延时断使能 & n 下所有定义的电动机,功能同上面 &n disable,区别是停止程序后会延时一点时间再断开坐标系下电动机使能,对设备机械冲击会较小	&1 ddisable 回车 坐标系 1 下定义的所有电动机断延时断使能

续表

指令	说明	举例
&xBnR	坐标系 x 下运行 progn 程序。B 为 begain 意为开始，R 为 Run 意为运行	如在终端输入： &1B2R 是坐标系 1 执行 prog 2 程序；如程序是英文名称 MainProg，则指令为 &1 start MainProg
start[{constant}	功能同 B n R，constant 是程序号或程序名	如在终端输入： &1 start 2 是坐标系 1 执行 prog 2 程序；如程序是英文名称 MainProg，则指令为 &1 start MainProg
&xBnS	S 为 Step 意为单步，指令表示 &x 下单步执行 Progn 的程序，这时程序是每行执行完后会自动暂停，当再发送 S 指令后，程序会再执行下一行，所以不断发送 S 指令，才可以一行行单步运行程序每行指令。常用于程序调试或问题排查时使用	&1 B2S 则执行 prog2 的第一行指令；再"S"回车，执行 prog2 的第 2 行指令；再"S"回车，执行第 3 行……
&n % %是坐标系下的时间基准百分比，主要用于运动程序的速度修调（调整）	查询当前坐标系下时基百分比数值，默认是%100。 如 &n %mm，可设定坐标系下时基百分比数值，%mm 中 mm 数值范围为 0~225	&1 % 回车 是查询 &1 下时基速度修调数值。 &1% 50 回车 是坐标系 1 下，执行的运动程序速度是编程速度的%50
&n A	在线 &n 下程序停止指令	&1A 停止坐标系 1 正在执行的程序
&n stop	程序在 Stop 指令位置停止运行和程序计算，并回到执行程序的开头	&1 stop 回车 停止坐标系 1 下的运动程序，并回到程序开头
&n Hold 或 &n H	程序暂停指令，&n 下程序暂停，暂停后，再发送 R 或者 S 指令后，程序将继续执行或者单步执行	&1H 暂停坐标系 1 下正在运行的程序，再发送 R 指令，程序会从暂停位置继续运行
&n pause	程序在指令时刻位置停止计算，等待 resume 指令重新启动程序	&2 pause 回车 &2 下执行的程序暂停运动和程序计算
&n resume	程序从之前 pause 指令停止程序行重新继续执行	&2 resume 回车 &2 下之前暂停的运动程序从暂停位置继续执行

续表

指令	说明	举例
start[{list}]:{data}	PLC 程序中启动运动程序,指令格式,[{list}]代表坐标系序号,{data}代表运动程序序号,该指令只能在 PLC 程序中使用	如 PLC 编程为 　start1:75 表示坐标系 1 执行 75 号运动程序,或者: 　start1:MainProg
Coord[m].NSYNC	查询坐标系 m 下正在执行运动程序的行号	如坐标系 1 下正在执行 prog1 程序,指令为 　Coord[1].NSYNC 回车 如返回 3 表示程序 prog1 执行在第 3 行
Coord[m].NCALC	查询坐标系 m 下正在执行运动程序计算执行到的行号。 因为 PowerPMAC 有提前计算能力,所以这个查询的行号数值,可能比实际执行的行号多	如坐标系 1 下正在执行 prog1 程序,指令为 　Coord[1].NCALC 回车 如返回 5 表示 powerPMAC 已经计算到程序的第 5 行

由于篇幅所限,更多程序执行指令请参考《PowerPMAC Software Manual》。

7.4　PowerPMAC 运动程序编程常用功能介绍

PowerPMAC 运动程序指令采用 IDE 脚本语言编写,必须英文格式输入(注释语句可以是中文)指令内容不区分大小写。为了运动程序直观易理解,建议用户编写运动程序时,按指令分类逐行编写,重点功能加注释说明,注释可以"//""*"等符号分割,如图 7.14 所示的程序示例,红框内为运动程序指令内容,黄框内为注释说明,以符号//分割。

图 7.14　运动程序内容和注释格式示意

运动程序行号标签 Nxx。Nxx 通常编写在每行指令开头,xx 值可以是常量(32bit 整型)或表达式,后面没有冒号":",范围 0~4294967295,用于监控程序执行到的行号,行号应从小到大顺序使用,举例如下。

```
N1 linear
```

```
N2 ABS
N3 F10 TA100TS30
N4 X10
N6 X0
……
```

PowerPMAC 运动程序每行指令开头不要求必须使用 Nxx,Nxx 行号指令格式常见于数控 CNC 类型的运动程序。

7.4.1 运动程序坐标相关指令

轴编程坐标方式选择:ABS/INC,绝对坐标/相对坐标。

ABS:轴位置指令以绝对坐标编程,绝对坐标值是对于设备原点的轴位置坐标,如

```
ABS
X100Y200      //表示 X 轴移动到 100,Y 轴移动到 200 的坐标位置
```

INC:轴位置指令以相对坐标编程,相对坐标值是对于前一个坐标位置相对变化的轴坐标位置,如

```
INC
X100Y200      //表示 X、Y 轴相对于之前的位置增量移动了 100、200 的距离
```

轴坐标运动指令:{axis}{data},每个坐标系有 32 个 axis 轴名称可供使用,详见第六章坐标系轴名称,如笛卡尔坐标系常用轴名称为

```
A, B, C, X, Y, Z, U, V, W  AA, BB, CC, …, XX, YY, ZZ
```

data 是紧接轴名称的运动内容,内容可以是数字、变量和数学计算等,如

```
X 10                  //X 轴运动 10 个用户单位
Y(Sin(MyGlobalVar))   //Y 轴运动到变量用户单位,变量进行 Sin(MyGlobalVar) 计算
```

多个轴坐标指令可写在同一行,表示多个轴同时运动,如

```
X30 Y40 Z10                //命令 X、Y、Z 轴同时运动,X 轴运动 30 用户单位
                           //Y 轴 40 用户单位,Z 轴 10 用户单位
```

7.4.2 运动模式指令

1. Linear 运动模式

执行 Linear 指令后,PowerPMAC 进入直线运动模式。在直线运动模式中,每个轴以指定的速度向目标位置移动。Linear 运动模式是每个坐标系下的默认运动模式,相当于 RS-274 机床代码中的 G01 指令。

Linear 指令格式如下。

```
Linear                    //选择 linear 运动模式
ABS or INC                //绝对还是相对坐标
Fxx or TMxx               //linear 运动速度或者运动时间
```

```
            TAxxTSxxTDxx
            {axis}{data}[{axis}{data}…]          //轴 linear 运动位置指令
```

如　　　　Linear
```
            F10 TA30 TS10 TD50(或 TM200 TA30 TS0)
            X10                    //X轴运动
            Y20                    //Y轴运动
            X3 Y4                  //X、Y轴直线插补走一条 X、Y 平面坐标斜线
            X3 Y4 Z12              //X、Y、Z 三轴直线插补走 X、Y、Z 坐标系下空间坐标的一条斜线
            ……
```

1) Linear 直线运动中加、减速相关指令(见图 7.15)

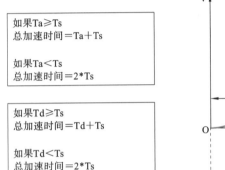
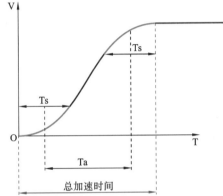

图 7.15　Linear 模式加、减速指令和示意

Ta:运动 Linear 和 Circle 模式,开始到达到指令速度的加速时间,单位为毫秒。

Ts:运动 Linear 和 Circle 模式,在加速时间开始到达到指令速度 S 曲线的加速时间,单位为毫秒。

Td:是 Linear 和 Circle 运动的减速时间。

Linear 运动可以通过上述加、减速指令单独设定加速和减速时间,如果不指令 Td 减速时间,则认为减速时间和加速时间相同。

2) Linear 直线运动模式速度相关指令(见图 7.16)

Fxx 指令是 Linear 运动模式的速度指令,单位为用户单位/时间单位 [(user lengthunits)/Coord[x].FeedTime]。其中,用户单位由"轴定义"确定(参考第 6 章坐标系轴定义部分);时间单位由参数 Coord[x].FeedTime]决定。

Coord[x].FeedTime=1 代表 F 指令的时间单位是毫秒(ms),如编程 F10 代表速度指令,单位是用户单位/毫秒。

Coord[x].FeedTime=1000 代表 F 指令的时间单位是 1000 毫秒(ms),即秒(s),如编程中 F10 代表速度指令,则单位是用户单位/秒。

Coord[x].FeedTime=60000 代表 F 指令的

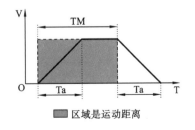

图 7.16　Linear 模式 TM 时间示意图

时间单位是分钟（1 min＝60000 ms），如编程中 F10 代表速度指令，单位是用户单位/分。

TMxx 指令是 Linear 模式运动在加速开始和减速开始之间的时间指令，单位为毫秒（ms）。

当使用 F 编程时，TM 由以下公式决定：

$$TM = \frac{总距离}{F} - TAT$$

其中，TAT 是总加速时间。

当指令 TM 编程时，运动的最高速度 F_{max} 如下：

$$F_{max} = \frac{Distance\ at\ Constant\ Velocity}{TM}$$

编程采用 TM，产生的 F_{max} 数值与编程指定 F 时，计算公式不同，TM 编程只使用了运动的恒定速度段的距离，而不是总距离。F 指令和 TM 指令程序举例如下。

用 F 速度编程举例。

```
open prog UsingFProg
linear inc
ta 100 ts 0 F 1                        //指令速度 1 用户单位/秒
dwell 0
Gather.Enable=2
dwell 0
x 1
dwell 0
Gather.Enable=0
dwell 0
close
```

此例中，F 速度就是 1 用户单位/秒，采集速度曲线显示如图 7.17 所示。

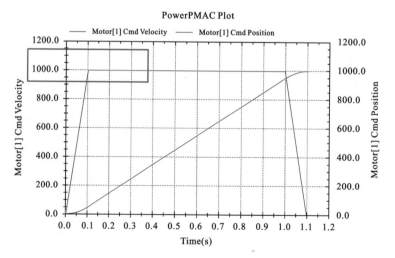

图 7.17　F 指令编程采集速度曲线示意

用 TM 时间编程举例。

```
open prog UsingTMProg
linear inc
ta 100 ts 0 tm 900                //指令 TM 的时间为 900 ms
dwell 0
Gather.Enable=2
dwell 0
x 1
dwell 0
Gather.Enable=0
dwell 0
close
```

速度＝1/0.9＝1.11 用户单位/s，采集速度曲线显示如图 7.18 所示。

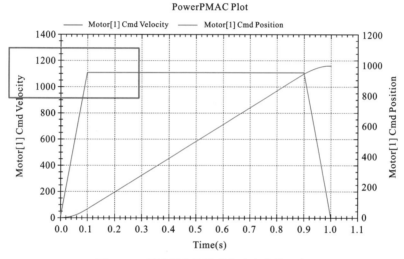

图 7.18　TM 指令编程采集速度曲线示意

Linear 直线运动模式举例如下。

```
/**************设置和定义***************/
undefine all
&1                   //坐标系 1
#1->1000x            //将电动机 1 分配给 X 轴,1 个用户单位等于 1000 个编码器计数
/*************运动程序文本***************/
open prog 1          //打开缓冲区用户程序输入,程序#1
linear               //混合直线插补运动模式
abs                  //绝对模式
TA500                //设置 1/2 s(500 ms)加速时间
TS0                  //没有 S 曲线加速时间
F5                   //设置进给率为 5 个用户单位/秒(速度)
X10                  //X 轴运动到位置 10
dwell 500            //在此位置保持 1/2 s(500 ms)
X0                   //X 轴运动到位置 0
close                //关闭缓冲区-程序结束
```

在终端窗口输入以下内容,运行上述程序,采集速度曲线显示如图7.19所示。

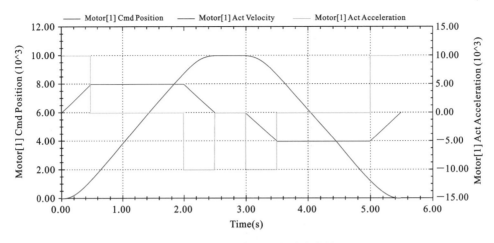

图 7.19 Linear **例程采集速度曲线**

```
#1J/ &1 B1 R      // 闭环, 坐标系 1, 指向程序 1 的开始(Beginning), 运行(Run)
```

3) Linear 直线运动模式的矢量轴指令

Frax(axis1,axis2,…)用于多轴直线运动模式和圆弧运动模式(后面介绍)。(axis1,axis2,…)指定参与速度指令 F 的矢量轴名。如 PowerPMAC 每个坐标系下默认 Frax 矢量轴指令为 Frax(X,Y,Z),表示 F 速度对 X、Y、Z 轴进行矢量计算。指令矢量 Frax(axis1,axis2,…)指令中 axis1,axis2,…顺序需按照英文 26 个字母顺序指令,之间以",",逗号分隔。

如设备需要五轴进行速度 F100 矢量分配,则指令:

```
Frax(A,B,X,Y,Z)              //表示 A,B,X,Y,Z 轴参数速度矢量分配计算
F100
linear A30 B-40 X30 Y40 Z12    //
...
```

PowerPMAC 关于 Frax 矢量轴计算编程举例如下。

(1) 编程 1。

```
inc        //增量坐标轴
frax (X,Y)   //[X,Y]进行速度 F 的矢量计算
X3 Y4 F10    //增量移动距离 X=3,Y=4,以 F10 unit/s 速度
```

X、Y 轴各轴矢量速度为

$$\text{Distance}=\sqrt{3^2+4^2}=5; \quad \text{Move Time}=\frac{5}{10}=0.5 \text{ s}$$

$$V_x=\frac{3}{0.5}=6 \text{ unit/s}; \quad V_y=\frac{4}{0.5}=8 \text{ unit/s}$$

(2) 编程 2。

```
inc          //
frax (X,Y)     //[X,Y]进行速度 F 的矢量计算
X3 Y4 Z12 F10   //增量移动距离 X=3, Y= 4,以 F10 unit/s 速度,同时 Z 轴移 12 unit
```

各轴速度计算:

$$Distance = \sqrt{3^2 + 4^2} = 5; \quad Move\ Time = \frac{5}{10} = 0.5\ s$$

$$V_x = \frac{3}{0.5} = 6\ unit/s; \quad V_y = \frac{4}{0.5} = 8\ unit/s; \quad V_z = \frac{12}{0.5} = 24\ unit/s$$

此例表示:X、Y 轴执行插补 F 速度矢量计算,Z 轴不参与 X、Y 直线运动的速度矢量计算,Z 轴和 X、Y 轴保持同时启停。

(3) 编程 3。

```
inc            // Incremental Move
frax (X,Y,Z)   //[X,Y,Z]三轴合成速度 F 的矢量计算
X3 Y4 Z12 F10  //移动距离 X=3, Y=4, Z=12,XYZ 的 F 速度是 10 unit/s
```

各轴速度计算:

$$Distance = \sqrt{3^2 + 4^2 + 12^2} = 13; \quad Move\ Time = \frac{13}{10} = 1.3\ s$$

$$V_x = \frac{3}{1.3} = 2.31\ unit/s; \quad V_y = \frac{4}{1.3} = 3.08\ unit/s; \quad V_z = \frac{12}{1.3} = 9.23\ unit/s$$

此例表示:X、Y、Z 三轴执行 Linear 运动的速度矢量计算,轨迹是 X、Y、Z 三轴空间合成的斜线。

PowerPMAC Linear 运动模式相关参数如表 7.2 所示。

表 7.2　PowerPMAC Linear 运动模式相关参数

参数	说明
Coord[x]. SegMoveTime	轨迹上插补点进行等时间间隔分割时,设定的间隔时间值。PowerPMAC 根据 Coord[x]. SegMoveTime 的值等时间间隔分割轨迹上的点,然后分配给各个电动机,进行插补。Coord[x]. SegMoveTime 值越小,分割点越密,则插补精度越高,同时计算量越大、CPU 负荷越大。设定: 　　Coord[x]. SegMoveTime>0,表示 Linear 运动工作于时间分段模式; 　　Coord[x]. SegMoveTime=0,表示 linear 工作在非分段模式; 　　当工作在非分段模式时,Linear 运动的最大速度、加/减速度、加加速度限制,由以下参数设定 　　　　Motor[x].MaxSpeed 　　　　Motor[x].InvAmax 　　　　Motor[x].InvDmax 　　　　Motor[x].InvJmax
Coord[x]. NoBlend	设定 PowerPMAC 速度混合功能是否有效,有 　　Coord[x].NoBlend=0　表示混合有效 　　Coord[x].NoBlend=1　表示混合无效 混合功能支持 Linear 直线、圆弧、PVT 运动模式之间的速度过渡形式,后面有 Blend 速度混合功能的专门介绍

参数	说明
Motor[x].MaxSpeed	电动机 x 编程时最大速度限制,单位为脉冲/毫秒,适用于所有运动模式,Linear 指令中 Fxx 速度受最大编程速度限制
Motor[x].InvAmax	电动机 x 编程最大加速度限制,单位为毫秒平方/脉冲,适用于直线、圆弧运动模式。Linear 运动中 Ta、Ts 加减速时间指令受编程最大加速度限制
Motor[x].InvDmax	电动机 x 编程最大减速度限制,单位为毫秒平方/脉冲,适用于直线、圆弧运动模式。Linear 运动中 Td、Ts 加减速时间指令受编程最大减速度限制
Motor[x].InvJmax	电动机 x 编程最大加加速 Jerk 限制,单位为毫秒三次方/脉冲,适用于直线、圆弧运动模式。Linear 运动中 Ta、Td、Ts 加减速时间指令受编程最大加加速度限制
Coord[x].TA	直线或圆弧运动模式在坐标系 x 中加速时间,对应编程 Taxx 指令
Coord[x].TS	直线或圆弧运动模式在坐标系 x 中 S 曲线加速时间,对应编程 Tsxx 指令
Coord[x].TD	直线或圆弧运动模式在坐标系 x 中减速时间,对应编程 Tdxx 指令
Coord[x].TM	直线或圆弧运动模式在坐标系 x 中运动时间,对应编程 Tmxx 指令

2. Circle 圆弧运动模式

执行 Circle 指令后 PowerPMAC 进入圆弧运动模式,Circle 相关指令可实现圆或者圆弧的轨迹运动。相当于 RS-274 标准代码中的 G02、G03 指令。PowerPMAC 每个坐标系可以定义 2 个笛卡尔直角坐标系,X/Y/Z 和 XX/YY/ZZ,圆弧运动模式可以在这 2 个笛卡尔坐标系运行。

PowerPMAC 圆弧运动相关指令如下。

(1)定义圆弧运动工作的平面,指令为

```
Normal K+ - 1      定义 XY 平面
Normal I+ - 1      定义 XZ 平面
Normal J+ - 1      定义 YZ 平面
```

其中,+-代表插补平面矢量轴方向,遵循笛卡尔坐标系右手法则。同理,对第 2 笛卡尔坐标系,可定义为

```
Normal KK+-1       定义 XX/YY 平面
Normal II+-1       定义 XX/ZZ 平面
Normal JJ+-1       定义 YY/ZZ 平面
```

指令相当于机床代码的 G17、G18、G19,如图 7.20 所示。

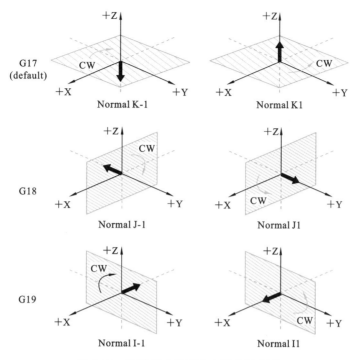

图 7.20 圆弧模式平面定义指令示意图

(2) ABS/INC 圆弧终点坐标是绝对/相对坐标。

(3) Circle1/Circle2 是 X/Y/Z 坐标系下圆弧插补指令。其中,Circle1 是顺时针圆弧运动模式;Circle2 是逆时针圆弧运动模式。Circle3/Circle4 是 XX/YY/ZZ 坐标系下圆弧插补指令,Circle3 是顺时针圆弧运动;Circle4 是逆时针圆弧运动。

(4) Xxx Yxx Zxx Ixx Jxx Kxx 是 X/Y/Z 坐标系圆弧坐标指令。其中,Xxx Yxx Zxx 是圆弧运动终点坐标值;Ixx Jxx Kxx 是圆弧起点到圆心的矢量坐标,始终是增量坐标,示例如图 7.21 所示。

对于 XY 平面,格式为 Xxx Yxx Ixx Jxx。

对于 XZ 平面,格式为 Xxx Zxx Ixx Kxx。

对于 YZ 平面,格式为 Yxx Zxx Jxx Kxx。

第 2 笛卡尔坐标系,指令变为 XX、YY、ZZ、II、JJ、KK 指令。

(5) R 圆弧半径编程指令是 Xxx Yxx Zxx Rxx 或 XXxx YYxx ZZxx Rxx。Xxx Yxx Zxx 是圆弧运动终点坐标,Rxx 是圆弧半径。

当 R 是正值,圆弧轨迹大于 180°。

当 R 是负值,圆弧轨迹小于 180°。

注意:圆弧插补使用 R 编程方式,只能插补圆弧轨迹,不能插补一个完整的圆,举例如图 7.22 所示。

(6) 圆弧插补速度加速度 Fxx,TMxx,Taxx,Tsxx。

F 是圆弧插补运动的合成速度,TM 是圆弧插补运动的时间,Ta、Ts 是圆弧运行加、减速时间,时间单位为 ms,圆弧插补相关参数说明如表 7.3 所示。

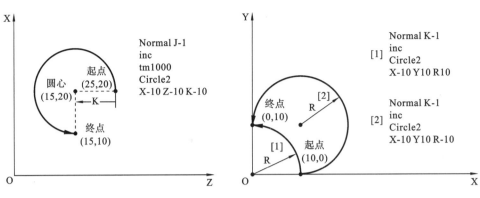

图 7.21　圆弧指令格式坐标示意图　　　图 7.22　圆弧模式半径编程指令示例图

表 7.3　圆弧插补相关参数说明

参数	说明
Coord[x]. SegMoveTime	圆弧运动模式时，Coord[x]. SegMoveTime 的参数值必须大于 0，通常建议设定值 5～10

PowerPMAC 圆弧运动程序举例如图 7.23 至图 7.26 所示。

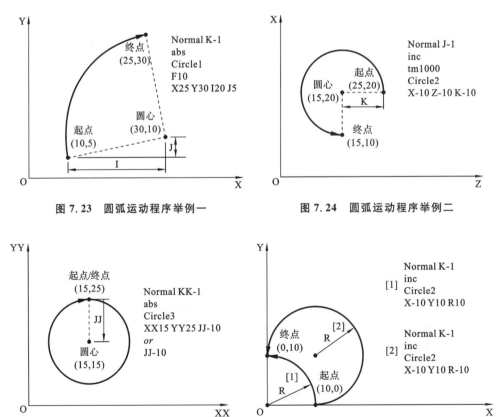

图 7.23　圆弧运动程序举例一　　　图 7.24　圆弧运动程序举例二

图 7.25　圆弧运动程序举例三　　　图 7.26　圆弧运动程序举例四

直线运动接圆弧运动程序举例如下。

```
&1
#1 ->    1000X
#2 ->    1000Y
Coord[1].SegMoveTime=1
Open prog circle_radius
Linear
ABS
TA 100
TS 30
F10
X10 Y10
Dwell(1000)
Gather.Enable=2
Dwell(0)
Normal K-1
INC (I, J)
Circle2                  //Counter Clockwise
TA 1000
TS (0)
TM (2000)
X(0) Y(0) R(10)          //or R (-10) Radius setting
Dwell(0)
Gather.Enable=0
Close
```

程序下载,&1 enable

&1b circle_radius R   //执行例程

运动曲线如图 7.27 所示。

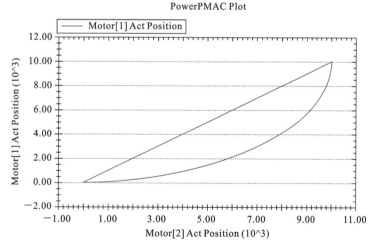

图 7.27　圆弧例程采集位置曲线

3. Rapid 点到点运动模式

执行 Rapid 指令,PowerPMAC 进入点到点定位运动模式。当使用 Rapid 进行多轴运动时,PowerPMAC 会分别根据每个电动机的运动距离和最高速度规划各个电动机的运动,相当于每个电动机独立进行 Jog 运动,只考虑电动机起点和终点位置。Rapid 运动模式相当于 RS-274 机床代码中的 G00 模式。

PowerPMAC Rapid 指令格式:

```
Rapid                              //选择 rapid 运动模式
ABS or INC                         //绝对还是相对坐标
{axis}{data} [{axis}{data}…]       //轴 rapid 点位运动位置指令
```

Rapid 点位运动例程如下。

```
&1
#1->1000X
OPEN PROG rapid_mode
    RAPID
    INC
    X10
    DWELL 100
    X(-10)
CLOSE
```

参数设定:

```
Motor[x].RapidSpeedSel=0 (default)
Motor[x].JogSpeed=10 (mu/ms)
Motor[x].JogTa=300 (ms)
Motor[x].JogTs= 100 (ms)
```

程序在 IDE 软件编写和下载完成。

在终端指令#1 轴闭环"#1j/"。

执行程序"&1 B rapid_mode R"。

程序执行,速度曲线如图 7.28 所示。

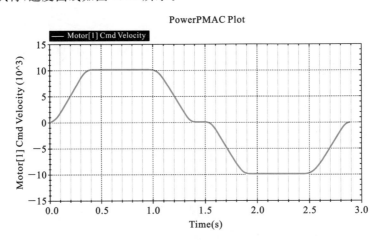

图 7.28 Rapid 模式速度曲线示例

PowerPMAC Rapid 模式相关参数说明如表 7.4 所示。

表 7.4 Rapid 模式相关参数说明

参数	说明
Motor[x].RapidSpeedSel 默认＝0	Rapid 速度选择： 　　Motor[x].RapidSpeedSel=1 时,Rapid 速度使用 Motor[x].MaxSpeed 电动机最大编程速度设定值运动： 　　Motor[x].RapidSpeedSel=0 使用 Motor[x].JogSpeed 电动机 Jog 速度运行
Motor[x].MaxSpeed	电机♯X 最大编程速度限制,单位为 cts/ms,有 　　Motor[x].RapidSpeedSel=1 时,Rapid 速度使用编程最大速度限制值运动
Motor[x].JogSpeed	电机♯X Jog 手动速度,单位为 cts/ms,有 　　Motor[x].RapidSpeedSel=0 时,Rapid 速度使用电动机 Jog 速度
Coord[x].RapidVelCtrl	当坐标系下多轴执行 Rapid 运动,如 　　Rapid 　　X10Y20Z-10U5… 时,参数设定 X/Y/Z/U…各轴 Rapid 运动速度的选择方式。 　　Coord[x].RapidVelCtrl= 0 时,各轴相当于各自走 Jog 运动,会同时启动;由于各轴指令距离和速度不同,各轴会分别停止。 　　Coord[x].RapidVelCtrl=1 　PowerPMAC 会计算出所有轴运动所需的时间,并使用运动时间最长的轴作为标准,其他轴都按照这个时间重新规划各自的速度,达到同起同停的效果,如 rapid inc X30 Y10　　//Rapid方式,X 运动 30,Y 运动 10 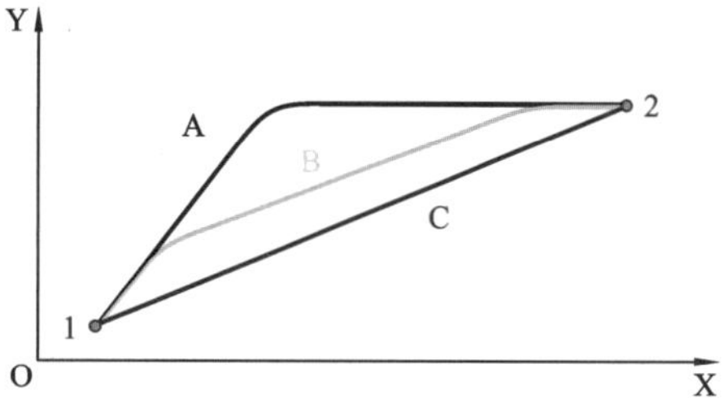 　上图中 A 是 Coord[x].RapidVelCtrl＝0 时,X、Y 的轨迹。 　上图中 B 是 Coord[x].RapidVelCtrl＝1,以 Rapid 运行时间长的轴为运动时间规划 X、Y 轨迹。 　上图中 C 是 Coord[x].RapidVelCtrl＝1,并且 X、Y 轴加速时间相同情况下 X、Y 的轨迹
Motor[x].JogTa Motor[x].JogTs	Rapid 运动的加减速度(加减速时间)由 Motor[x].JogTa 与 Motor[x].JogTs 控制,完全遵循 Jog 运动,具体请参考 Jog 运动相关章节介绍
Coord[x].NoBlend＝1	Rapid 运动模式时,需设速度混合模式无效

Rapid 模式下可实现运动中触发功能,详见第 11 章相关内容。

4. Spline 样条运动模式

执行 Spline 指令后,PowerPMAC 进入样条插补模式。Spline 的英文原意是样条。PowerPMAC 的 Spline 样条插补模式可生成平滑且复杂的轮廓曲线,通常用在有许多编程点且点间隔很近的情况,样条模式生成三次 B 样条(cubic B-spline)的轨迹路径,保证轨迹的位置、速度和加速度曲线的连续性。

PowerPMAC 样条插补示例和轨迹形式如图 7.29 所示。

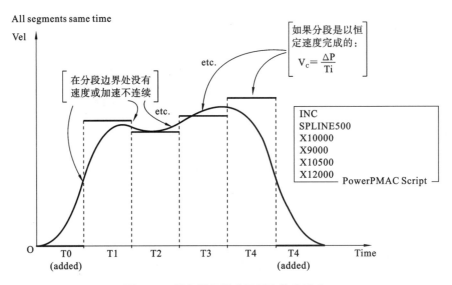

图 7.29 样条插补模式示例和轨迹形式

PowerPMAC Spline 指令:

```
spline{data}[spline{data}[spline{data}]]
```

其中:{data}的值指定各个样条位置坐标的运动时间。

说明:Spline 后续运动命令都将使用样条插补模式执行,直到其他运动模式指令出现如 Rapid,Linear 等。例如

```
spline 500          //样条模式
X10000              //样条模式
X9000               //样条模式
Linear              //变成直线插补模式
X10500
Rapid
X12000
......
```

如果在样条插补模式下更改移动时间,则使用 spline{data},例如

```
spline 500              //样条移动时间 500 ms
X10000
```

```
X9000
Spline 800                      //样条移动时间变为 800 ms
X10500
X12000
……
```

注意：PowerPMAC 中的 TA 和 TM 命令不影响样条插补运动，与 PMAC 早期产品不同。

5. PVT 运动模式

执行 PVT 指令后，PowerPMAC 进入 PVT 运动模式，简单而言就是位置(P)-速度(V)-时间(T)的插补运动模式。PVT 可以直接控制轨迹位置和轨迹位置之间的速度，PVT 运动模式与 Linear 和 Circle 模式中使用速度混合不同，需要上位机进行更多计算，对于每一行运动，都需指定结束位置或距离、结束时速度和分段时间。

图 7.30 所示的是 PVT 模式的例子和速度轨迹曲线。

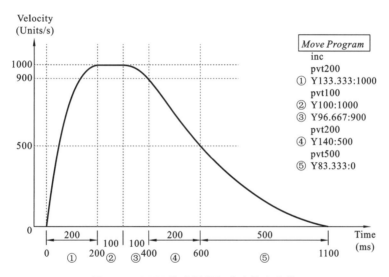

图 7.30　PVT 模式例程和速度轨迹曲线

PVT 运动模式指令格式：

    pvt{data}

其中，{data}值是 PVT 模式下，每行运动距离所需时间，单位为毫秒。

    Xmm :nn

其中：Xmm 是 X 终点坐标；nn 是终点速度。

PVT 运动需要计算运动时间、移动距离和终点速度。以图 7.31 为例，如果要使用 PVT 执行图示的加速运动，需要计算：假设速度 V 和加速时间 t 已知，求加速段位移量，此处位移量为三角形面积，即

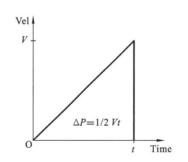

图 7.31　PVT 模式计算运动时间图示

$$\Delta P = \frac{1}{2} V t$$

假设 $t=200$ ms,$V=100$ mm/s,则 $\Delta P = \frac{1}{2} \times 100 \times 0.2 = 10$ mm。程序编写为

```
inc
pvt 200
x 10:100
```

说明:如果更改运动时间,同时保持 PVT 运动模式,需指令另一个具有不同时间的 pvt{data} 命令。例如

```
inc
pvt 200                          //运动时间 200
x 10:100
pvt 400                          //运动时间 400
x 10:200
```

TA 和 TM 命令在 PowerPMAC 中不会影响 PVT 运动,与 PMAC 早期产品不同。

6. PVAT 运动模式

PowerPMAC 可以通过指定结束位置的位置、速度、加速度和时间来进行轨迹规划,此时 PowerPMAC 是使用 5 阶曲线进行规划,前面介绍的样条插补和 PVT 模式是采用 3 阶曲线进行规划的。相较于 3 阶曲线,5 阶曲线可以控制每一段运动的加加速度(jerk)和加加加速度(snap)连续性,对于某些高加减速运动,可以优化轨迹,得到更快的启停和更高的位置精度。

PVAT 编程指令格式:

```
pvt{data1}
{axis}{data2}:{data3}:{data4}
```

其中:{axis}为轴名称;{data1}为运动时间,单位为 ms;{data2}为结束位置,单位为轴用户单位;{data3}为结束速度,单位为轴用户单位/s;{data4}为结束加速度,单位为轴单位/s^2。PVT 与 PVAT 在程序中均使用 pvt 指令,区别在于 PVAT 需要提供终点加速值。

PVAT 运动模式相关参数说明如表 7.5 所示。

表 7.5　PVAT 运动模式相关参数说明

参数	说明
Coord[x].SegMoveTime	PVAT 运动模式时:Coord[x].SegMoveTime 值必须大于 0
Coord[x].PvatEnable	Coord[x].PvatEnable=1 表示 PVAT 模式有效 Coord[x].PvatEnable=0 表示 PVAT 模式无效

两个 PowerPMAC PVAT 运动模式举例如图 7.32、图 7.33 所示,编程示例如下。

```
open prog 1
inc
Gather.Enable=2
pvt 100
x 100:0:0
```

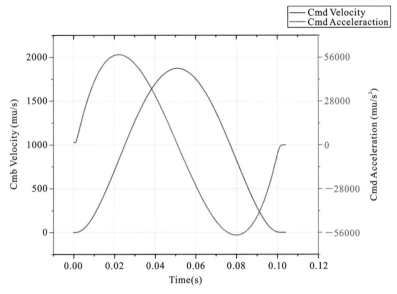

图 7.32 PVAT 运动模式指令速度举例一

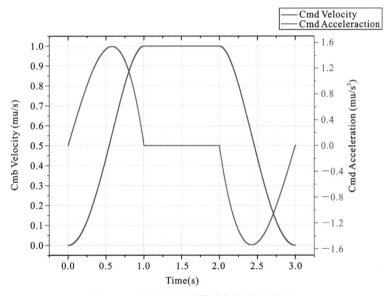

图 7.33 PVAT 运动模式指令速度举例二

```
dwell 0
Gather.Enable=0
Close
open prog 2
inc
Gather.Enable=2
pvt 1000
x 0.466666666666667:1:0
pvt 1000
x 1:1:0
pvt 1000
```

```
x 0.466666666666667:0:0
dwell 0
Gather.Enable=0
close
```

7.5 PowerPMAC 的运动速度混合 Blend 介绍

当一个程序执行两条直线运动时,在两条直线连接处,如果前一个指令速度降为 0 后再开始下一个指令运动,则连接点是尖角。如图 7.34 所示。

如果前一行指令速度不降为 0 就开始下一个指令运动,则连接点是圆角,PowerPMAC 将这种指令行和指令行之间速度连续过渡方式称为 Blend 速度混合。

PowerPMAC 运动速度混合条件和参数如下。

(1) 参数 Coord[x].NoBlend=0,混合功能有效,PowerPMAC 默认是开启混合功能。

(2) PowerPMAC 中的 Linear 运动与 Circle 运动模式,可以进行速度混合。

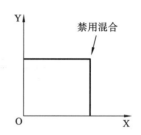

图 7.34 速度混合对于
尖角图示

(3) PVT 运动模式可以与 Linear 或 Circle 运动混合,但要求两种运动模式衔接时的速度一致,并且参数 Coord[x].SegMoveTime>0。

(4) Linear,Circle 和 PVT 模式无法与 Spline 和 Rapid 运动进行速度混合。某些应用不需要速度混合,速度混合功能无效方法:

① 参数 Coord[x].NoBlend=1,混合功能关闭。

② 指令行中间有 Dwell 暂停指令可以使混合无效。

③ while 循环,子程序调用等使速度混合无效。

举例速度混合有无时,速度曲线对比示意:

```
Linear
F20
X10 Y5
X5 Y20
```

两幅 X、Y 轨迹如图 7.35 所示,图 7.35(a) 为无速度混合的位置速度曲线,图 7.35(b) 为速度混合有效的位置速度曲线。

速度混合可以使轨迹平滑过渡,但会产生轨迹误差,如图 7.35(b) 所示,前一个指令 1 的 XY 还未运动到 X5Y20 位置,下一个指令 2 的运动就开始执行了。混合有效时的误差大小与速度和加速 TAT 时间(TA,TS 时间)有关,速度越大,加速度 TAT 时间越大时,混合误差就会越大。

PowerPMAC 中,参数 Coord[x].CornerError 是混合运动误差设定值。Coord[x].CornerError=0 时,混合运动误差设定无效。PVT 模式和 Linear 直线运动模式速度混合示例:

```
inc
pvt 1000
```

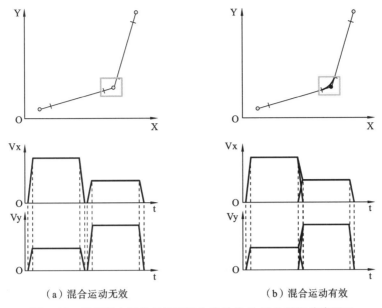

（a）混合运动无效　　　　　　（b）混合运动有效

图 7.35　速度混合无效与速度混合有效的 X、Y 位置和速度图示

```
x 20: 30          //PVT 结束时速度 30
linear
f 30              //Linear 运动 F 速度= 30,同前一行 PVT 速度相等
                  //所以两个指令直接速度混合有效
x30
```

7.6　PowerPMAC 运动程序其他相关指令

7.6.1　运动程序中变量应用

PowerPMAC 可以在运动程序中使用变量,变量包括全局变量、局部坐标系变量、I/O 输入/输出寄存器变量等。IDE 脚本语言自动匹配变量类型,如整型、浮点、布尔等,不需要定义变量类型和变量类型的相互转换。

（1）PowerPMAC 运动程序中位置、速度、加速度等指令支持变量编程如下。

```
X(P10)Y(P11)
F(AxisFeed)
        TA(P13)
……
```

（2）I/O 信号变量指令,如

```
If(M10==1)        //M10 是定的输入点
M20==1            //M20 是定义的输出点
……
```

（3）支持变量数组指令格式,如

```
P(P5)
P(P2+p3)
```

（4）同步变量输出指令：由于 PowerPMAC 可以前瞻——提前读取并处理运动程序，导致运动程序中的变量赋值指令，如 M10＝1、P10＝123 等被提前执行，即运动程序前面的运动指令还没有执行，后面的赋值指令已经执行完毕，这样会造成运动程序运行的逻辑错误。PowerPMAC 使用同步变量赋值指令"＝＝"解决这一问题，如 M10＝＝1，PowerPMAC 会中断前瞻功能，等这条同步变量赋值指令前面的运动程序执行完毕后，再执行这条同步变量赋值指令。举例如下。

```
ptr Output1-> GateIo[0].DataReg[3].0.1      //指向第一块 I/O 卡,Output 1
ptr Output2-> GateIo[0].DataReg[3].1.1      //指向第一块 I/O 卡,Output 2
global MyGlobal
open prog 3
linear abs TA300 TM1500 TS150               //定义运动参数
Output1==1      //当 X 30 运动开始时机器 Output 1 将变为高
X30             //X轴运动到 30 个用户单位
Output1==0      //当 Y 40 运动开始时机器 Output 1 将变为低
Output2==1      //当 Y 40 运动开始时机器 Output 2 将变为高
MyGlobal==10    //设置一个同步全局变量
Y40
Output2==0      //当程序完成时机器 Output 2 将变为低
dwell 0         //这个 dwell 0 是强制 Output2==0 发生的必要条件
                //(dwell 0 的作用类似于在这里的顺序运动,强制 Output2==0 发生)
close
```

除了局部变量（local）L-、R-、C-、D-和未定义指向目标的 M 变量不可用于同步赋值，其余大部分变量都可以用于同步赋值。参数 Coord[x].SyncOps 可设定每个坐标系下所使用的同步变量数量，默认设置为 8192。

7.6.2 运动程序延时指令

PowerPMAC 运动程序中延时指令：

```
Dwell xx:
```

其中，xx 是延时时间，单位是 ms；Dwell 指令会暂时停止运动程序的提前计算，Power-PMAC 在 Dwell 指令延时时间完成后，再继续向下计算后面的指令。Dwell 指令的延时时间不受 TimeBase(时基％比)速度修调指令影响。

```
Delay xx:
```

其中，xx 是延时时间，单位是 ms。PowerPMAC Delay 指令和 Dwell 指令正相反，Delay 指令不停止运动程序的提前计算，Delay 指令的延时时间会受 TimeBase(时基％比)速度修调指令影响。举例如下。

```
LINEAR TA200 TS0 TD200 TM400
INC X10
INC X10
```

指令不同速度修调％100、％50，修调 100％如图 7.36 所示，总运行时间为 1 s。修调 50％如图 7.37 所示，总运行时间为 2 s。

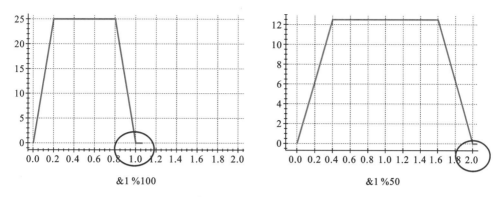

图 7.36　Delay 指令在速度修调 100％时的效果　　**图 7.37**　Delay 指令在速度修调 50％时的效果

在两行 INC X10 指令之间分别加入 Dwell400 和 Delay400 延时指令后的运动程序速度曲线,如图 7.38 所示。

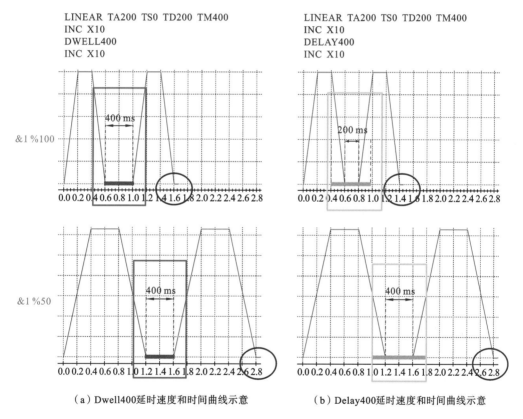

（a）Dwell400延时速度和时间曲线示意　　（b）Delay400延时速度和时间曲线示意

图 7.38　Dwell 和 Delay 指令的速度曲线示意

图 7.38(a)为 Dwell400 延时速度曲线,速度倍率改变不影响延时时间,延时时间是从前一个运动速度降到 0 后开始计算的。图 7.38(b)是 Delay400 延时速度曲线,速度倍率改变影响延时时间,延时时间从前一个运动减速开始计算。

7.6.3 运动程序条件相关指令

（1）循环条件指令：

```
while(condition){contents}
```

执行{contents}直到 condition 条件变为假，如{contents}空表示等待而不执行其他操作，如果{contents}只有一行语句，可以省略其括号{ }。举例如下。

```
while(Input1==0) {}        // 暂停，直到机器 Input1 变为高
while(Input2==1)
{
Counter++;                 // 当 Input2 为 1 时计数器递增
}
```

（2）条件判别指令：

```
if(condition){contents1} else {contents2}
```

如果 condition 为真，则执行 {contents1}；否则 else，执行{contents2}。如果 {contents1} 或 {contents2} 只有一行语句，可以省略其括号{ }。举例如下。

```
if(Input1==0)        // 如果机器 Input 1 为低
{
Output1=0;           // 设置 Output 1 为低
} else
{
Output1=1;           // 设置 Output 1 为高
}
```

（3）条件分支指令：

```
switch(Variable){contents}
```

其中：Variable 是判别条件，如机床状态（MachineState），变量会产生多个分支整数值，如 MachineState=1、MachineState=2、MachineState=3 等。{contents}是根据 Variable 对应的不同数值，分别执行动作 1、2、3 等。语句为

```
Case 整数值
```

动作相关指令编程示例如下。

```
switch(MachineState)
{
case 0:                //动作 1
break;
case 1:                //动作 2
break;
default:               //动作 3
break;
}
```

其中:break 是防止代码执行传递到后续状态;如果程序逻辑需要执行到后续分支,可省略 break。如果 Variable 与任何指定的状态不匹配,则执行 default 代码分支。

说明:本章条件相关指令,既可用于运动程序编程,也可用于 PLC 程序编程。

7.6.4 PowerPMAC 常用运算符和数学函数

PowerPMAC 运算符和数学函数适用于运动程序和 PLC 程序,常用运算符和数学函数如表 7.6 所示。

表 7.6 PowerPMAC 常用运算符和数学函数

名称	符号
数学运算符	＋(加法),－(减法),＊(乘法),/(除法),%(取模,余数),&(逐位 AND),|(逐位 OR),＾(逐位 XOR),～(逐位反转),＜＜(左移),＞＞(右移)
逻辑运算符	&&(逻辑 AND),||(逻辑 OR)
赋值运算符	简单赋值:＝(表达式值写入变量); 具有算术运算的赋值:＋＝,－＝,＊＝,/＝,%＝; 具有逻辑运算的赋值:&＝,|＝,＾＝; 具有移位操作的赋值:＞＞＝,＜＜＝; 递增/递减赋值:＋＋,－－
比较运算	＝＝(等于),＞(大于),＜(小于),～(约等于),!＝(不等于),＜＝(小于或等于),＞＝(大于或等于),!(不)
数学函数	弧度三角函数:sin, cos, tan, sincos; 弧度反三角函数:asin, acos, atan, atan2; 角度三角函数:sind, cosd, tand, sincosd; 角度反三角函数:asind, acosd, atand, atan2d; 双曲线三角函数:sinh, cosh, tanh; 反双曲线三角函数:asinh, acosh, atanh; 对数/指数函数:log (or ln), log2, log10, exp, exp2, pow; 根函数:sqrt, cbrt, qrrt, qnrt; 四舍五入/截断函数:int, rint, floor, ceil; 随机数生成函数:rnd (32-bit), randx (64-bit), seed
其他函数	abs, sgn, rem, madd (乘法和加法), isnan 等

PowerPMAC 脚本语言提供完整的数学功能,包括常量、变量、运算符和函数。可参考《PowerPMAC User manual》的"*PowerPMAC Computation Features chapter*"章节和《PowerPMAC software Manual》的"*PowerPMAC Script Mathematical Feature Specification*"章节中详细说明。

7.6.5 PowerPMAC 子程序相关介绍

PowerPMAC 子程序是为运动程序中的某些固定功能,会被重复调用的程序划分的缓冲区。子程序在 PowerPMAC 中也是采用脚本语言编程,子程序无法直接执行,是通过主程序的相应脚本指令调用使用。子程序可以被"固定"运动程序、旋转运动程序、PLC 程序或其他子程序调用。PowerPMAC 最多可以有 1023 个子程序，每个子程序编号从 1 到 4294967295，编号不需要连续。

子程序在 IDE 软件中的位置如图 7.39 所示。

子程序通过鼠标右键子程序文件夹进行添加，添加子程序并命名之后，弹出子程序文件编辑框，如图 7.40 所示。

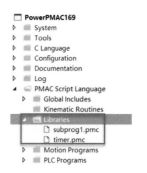

图 7.39　子程序在 IDE 软件中的位置　　**图 7.40　子程序文件编辑框**

子程序的开头与结尾格式如下。

```
open subprog 号 (或英文名)
                // -------------------User Code Goes Here----------------------
                //编写子程序指令
Return          //子程序返回主程序
close
```

主运动程序中通过 call{data}指令调用子程序，其中{data}代表子程序序号。主程序调用子程序举例如图 7.41 所示。

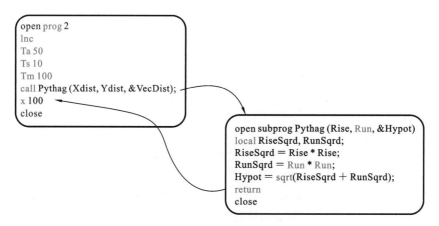

图 7.41　主程序调用子程序举例

在子程序中可以使用"N 行号："，和 return 返回编写多个子功能。主程序可以从子程序 N 行号开始执行。举例如下。

```
open subprog3
N1000:
```

```
                    // -------------------User Code Goes Here-------------------
        return
        N2000:
                    // -------------------User Code Goes Here-------------------
        return
        close
```

其中,N1000:与 N2000:即为行号,需要注意,行号必须以 N 开头,后面加":"。不要忘记":"冒号,"N 行号:"结尾和子程序末尾需有 return 返回指令,否则程序将一直执行到 close 并结束。

在主程序中调用子程序"N 行号:"指令为

```
call{data}.label
```

其中:Data 是子程序号,label 是子程序里面的行号。

主程序调用子程序某行子程序举例,如图 7.42 所示。

子程序可以通过 L 与 R 变量与主程序之间传递参数。主程序里面的 Rxx 变量与被调用的子程序中的 Lxx 变量是同一个变量。如主程序的 R0 变量就是子程序的 L0 变量,如图 7.43 所示。应用举例如图 7.44 所示。

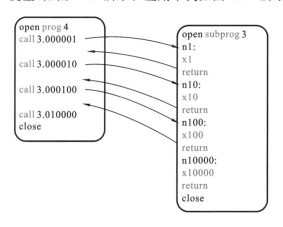

图 7.42 主程序从某行调用子程序举例

Top Level	Sub 1	Sub 2
L0 L255		
R0/L256 R255/L511	L0 L255	
	R0/L256 R255/L511	L0 L255
		R0/L256 R255/L511

图 7.43 主程序和子程序变量对应示意

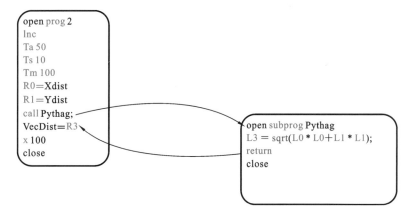

图 7.44 主程序和子程序变量应用举例

7.7 PowerPMAC 执行 RS-274 标准的运动程序

PowerPMAC 运动程序可以自定义 G(符合 RS274 标准)、M、T、D、H 编程代码。G、M、T、D、H 代码是一种被广泛接受和使用的路径控制运动程序语言,特别是数控(CNC)机床行业。许多 CAM(计算机辅助制造)软件都支持生成 G、M、T、D、H 代码,也就是通常说的 ISO 代码。

PowerPMAC 不直接支持 G、M、T、D、H 代码运动程序,如果客户运动程序是 G、M、T、D、H 代码编写,必须使用将 G、M、T、D、H 代码翻译成 PowerPMAC 脚本运动程序指令语言的专用子程序,再通过主程序调用子程序的方法,实现 G、M、T、D、H 代码运动程序的执行。

翻译 G、M、T、D、H 代码的专用子程序如表 7.7 所示。

表 7.7　翻译 G、M、T、D、H 代码的专用子程序

G 代码	Subprog1000　G 代码子程序
M 代码	Subprog1001　M 代码子程序
T 代码	Subprog1002　T 代码子程序
D 代码	Subprog1003　D 代码子程序
H 代码	Subprog1005　H 代码子程序

以 G 代码子程序为例,如:当主程序中读到 Gxx 指令,PowerPMAC 会自动跳转到子程序 Subprog1000 中,然后索引 Nxx000:行号:,一定不要忘记 Nxx000 后面的冒号":"。如 G01 索引"N01000:"行号,G04 索引"N04000:"行号,行号后面内容就是 G 代码对应 PowerPMAC 脚本语言的指令,也称为对 Gxx 代码功能的解释内容,用 reture 返回指令表示解释指令完成。M 代码默认会调用子程 Subprog1001。

例如:M08 跳转到此子程序 Subprog1001 的 N8000:行

注意:":"一定要跟在 N8000 后面作为分割,":"号后面编写 M08 代码具体指令内容,用 reture 返回指令表示解释指令完成。以此类推:

T 代码默认会调用子程序 Subprog1002,如 T02 跳转到此子程序的 N2000:行。

D 代码默认会调用子程序 Subprog1003,如 D01 跳转到此子程序的 N1000:行。

H 代码默认会调用子程序 Subprog1005,如 H01 跳转到此子程序的 N1000:行。

翻译 G、M、T、D、H 代码的子程序编写完成后,构建和下载到 PowerPMAC 控制器,就可以运行包含 G、M、T、D、H 代码的运动程序了。

主运动程序调用 G、M 代码子程序,举例如图 7.45 所示。

将 prog2 中的 G、M 代码运动程序下载到 PowerPMAC 内存中,通过指令:&1B2R,prog2 中 G、M 代码运动程序就可以运行工作。

PowerPMAC 的 Read 指令介绍。

PowerPMAC Read 指令格式:read(英文 26 字母 A,B,C…X,Y,Z),26 个英文字母顺序对应卡上分配的 26 个 D 变量,序号是 D1~D26,对应如表 7.8 所示。

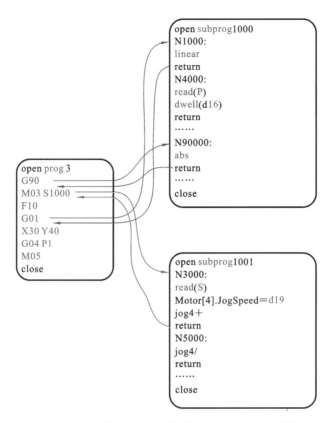

图 7.45 主运动程序 G、M 指令调用 G、M 子程序举例

表 7.8 翻译 G、M、T、D、H 代码的子程序中 Read 指令对应 D 变量表

Let	Var	D0 Bit	Bit Value Dec	Bit Value Hex	Let	Var	D0 Bit	Bit Value Dec	Bit Value Hex
A	D1	0	1	$1	AA	D27	26	67,108,864	$4000000
B	D2	1	2	$2	BB	D28	27	134,217,728	$8000000
C	D3	2	4	$4	CC	D29	28	268,435,456	$10000000
D	D4	3	8	$8	DD	D30	29	536,870,912	$20000000
E	D5	4	16	$10	EE	D31	30	1,073,741,824	$40000000
F	D6	5	32	$20	FF	D32	31	2,147,483,648	$80000000
G	D7	6	64	$40	GG	D33	32	4,294,967,296	$100000000
H	D8	7	128	$80	HH	D34	33	8,589,934,592	$200000000
I	D9	8	256	$100	II	D35	34	17,179,869,184	$400000000
J	D10	9	512	$200	JJ	D36	35	34,259,738,368	$800000000
K	D11	10	1,024	$400	KK	D37	36	68,719,476,736	$1000000000
L	D12	11	2,048	$800	LL	D38	37	137,438,953,472	$2000000000
M	D13	12	4,096	$1000	MM	D39	38	274,877,906,944	$4000000000
N	D14	13	8,192	$2000	NN	D40	39	549,755,813,888	$8000000000
O	D15	14	16,384	$4000	OO	D41	40	1,099,511,627,776	$10000000000
P	D16	15	32,768	$8000	PP	D42	41	2,199,023,255,552	$20000000000
Q	D17	16	65,536	$10000	QQ	D43	42	4,398,046,511,104	$40000000000
R	D18	17	131,072	$20000	RR	D44	43	8,796,093,022,208	$80000000000
S	D19	18	262,144	$40000	SS	D45	44	17,592,186,044,416	$100000000000
T	D20	19	524,288	$80000	TT	D46	45	35,184,372,088,832	$200000000000
U	D21	20	1,048,576	$100000	UU	D47	46	70,368,744,177,664	$400000000000
V	D22	21	2,097,152	$200000	VV	D48	47	140,737,488,355,328	$800000000000
W	D23	22	4,194,304	$400000	WW	D49	48	281,474,976,710,656	$1000000000000
X	D24	23	8,388,608	$800000	XX	D50	49	562,949,953,421,312	$2000000000000
Y	D25	24	16,777,216	$1000000	YY	D51	50	1,125,899,906,842,624	$4000000000000
Z	D26	25	33,554,332	$2000000	ZZ	D52	51	2,251,799,813,685,248	$8000000000000

Read 指令举例。

主轴转速 S 代码编程,S 代码是用于控制主轴转速的指令,如数控编程:M03 S1200,控制主轴以 1200rpm 速度顺时针转动,其中 M03 是主轴顺时针启动指令,S1200 是主轴转速要求是 1200rpm。

在 M 代码子程序 subprog1001 中编写 M03 和 S 代码的解释内容。假设♯4 是主轴电动机,♯4J+是电动机顺时针转动,程序举例:

```
Open subprog1001
N03000:                  //当主程序执行到 M03 S1200 指令时,跳到子程序 subprog1001
                         //中 N03000 行号
Read(S)                  //读取 Sxx 代码后面的数值,数值赋给变量 D19,如 S1200 指令,
                         //则 D19 变量=1200
Motor[4].JogSpeed=D19    //设♯4JOG 速度=D19 变量值,即 1200
Jog4+                    //指令♯4 电动机正转,主轴就以 1200rpm 速度顺时针启动转动
return                   //M03 代码解释完成
```

上面例程主轴 S1200 转速指令,就是运用 Read(S)指令设定主轴电动机速度,从而实现 S 代码编程使用。

脚本 PLC 程序

8.1　PLC 程序概述

可编程逻辑控制器（programmable logic controller，简称 PLC），是一种数字运算操作的电子系统，专为工业环境应用而设计。它采用一类可编程的存储器，用于其内部存储程序，执行逻辑运算、顺序控制、定时、计数与算术操作等面向用户的指令，并通过数字或模拟式输入/输出控制各种类型的机械或生产过程。可编程逻辑控制器及其有关外部设备，都按易于与工业控制系统联成一个整体，易于扩充其功能的原则设计。

PowerPMAC 内置软 PLC，用来运行逻辑、顺序、计时、计数与演算等功能，并透过数字或模拟输入/输出模块，控制各种的机械或工作程序。用户可以使用 PowerPMAC 脚本语言或 C 语言编写 PLC 程序，这两种类型的程序都可以作为中断驱动的前台任务执行，也可以作为后台任务执行。PowerPMAC 会在处理器时间允许的情况下不断地循环扫描它们的操作。这些程序对于任何与运动序列异步的任务都非常有用。

PowerPMAC 的 PLC 程序不仅可以完成逻辑响应和输入/输出控制，还能够管理许多其他任务。由于 PLC 程序采用循环扫描的方式执行，不受运动程序的顺序影响，所以它们可以用于许多与编程的运动异步的任务。脚本 PLC 程序提供了一种计算能力，它比运动程序执行得更像传统的高级编程语言。（出于这个原因，许多用户会发现在 C 语言编程语言中实现这类功能更好。）PowerPMAC 最多可以有 32 个脚本 PLC 程序，编号为 0～31。最多 4 个可以在前台执行；其余的将以"循环"的方式作为后台任务执行。在给定的优先级级别上，低编号的 PLC 程序在高编号的 PLC 程序之前执行。

PLC 程序存储在 PowerPMAC IDE 解决方案资源管理器中的 PMAC Script Language 目录下，PLC 程序管理器如图 8.1 所示。

图 8.1　PLC 程序管理器

8.2　PLC 语法结构

PLC 例程如图 8.2 所示。

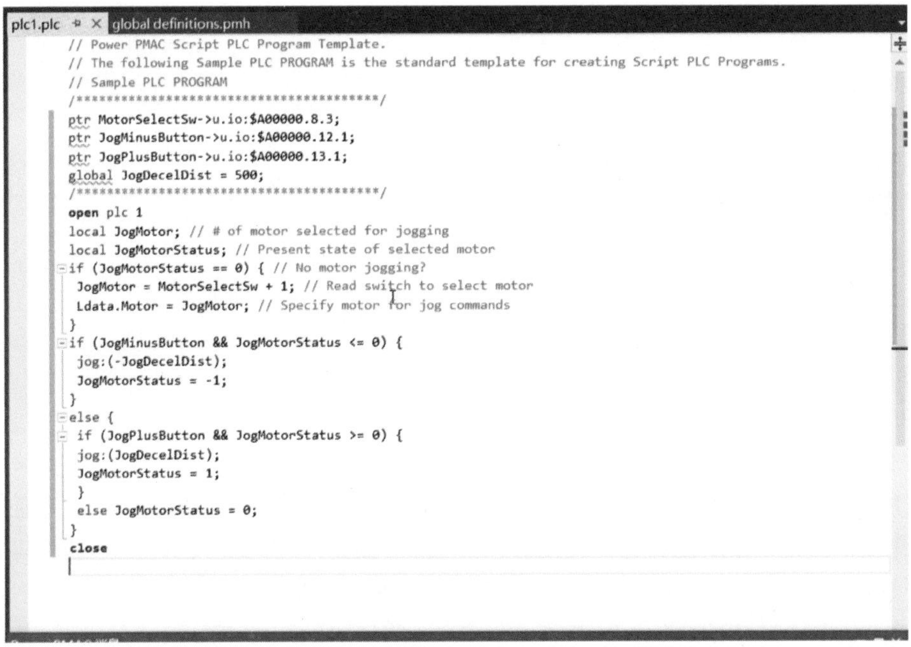

```
plc1.plc    ×  global definitions.pmh
    // Power PMAC Script PLC Program Template.
    // The following Sample PLC PROGRAM is the standard template for creating Script PLC Programs.
    // Sample PLC PROGRAM
    /**************************************/
    ptr MotorSelectSw->u.io:$A00000.8.3;
    ptr JogMinusButton->u.io:$A00000.12.1;
    ptr JogPlusButton->u.io:$A00000.13.1;
    global JogDecelDist = 500;
    /**************************************/
    open plc 1
    local JogMotor; // # of motor selected for jogging
    local JogMotorStatus; // Present state of selected motor
    if (JogMotorStatus == 0) { // No motor jogging?
      JogMotor = MotorSelectSw + 1; // Read switch to select motor
      Ldata.Motor = JogMotor; // Specify motor for jog commands
    }
    if (JogMinusButton && JogMotorStatus <= 0) {
      jog:(-JogDecelDist);
      JogMotorStatus = -1;
    }
    else {
      if (JogPlusButton && JogMotorStatus >= 0) {
        jog:(JogDecelDist);
        JogMotorStatus = 1;
      }
      else JogMotorStatus = 0;
    }
    close
```

图 8.2　PLC 例程

脚本 PLC 的语法,例程说明如下。

Open PLC 1	//打开 PLC 缓冲区,PLC 程序编号是 1
......	//中间是 PLC 程序的内容或结构体
Close	//关闭 PLC 缓冲区。
Open PLC Startup	//也可以使用名称,如 Startup。打开 PLC 缓冲区,IDE 会 //自动分配一个与此命名程序对应的内部编号,从 1 开始
......	//中间是 PLC 程序的内容或结构体
Close	//关闭 PLC 缓冲区

常用的 PLC 程序操作在线指令如下。

- enable plc i　　// 启动 PLC i
- disable plc i　　// 终止 PLC i
- list plc i　　// 显示 PLC i 的内容

还可以在同一行上启用或禁用多个 PLC 程序,如

```
enable plc 1..5, 7, 31      // 启动 PLC 1-5, 和 7 和 31
disable plc 4, 8, 10..15     // 终止 PLC 4, 8, 和 10-15
```

删除现有 PLC 程序的方法如下:在 IDE 命令行输入下面两条命令

```
Open PLC 10              //假如要删除编号是 10 的 PLC 程序
Close                    //编号是 10 的 PLC 程序已经被删除
```

自动执行 PLC 程序的方法如下。

在开机、重启和项目下载后，所有 PLC 程序都默认禁用。如果需要部分或全部 PLC 程序自动运行，可以将启用命令放到 pp_startup.txt 项目文件的自动执行命令列表中。如图 8.3 所示。PLC 程序 1、2、3、4、5、7、31 将自动运行。

图 8.3　自动执行 PLC 程序

在项目中新建一个脚本 PLC 程序的步骤。

步骤 1　在资源管理器中找到 PLC Programs，点击鼠标右键弹出右键菜单如图 8.4 所示。

图 8.4　右键菜单

步骤 2　添加一个脚本 PLC 程序,如图 8.5 所示。

图 8.5　添加一个脚本

步骤 3　在编辑窗口编辑 PLC 程序的内容,如图 8.6 所示。

```
open plc 2
local JogMotor; // # of motor selected for jogging
local JogMotorStatus; // Present state of selected motor
if (JogMotorStatus == 0)
{ // No motor jogging?
  JogMotor = MotorSelectSw + 1; // Read switch to select motor
  Ldata.Motor = JogMotor; // Specify motor for jog commands
}
if (JogMinusButton && JogMotorStatus <= 0)
{
  jog:(-JogDecelDist);
  JogMotorStatus = -1;
}
else
{
  if (JogPlusButton && JogMotorStatus >= 0)
  {
    jog:(JogDecelDist);
    JogMotorStatus = 1;
  }
  else JogMotorStatus = 0;
}
close
```

图 8.6　编辑 PLC 程序

步骤 4　下载 PLC 程序到 PowerPMAC,如图 8.7 所示。

步骤 5　查看 PLC 并运行,如图 8.8 所示。

用鼠标点击任务管理器,打开任务管理器窗口。选中要运行的 PLC2,点击下方开始按钮运行 PLC 程序。

终端窗口运行 PLC 程序的方法,如图 8.9 所示。

图 8.7　下载 PLC 程序

图 8.8　查看 PLC 并运行

图 8.9　终端窗口运行 PLC 程序

8.3　PLC 程序编写

8.3.1　PLC 程序中的变量

PowerPMAC PLC 支持多种变量类型,使编程更加方便。所有变量在使用前,必须提前做好声明。

(1) P、Q、M、L 等变量可以直接在 PLC 程序中使用,与脚本程序中一样。

```
global My_Pvar=0;                    //声明变量 My_Pvar 为 global 类型,并赋初始值 0
```

```
csglobal My_Qvar;                        //声明变量 My_Qvar 为 csglobal 类型
ptr My_Mvar- >u.io:$E04620.16.16;        //声明变量 My_Mvar 为 ptr 指针类型,并指向
                                         //地址$E04620.16.16
local My_Lvar=5;        //声明变量 My_Lvar 为 local 类型,并赋初始值 5
My_Mvar=$F              //将十六进制数$F 赋给变量 My_Mvar,十六进制数前加"$"
My_Mvar=15              //将十进制数 15 赋给变量 My_Mvar,和上一条指令等效
```

PowerPMAC 只支持十进制数和十六进制数,更多相关内容参阅本书第 3 章,以及《PowerPMAC User Manual》和《PowerPMAC Software Manual》的相关介绍。

（2）PLC 的 I/O 信号需要先声明为 ptr 指针变量,如 CK3M 的数字量 I/O 信号声明为

```
Ptr 变量名 -> Gatelo[i].GpioData[0].x.y   //i 对应 I/O 模块上拨码开关的值;x 对
                                          //应具体的 I/O 信号点,0-15 是输入,16-
                                          //31 是输出;y 为变量名对应的 I/O 信
                                          //号位数
```

数字量 I/O 信号对照表如表 8.1 所示。

表 8.1　数字量 I/O 信号对照表

 地址开关

地址开关设定	Gate3[i].GpioData[0].x i 的值	输入	寄存器	输出	寄存器
0	0	IN0	Gate3[i].GpioData[0].0	OUT0	Gatelo[i].GpioData[0].16
1	1	IN1	Gate3[i].GpioData[0].1	OUT1	Gatelo[i].GpioData[0].17
2	2	IN2	Gate3[i].GpioData[0].2	OUT2	Gatelo[i].GpioData[0].18
3	3	IN3	Gate3[i].GpioData[0].3	OUT3	Gatelo[i].GpioData[0].19
4	4	IN4	Gate3[i].GpioData[0].4	OUT4	Gatelo[i].GpioData[0].20
5	5	IN5	Gate3[i].GpioData[0].5	OUT5	Gatelo[i].GpioData[0].21
6	6	IN6	Gate3[i].GpioData[0].6	OUT6	Gatelo[i].GpioData[0].22
7	7	IN7	Gate3[i].GpioData[0].7	OUT7	Gatelo[i].GpioData[0].23
8	8	IN8	Gate3[i].GpioData[0].8	OUT8	Gatelo[i].GpioData[0].24
9	9	IN9	Gate3[i].GpioData[0].9	OUT9	Gatelo[i].GpioData[0].25
A	10	IN10	Gate3[i].GpioData[0].10	OUT10	Gatelo[i].GpioData[0].26
B	11	IN11	Gate3[i].GpioData[0].11	OUT11	Gatelo[i].GpioData[0].27
C	12	IN12	Gate3[i].GpioData[0].12	OUT12	Gatelo[i].GpioData[0].28
D	13	IN13	Gate3[i].GpioData[0].13	OUT13	Gatelo[i].GpioData[0].29
E	14	IN14	Gate3[i].GpioData[0].14	OUT14	Gatelo[i].GpioData[0].30
F	15	IN15	Gate3[i].GpioData[0].15	OUT15	Gatelo[i].GpioData[0].31

数字量 I/O 信号声明举例(地址开关在"0"位)。

```
Ptr Inputs1->Gate3[0].GpioData[0].1.1;          //变量 Inputs1 代表数字量输入 IN1
Ptr Inputs2->Gate3[0].GpioData[0].2.1;          //变量 Inputs2 代表数字量输入 IN2
Ptr Inputs_All->Gate3[0].GpioData[0].0.8;       //变量 Inputs_All 代表数字量输入
                                                //IN0-IN7
Ptr Outputs1->Gate3[0].GpioData[0].17.1;        //变量 Outputs1 代表数字量输出 OUT1
Ptr Outputs2->Gate3[0].GpioData[0].18.1;        //变量 Outputs2 代表数字量输出 OUT2
Ptr Outputs_All->Gate3[0].GpioData[0].16.8;     //变量 Outputs_All 代表数字量输出
                                                //OUT0-OUT7
......
```

数字量 I/O 信号使用举例。

```
If(Inputs1==1){}        //如果数字输入 IN1 为 1 时
If(Inputs_All==15){}    //如果数字输入 IN0～3 为 1 且 IN4～7 为 0 时
Outputs1=1;             //数字量输出 OUT1 输出高电平
Outputs_All=15;         //数字量输出 OUT0-3 输出高电平,数字量输出 OUT4-7 输出低电平
......
```

CK3M 的模拟量 I/O 信号。

```
Ptr 变量名 ->Gate3[i].Chan[j].ADCAmp[0]     //模拟量输入,i 对应 I/O 模块上拨码开
                                          //关的值;AIN0-3 时 j=0;AIN4-7 时 j=1;
                                          //寄存器 32 位
```

模拟量 I/O 信号对照表如表 8.2 所示。

模拟量 I/O 信号声明举例(地址开关在"1"位)。

```
Ptr AInputs0->Gate3[1].Chan[0].ADCAmp[0]    //变量 AInputs0 代表模拟量输入 AIN0;
                                            //模拟量最大值$FFFF(16 位二进制数);
                                            //存储在寄存器的高 16 位(16-31 位)
Ptr DA1->Gate3[0].Chan[0].Pwm[0]            //以 CK3M 的模拟量轴模块为例,如果地址开关设
                                            //为 0,使用第 1 模拟量通道寄存器,变量 DA1 代
                                            //表模拟量通道 1;模拟量最大值$FFFF(16 位二
                                            //进制数);存储在寄存器的高 16 位(16-31 位)
......
```

模拟量输出的情况比较复杂,详情请参阅《PowerPMAC Software Reference Manual》。

模拟量 I/O 信号使用举例:模拟量输入时,PowerPMAC 会将-10 V～10 V 的输入电压转换为 \$80D2～\$7F2E(-32558～32558)的数值,并将此数据保存在 32 位寄存器的高 16 位,读取寄存器的数值后,需要将其除以 32768(2^{16})后使用,如

```
If AInputs0=106,659,840     //模拟量输入 AIN0 输入电压为
                            //(106659840/32768)/32558*10V=1V
If AInputs0=-213,319,680    //模拟量输入 AIN0 输入电压为
                            //(- 213319680/32768)/32558*10V=-2V
```

模拟量输出时,PowerPMAC 会将-32767～32767 的数值转换为-10 V～10 V 的

输出电压,由于此数据保存在 32 位寄存器的高 16 位,需要将其乘以 32768(2^{16})后再存入寄存器。

```
DA1= (2.6/10) * 32767 * 32768        //当控制输出 2.6V 电压时
DA1= (-1/10) * 32767 * 32768         //当控制输出-1.0V 电压时
......
```

表 8.2 模拟量 I/O 信号对照表

模拟量输入	寄存器	位位置
AIN0	Gate3[i]. Chan[0]. ADCAmp[0]	[16:31]
AIN1	Gate3[i]. Chan[0]. ADCAmp[1]	[16:31]
AIN2	Gate3[i]. Chan[0]. ADCAmp[2]	[16:31]
AIN3	Gate3[i]. Chan[0]. ADCAmp[3]	[16:31]
AIN4	Gate3[i]. Chan[1]. ADCAmp[0]	[16:31]
AIN5	Gate3[i]. Chan[1]. ADCAmp[1]	[16:31]
AIN6	Gate3[i]. Chan[1]. ADCAmp[2]	[16:31]
AIN7	Gate3[i]. Chan[1]. ADCAmp[3]	[16:31]

8.3.2 PLC 运算指令

PowerPMAC 脚本语言提供的数学、逻辑、比较、赋值、三角函数等运算函数,可用于所有 PLC 程序和运动程序。具体参见本书第 7 章和《PowerPMAC Software Reference Manual》的相关内容。

(1) PLC 程序中常用逻辑运算指令有:||(逻辑或 OR)、&&(逻辑与 AND)、&(位和位 AND 与)、|(位和位 OR 或)、^(位和位 XOR 异或)、~(位和位取反)、<<(左移)、>>(右移)。

(2) 常用比较运算指令有:==(等于)、>(大于)、<(小于)、~(约等于)、!=(不等于)、<=(小于等于)、>=(大于等于)。

PLC 程序逻辑和比较运算例程如下。

```
Ptr Inputs1->Gate3[0].GpioData[0].1.1;    //数字量输入 IN1 声明为变量 Inputs1
Ptr Inputs2->Gate3[0].GpioData[0].2.1;    //数字量输入 IN2 声明为变量 Inputs2
global Index;                             //声明 Index 是计数变量
Open plc Example1
if (Inputs1==1 && Inputs2==0)             //条件判别逻辑 && 与运算
{
Index ++;                                 //index=index+1
}
else if (Inputs1==0 && Inputs2==1)        //else 逻辑与运算
{
Index--;                                  //index=index-1
}
```

```
if(Index> = $8000)                 //如果 index 计数值大于等于$8000(32768)时
{
Index=1;                           //设 Index 计数=1
}
Else if (Index<=$ -8000)           //如果 index 计数值小于等于$-8000(-32768)时
{
Index=1;                           //设 Index 计数=1
}
Close
```

（3）PLC 程序中常用数学运算和赋值指令有：＋、－、＊、/、％、＝、＋＝、－＝、＊ ＝、/＝、％＝、&＝、|＝、^＝、>>＝、<<＝、++、－－。

PLC 数学运算和赋值例程如下。

```
open plc Example2
//------ 变量分配 ----------
//变量计数递增和递减
P1 ++;                    //P1=P1+1
P2 --;                    //P2=P2-1
//基础计算
P3=1+5;                   //加法计算
P4=P3 -3;                 //减法计算
P5=P1*2;                  //乘法计算
P6=P2 / P1;               //除法计算
P7=P1 %  10000;           //取 P1/10000 的余数
//复合赋值运算符
P8 + =2;                  //P8=P8+2
P9-=3;                    //P9=P9-3
//------ 电动机状态赋值------
P10=Motor[1].AmpEna;                        //将驱动器使能状态赋值给 P10
P11=Motor[1].ActPos-Motor[1].HomePos;       //读电动机实际位置赋值给 P11
P12=Motor[1].ActVel / Sys.ServoPeriod;      //读电动机实际速度赋值给 P12
Close
```

8.3.3　PLC 程序条件相关指令

while：循环判别指令。

if/else：条件判别指令。

switch /case：条件分支指令。

PLC 程序条件相关指令和运动程序条件相关指令在语法上完全相同，参见本书 7.6.3 小节。PLC 程序中使用 while 循环例程如下。

```
global Test_Flg;                 //声明全局变量 Test_Flg
global Test_Cnt;                 //声明全局变量 Test_Cnt
global Test_Array (10);          //声明全局变量数组 Test_Array(10)
```

```
open plc plc_loop
local index= 0;                        //声明 L 变量 index,并赋值=0
// ----循环条件指令 -----
while (Test_Flg==1 && index< 10)  //Test_Flg=1 并且 index 变量小于 10 时
{
Test_Array(index)++;       //Test_Array(index)数组变量=Test_Array(index)数
                           //组变量+1,index 从 0 开始,每循环一次,index 递增 1,
                           //循环十次,实现 Test_Array(0)—Test_Array(10)加 1
index++;                   //index=index+1
}
                           //当 index>=10 后,跳出 while 循环
Close
```

8.3.4 PLC 调用

(1) PLC 子程序编写,结构如下。

```
Open subprog subprog_name(参数)    //subprog_name 是子程序名
//程序语句
Close
```

(2) PLC 子程序调用,如调用上面编写的例程结构如下。

```
Call subprog_name(参数)
```

如果是系统自带子程序,直接调用即可。

```
Call timer(2.5)                 //调用延时子程序 timer.pmc,延时 2.5 s
```

(3) 运动程序调用,结构如下。

```
Start n:m                       //启动坐标系 n 中看的运动程序 m
Abort m                         //停止运动程序 m
```

注意:在 PLC 中调用运动程序需要谨慎,因为包含同一个电动机的不同运动程序不能同时运行。

(4) IDE 命令调用,PLC 程序中可以使用 cmd""语句直接运行任意 IDE 命令如下。

```
cmd"#1J+"                       //一号电动机正转,与 IDE 命令#1J+相同
```

8.3.5 PLC 电平触发和沿触发

(1) PLC 的电平触发。电平触发是指当判别条件的逻辑状态变化时,控制目标的逻辑状态也随之变化,如灯开关(变量 Inputs1)控制灯开启(变量 Outputs1)一样,例程如下。

控制要求:灯开关信号作为输入点接到 PowerPMAC 的输入点 1 上,灯点亮电源接到 PowerPMAC 的输出点 1 上,编写 PLC 程序。

```
Ptr Inputs1->Gate3[0].GpioData[0].1.1;  //数字量输入 IN1 声明为变量 Inputs1,
```

```
                                            //代表灯开关
Ptr Outputs1->Gate3[0].GpioData[0].17.1;//数字量输出 OUT1 声明为变量 Out
                                            //puts1,代表灯电源
open plc Leveltriggered_Led
if(Inputs1==1){                             //数字量输入 IN1 为高电平,代表灯开关关闭
Outputs1=1;                                 //数字量输出 OUT1 为高电平,灯点亮
}
else {                                      //数字量输入 IN1 为低电平,代表灯开关打开
Outputs1=0;                                 //数字量输出 OUT1 为低电平,灯熄灭
}
close
```

（2）PLC 沿触发。在数字电路中,把电压的高低用逻辑电平来表示,逻辑电平包括高电平和低电平这两种。不同的元器件形成的数字电路,电压对应的逻辑电平也不同。在 TTL 门电路中,把大于 3.5 V 的电压规定为逻辑高电平,用数字 1 表示;把小于 0.3 V 的电压规定为逻辑低电平,用数字 0 表示。数字电平从 0 变为 1 的那一瞬间称为上升沿,从 1 到 0 的那一瞬间称为下降沿。PLC 根据上升沿和下降沿来控制目标的逻辑状态,这种方式称为沿触发。例程如下。

```
Ptr Inputs1->Gate3[0].GpioData[0].1.1;     //数字量输入 IN1 声明为变量 Inputs1,
                                            //代表控制信号
Ptr Outputs1->Gate3[0].GpioData[0].17.1;   //数字量输出 OUT1 声明为变量 Out
                                            //puts1,代表控制目标
global Latch1=0;                            //声明 Latch1 为 global 变量,并赋初始值 0,用于记
                                            //录输入状态
open plc Edgetrigger
if(Inputs1==1 && Latch1==0)                 //如果数字量输入 IN1 为高电平, Latch1 为 0 时
{
Outputs1=1;                                 //数字量输出 OUT1 输出高电平
Latch1=1;                                   // Latch1 置为 1
}
if(Inputs1==0 && Latch1==1)                 //如果数字量输入 IN1 为低电平, Latch1 为 1 时
{
Outputs1=0;                                 //数字量输出 OUT1 输出低电平
Latch1=0;                                   //Latch1 置为 0
}
close
```

上面的例程中,数字量输入 IN1（变量 Inputs1）的上升沿（数字电平从 0 变为 1 的那一瞬间）和下降沿（数字电平从 1 变为 0 的那一瞬间）时,数字量输出 OUT1（Outputs1）的逻辑值被刷新一次,而不是像电平触发那样,每个 PLC 扫描周期都被刷新一次。PLC 程序中的电动机控制指令必须采用沿触发,避免由于电动机控制指令被频繁重复执行造成设备的异常,甚至损坏。表 8.3 列出了 PLC 编程中常用的电动机控制指令,使用时将例程中的变量 Inputs1、Outputs1 替换成相应变量即可。

表 8.3 PLC 编程中常用电动机控制指令表

指令	说明举例
jog+[{list}]手动控制电动机正转 list 是电动机号表达	jog+1；手动控制电动机 1 正向运动 jog+1..5,8；控制电动机 1 到 5 和电动机 8 同时正向运动
jog-[{list}]手动控制电动机反转 list 是电动机号表达	jog-1,2,3；手动控制电动机 1,2,3 同时负向运动
jog/[{list}]手动控制电动机停止 list 是电动机号表达	jog/1,2,3；手动控制电动机 1,2,3 停止
jog[{list}]={data}手动控制电动机运动到 data 绝对坐标位置 list 是电动机号表达 data 是位置坐标数值	jog2=3000；手动控制电动机 2 运动到 3000 用户单位坐标位置 jog3=(Q1)；手动控制电动机 3 运动到 Q1 变量设定的用户单位坐标位置
home[{list}]；电动机回参考零点 homez[{list}]；电动机不用执行回参考点动作,只将当前位置坐标清零 list 是电动机号表达	home1；//电动机 1 执行回参考零点 homez1,2,3；//电动机 1,2,3 当前位置坐标清零 home1..3,5..7；//指令电动机 1 到 3,5 到 7 同 //时执行回参考点运动

kill；[{list}]；指令电动机开环,断开伺服使能信号
list 是电动机号表达
	kill1；//指令电动机 1 开环,并断开伺服使能信号
	kill1,2,3；//指令电动机 1,2,3 开环并断开伺服使
	//能信号
	kill1..3,5..7；//电动机 1-3,5-7 开环并断开伺服
	//使能信号

8.3.6 PLC 延时功能

PLC 编程过程中,常常会碰到延时控制的场景,例如设备的延时启停、轴运动一段时间自动停止等,需要在 PLC 程序中实现延时功能。

可以通过在 PLC 程序中直接调用延时子程序 timer.pmc 实现延时功能,调用格式为

```
call timer(duration)
```

其中 call timer 代表调用延时子程序 timer.pmc,duration 是延时时间,单位是秒,如

```
call timer(0.25);       //延时 0.25 s。
```

延时例程如下。

```
Ptr Outputs1->Gate3[0].GpioData[0].17.1;    //数字量输出 OUT1 声明为变量
                                            //Outputs1
open plc Timer_Test
Outputs1=1;                                 //数字量输出 OUT1 输出高电平
```

```
call Timer(1.5);                         //延时 1.5 s
Outputs1=0;                              //数字量输出 OUT1 输出低电平
Close
```

上面的例程实现数字量输出 1 开启后延时 1.5 s,再被关断。

延时子程序 timer.pmc 由系统创建,位于 IDE 工程的 PMAC Script Language->libraries 文件夹下。如图 8.10 所示的子程序 timer.pmc。

图 8.10　子程序 timer.pmc

8.4　PLC 程序示例

示例 1　电动机回零和点动运动到指定位置

动作描述:#1 电动机执行回零动作,判断电动机 1 回零完成后,再 JOG 指令电动机 1 运动到 2000cts 的坐标位置,PLC 程序如下。

```
open plc jog_home
home 1;                  //指令电动机 1 回零
call Timer(0.01);        //延时 0.01s,为等待电动机开始执行回零动作
while(Motor[1].InPos==0||Motor[1].HomeComplete==0);
{}                       //Motor[1].HomeComplete 是电动机 1 回零完成标志位,
                         //Motor[1].InPos 是电动机到位标志位循环等待电动机 1
                         //回零完成标志=1 和电动机到位标志=1 后,表示回零完成
jog1=2000;               //电动机 1jog 点动运动到 2000 cts 坐标位置
call Timer(0.01);        //延时 0.01s,等待电动机 1 开始执行 jog 到 2000cts
                         //坐标位置运动
while(Motor[1].InPos==0)
{}                       //等待电动机 1 到 2000 cts 坐标位置运动完成
disable plc jog_home;    //回零和 jog 运动完成,停止 jog_home PLC 程序运行
close
```

示例 2　通过 I/O 信号控制电动机 JOG 点动

功能描述：数字量输入 IN1 为控制信号，当数字量输入 IN1 为高电平时，控制一号电动机正向连续 JOG 运行；当数字量输入 IN1 变为低电平时，如果一号电动机处于在正向运动中，则停止电动机运动。PLC 程序如下。

```
Inputs1->GateIo[0].GpioData[0].0.1;
                           //数字量输入 IN1 声明为变量 Inputs1,代表控制信号
open plc jog_io
Local Latch1=Inputs1;      //声明 Latch1 为 Local 变量,并赋初始值 Inputs1,用
                           //于记录电动机的运行状态
while(1)
{
if(Inputs1==1)             //如果数字量输入 IN1 为高电平时
{
if(Latch1==0)             //如果 Latch1 为低电平,即一号电动机处于停止状态
{
jog+1;                    //命令一号电动机做正向 JOG 运动
Latch1=1;                 //将 Latch1 置为高电平,表示一号电动机处于运行状态
}
}
Else                      //如果数字量输入 IN1 为低电平时
{
if(Latch1==1)             //如果 Latch1 为高电平,即一号电动机处于运行状态
{
jog/1;                    //命令一号电动机停止 JOG 运动
Latch1=0;                 //将 Latch1 置为低电平,表示一号电动机处于停止状态
}
}
}
close
```

示例 3　PLC 程序和运动程序之间的参数传递

要求：当控制信号变成高电平时（上升沿），将 100 用户单位的移动距离赋值给全局变量 P102，将 10 用户单位/s 的移动速度赋值给全局变量 P101，赋值完成后，延时 0.5 s，启动运动程序 Var_Move。当控制信号变成低电平时（下降沿），停止运动程序 Var_Move 运行，延时 1 s 后，将全局变量 P100、P101 赋值为 0。全局变量 P10 记录运动程序 Var_Move 的运行状态。PLC 例程如下。

```
//P10    运动程序 Var_Move 的运行状态
//P101   轴移动速度
//P102   轴移动距离
ptr Inputs1->GateIo[0].GpioData[0].0.1;  //数字量输入 IN1 声明为变量 Inputs1,
                                         //代表控制信号
open plc Var_Set
// ------------User Code Goes Here----------------
```

```
if(Inputs1==1&& P10==0)        //如果数字量输入 IN1 为低电平,P10 也为低电平
{
P101=100                       //移动距离为 100 用户单位
P102=10                        //移动速度为 10 用户单位/s
call Timer(0.5);               //延时 0.5 s
cmd"&1B Var_Move R"            //使用 cmd 命令启动运动程序 Var_Move
P10=1                          //P10 置为高电平,表示 Var_Move 正在运行
}
else if(P10==1)                //如果 P10 为高电平
{
cmd"&1A"                       //使用 cmd 命令停止运动程序 Var_Move
call Timer(1.0);
p101=0.0                       //将变量 P101,P102 赋值为 0
p102=0.0
P10=0                          //P10 置为低电平,表示 Var_Move 停止运行
}
Close
&1
# 1-> X
open prog Var_Move
// -----------------User Code Goes Here----------------------
abs
linear
dwell0                         //中断前瞻功能
F(P101)                        //速度变量 P101
x(P102)                        //位置变量 P102
dwell0
close
```

9

PowerPMAC Gather 数据采集功能

Gather 直译是采集、搜集的意思，PowerPMAC Gather 功能是指用来采集、记录 PowerPMAC 卡里运动相关数据。PowerPMAC 可以记录 128 个用户指定的硬件或软件寄存器数据，用于后续的分析。

9.1 IDE 软件下数据采集使用

PowerPMAC 的 IDE 软件的 Plot 绘图工具，可以自动上传采集的数据，并以用户设置的格式内容进行图形绘制，如图 9.1、图 9.2 所示。

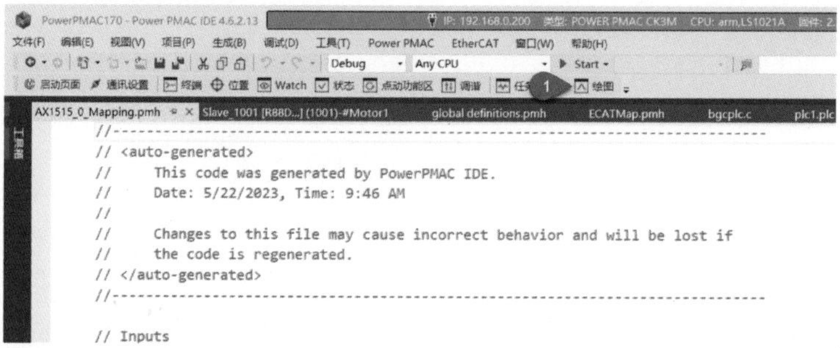

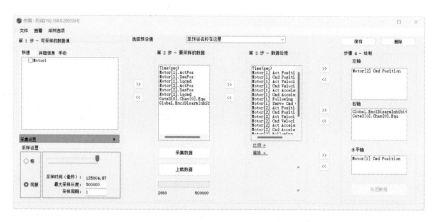

图 9.1 Plot 绘图工具

图 9.2 绘图对话框

PowerPMAC Gather 功能相关参数说明如表 9.1 所示。

表 9.1 参数说明

参数	说明
Gather. Period	采样周期，单位是伺服周期，即多少个伺服周期采样一次，如设定为 1 则每个伺服周期采样一次
Gather. Items	指定采样源的数量，如采集 Gather. Addr[0]与 Gather. Addr[1]指定地址的数据，则 Gather. Items＝2
Gather. Addr[i]	指定采集的目标对象，I 是地址号，从 0 开始如 Gather. Addr[0]＝Motor[1]. ActPos. a 表示采集地址 0 用于采集电动机♯1 的实际位置
Gather. MaxSamples	指定最大采样数量
Gather. Enable	控制采集功能是否工作，以及采集和停止的方式，参数可设置如下。 ＝0:停止采集，采集内存指针回到采集缓冲区的开头。 ＝1:停止采集，但采集内存指针位置不回到采集缓冲区开头。 ＝2:采集开始，当达到 Gather. MaxSamples 设定的最大采样数量，采集停止，采集指针留在设定的最大采样数量的内存位置。 ＝3:无限采集，直到采集缓冲区的末尾，采集指针回到采集缓冲区开头，并且继续覆盖之前采集的数据。 常用的 Gather. Enable 设定 ＝0:停止采集。 ＝2:开始采集

Gather 功能相关参数，可以通过 IDE 软件进行设定，也可以在脚本程序中编程设定。

使用 IDE 软件绘图工具进行数据采集。IDE 软件提供了 Plot 绘图工具，可以自动设定上述参数，打开如图 9.3 所示的绘图工具，设置参数如图 9.4 所示。

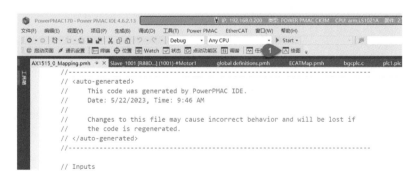

图 9.3 打开绘图工具

绘图工具使用步骤如图 9.5 所示。

① 选择采集对象；

② 设定采集长度（通过拖拽标尺或输入数值）与采样周期（默认单位为伺服周期）；

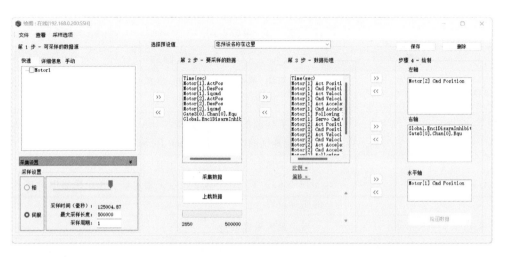

图 9.4 设置参数

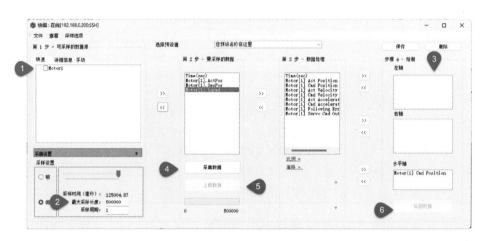

图 9.5 绘图工具使用步骤

③ 选择需要绘图的内容；

④ 点击"采集数据"按钮；

⑤ 点击停止采集按钮并上传数据；

⑥ 点击绘图按钮。

为使用直观便捷，常用的电动机相关的采集对象，在绘图工具画面的"快速"，栏中，通过勾选电动机，就可以直接出现所选电动机相关的采集内容，如图 9.6 所示。

如果需要采集更多的数据内容，可以选择"详细信息"栏，在里面添加更多的采集数据内容，如图 9.7 所示。

当按下"采集数据"按钮时，会按照画面中相关设置，自动进行设置和开始采集工作，如图 9.8 所示。

绘图工具可以直接绘制采集到的数据，还可以对采集到的数据进行处理，包括比例、偏移、加减、微分等操作，如图 9.9 所示。

采集数据处理画面，更改数据比例系数，如图 9.10 所示。

采集处理数据画面，可以更改函数名称，如图 9.11 所示。

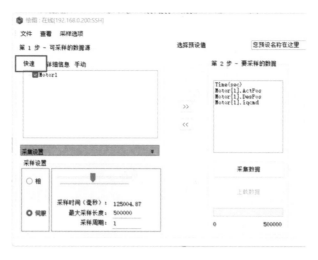

图 9.6 快速栏

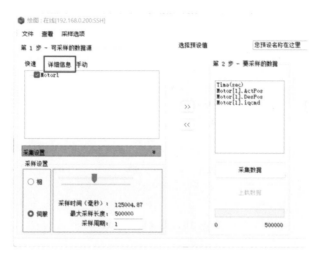

图 9.7 详细信息

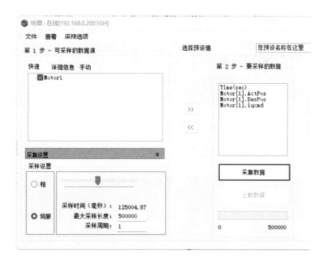

图 9.8 采集数据

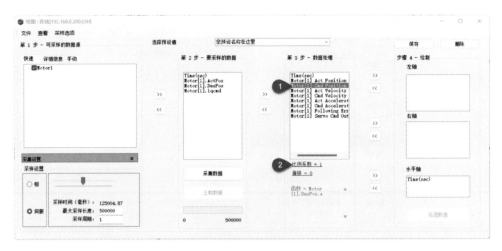

图 9.9　处理数据

图 9.10　更改比例系数

图 9.11　更改函数名称

　　更改后点击"插入"按钮,会在第"3"步绘图栏插入一条新的显示数据,如图 9.12 所示。

　　更改后点击"更新"按钮,数据处理对话框中,将会变更当前选中的数据处理条目,如图 9.13 所示。

图 9.12 插入数据

图 9.13 变更当前数据处理条目

绘图时,Plot 工具可以分别绘制左轴和右轴,当采集的数据量级差别非常大,又想绘制在同一张图中观察两者关系时,可以分别绘制在左轴和右轴中,如图 9.14 所示。

如果想观察一个两轴平面运动轨迹,可以将水平轴替换为 X 轴(Motor1. Cmd. Position)位置,左轴为 Y 轴(Motor2. Cmd. Position)位置,如图 9.15 所示。

绘制 XY 平面轨迹如图 9.16 所示。

对于采集到的数据,Plot 绘图工具可以将数据导出,用于其他工具软件如 Matlab 等供用户进行后续分析,如图 9.17 所示。

也可点击鼠标右键,将绘制出的图片保存到 PC 计算机的文件夹,如图 9.18 所示。

图 9.14 将左、右轴放在同一张图中

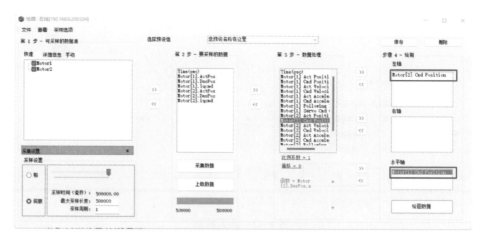

图 9.15　绘图横轴、纵轴显示内容设定

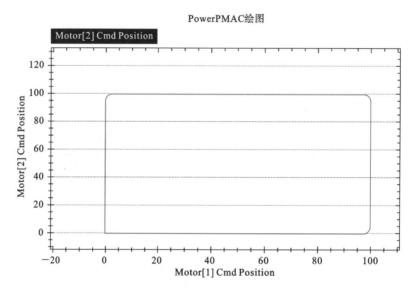

图 9.16　绘制 XY 平面轨迹

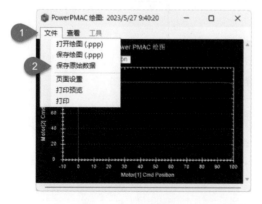

图 9.17　导出数据

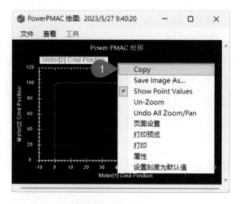

图 9.18　图片保存

9.2   PowerPMAC 在程序中实现运动采集

很多应用场景,希望实现抓取采集某一段运动的相关信息,用于问题分析。可使用 Plot 绘图工具,通过鼠标点击采集按钮的方式进行采集和停止,这种方法很难得到具体某段运动的信息,此时就可以通过在程序中编写触发采集指令,实现采集到具体希望采集的目标信息。

程序方法实现目标采集步骤如下。

(1) 定义采集信息:在 Plot 绘图工具中添加需要采集的信息内容,然后点击采集按钮,再点击停止按钮,以保证上文中所属的 Gather. Addr[i]…,参数被正确设定到控制器中,如图 9.19 所示。

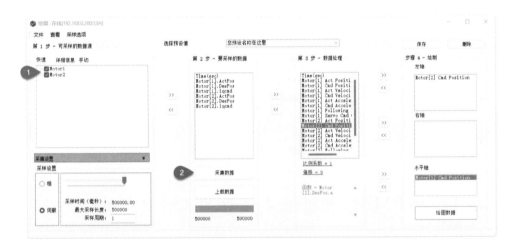

图 9.19   定义采集信息

(2) 在程序中加入编写触发指令,如图 9.20 所示。

```
open prog 1
abs
linear
ta 50
ts 20
tm 500
x 0 y 0
dwell 0
Gather.Enable=2
dwell 0
x 100
y 100
x 0
y 0
dwell 0
Gather.Enable=0
close
```

图 9.20   编写触发指令

其中，红色标注 Gather.Enable＝2 表示开始采集，Gather.Enable＝0 表示停止采集。由于 PowerPMAC 的前瞻功能，为保证能准确采集所需运动，在黄色虚线处添加 "dwell 0"暂停指令打断运动程序的提前执行。

（3）当运行完上述程序后，只需在 Plot 工具中点击上载数据按钮并绘图，即可获得所需信息，如图 9.21 所示。

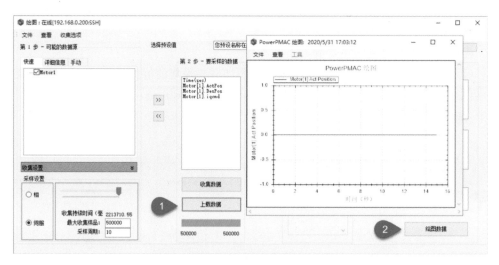

图 9.21　上传数据并绘图

9.3　PowerPMAC 数据采集保存为文件并输出

在某些应用中，需要 PowerPMAC 控制器将采集到的数据导出数据文件格式，由上位机直接访问文件并进行数据分析，而不是通过 IDE 软件的绘图工具再转存为数据文件中转的方法。

以前面程序为例，介绍如何编程实现采集数据导出到文件的方法。

（1）首先，定义数据采集参数，因为没有 Plot 绘图工具参与，因此数据采集参数定义须在软件编程中完成，如图 9.22 所示。

程序中设定数据采集的相关参数如下。

采集对象定义：Gather.Addr[0]，Gather.Addr[1]，Gather.Addr[2]。

采集条目数量设定：Gather.Items＝3。

采样周期设定：Gather.Period＝1。

最大采样数量设定：Gather.MaxSamples＝500000。

（2）采集数据文件导出，也必须由程序指令实现。程序修改为图 9.23 所示的程序。

在程序采集关闭指令：Gather.enable＝0 后，加入导出数据到文件的 Linux 指令：

```
global GatherCount
open prog 1
abs
linear
ta 50
ts 20
tm 500
x 0 y 0
dwell 0
Gather.Addr[0]=Sys.ServoCount.a
Gather.Addr[1]=Motor[1].DesPos.a
Gather.Addr[2]=Motor[2].DesPos.a
Gather.Items=3
Gather.Period=1
Gather.MaxSamples=500000
Gather.Enable=2
```

图 9.22　在软件编程中完成
数据采集参数定义

```
global GatherCount
open prog 1
abs
linear
ta 50
ts 20
tm 500
x 0 y 0
dwell 0
Gather.Addr[0]=Sys.ServoCount.a
Gather.Addr[1]=Motor[1].DesPos.a
Gather.Addr[2]=Motor[2].DesPos.a
Gather.Items=3
Gather.Period=1
Gather.MaxSamples=500000
Gather.Enable=2
dwell 0
x 100
y 100
x 0
y 0
GatherCount=GatherCount+1
dwell 0
Gather.Enable=0
SYSTEM"gather -u /var/ftp/gather/ProgData%u.txt",GatherCount
SENDALLSYSTEMCMDS
close
```

图 9.23　程序修改

```
SYSTEM"gather -u /var/ftp/gather/ProgData% u.txt",GatherCount
```

对指令的说明如下。

SYSTEM 为系统指令,表示后续引号""中的内容将发送到 Linux 系统中。

-u 为保存为文件。

var/ftp/gather 为文件保存路径。

ProgData％u. txt 为保存文件名,后缀为. txt。其中％u 为参数,表示文件名为无符号整数。

文件名称的内容由变量 GatherCount 设定,上面例程第一次运行后,文件名为"1. txt",程序每运行一次 GatherCount 变量便会加 1,因此文件名也会加 1,后续会变为 2. txt,3. txt 等。

文件 1. txt,2. txt 等文件里的内容就是采集的数据,文件保存在 PowerPMAC 卡的 Linux 系统的 gather 文件夹下。

(3) 输出的文件可以通过 Linux 的 FTP 服务直接获取,如图 9.24 所示。

(4) FTP 服务器获取采集结果。

通过在 Windows 资源浏览器的地址栏中键入:ftp://192.168.0.200/gather/,即可获取上述程序采集到的内容。

注意:如果采集文件越来越多,超过磁盘容量,可以将每次采集的文件的文件名变为固定文件名,使用指令如下。

```
SYSTEM"gather -s /var/ftp/gather/ProgData.txt"
```

这样每次采集的时候会覆写上一次采集结果。

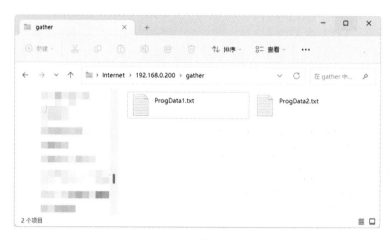

图 9.24 获取文件

（5）可以将上述采集内容直接保存到 U 盘中。

将一张空白的 FAT32 格式的 U 盘插入 PowerPMAC 的 USB 接口上，启动上电，U 盘将会被自动挂载到/media/disk/路径下。

将程序中指令修改为

```
SYSTEM"gather -s /media/disk/ProgData.txt"
```

篇幅所限，本书只对 PowerPMAC 采集功能进行介绍，不对 Linux 和 FTP 相关知识和指令予以介绍和讲解。

10

凸轮表应用

10.1 凸轮表概述

电子凸轮(英文简称 ECAM)是利用构造的凸轮曲线来模拟机械凸轮,以达到机械凸轮系统相同的凸轮轴与主轴之间相对运动的软件系统。

电子凸轮可以应用在诸如汽车制造、冶金、机械加工、纺织、印刷、食品包装、水利电力等各个领域。比如在机械加工方面,用电子凸轮来代替笨重的机械凸轮当然是最简单的了。将电动机轴上的机械凸轮换成旋转做位置反馈,将电子凸轮的信号送到控制器,即可实现原来的机械凸轮的全部功能。毫无疑问,采用电子凸轮的系统具有更高的加工精度和灵活性,能大幅提高生产效率。

PowerPMAC 为凸轮表应用提供了一个设计工具 Cam-Sculptor。PowerPMAC 为基于表格的"电子凸轮"提供了复杂的功能。生成的凸轮点为用户指定的大小。所产生的命令位置用于计算每个伺服周期,表点之间使用三阶插值计算。

PowerPMAC 凸轮表设计工具可用于以下三种用途:

(1)位置指令;

(2)扭矩偏移指令;

(3)直接输出命令。

在整个应用程序中,用户设计从电动机相对于主电动机的位置的轨迹。为此,需要定义一个凸轮部分。分段完全根据从电动机的位置点和主电动机的位置点来确定。凸轮类型可以是循环重复或非返回,如图 10.1 和图 10.2 所示。

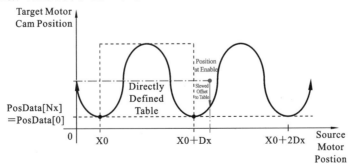

图 10.1 循环重复凸轮表位置操作图示

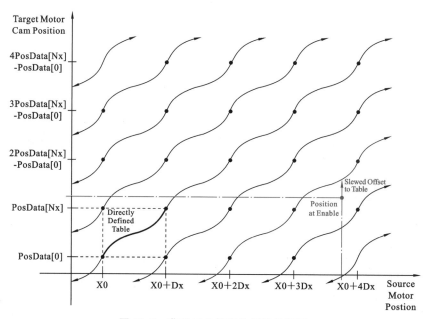

图 10.2　非返回凸轮表位置操作图示

除了主从电动机的位置值外,任何值都可以分配给从电动机的速度、加速度和加加速。Cam-Sculptor 将自动计算速度、加速度和加加速的未分配值,使整个凸轮轮廓在循环重复凸轮或非返回凸轮的情况下都"平滑"。

在 Cam-Sculptor 中内置了标准配置文件,可用于分配给用户定义的任何部分(每两点之间)。这些标准简介如表 10.1 所示。

表 10.1　标准简介

序号	标准	图示
1	停留	
2	等速	
3	恒定加速	

续表

<table>
<tr><th>序号</th><th>标准</th><th>图示</th></tr>
<tr><td>4</td><td>全摆线</td><td>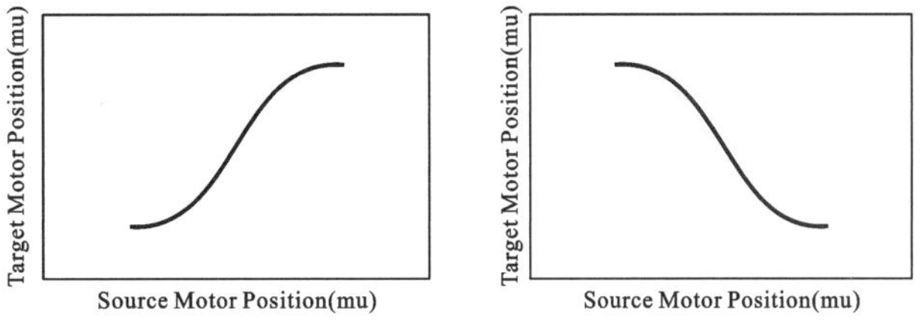
</td></tr>
<tr><td>5</td><td>半摆线</td><td>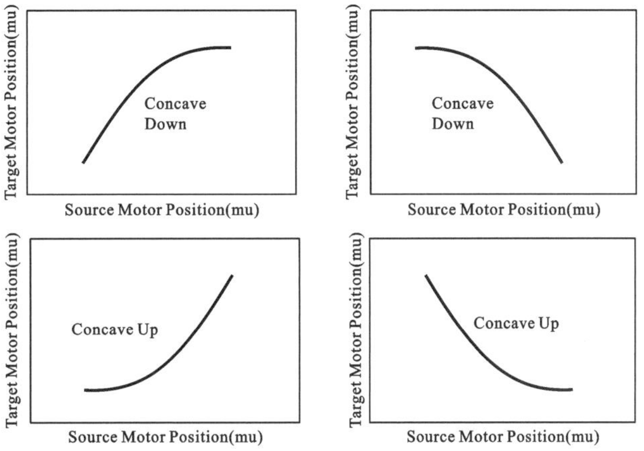
</td></tr>
<tr><td>6</td><td>全谐波</td><td>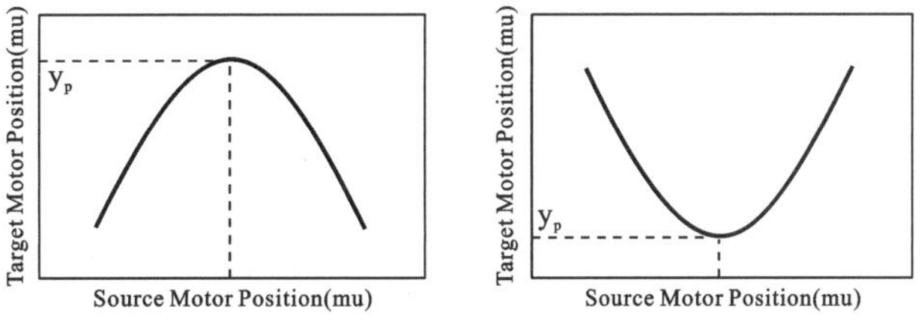
</td></tr>
<tr><td>7</td><td>半谐波</td><td>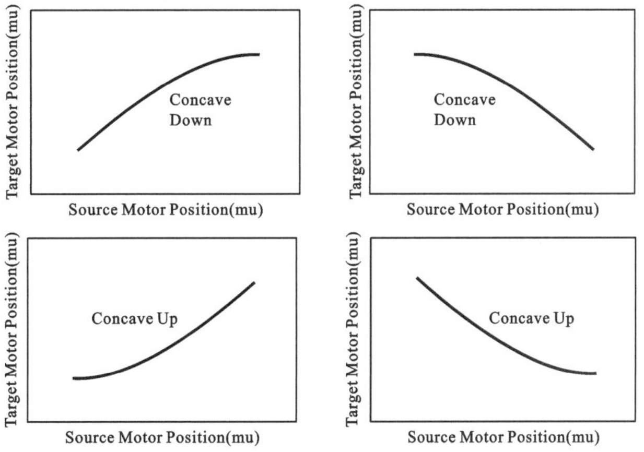
</td></tr>
</table>

续表

序号	标准	图示
8	最小功率（默认） ＊采用七阶多项式曲线拟合算法，对曲率进行最小二乘法优化，得到最优曲线，从而实现位置，速度、加速度平滑效果	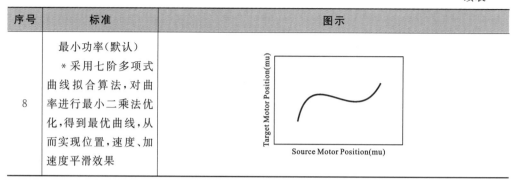

10.2　PowerPMAC 控制器中凸轮表的应用

PowerPMAC 控制器中凸轮表的应用如表 10.2 所示。

表 10.2　PowerPMAC 控制器中凸轮表的应用

序号	操作	图示
1	打开 Cam-Scu-lptor	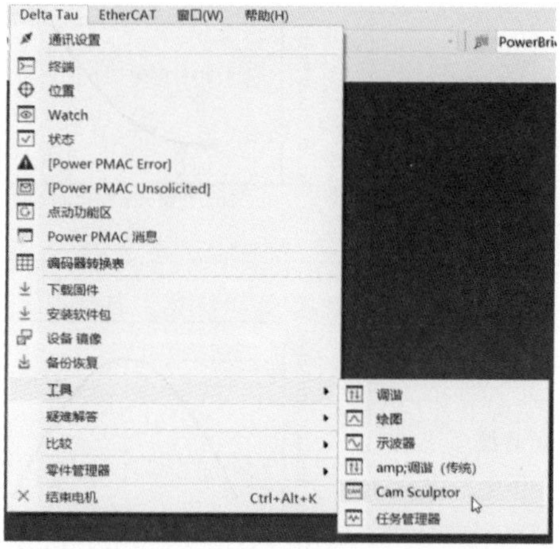
2	查看凸轮表设置参数	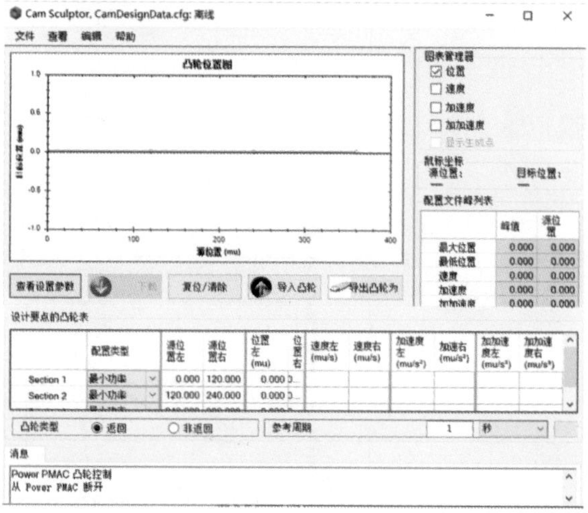

续表

序号	操作	图示
3	设置主从轴的位置关系(如右图所示)	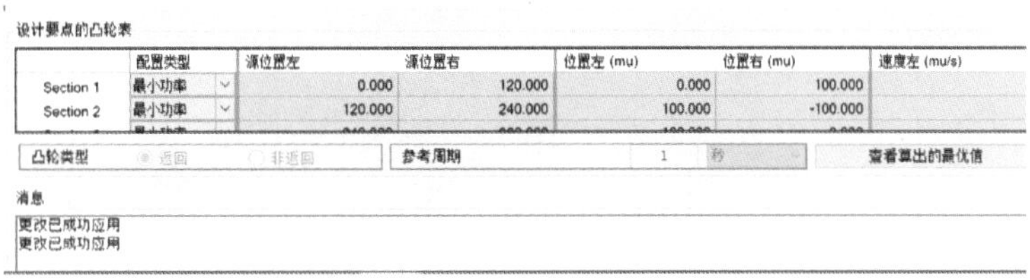
4	导出设计的凸轮到文件	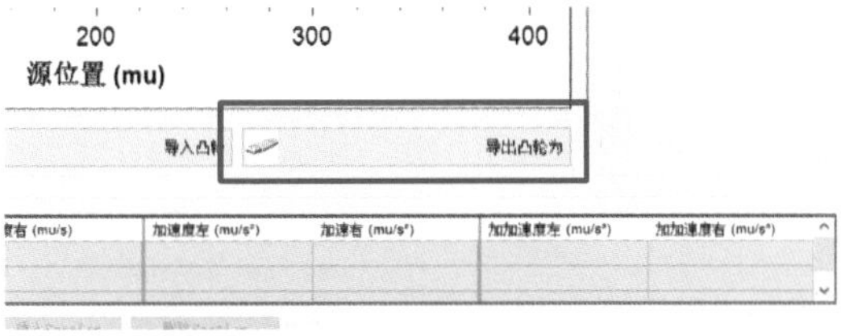
5	查看其他曲线	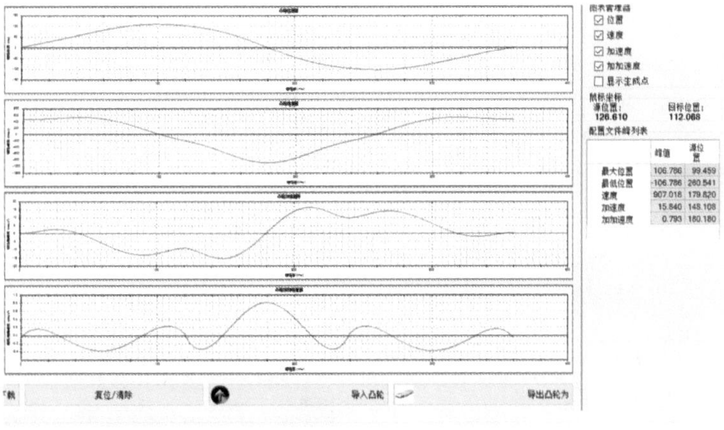
6	导出到桌面的凸轮文件	

序号	操作	图示
| 7 | 用文本编辑器查看凸轮文件内容 | ```
CamDesignData.cfg
52 //>>>>>>This Section contains downloadable Cam data<<
53 CamTable[0].Source=1
54 CamTable[0].Target=2
55 CamTable[0].Nx=492
56 CamTable[0].X0=0
57 CamTable[0].Dx=360
58 CamTable[0].PosSf=1
59 CamTable[0].PosOffset=0
60 CamTable[0].SlewPosOffset=0
61 CamTable[0].DacSf=1
62 CamTable[0].pOut=Sys.udata[0].a
63 CamTable[0].pOutBuf=0
64 CamTable[0].SlewX0=0
65 CamTable[0].OutBits=32
66 CamTable[0].OutLeftShift=0
67 CamTable[0].DacEnable=0
68 CamTable[0].PosData[0]=0
69 CamTable[0].PosData[1]=0.914623984955409
70 CamTable[0].PosData[2]=1.82919610522467
71 CamTable[0].PosData[3]=2.7436885714849
72 CamTable[0].PosData[4]=3.65809795545393
73 CamTable[0].PosData[5]=4.57244315712855
74 CamTable[0].PosData[6]=5.48676343753318
75 CamTable[0].PosData[7]=6.40111651614952
76 CamTable[0].PosData[8]=7.3155767321982
77 CamTable[0].PosData[9]=8.23023326894302
78 CamTable[0].PosData[10]=9.14518844018851
79 CamTable[0].PosData[11]=10.0605560381417
80 CamTable[0].PosData[12]=10.9764597418088
81 CamTable[0].PosData[13]=11.8930315850974
82 CamTable[0].PosData[14]=12.8104104837951
83 CamTable[0].PosData[15]=13.7287408205956
84 CamTable[0].PosData[16]=14.6481710873423
85 CamTable[0].PosData[17]=15.5688525836604
86 CamTable[0].PosData[18]=16.4909381711494
``` |
| 8 | 将上述内容复制到 PowerPMAC IDE 项目的 "GlobalIncludes" 部分。下载到 PMAC | ```
▲ ⬚ PMAC Script Language
  ▲ ⬚ Global Includes
      ▢ global definitions.pmh
      ▢ CamTable.pmh
    ⬚ Kinematic Routines
  ▷ ⬚ Libraries
  ▷ ⬚ Motion Programs
  ▷ ⬚ PLC Programs
``` |
| 9 | 在 CamTable.pmh 中添加如右所示设置参数 | Motor[2].PosReportMode=1
CamTable[0].Enable=3 //凸轮启动时对齐方式 1,正向对齐;2,反向对齐;3,最短距离对齐
CamTable[0].SlewPosOffset=0.001 //对齐凸轮位置的速度 |
| 10 | 使用 SYS.CamEnable=1 指令激活凸轮表 0,激活多个凸轮表(例如激活凸轮表 0,1; SYS.CamEnable=2) | ```
终端
欢迎使用 Power PMAC 终端
选择设备以开始通信
首先建立与 Power PMAC 的通信

sys.CamEnable=1
Power PMAC 消息  输出  终端  Error List
``` |
| 11 | 启动主轴运动 | ```
终端
Save Completed

$$$
复位 Power PMAC
Power PMAC 复位完成
#1j=0

#1j=360
Power PMAC 消息  输出  终端  Error List
``` |

PowerPMAC 特殊功能

11.1　位置跟随

PowerPMAC 最简单的主从控制方法是位置跟随,也被称为"电子齿轮",这种模式能够将两轴或多轴关联起来,实现精确的同步运动,从而替代传统的机械齿轮连接。

被跟随的轴称为主动轴,跟随的轴称为从动轴,从动轴按照某个比率连接到主动轴上,从而达到主动轴运动时,关联的从动轴也跟随运动,如图 11.1 所示。

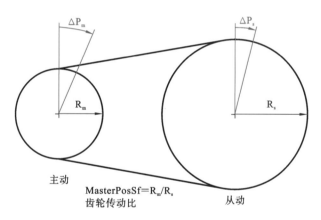

图 11.1　主动轴和从动轴连接示意

主动轴的位置反馈信号需要接入 PowerPMAC 的编码器反馈接口,在 PowerPMAC 中通过编码器转换表设定,将主动轴数据读入到 PowerPMAC 卡中。从动轴作为正常伺服轴完成控制和反馈信号连接,以及闭环相关参数设定。

1. 主动轴地址参数

PowerPMAC 通过脚本指令或者在线指令

```
Motor[x].pMasterEnc=EncTable[n].a
```

实现主动轴对应编码器转换表地址的设定。其中:Motor[x].pMasterEnc 是主动轴地址参数,EncTable[n].a 是编码器转换表第 n 号的地址。

主动轴连接到第几路编码器接口,就将主动轴地址参数对应设定到第几号编码器

转换表的地址。如电动机 3 的编码器是主动轴信号,接到第 3 编码器通道,则主动轴地址参数指令为

```
Motor[3].pMasterEnc=EncTable[3].a   //完成主动轴地址的设定
```

2. 位置跟随的"齿轮比"

主动轴参数 Motor[x].MasterPosSf 实现位置跟随的齿轮比设定,该参数是双精度浮点值,设定数值代表从动轴和主动轴的位置跟随比例。如齿轮比参数 Motor[x].MasterPosSf=1.0,表示从动轴跟随主动轴位置比为 1∶1;Motor[x].MasterPosSf=2.0,表示从动轴和主动轴跟随位置比为 2∶1;Motor[x].MasterPosSf=0.5,表示从动轴和主动轴跟随位置比为 1∶2。依次类推。

3. 启用和禁用位置跟随

参数 Motor[x].MasterCtrl 是位置跟随相关功能的控制字。

参数 Motor[x].MasterCtrl 的第 0 位控制位置跟随功能是否有效:Motor[x].MasterCtrl=0 表示禁用位置跟随;Motor[x].MasterCtrl=1 表示启用位置跟随。

4. 跟随模式:正常模式和偏移模式

参数 Motor[x].MasterCtrl 的第 1 位(数值是 2)控制位置跟随模式。PowerPMAC 跟随模式分为:正常模式(normal)和偏移模式(offset)。

Motor[x].MasterCtrl=0 第 1 位设为 0,表示位置跟随工作在正常模式(normal)。在正常模式下,从动电动机编程的参考位置坐标不会随着所跟随的主动电动机位置坐标改变而改变。此外,报告的参考位置坐标也不会随着跟随运动的改变而改变。

Motor[x].MasterCtrl=2 第 1 位设为 1,表示位置跟随工作在偏移模式(offset)。指定了偏移模式后,从动电动机进行编程运动的参考位置坐标会随着位置跟随运动而产生数值叠加。

如设备控制位置运动时,需要控制力的大小,这种需求在 PowerPMAC 上可通过伺服环跟随,也称为伺服环级联实现。此时伺服环路包括内环和外环,伺服内环是标准位置闭环,负责位置控制;外环是控制力的闭环,内环除了本身位置控制环外,同时跟随外环力的指令,外环力(力矩)指令是主导信号,内环跟随外环。内环除了执行位置指令,还同时跟随外环力的指令,从而实现位置和力的控制。对于这种伺服环跟随的应用,跟随模式需要设定为偏移量跟随模式,即 Motor[x].MasterCtrl=2。

11.2 龙门轴设置及调试

如图 11.2 所示的龙门结构中,X_1、X_2 是一种常见的龙门轴构成。龙门轴构成中所有的轴(≥2)分为主动轴和同步轴,它们都有各自的位置环。同步轴的位置给定值由主动轴给出,PowerPMAC 会实时监控主动轴和同步轴之间的位置误差值。每一根轴都有它自己单独的测量系统,比如光栅尺或者编码器。由于龙门轴之间属于硬联结,这些轴的驱动机构移动时必须绝对同步,否则会导致整个机械结构倾斜或扭曲。

龙门设备的同步双驱动控制策略可以分为以下三类。

(1) 主/从同步控制,如前面介绍的主从位置跟随方式中,从电动机知道主电动机的位置变化,但主电动机不知道从电动机的位置变化。

（2）并行同步控制，是一个控制指令同步给两个驱动器，主从电动机都不知道彼此的位置变化。

（3）交叉耦合同步控制，将两个轴的同步控制拆为一路实现同步跟随指令，另一路将两轴的位置偏差作为反馈闭环控制，实现实时校正龙门设备两轴扭摆的效果，达到龙门双驱的高精度控制。

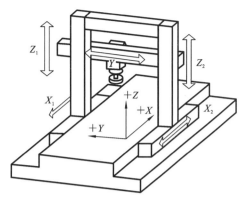

图 11.2　龙门结构

PowerPMAC 将第三种交叉耦合同步控制的龙门控制算法写到 PowerPMAC 龙门双驱算法中，客户只需要通过相应的设定和调试即可完成龙门双驱同步控制功能。

下面详细介绍 PowerPMAC 龙门轴使用的相关工作内容。

1. PowerPMAC 龙门轴的设定

在 PowerPMAC 中使用龙门功能时，需要设定从动轴参数：Motor[x].ServoCtrl＝8，Motor[x].CmdMotor＝主动轴电动机序号。

需要注意的是，主动轴电动机序号需要小于从动轴电动机序号，且两个电动机序号必须相邻。例如#3 为主动轴，从动轴必须是#4，参数设定为

```
Motor[4].ServoCtrl=8
Motor[3].CmdMotor=3
```

当完成上述设定后，即将#3、#4 电动机关联为龙门控制电动机。

2. PowePMAC 龙门电动机调试

当两电动机配置为龙门方式时，打开调试工具，将只能看见主动轴电动机，且主动轴电动机类型显示为龙门引导器，如图 11.3 所示。

图 11.3　龙门电动机调试界面

此时按照常规电动机调试流程，先进行开环测试，将两个电动机同时使能。然后进行 PID 参数调谐，如图 11.4 所示。

增益	Motor[2]	Motor[3]	
比例	0.1	0.1	Kp
微分 1:	0	0	Kvfb
微分 2:	0	0	Kvifb
积分:	0.0099999998	0.0099999998	Ki
速度前馈 1:	0	0	Kvff
速度前馈 2:			

单次移动　实时调谐

图 11.4　PID 参数调谐

3. PowerPMAC 龙门轴电动机 PID 参数调谐

龙门轴 PID 调谐时请将主动轴电动机参数锁定,保证主动轴与从动轴电动机参数会被同步修改,见图 11.4 中的红框按钮。

龙门轴阶跃调试时,如果是直线驱动器,移动距离应不超过 1 mm;如果是旋转电动机,移动角度不超过 15°,过大的阶跃步长将导致被调试设备受到过大冲击。

龙门阶跃调试:调试时为保证安全,请将"移动后终止电动机"选择为"是"。

龙门调试与普通模拟量控制电动机调试相同,先执行阶跃运动,调整比例与微分增益,而后使用抛物线运动调试速度前馈、加速度前馈和积分增益。

4. PowerPMAC 龙门轴回零

当两个电动机绑定为龙门模式时,可以直接使用 home 指令对电动机进行回零操作,如图 11.5 所示。例如指令:

```
#1..2hm
```

此时龙门电动机♯1、♯2 将开始回零。回零动作与普通电动机回零动作相同,即找到零点后减速停止,然后返回零点。龙门电动机回零与普通电动机不同之处在于龙门电动机回零动作以主动轴为准,即主动轴零位信号触发后电动机开始减速停止并回到主动轴零位位置,在此过程中(发送 home 指令到电动机停止运动)从动轴必须能够触发零位信号,否则主、从动轴的 Motor[x].GantryHomed 无法置 1。

图 11.5 回零操作

由于主动轴和从动轴零位传感器位置会存在偏差,第一次龙门回零完成(Motor[x].GantryHomed=1)后,主、从动轴显示位置会存在偏差,记录该偏差值,并将其写入从动轴参数 Motor[x].HomeOffset 中,然后再次回零,即可使主、从动轴位置保持一致。

当完成上述设定后,就可以设置从动轴的 Motor[x].GantrySlewRate 值,当从动轴的 Motor[x].GantrySlewRate 不为 0,且 Motor[x].GantryHomed＝1 时,PowerP-MAC 会自动使主、从动轴位置保持一致,即拉平龙门横梁。切记,设定 Motor[x].GantrySlewRate 值的前提是已经完成主、从动轴零位传感器的偏差修正,即已经正确填写 Motor[x].HomeOffset 值。

11.3　位置比较和位置捕捉

11.3.1　硬件位置比较

1. 功能概述

PowerPMAC 的硬件位置比较功能是基于轴模块中的 Gate3 ASIC 芯片通过内部硬件比较编码器脉冲计数而产生触发信号。因此全过程不需要 CPU 参与,不受伺服周期影响,触发延时时间极短,可以提供极高的触发精度。同时,位置比较触发又可以产生 ISR 中断,可以令 CPU 更新下一次位置比较,因此提供了极高的使用灵活性。

在一个 Gate3 ASIC 芯片中总共包含 4 路编码器计数通道,每个编码器通道都有一个位置比较电路。此外,其他通道的位置比较电路,可以选用通道 0 的编码器计数作为位置比较计数。与此同时,每个通道的比较输出可以是 Gate3 ASIC 芯片中的 4 个通道的内部比较状态的逻辑组合。每个通道的位置比较电路通过 3 个 32 位置寄存器和 4 个控制寄存器进行设定。

2. 比较寄存器

每个通道的位置比较电路是通过以下三个掉电不保存的寄存器来设定比较位置的:

```
Gate3[i].Chan[j].CompA
Gate3[i].Chan[j].CompB
Gate3[i].Chan[j].CompAdd
```

3 个寄存器都是无符号的 32 位整数值,以编码器脉冲计数的 1/4096 为单位。也就是说,它们有 20 位脉冲计数信息,和 12 位小数脉冲计数信息。即使它们是无符号值,也可以为它们分配负值,并获得与它们是有符号寄存器相同的效果。例如,如果向其中一个寄存器写入的值为－1000,则该值将报告为 4,294,966,296(＝$2^{32}-1000$)。

在开机/复位时,与比较位置寄存器相关联的编码器计数器的值被自动设置为 0。也可以通过 Gate3[i].Chan[j].CountReset＝1(i 表示 Gate3 芯片所在模块的硬件编号,j 表示所操作的通道,范围为 0～3)手动复位编码器计数值。可以通过 Gate3[i].Chan[j].PhaseCapt 读取当前的脉冲计数值,它不会在相关电动机的回零时重置。

当 Gate3[i].Chan[j].AtanEna(i 表示 Gate3 芯片所在模块的硬件编号,j 表示所操作的通道,范围为 0～3)被设置为其默认值 0 时,Gate3[i].Chan[j].PhaseCapt 中读取的脉冲计数包含 8 位小数脉冲,所以其单位为 1/256 脉冲。

注意：PhaseCapt 寄存器的单位与比较寄存器的单位不同，并且 PhaseCapt 中的数值将是相同位置的比较寄存器的 16 倍。例如，希望当 PhaseCapt 读数为 1280 时，产生触发信号，则 CompA 应当设定为 20480。

Gate3 ASI 芯片会在每个 SCLK（编码器采样时钟）周期，将编码器计数值与 CompA 和 CompB 中的值进行比较。如果它与任何一个值匹配，则反转现有比较状态。例如，如果比较寄存器的值为 100，则在正方向的 100 到 101 计数转换时，或在负方向的 100 到 99 计数转换时，将反转现有比较状态。

当 PhaseCapt 计数与 CompA 或 CompB 相等时，会反转 Gate3[i].Chan[j].Equ 的状态，如图 11.6 所示。Gate3[i].Chan[j].Equ 的初始状态可以通过 Gate3[i].Chan[j].EquWrite＝1 设置为 0 或 Gate3[i].Chan[j].EquWrite＝3 设置为 1。

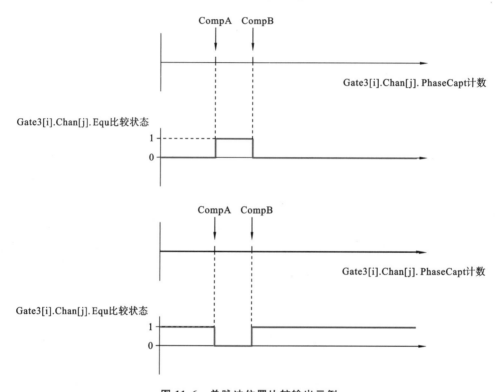

图 11.6　单脉冲位置比较输出示例

注意：如果 CompA 的值等于 CompB 的值，例如当两者的通电默认值都为 0 时，当编码器计数器的值与此值匹配时，将不会切换输出。

3. 自动增量功能

当我们需要等间距连续输出比较信号时，可以通过 Gate3[i].Chan[j].CompAdd 实现。如图 11.7 所示，当 CompAdd 值非 0 时，如果电动机编码器计数遇到 CompA，反转 Gate3[i].Chan[j].Equ 比较状态的同时，会将 CompA 的值＋CompAdd 的值，然后自动重新写入 CompA。同理，当电动机遇到 CompB 时，会重复此操作，因此可以让 CompA，CompB 自动向前移动，实现等间距位置表输出。Gate3[i].Chan[j].CompAdd 的数值单位与 CompA 和 CompB 的数值单位相同，为编码器脉冲计数的 1/4096。

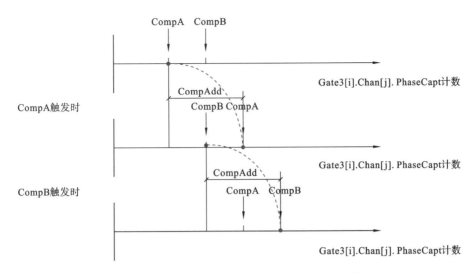

图 11.7 自动增量位置比较时 CompA 与 CompB 的变化

注意:如果设定了 CompAdd,其默认第一个比较脉冲不会输出,如果希望在进行等间距位置比较时输出第一个比较脉冲,需要先通过 Gate3[i].Chan[j].EquWrite 设置比较初始状态,再设置 Gate3[i].Chan[j].CompA 与 Gate3[i].Chan[j].CompB。如果顺序颠倒,则第一个比较脉冲不会产生。

4. 非等间距位置比较

当需要实现非等间距位置比较时,可以使用 ISR 中断配合单脉冲位置比较输出,即每次比较完成,由 ISR 中断载入下一次比较的 CompA 与 CompB。对于非等间距位置比较,由于需要通过 CPU 载入下一次比较位置,因此对于触发速度有一定的限制。对于 CK3M 等双核心 ARM CPU 的硬件,其中断响应延迟时间为 16 us;对于 CK5M 等四核心 CPU,其中断响应延迟为 10 us。所以两次触发,即 CompA 到 CompB 的时间不能小于 15 us 和 10 us,也就是说 CK3M 的非等间距触发最高频率上限为 32 kHz,CK5M 的非等间距触发最高频率为 50 kHz。对于等间距触发则不受上述描述的约束。

如图 11.8 所示,ISR 中断函数位于 usrcode.c 文件中的 void CaptCompISR(void) 中编写,必须使用 C 语言完成编写,且其中不允许使用 while、for 等循环操作。

```
void CaptCompISR(void)
{
// 变量声明
volatile GateArray3 * Gate30;
Gate30=GetGate3MemPtr(0);
unsigned int * Udata;
Udata= (unsigned int *) pushm;
// 局部变量
unsigned int NextA, NextB;
int Gate30IntCtrl;
int Ch1IntSource, Ch1IntStatus;
// 获取通道 1 中断触发标志,与中断触发源
```

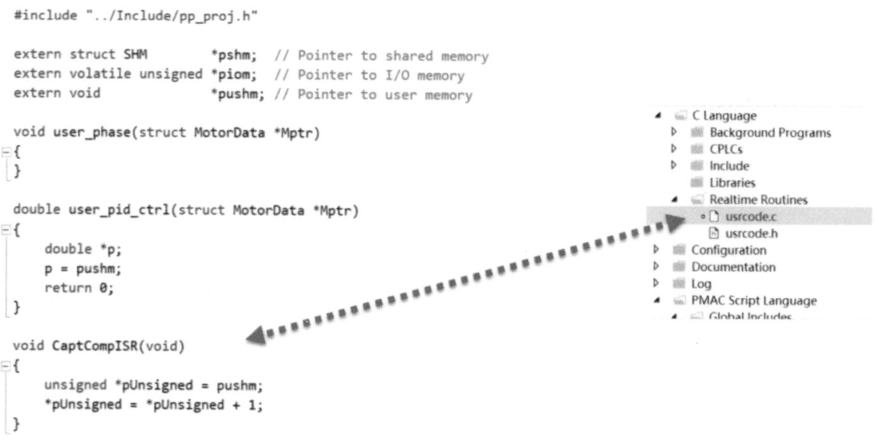

```
#include "../Include/pp_proj.h"

extern struct SHM        *pshm;  // Pointer to shared memory
extern volatile unsigned *piom;  // Pointer to I/O memory
extern void              *pushm; // Pointer to user memory

void user_phase(struct MotorData *Mptr)
{
}

double user_pid_ctrl(struct MotorData *Mptr)
{
    double *p;
    p = pushm;
    return 0;
}

void CaptCompISR(void)
{
    unsigned *pUnsigned = pushm;
    *pUnsigned = *pUnsigned + 1;
}
```

C Language
 ▷ Background Programs
 ▷ CPLCs
 ▷ Include
   Libraries
 ▲ Realtime Routines
   ○ usrcode.c
   usrcode.h
 ▷ Configuration
 ▷ Documentation
 ▷ Log
 ▲ PMAC Script Language
   ▲ Global Includes

图 11.8　ISR 中断函数位置

```
Gate30IntCtrl=Gate30->IntCtrl;

Ch1IntSource= (Gate30IntCtrl & 0x1000)>>12;

Ch1IntStatus= (Gate30IntCtrl & 0x10)>>4;

// 清除比较中断标志位 (CH1)

Gate30->IntCtrl=0x10;

if(Ch1IntSource && Ch1IntStatus)//CH1 通道 EQU 触发

{

    // 更新比较边缘

    NextA=Udata[Udata[14]+2];

    NextB=Udata[Udata[14]+1];

    // 更新比较寄存器

    Gate30->Chan[0].CompA=NextA;

    Gate30->Chan[0].CompB=NextB;

    // 更新数据索引 INDEX

    Udata[14]+=2;

}

}
```

以上为非等间距位置比较 ISR 中断服务子程序例程。其中在 C 语言中如果需要访问 Gate3[i]. Chan[j]. CompA 和 Gate3[i]. Chan[j]. CompB 等 Gate3 上的寄存器，需要通过 volatile GateArray3 类型的结构体指针才能进行访问。其中 Udata[14]保存着索引计数，NextA 和 NextB 分别保存了 CompA 和 CompB 中的位置。当中断发生后，需要通过 Gate30->IntCtrl=0x10 清除中断标志位，以便下一次中断产生时仍能执行该中断服务子程序。

5. 比较控制寄存器

Gate3[i]. Chan[j]. Equ1Ena：这个寄存器决定了当前通道的位置比较电路是使用本通道的脉冲计数作为位置比较参考，还是使用 CH0 通道（第一个通道）的编码器计数作为位置比较参考。

Gate3[i]. Chan[j]. EquOutMask：这是一个 4 位的寄存器，它决定了当前通道输出的位置比较信号（EquOut）与其他通道的位置比较状态的逻辑关系（Equ）。其逻辑关系如图 11.9 所示。

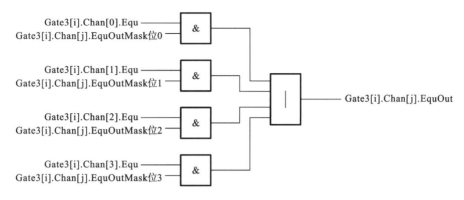

图 11.9　EquOutMask 组合逻辑输出

Gate3 允许当前通道输出的位置比较信号与其他通道的位置比较信号经过或运算后输出。

Gate3[i]. Chan[j]. EquOutPol：用来指定经过组合逻辑后位置比较信号是否进行逻辑反转，当其值为 1 时，如果组合逻辑后结果为 0，则 Gate3[i]. Chan[j]. EquOut 输出 1。

Gate3[i]. Chan[j]. EquWrite：用来指定当前通道的位置比较初始状态 Gate3[i]. Chan[j]. Equ，通过 Gate3[i]. Chan[j]. EquWrite＝1，强制使 Gate3[i]. Chan[j]. Equ 为 0。通过 Gate3[i]. Chan[j]. EquWrite＝3，强制 Gate3[i]. Chan[j]. Equ 为 1。当使用自动增量功能时，如果通过 Gate3[i]. Chan[j]. EquWrite 强制指定了比较状态后，第一个比较脉冲不会输出，需要重新设定 CompA 与 CompB。

11.3.2　硬件位置捕捉

PowerPMAC 的 Gate3 ASIC 芯片的每一个伺服通道中都包含一套编码器计数锁存电路，其可以根据外部输入的 Index 信号（编码器索引信号）或 Flag 信号（零位开关，限位开关等）锁存编码器计数值。编码器计数的锁存完全由 Gate3 ASIC 芯片完成，不需要 CPU 参与，因此其触发锁存延迟时间极小，可以达到纳秒级延迟，从而使锁存精度不受运动速度的影响。通常用于设备的高精度寻零，或高精度测量设备。需要注意的是，Gate3 ASIC 芯片的硬件捕捉功能仅针对正交编码器输入信号或正余弦编码器输入信号，对于串行编码器输入是无法使用 Gate3 ASIC 芯片的硬件位置捕捉功能。

1. 对硬件捕捉要求

PowerPMAC 的 Gate3 ASIC 芯片的伺服通道中的硬件位置捕获功能在编码器的 Index 信号（编码器索引信号）变化时或 Flag 信号（零位开关，限位开关等）变化时锁存/捕获通道的编码器计数器值。请注意，只能支持正交编码器与正余弦编码器，不支持串行协议编码器。

2. 设置触发条件

在 Gate3 ASIC 芯片中通过 Gate3[i]. Chan[j]. CaptCtrl(i 表示 Gate3 芯片所在模块的硬件编号,j 表示所操作的通道,范围为 0～3)设定编码器计数的锁存/捕获条件。该寄存器的数值输入范围为 0 到 15,用以指定,锁存/捕获条件是 Index 信号还是 Flag 信号或者是 Index 信号和 Flag 信号同时变化锁存/捕获,是上升沿锁存,还是下降沿锁存/捕获等。

如果锁存/捕获条件设定中(Gate3[i]. Chan[j]. CaptCtrl 设定)要求使用 Flag 信号参与,可以通过 Gate3[i]. Chan[j]. CaptFlagSel 指定哪一个 Flag 信号作为锁存/捕获触发条件(Gate3 ASIC 芯片的每个通道包含四个 Flag 信号,分别是 HOME,PLIM,MLIM,USER)。此寄存器的设定范围为 0 到 3,分别指定回零标志位(HOME)、正限制标志位(PLIM)、负限制标志位(MLIM)或用户标志位(USER)。

图 11.10 显示了 Gate3 ASIC 芯片中作为编码器处理电路的一部分的编码器位置锁存电路。

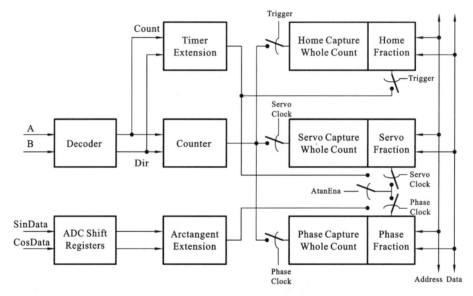

图 11.10 Gate3 ASIC 芯片的编码器锁存电路

当触发信号(Trigger)产生时,Gate3 ASIC 芯片会将伺服计数(Counter)保存到 Gate3[i]. Chan[j]. HomeCapt 中(图 11.9 中 Home Capture Whole Count),且不受伺服时钟与相位时钟的影响。在 Gate3 ASIC 芯片中,还可以通过 Gate3[i]. Chan[j]. CaptFlagChan 改变当前通道编码器位置锁存/捕获电路的 Flag 信号输入通道。例如,希望使用通道 3 的 Flag 信号锁存/捕获通道 1 的编码器计数值,则可以将 Gate3[i]. Chan[0]. CaptFlagChan=3。

3. 半自动位置捕获监控功能

在上述功能中 PowerPMAC 会因为位置捕获事件的发生而改变电动机的运动,如果您只希望捕获位置而不希望其影响电动机的运动,则可以使用以下功能。

通过设置 Motor[x]. CapturePos 为 1,开启捕获监视功能,当 Motor[x]. Capture-Pos 为 1 时,PowerPMAC 会自动清除当前电动机所绑定通道的位置捕获标志位(由

Motor[x].pCaptFlag,Motor[x].pCaptPos,Motor[x].CaptureMode 决定），并使该通道进入预备捕获状态，此后电动机在每个 RTI 周期会检测硬件是否检测到捕获信号，如果发生捕获事件则 Motor[x].CapturedPos 会自动置 1，否则 Motor[x].CapturePos 自动置 0。

图 11.11 所示的 PLC 程序代码显示了如何使用此函数的示例。

```
Motor[3].CapturePos = 1;              // Activate monitoring
while (Motor[3].CapturePos == 1) {}   // Wait for capture
MyVariable = Motor[3].CapturedPos;    // Use motor pos at capture
…
```

图 11.11　PLC 程序代码

4. 手动使用硬件捕获功能

Gate3 ASIC 芯片同样支持手动操作位置捕获功能，当通过在线指令或程序赋值方式（Sys.Udata[0]=Gate3[i].Chan[j].HomeCapt）会自动清除捕获标志，并使该通道进入预备捕获状态，当该通道发生捕获事件后，状态字 Gate3[i].Chan[j].Status 的第 20 位和第 21 位会自动置 1，表明该通道已经完成捕获，同时 Gate3[i].Chan[j].Home-Capt 已经储存锁存/捕获位置。

5. 硬件捕获中断服务子程序

与位置比较 ISR 一样，硬件位置捕捉也使用相同的 ISR 函数，因此如果同时使用位置比较中断和位置捕捉中断，需要在 void CaptCompISR(void)函数中判断触发当前函数的中断源，来执行不同的分支程序。

```
void CaptCompISR (void)
{
    volatile GateArray3 *Gate30;
    int *CaptCounter;
    int *CaptPosStore;
    Gate30=GetGate3MemPtr(0);                    //Gate30 结构体指针
    CaptCounter= (int *)pushm+ 65535;            //捕捉存储索引地址
                  // Sys.Idata[65536+Counter] 用来存储捕捉位置
    CaptPosStore= (int *)pushm+ *CaptCounter+ 65536;
    *CaptPosStore=Gate30->Chan[0].HomeCapt;      //保存捕获位置
    (*CaptCounter)++;                            //索引计数+1
    Gate30->IntCtrl=1;                           //清除中断标志位
}
```

以上位置捕捉 ISR 示例程序，每次通道 0 发生位置捕捉事件后，就会触发该中断服务子程序，并将锁存位置保存到起始地址为 Sys.Idata[65536]的空白地址区。使用 ISR 中断的前提是 UserAlgo.CaptCompIntr 要设置为 1，并且通过控制字 Gate3[i].IntCtrl 使能位置捕获中断。控制字 Gate3[i].IntCtrl 中的 16 位表示使能通道 0 的位置捕获中断，17 位表示使能通道 1 的位置捕获中断，18 位表示使能通道 2 的位置捕获中断，19 位表示使能通道 3 的位置捕获中断。

11.4 手轮配置及调试

手轮是数控机床常用于手动调试轴运动的设备。PowerPMAC 编码器接口可与手轮的编码器连接,数字输入接口与手轮轴选择和倍率选择连接,通过在 IDE 软件编写手轮工作时序的 PLC 脚本程序,可和数控系统一样,实现手轮盒控制电动机手动运动功能。

下面是 PowerPMAC CK3M 产品手轮应用举例。

硬件包括控制硬件和手轮盒。

控制硬件:CK3M-CPU101+CK3W-AX1515N+CK3W-PD048。

手轮盒如图 11.12 所示。

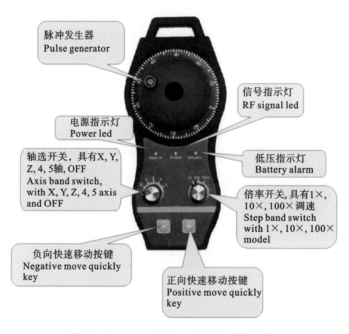

图 11.12 PowerPMAC CK3M 产品手轮

1. 手轮盒和 CK3M 轴模块 CK3W-AX1515N 接线

手轮编码器(也称脉冲发生器)连接到轴模块中空的反馈通道中。轴选和速度选择波段开关接入轴模块的数字输入点。手轮接线的调试过程如图 11.13 所示。

2. IDE 软件手轮变量声明

```
//PowerPMAC NC 状态/命令/状态寄存器
# define MachineState        M1
# define CommandReg          M2
# define StatusReg           M3
# define JogOptions          M4
# define RunOptions          M5
# define MachineMode         M6
# define HmiCounter          M7
```

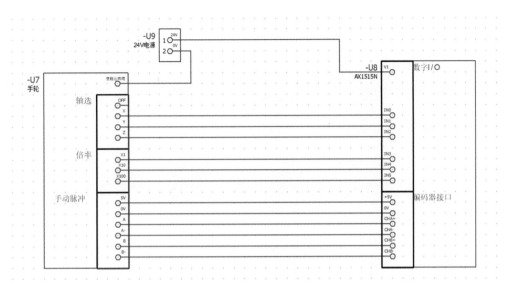

图 11.13　手轮和控制接线图

```
# define DialogResponse          M8

//PowerPMAC NC 机床模式
# define Auto        0
# define Manual      1
# define MDI         2

// PowerPMAC NC 轴索引指示器
# define XaxisIndex     6
# define YaxisIndex     7
# define ZaxisIndex     8

//轴速度选择旋转开关
ptr SpeedSelect->Gate3[0].GpioData[0].3.3;
ptr AxisSelect->Gate3[0].GpioData[0].0.3;
ptr HandEncoder->Motor[4].Pos;

//轴选择码
# define Sel_X_Axis        1
# define Sel_Y_Axis        211
# define Sel_Z_Axis        3
# define Sel_4_Axis        4

//轴选择码
# define Sel_1_Speed       0//x1
# define Sel_2_Speed       1//x10
# define Sel_3_Speed       2//x100
```

```
//PowerPMAC Pendant  Handwheel PLC 全局参数
global PowerPendPresent;
global HandwheelActive;
global InitHandle;
global PrevHandleCount;
global HandleWhileLoop;
global HandleChange;
global HandleSpeed;

global TargetPos1;
global TargetPos2;
global TargetPos3;
global TargetPos4;

global HandleScaleFactor1;
global HandleScaleFactor2;
global HandleScaleFactor3;
global HandleScaleFactor4;

global PrevJogSpeed1;
global PrevJogSpeed2;
global PrevJogSpeed3;
global PrevJogSpeed4;

global PrevJogTa1;
global PrevJogTa2;
global PrevJogTa3;
global PrevJogTa4;

global PrevJogTs1;
global PrevJogTs2;
global PrevJogTs3;
global PrevJogTs4;
```

3. IDE 软件手轮 PLC 程序

```
/********************/
Open plc HandwheelPlc
local HandleScale;
local JogSpeedCo;

HandleScale=0.25
JogSpeedCo=200
```

```
//设置坐标系
Ldata.coord=1;

if (PowerPendPresent==1)

    // 启动手轮 /Inc 模式
    if ( MachineMode==Manual)
    {
        HandwheelActive=1
    }
    else
    {
        HandwheelActive=0
    }

    if (MachineMode==Manual && HandwheelActive==1 && InitHandle==0)
    {
        while (! (Coord[1].DesVelZero)){}
        PrevHandleCount=HandEncoder;
        HandleSpeed=0;

        TargetPos1=Motor[1].DesPos-Motor[1].HomePos
        Motor[1].ProgJogPos=TargetPos1
        PrevJogSpeed1=Motor[1].JogSpeed
        PrevJogTa1=Motor[1].JogTa
        PrevJogTs1=Motor[1].JogTs

        TargetPos2=Motor[2].DesPos-Motor[2].HomePos
        Motor[2].ProgJogPos=TargetPos2
        PrevJogSpeed2=Motor[2].JogSpeed
        PrevJogTa2=Motor[2].JogTa
        PrevJogTs2=Motor[2].JogTs

        TargetPos3=Motor[3].DesPos-Motor[3].HomePos
        Motor[3].ProgJogPos=TargetPos3
        PrevJogSpeed3=Motor[3].JogSpeed
        PrevJogTa3=Motor[3].JogTa
        PrevJogTs3=Motor[3].JogTs

        InitHandle=1
    }

    While(MachineMode==Manual && HandwheelActive==1 && InitHandle==1)
    {
```

```
HandleWhileLoop=1
HandleChange   =(HandEncoder‐PrevHandleCount)

// 检查最大更改不超出
if (abs(HandleChange)>500)
{
    HandleChange=0
}

PrevHandleCount=HandEncoder

if (SpeedSelect==Sel_1_Speed)
{
    HandleSpeed=1

    Motor[1].JogTa=-8
    Motor[2].JogTa=-8
    Motor[3].JogTa=-8

    Motor[1].JogTs=-100
    Motor[2].JogTs=-100
    Motor[3].JogTs=-100

    Motor[1].JogSpeed=JogSpeedCo* Motor[1].CoordSf[XaxisIndex]/co-
    ord[1].FeedTime
    Motor[2].JogSpeed=JogSpeedCo* Motor[2].CoordSf[YaxisIndex]/co-
    ord[1].FeedTime
    Motor[3].JogSpeed=JogSpeedCo* Motor[3].CoordSf[ZaxisIndex]/co-
    ord[1].FeedTime

    }
    if (SpeedSelect==Sel_2_Speed)
    {
        HandleSpeed=10

        Motor[1].JogTa=-4
        Motor[2].JogTa=-4
        Motor[3].JogTa=-4

        Motor[1].JogTs=-100
        Motor[2].JogTs=-100
        Motor[3].JogTs=-100

        Motor[1].JogSpeed= JogSpeedCo * Motor[1].CoordSf[XaxisIn-
```

```
    dex]/coord[1].FeedTime
    Motor[2].JogSpeed=JogSpeedCo * Motor[2].CoordSf[YaxisIn-
    dex]/coord[1].FeedTime
    Motor[3].JogSpeed=JogSpeedCo * Motor[3].CoordSf[ZaxisIn-
    dex]/coord[1].FeedTime

}
if (SpeedSelect==Sel_3_Speed)
{
    HandleSpeed=100

    Motor[1].JogTa=-2
    Motor[2].JogTa=-2
    Motor[3].JogTa=-2

    Motor[1].JogTs=-100
    Motor[2].JogTs=-100
    Motor[3].JogTs=-100

    Motor[1].JogSpeed=JogSpeedCo * Motor[1].CoordSf[XaxisIn-
    dex]/coord[1].FeedTime
    Motor[2].JogSpeed=JogSpeedCo * Motor[2].CoordSf[YaxisIn-
    dex]/coord[1].FeedTime
    Motor[3].JogSpeed=JogSpeedCo * Motor[3].CoordSf[ZaxisIn-
    dex]/coord[1].FeedTime

}

if (SpeedSelect==Sel_4_Speed)
{
    HandleSpeed=0.0100//0.1000

    Motor[1].JogTa=-2
    Motor[2].JogTa=-2
    Motor[3].JogTa=-2

    Motor[1].JogTs=-100
    Motor[2].JogTs=-100
    Motor[3].JogTs=-100

    Motor[1].JogSpeed=JogSpeedCo * Motor[1].CoordSf[XaxisIn-
    dex]/coord[1].FeedTime
    Motor[2].JogSpeed=JogSpeedCo * Motor[2].CoordSf[YaxisIn-
    dex]/coord[1].FeedTime
```

```
        Motor[3].JogSpeed=JogSpeedCo*Motor[3].CoordSf[ZaxisIn-
        dex]/coord[1].FeedTime

}

if (SpeedSelect==Sel_5_Speed)
{
    HandleSpeed=0.0100//1.0000

    Motor[1].JogTa=-2
    Motor[2].JogTa=-2
    Motor[3].JogTa=-2

    Motor[1].JogTs=-100
    Motor[2].JogTs=-100
    Motor[3].JogTs=-100

    Motor[1].JogSpeed=JogSpeedCo*Motor[1].CoordSf[XaxisIn-
    dex]/coord[1].FeedTime
    Motor[2].JogSpeed=JogSpeedCo*Motor[2].CoordSf[YaxisIn-
    dex]/coord[1].FeedTime
    Motor[3].JogSpeed=JogSpeedCo*Motor[3].CoordSf[ZaxisIn-
    dex]/coord[1].FeedTime

}
If(AxisSelect==Sel_X_Axis && HandleChange !=0)
{
    If ((Motor[1].PlusLimit==1||Motor[1].SoftPlusLimit==1) &&
    HandleChange>0)
    {
        HandleChange=0
    }
    If((Motor[1].MinusLimit==1||Motor[1].SoftMinusLimit==1)
    && HandleChange<0)
    {
    HandleChange=0
    }
    TargetPos1=TargetPos1+HandleSpeed*HandleChange*Motor[1].
    CoordSf[XaxisIndex]*HandleScale
    Motor[1].ProgJogPos=TargetPos1
    jog1=*
    send1 "Jogging"
}
```

```
        If(AxisSelect==Sel_Y_Axis && HandleChange !=0)
        {
            If ((Motor[2].PlusLimit==1||Motor[2].SoftPlusLimit==1) &&
            HandleChange>0)
            {
                HandleChange=0
            }
            If((Motor[2].MinusLimit==1||Motor[2].SoftMinusLimit==1)
            && HandleChange<0)
            {
                HandleChange=0
            }
            TargetPos2=TargetPos2+HandleSpeed*HandleChange*Motor[2].
            CoordSf[YaxisIndex]*HandleScale
            Motor[2].ProgJogPos=TargetPos2
            jog2=*
            send1 "Jogging"
        }


        If(AxisSelect==Sel_Z_Axis && HandleChange !=0)
        {
            If ((Motor[3].PlusLimit==1||Motor[3].SoftPlusLimit==1) &&
            HandleChange>0)
            {
                HandleChange=0
            }
            If((Motor[3].MinusLimit==1||Motor[3].SoftMinusLimit==1)
            && HandleChange<0)
            {
                HandleChange=0
            }
            TargetPos3=TargetPos3+HandleSpeed*HandleChange*Motor[3].
            CoordSf[ZaxisIndex]*HandleScale
            Motor[3].ProgJogPos=TargetPos3
            jog3=*
            send1 "Jogging"
        }
}
HandwheelActive=0
HandleSpeed=0

If(HandleWhileLoop==1) // && MachineMode!=Manual)
{
    InitHandle=0
```

```
            HandleWhileLoop= 0
            HandleSpeed= 0

            send1 "JogStopped"

            Motor[1].JogSpeed= PrevJogSpeed1
            Motor[2].JogSpeed= PrevJogSpeed2
            Motor[3].JogSpeed= PrevJogSpeed3

            Motor[1].JogTa= PrevJogTa1
            Motor[2].JogTa= PrevJogTa2
            Motor[3].JogTa= PrevJogTa3

            Motor[1].JogTs= PrevJogTs1
            Motor[2].JogTs= PrevJogTs2
            Motor[3].JogTs= PrevJogTs3
        }
    }
    Close
```

将变量声明和 PLC 程序下载到 PowerPMAC 控制器中，在终端窗口中输入指令 ENABLE PLC HandwheelPlc。

手轮程序调试：将 HandEncoder 加入观察窗口后，摇动手轮观察是否有计数变化。

示例中手轮接在第 4 轴的编码器通道上。SpeedSelect 和 AxisSelect 加入观察窗口后，转动轴选择和倍率旋钮观察数值变化。

在终端窗口中输入 PowerPendPresent＝1 和 MachineMode＝1，观察 InitHandle 变量，如果 InitHandle＝1 表示完成手轮初始化。

在手轮上选好轴和速度倍率后，摇动手轮的编码器。观察 TargetPos[x] 的数值变化及对应轴的位置变化。如果速度和加减速不合适，可以改变对应轴的 JOG 速度和加减速。

11.5　时基应用

PowerPMAC 的时基控制是将运动轨迹表达为与时间的关系函数，其中时间为主基准信号，运动速度是跟随时间基准快慢变化来调整的。时基可以是时间，也可以是频率或者速度。时基时间也称为时基源信号，就是产生时间关系的硬件，比如设备外部的编码器信号的计数频率或者转速，或者是 PowerPMAC 控制电动机的反馈信号的速度快慢等。如图 11.14 所示。

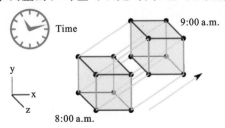

1. PowerPMAC 时基控制应用场合

如数控车床的螺纹多线加工，螺纹进给

图 11.14　PowerPMAC 的时基控制

轴运动和主轴旋转电动机的转速是有速度的同步关系的。

如主轴为变频电动机,主轴电动机装有编码器,PowerPMAC 连接主轴编码器,PowerPMAC 将主轴编码器作为外部事件源信号,将主轴编码器的转速作为时间基准系数,通过参数设定,可实现螺纹运动轨迹和主轴转速之间的同起、同快、同慢、同停的控制效果。车床螺纹加工设备如图 11.15 所示。

单线螺纹

双线螺纹

图 11.15 车床螺纹加工设备

再如飞切设备,是将切刀上下运动速度与装载物料的传送带转动速度之间关联,如果传送带转速快,切刀就上下动作快;传送带转速慢,则切刀上下动作慢;纸带不运动则切刀不运动。如图 11.16 所示。

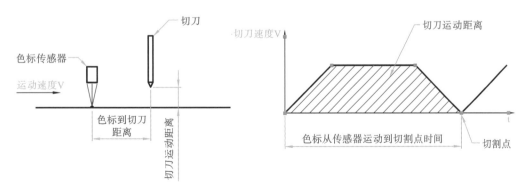

图 11.16 切刀和纸带的相对运动

2. PowerPMAC 时基控制原理

继续以飞切设备为例,PowerPMAC 时基控制下切刀的运动轨迹如图 11.17 所示。

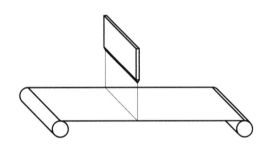

切刀

色标传感器

运动速度V

色标到切刀距离

切刀运动距离

切刀速度V

切刀运动距离

色标从传感器运动到切割点时间

切割点

图 11.17 切刀的运动轨迹

传送带按速度 v 运行,PowerPMAC 可以计算出传送带从色标传感器运动到切割点的距离为 s1,以及时间为 t1。为切刀设计一个运动程序,要求切刀从原点运动到切割位置需要时间为 t1。在色标传感器未检测到色标时,切刀坐标系时基为 0,时间静止,切刀不运动。当色标传感器检测到色标时,切刀坐标系恢复正常时基,开始运动。经过 t1 时间后,切刀运动轨迹正好实现和传送带在切割点相遇。

3. PowerPMAC 时基实现方法

前提:PowerPMAC 时基功能是每个坐标系都可以有每个坐标系的时基系数的,都是以 Coord[x]. 来表达。时基控制相关参数的说明如表 11.1 所示。

表 11.1　时基控制相关参数说明

参数	说明
Sys. ServoPeriod	是 PowerPMAC 系统伺服周期
Coord[x]. TimeBase	是坐标系 x 的时基源信号,默认为 Sys. ServoPeriod,表示坐标系下的运动轨迹的时间基准是以 PowerPMAC 卡的伺服周期为基准的
Coord[x]. DesTimeBase	坐标系设定时基数值

4. 时基事件(时基源信号)信号确定和相关设定参数

飞切设备中,时基时间信号是传送带上的编码器;螺纹车削设备的时基源是主轴转速信号,是主轴上的编码器。它们就是 PowerPMAC 里的时基源信号。

PowerPMAC 需要将时基源信号硬件连接到 PowerPMAC 相应端口。

通过编码器转换表设定,实现信号的解析,使 PowerPMAC 可以读到时基源信号的数值编码器转换表设定方法,请参考 PowerPMAC 编码器转换表设定章节。

5. 时基系数的计算

时基控制的工作原理是改变伺服控制周期的"精细插补"生成新的轨迹命令。在 PowerPMAC 中,每个伺服循环求解的基本插值方程为

$$CP_n = CP_{n-1} + CV_n \times \Delta t_n$$

式中:CP_n 是当前伺服周期的指令位置;CP_{n-1} 是上一个伺服周期的指令位置;CV_n 是当前伺服轴的指令速度;Δt_n 是每个伺服周期的物理时间。

在 PowerPMAC 中,Sys. ServoPeriod 保存了一个伺服周期的物理时间。假设上述的 Δt_n 是一个变量,比如当在做"精细插补"时,Δt_n 为实际值的 $1/2$,则此时电动机的真实速度就会变为原来的 $1/2$,这就是时基控制的基本原理。

在 PowerPMAC 中,每一个坐标系都有自己的时基,Coord[x]. TimeBase,当电动机归属于该坐标系时,将以该坐标系的时基作为"精细插补"运算中的 Δt_n。而 Sys. ServoPeriod 作为整个控制器的时基,在每次上电过程中,每个坐标系会拷贝 Sys. ServoPeriod 作为自己的时基。

坐标系的 Coord[x]. TimeBase 可以通过 Coord[x]. DesTimeBase 赋值修改,或使用%指令修改。当使用%指令或修改 Coord[x]. DesTimeBase 时 Coord[x]. TimeBase 不会突变,而是会按 Coord[x]. TimeBaseSlew 速率变化。因为 Coord[x]. TimeBase 会影响电动机的运行速度,如果突变就意味着电动机速度会产生跳动,这在很多应用中是无法接受的。当 Coord[x]. TimeBase 为 0,或是通过终端窗口发送了%0 指令后,电动机手动或者程序的运动都将会静止暂停,直到 Coord[x]. TimeBase 不为 0。

坐标系可以通过参数 Coord[x]. pDesTimeBase 修改自己的时基源,默认情况下 Coord[x]. pDesTimeBase＝Coord[x]. DesTimeBase. a。通过修改 Coord[x]. pDes-TimeBase 可以让第 2 坐标系使用第 1 坐标系的时基,例如

Coord[2].pDesTimeBase=Coord[1].DesTimeBase.a

此时如果修改坐标系 1 的时基,例如使用 &1%50 指令,则归属坐标系 2 的电动机速度也会变化。此种设定可以用来同步坐标系 1 与坐标系 2 的运动。假如我们希望坐标系 1 与坐标系 2 同时执行不同的运动程序,但是又希望两个坐标系的运动能同时精确开始,就可以使用此种方法。将坐标系 2 的时基关联到坐标系 1,并在开始运行运动程序之前,将坐标系 1 的时基设定为 0,而后运行两个坐标系的运动程序,再将时基改为初始值。

6. 时基的外部同步

时基除了可以用来做内部坐标系的同步,还可以与外部设备进行同步,如机床的主轴。当需要坐标系时基与外部编码器关联时,可以将 Coord[x]. pDesTimeBase 指向外部输入编码器信号的编码器转换表中的 EncTable[i]. DeltaPos,即 Coord[x]. pDes-TimeBase＝EncTable[i]. DeltaPos. a。此时坐标系时基将与外部输入编码器信号的速度进行关联。在此处还有一个非常重要的参数,即该编码器转换表的 EncTable[i]. ScaleFactor 参数,该参数决定了外部输入编码器信号的速度与坐标系时基大小的比例关系。下面讲解如何计算该比例关系。

假设外部输入编码器信号到额定转速 V 时,PowerPMAC 中的运动程序达到程序中指定的速度,即此时坐标系时基为 Sys. ServoPeriod,那么 EncTable[i]. ScaleFactor＝Sys. ServoPeriod/ EncTable[i]. DeltaPos(速度 V 时的值)。

7. 触发时基

当坐标系时基与外部编码器相关联时,外部编码器转动,则电动机运动,外部编码器停止转动,则电动机停止运动。但有时,需要在某一个触发条件下,才允许坐标系的时基与外部编码器相关联。

PowerPMAC 建议使用 PLC 0 来做触发条件判断,当未触发时,EncTable[i]. ScaleFactor＝0,触发后 EncTable[i]. ScaleFactor＝计算值。

供参考的 PLC 0 程序以下。

```
open plc 0
switch(TimeBase_Triger_State)
{
case INIT:
EncTable[5].ScaleFactor=0
TimeBase_Triger_State=ARM
break;
case ARM:
if(Gate3[0].Chan[3].UserFlag==1)
{
    EncTable[5].ScaleFactor=1/256
    TimeBase_Triger_State=TRIGER;
```

```
    }
    break;
    case TRIGER:
    break;
    default:
    break;
    }
    Close
```

在运动程序中,需要在运动完成后将 TimeBase_Triger_State=INIT。

```
open prog 1
Coord[1].pDesTimeBase=EncTable[5].DeltaPos.a
dwell 0
abs
linear
ta 50
ts 15
tm 100
while(1)
{
    TimeBase_Triger_State=INIT
    dwell 0
    z -100
    dwell 0
    z 0
    dwell 0
}
close
```

8. 反向时基

如果 Motor[x].TraceSize 值不为 0,则 PMAC 会缓存已经执行的运动,如果此时时基为负值,即发生时间倒计的情况,那么电动机会按缓存轨迹回退运动。需要注意的是,当坐标系中有多个电动机时,所有电动机的 Motor[x].TraceSize 必须保持一致,否则将会引起错误。

11.6 PowerPMAC 运动到触发

PowerPMAC 中的"触发移动"是复合移动,允许编程的快速移动被外部的触发中断,改变最终目标位置。触发后相对于触发位置增量移动到停止。

1. 触发动作的类型

PowerPMAC 有以下三种可触发的电动机动作:

(1) 回零搜索移动;

(2) 手动到触发移动;

(3) 程序快速模式移动直到触发。

这三种类型的移动都以相同的方式工作,触发和位置捕获功能在所有三种移动类型中都是相同的。下面将详细描述。

1) 触发器的种类

触发器的种类有以下两种。

(1) 编码器索引或外部标志。

(2) 超出警告跟随误差。

2) 触发条件的判别方法

进行触发条件的判别方法有以下三种。

(1) 硬件捕获:立即捕获;仅从编码器计数器捕获。

(2) 软件捕获:最多1个实时中断周期延迟。

(3) 计时器辅助软件捕获:使用软件,但进行插值以减少延迟。

2. 运动到触发相关参数

运动到触发相关参数如表11.2所示。

表 11.2　运动到触发相关参数

Motor[x].CaptureMode	选择触发判别方法: 0.硬件触发器,硬件捕获; 1.硬件触发器,软件捕获; 2.错误触发器,软件捕获; 3.硬件触发器,定时器辅助的软件捕获
Motor[x].pCaptFlag	编码器捕获触发器(输入)标志指针
Motor[x].CaptFlagBit	在 pCaptFlag 寄存器中的捕获标志的位号
Gate3[i].Chan[j].CaptCtrl	IC 通道位置捕获控制,选择硬件触发器(有或没有硬件位置捕获),必须正确设置此变量
Gate3[i].Chan[j].CaptFlagChan	IC 通道位置捕获标志通道选择,默认情况下,通道将使用自己的标志来进行位置捕获
Gate3[i].Chan[j].CaptFlagSel	IC 通道位置捕获标志选择 HOMEn;PLIMn;MLIMn;USERn
Motor[x].pCaptEna	编码器捕获触发器指针(外部)
Motor[x].CaptEnaBit	编码器捕获触发器位号(外部)
Motor[x].CaptEnaInvert	编码器捕获触发器极性控制(外部)
Motor[x].pCaptPos	编码器捕获的位置指针

3. 可能的触发模式

1) 硬件"立即"输入触发器

设置 Motor[x].CaptureMode 为 0 将选择这个输入触发器。

Motor[x].pCaptPos 将指定在触发时立即捕获什么寄存器。这应该是"回零捕获"编码器寄存器,Gate3[i].Chan[j].HomeCapt.a,它包含在捕获触发器时从编码器获得的原始数据,而不是从其他样本方法获得的电动机单元中的处理数据。HomeCapt 的单位是 1/256 个编码器计数。

必须使用 Gate3[i].Chan[j].CaptCtrl 来选择使用的触发器类型。

如果使用了标志,则使用 Gate3[i].Chan[j].CaptFlagChan 和 Gate3[i].Chan[j].

CaptFlagSel 必须同样设置。

2）软件捕获输入触发器

设置 Motor[x].CaptureMode 为 1 将选择这个输入触发器。

电动机目前的"实际位置"寄存器（Motor[x].ActPos.a）被捕获。这可能会导致捕获有一个伺服周期的延迟。ActPos 的单位是电动机单位。通常电动机"实际位置"寄存器来源串行反馈或总线。

必须使用 Gate3[i].Chan[j].CaptCtrl 来选择使用的触发器类型。

如果使用了标志,则使用 Gate3[i].Chan[j].CaptFlagChan 和 Gate3[i].Chan[j].CaptFlagSel 必须同样设置。

3）跟随误差输入触发器

设置 Motor[x].CaptureMode 为 2 将选择这个输入触发器。

电动机目前的"实际位置"寄存器（Motor[x].ActPos.a）被捕获。这可能会导致捕获有一个伺服周期的延迟。ActPos 的单位是电动机单位。

当电动机的跟随误差超过电动机[x]设定的警告限值时,Motor[x].WarnFeLimit 该位置将被捕获。

4）定时器辅助软件捕获输入触发器

设置 Motor[x].CaptureMode 为 3 将选择这个输入触发器。

PMAC 从"实际位置"寄存器（Motor[x].ActPos.a）中进行插值。这试图通过直接采样实际位置寄存器来抵消任何延迟。这些单位是电动机单位,其精度通常非常接近于硬件捕获,即使反馈没有通过编码器计数器进行处理。

必须使用 Gate3[i].Chan[j].CaptCtrl 来选择使用的触发器类型。

如果使用了标志,则使用 Gate3[i].Chan[j].CaptFlagChan 和 Gate3[i].Chan[j].CaptFlagSel 必须同样设置。

5）运动到触发的移动命令

```
#n home/home n
```

手动电动机 n,直到达到正确的触发信号,速度由 Motor[x].HomeVel 决定。"home"命令可以在线或从运动程序中发出（当在线时,使用♯n home;来自程序,使用 home n）。

```
#{list}{jog command}^{constant}
```

可被触发信号中断的 jog 命令,jog 命令执行过程中,如果遇到预设的触发信号,jog 命令将终止,电动机将运动到 constant 指定的位置;运动过程中没有遇到触发信号,jog Command 指令将正常执行到结束。

例如:指令♯1jog＝10000^－50;命令电动机 1 运动到绝对位置 10000mm,运动过程中如果遇到 HOME 标志信号的触发,从触发位置反向移动 50mm 停止。没有遇到触发信号,电动机将停止在 10000mm 位置。

注意:此功能适用于除 J＋、J－外,全部的 jog 指令。

```
RAPID ABS(INC){axis}{Data1}^{Data2}
```

此命令仅在程序 RAPID 模式下工作;命令执行过程中,如果遇到预设的触发信号,RAPID 命令将终止,电动机将运动到 Data2 指定的位置;运动过程中没有遇到触发信号,RAPID 指令将正常执行到结束。

例如:RAPID ABS×10000^—50 如图 11.18 所示。执行程序 X 轴快速定位到绝对位置 10000mm,运动过程中如果遇到 HOME 标志信号的触发,从触发位置反向移动 50mm 停止。没有遇到触发信号,电动机将停止在 10000mm 位置。

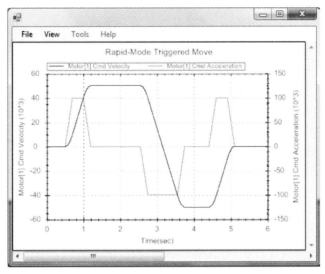

图 11.18 RAPID ABS×10000^—50

6)运动到触发移动轨迹

触发移动轨迹如图 11.19 所示。

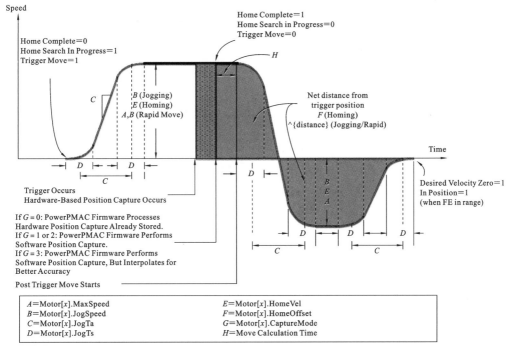

图 11.19 触发移动轨迹

11.7 PowerPMAC 卡级联控制

PowerPMAC 强大的开放性结构,结合可以灵活控制寄存器的输入和输出能力,在 PowerPMAC 卡的伺服环基本功能基础上,可以衍生出一种伺服环级联控制(cascade control)模式。所谓伺服级联控制,可简单描述为一个电动机驱动结构有 2 个伺服控制环路,一个称为内环,另一个称为外环,外环控制器的输出可以是内环控制器的输入,两个环路的控制是内外关联的结构。比如自动装配设备,螺母拧紧时,以设定的力在转动螺母,此时既要控制螺母转动的速度,又要控制螺母拧紧力的大小,这种控制环在伺服环路控制上,就是典型的伺服环级联控制,其中内环是控制速度,外环是控制拧紧力。PowerPMAC 将这种内外环关联的控制方法,称为伺服环级联控制。

伺服级联控制最常见的应用有:

(1) 力位控制需求的设备,如自动装配设备,缠绕设备等;

(2) 高低不平表面的高度控制,如激光切割机调高器控制,相机实时调整焦距的控制等。

对于同时需要两种控制方式实现某种功能的需求,PowerPMAC 控制的内环,就是标准的伺服位置或者速度反馈环路,外环可通过辅助传感器,如力传感器或者位移传感器等,在内环正常工作的同时,实现力或者位置的调整功能。外环控制和内环控制可通过设定实现是否级联的效果。

1. PowerPMAC 伺服级联实现方法

内外环级联可通过位置跟随方式,外环电动机的反馈信号通过编码器转换表的计算,将结果作为外环指令输出,设为内环电动机"主位置"的信号源,内环电动机通过位置跟随设定,实现内环电动机跟随外环的指令。这种主从跟随方法使用灵活,但外环编码器表计算和内环跟随控制之间会有一个伺服周期的延迟,所以对于非常高带宽的应用需求,控制性能可能会受影响。

级联跟随控制框图示意如图 11.20 所示。

2. 伺服环级联的设定调试步骤

PowerPMAC 伺服环级联控制设定步骤如下。

(1) 配置内环电动机,按正常方式设定内环电动机,包括接线,参数设定。

(2) 设定外环电动机,为了减少延迟,外环电动机序号要小于内环电动机序号,这样 PowerPMAC 在运算时,先计算执行外环电动机,再计算执行内环电动机。

(3) 将外环电动机 Motor[β].pCascadeCmd 指向内环电动机的 MasterPos,在线指令:

```
Motor[β].pCascadeCmd=Motor[α].ActiveMasterPos.a
```

伺服环级联使能关联,参数:

```
Motor[α].MasterCtrl=1, //代表建立级联
Motor[α].MasterCtrl=0, //代表取消级联
```

(4) 外环电动机工作方式设定,参数 Motor[β].CascadeMode 是外环电动机的工

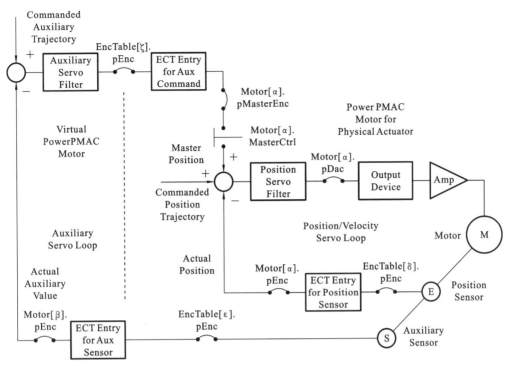

Cascaded Servo Loops Using Position Following Function

图 11.20 级联跟随控制框图

作方式设定参数，当 Motor[β].CascadeMode＝1 时，外环电动机的输出值会进行累加，此种模式用于希望外环电动机输出值可以推动内环电动机持续运动的情况。当 Motor[β].CascadeMode＝0 时，外环电动机输出值仅仅以偏移量形式施加到内环电动机指令，不再进行累加。此种情况用于消除偏差，例如：测距传感器检测到被测物体移动，需要内环电动机运行保持与被测物体距离的应用。

```
Motor[β].CascadeMode=1
```

使用方式比较常见。

3. 伺服环级联的调试步骤

（1）先调节内环电动机伺服参数，只有当内环电动机具有较好的性能时，外环电动机才有可能获得较好的性能。

（2）当内环电动机调试完成后，就可以开始外环电动机调试。调试外环电动机时，内环电动机必须使能，并处于闭环状态，可使用 j/指令闭环内环电动机。

（3）外环电动机调整参数。以阶跃运动为主，调整参数如下。

```
Motor[β].Servo.Kp,
Motor[β].Servo.Ki
```

对于具体应用或不同被控对象，可灵活调整参数如下。

```
Motor[β].Servo.Kvfb
```

```
Motor[β].Servo.Kvifb
```

4. 伺服环级联控制在运动程序中的使用方法

以力位控制为例,内环代表位置控制,外环代表力控制,在坐标系轴定义时,将力环定义为辅助轴 U,V,W 的名称。示例如下。

```
&1
#1->10000X
#2->10000Y
#3->10000Z
#0->4000W
```

表示使用 Motor[0]作为外环电动机,定义分配给 W 轴;Motor[3]作为内环电动机,定义分配给 Z 轴。

在运动程序中,当需要级联外环力控制时,程序编写如下。

```
Z10
dwell0
Motor[3].MasterCtrl=1    //级联开启
pmatch
W5                      //级联控制大小。其中 pmach 指令用来使电动机位置与坐
                        //标系中轴位置同步,因为当时级联控制时,内环电动机可
                        //能因为外环电动机作用导致位置产生偏移
```

当需要结束级联控制时,可编程如下。

```
W8
dwell0
Motor[3].MasterCtrl=0    //级联关闭
pmatch
Z0                      //在这里同样需要使用 pmach 指令,使电动机位置与坐标系
                        //轴位置进行同步
```

12

PMAC 运动控制器高级语言开发

12.1 编程语言简介

12.1.1 C♯介绍

C♯是微软公司发布的一种安全、稳定、简单、优雅的面向对象的编程语言,由 C/C++衍生而来。它在继承 C/C++强大功能的同时,去掉了 C/C++的一些复杂特性(例如没有宏以及不允许多重继承)。

C♯综合了 VB 的简单可视化操作和 C++的高运行效率,以其强大的操作能力、优雅的语法风格、创新的语言特性和便捷的面向组件编程的支持,成为. NET 开发的首选语言。

C♯是一种面向对象的编程语言,它使得程序员可以快速地编写各种基于 Microsoft. NET 平台的应用程序。Microsoft. NET 提供了一系列的工具和服务,以帮助开发人员最大程度地利用互联网为基础的计算和通信技术,通过先进的软件技术和众多的智能设备,提供更简单、更个性化、更有效的互联网服务。

C♯使得程序员可以高效地开发程序,且可调用由 C/C++编写的本机原生函数,不损失 C/C++原有的强大功能。因为这种继承关系,C♯与 C/C++具有极大的相似性,熟悉类似语言的开发者可以很快地掌握 C♯进行开发。

12.1.2 C++介绍

C++(C Plus Plus)是一种计算机高级程序设计语言,由 C 语言扩展升级而产生,最早于 1979 年由本贾尼·斯特劳斯特卢普在美国电话电报公司(AT&T)贝尔工作室研发。

C++是一种静态类型的、编译式的、通用的、大小写敏感的、不规则的编程语言,支持过程化编程、面向对象编程和泛型编程。

C++被认为是一种中级语言,它综合了高级语言和低级语言的特点。C++是 C 的一个超集,任何合法的 C 程序都是合法的 C++程序。C++既可以进行 C 语言的过程化程序设计,又可以进行以抽象数据类型为特点的基于对象的程序设计,还可以进行以继承和多态为特点的面向对象的程序设计。

C++擅长面向对象程序设计的同时,还可以进行基于过程的程序设计。C++几乎可以创建任何类型的程序,如游戏、设备驱动程序、HPC、云、桌面、嵌入式和移动应用等,甚至其他编程语言的库和编译器也使用 C++编写。

1. Visual C++介绍

Microsoft Visual C++通常简称为 Visual C++或 MSVC,是指在 Windows 上作为 Visual Studio 部分可用的 C++、C 及汇编语言开发工具和库的名称。这些工具和库允许用户创建各种应用程序,包括通用 Windows 平台(UWP)应用程序、本机 Windows 桌面和服务器应用程序、跨平台库和运行在 Windows、Linux、Android 和 iOS 上的应用程序,以及使用.NET 框架的托管应用程序和库。用户可以使用 Visual C++编写任何东西,从简单的控制台应用程序到复杂的 Windows 桌面应用程序、设备驱动程序和操作系统组件,再到移动设备跨平台游戏,甚至是最小的物联网设备和基于 Azure 云的多服务器高性能计算。

2. MFC 介绍

MFC(Microsoft Foundation Class)是微软基础类库,以 C++类的形式封装了 Windows API,并且包含一个应用程序框架。类中包含了大量的 Windows 句柄封装类、很多 Windows 的组件和内建控件的封装类。MFC 把 Windows SDK API 函数包装成了几百个类,MFC 给 Windows 系统提供面向对象的接口,支持可重用性、自包含性以及 OPP 原则。

3. QT 介绍

QT 是 1991 年由 Qt Company 开发的跨平台 C++图形用户界面应用程序开发框架。它既可以开发 GUI 程序,也可用于开发非 GUI 程序,比如控制台工具和服务器。QT 是面向对象的框架,使用特殊的代码生成扩展(称为元对象编译器(Meta Object Compiler, moc))以及一些宏,QT 很容易扩展,并且允许真正地组件编程。

2008 年,Qt Company 科技被诺基亚公司收购,QT 也因此成为诺基亚旗下的编程语言工具。2012 年,QT 被 Digia 收购。

2014 年 4 月,跨平台集成开发环境 QT Creator 3.1.0 正式发布,实现了对于 iOS 的完全支持,新增 WinRT、Beautifier 等插件,废弃了无 Python 接口的 GDB 调试支持,集成了基于 Clang 的 C/C++代码模块,并对 Android 支持做出了调整,至此实现了全面支持 iOS、Android、WP,它提供给应用程序开发者建立艺术级的图形用户界面所需的所有功能。基本上,QT 同 X Window 上的 Motif、Openwin、GTK 等图形界面库和 Windows 平台上的 MFC、OWL、VCL、ATL 是同类型的东西。

本书介绍的相关内容基于 QT5 及以上版本。

12.2 使用 C#开发上位机软件

12.2.1 C#PDK 简介

PDK(PowerPMAC Development Kit)是. Net 组件和函数的集合,用于创建基于

.Net的自定义 HMI 程序,该程序与 PowerPMAC 通信。

C♯PDK 具备如下特点。

(1) C♯PDK 用于为 PowerPMAC 开发 HMI 程序,它基于.Net 4.5 通信库和 SSH 协议。

(2) 无窗口对象可用于基本通信、错误和未经请求的消息。

(3) 为 PowerPMAC 提供运动(GpAscii)、主机操作系统(终端)和 FTP 通信(FTP 客户端)。

(4) 支持 C♯编程(VS2015 以上版本),并提供 C♯ 程序示例。支持内置的 visual studio 风格帮助。

12.2.2 环境搭建

1. 开发环境

Visual Studio2015 及以上版本。后面都简称 VS2015。

2. 开发环境注册

基于 C♯开发 PMAC 上位机程序时,需要注意如下。

(1) 有关 License 文件:需要将 DkeyLib32.DLL,DKeyLib64.DLL,CLLLicFile.lic 三个文件包含在 C♯文件的 Debug 目录中。

(2) 拷贝 CLLLicFile.lic 文件到 C:\Windows\System32,C:\Windows\Sys-wow64 两个目录中。

(3) 确保 PDK 目录(C:\DeltaTau\PowerPMAC\4\PDK)有 DkeyLib32.DLL、DKeyLib64.DLL。

碰到的问题是,如果上述没有操作,可能会在 Run C♯应用程序时出现 License 认证对话框。目前按上述(1)~(3)步骤操作后,问题可以解决。

12.2.3 PDK 应用

1. 工程建立

(1) 打开 VS2015 及以上版本,在菜单栏依次点击"文件"→"新建"→"项目",创建新项目如图 12.1 所示,进入新项目创建向导,选择开发语言为 C♯,程序类型为桌面。

(2) 在项目配置中,依次修改"项目名称""位置""解决方案名称""框架"(框架版本建议使用长期支持版本.Net Framework4.6.1),新项目配置如图 12.2 所示。

(3) 点击"创建"即完成新工程创建。

2. 项目引用配置

新工程的引用如图 12.3 所示,C♯工程"引用"位置右击,选择"添加引用"。

Visual StudioC♯ 工程在开发过程中需要引用、添加 ODT.Common.dll、ODT.PMACGlobal.dll、ODT.PowerPmacBuildAndDownload.dll、ODT.PowerPmacCom-Lib.dll 等四份 DLL,添加后项目引用 DLL 明细如图 12.4 所示。

3. 初始化对象

C♯动态库提供的对象包含 GPA 控制器命令操作对象、FTP 文件传输对象、CMD 控制器后端命令对象。在使用前需构建连接对象如图 12.5 所示、初始化如图 12.6 所示。

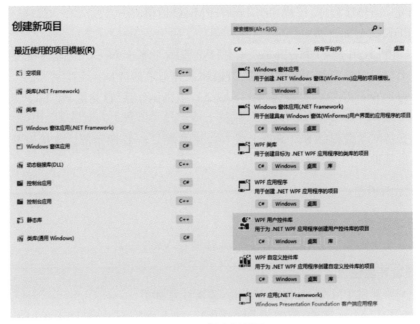

图 12.1 创建新项目

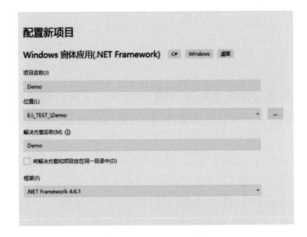

图 12.2 新项目配置

图 12.3 新工程的引用位置

图 12.4 项目引用 DLL 明细

```
public ISyncGpasciiCommunicationInterface _gpa;
public IFTPClientInterface _ftp;
public ISyncTerminalCommunicationInterface _cmd;
```

图 12.5　构建连接对象

```
_gpa = Connect.CreateSyncGpascii(CommunicationGlobals.ConnectionTypes.SSH, null);
_ftp = Connect.CreateFTPClient(CommunicationGlobals.FTPConnectionTypes.FTP, null);
_cmd = Connect.CreateSyncTerminal(CommunicationGlobals.ConnectionTypes.SSH, null);
```

图 12.6　初始化连接对象

4. 控制器连接

C♯对象具有独立的连接函数,根据使用情况,相应的对象需要进行连接处理。

GPA 对象连接控制器通过 ConnectGpAscii 函数来实现,函数包含控制器的 IP (默认为 192.168.0.200)、连接的端口号(默认为 22)、用户名(默认为 root)、密码(默认为 deltatau)四个参数,参数需与控制器设定一致才可正常连接,GPA 连接控制器如图12.7所示。

FTP 对象连接控制器通过 ConnectFTP 函数来实现,函数包含控制器的 IP(默认为 192.168.0.200)、用户名(默认为 root)、密码(默认为 deltatau)3 个参数,参数需与控制器设定一致才可正常连接,FTP 连接控制器如图 12.8 所示。

```
bool _b_ret = _gpa.ConnectGpAscii(_ip, _port, _name, _pwd);
if (_b_ret)
{
    return 1;//正常
}
else
{
    return -1;//连接失败
}
```

图 12.7　GPA 连接控制器

```
bool _b_ret = _ftp.ConnectFTP(_ip, _name, _pwd);
if (_b_ret)
{
    return 1;//正常
}
else
{
    return -1;//连接失败
}
```

图 12.8　FTP 连接控制器

CMD 对象连接控制器通过 ConnectTerminal 函数来实现,函数包含控制器的 IP (默认为 192.168.0.200)、连接的端口号(默认为 22)、用户名(默认为 root)、密码(默认为 deltatau)4 个参数,参数需与控制器设定一致才可正常连接,CMD 连接控制器如图 12.9 所示。

5. 数据交互

PDK 与控制器的数据交互与 IDE 的终端窗口一样,通过相应的指令(指令列表查阅 PMAC 指令集),实现数据读取与写入,这里以典型的读取系统内电动机位置介绍数据交互的操作。

系统内电动机位置是上下位机交互的重要参数,在 PDK 上,由 GetResponse 函数来实现这一功能。GetResponse 函数具有输入指令、返回信息两个参数。读取 1 号电动机位置,指令为♯1p;2 号电动机位置,指令为♯2p,以次类推,如图 12.10 所示。为提高读取效率可建立多个 GPA 连接交互不同数据。

6. 加工文件传输

PDK 加工文件的传输分为加工文件的下传与加工文件的加载。

```
bool _b_ret = _cmd.ConnectTerminal(_ip, _port, _name, _pwd);
if (_b_ret)
{
    return 1;//正常
}
else
{
    return -1;//连接失败
}
```

图 12.9　CMD 连接控制器

```
_str_cmd = "#1p";
_ret = "";
Status _i_ret = _gpa.GetResponse(_str_cmd, out _ret);
switch (_i_ret)
{
    case Status.Ok: return 1;
    case Status.Exception: return -2;
    case Status.TimeOut: return -3;
    case Status.NotConnected: return -4;
    case Status.Failed: return -5;
    default: return -6;
}
```

图 12.10　读取电动机实时位置

　　加工文件的下传通过 FTP 对象来实现,传输对应函数为 DownloadFile,包含本地文件路径、控制器端文件路径两个参数。下传 prog777.pmac 加工文件如图 12.11 所示。

```
_file_local = "C://prog777.pmac";
_file_remote = "//var//ftp//usrflash//test.pmac";
bool _b_ret = _ftp.DownloadFile(_file_local, _file_remote);
if (_b_ret)
{
    return 1;
}
else
{
    return -1;
}
```

图 12.11　下传文件命令

　　下传的文件可通过 xftp 等第三方软件进行检查,查看结果如图 12.12 所示。

图 12.12　下传的文件

　　文件下传成功后需发给控制器文件加载命令,控制器才能在任务进程中找到对应编号的加工程序。加载 test.pmc 文件如图 12.13 所示。

```
_file_remote = "//var//ftp//usrflash//test.pmac";
var cmdDownload = "gpascii -i" + _file_remote + " -e/var/ftp/usrflash/Project/Log/filednlderror.log";
string _str_res = "";
set_cmd_command(cmdDownload, out _str_res);
if (_str_res.Contains("EOF"))
{
    return 1;
}
else
{
    return -1;
}
```

图 12.13　加载指定加工文件

　　加载执行成功后可通过 IDE 任务管理器查看可运行的加工程序如图 12.14 所示。

图 12.14 通过 IDE 任务管理器查看可执行程序

12.3 使用 C++开发上位机软件

12.3.1 C++PDK 简介

C++PDK 通过 C++与 C♯的链接通道,C++PDK 依存于 C♯PDK,降低了维护难度,增强了软件的迭代性。

C++PDK 以 C 库的形式提供,可兼容 VS2015 以上的 VS 编译环境、QtMingW 编译器等可链接 C 库的编译器。

C++PDK 与 C♯PDK 一样提供 PowerPMAC 提供运动器(GpAscii)、主机操作系统(终端)和 FTP 通信(FTP 客户端)的连接方案,具备无窗口对象的基本通信、错误和未经请求的消息反馈。

C++PDK 至多支持 256 个连接通信,可对同一控制器进行多次连接,可根据不同功用的连接进行划分,多个连接同步采集所需数据,提高数据采集的实时性。

12.3.2 环境搭建

1. 开发环境

Windows 系统、支持 C++或 C 语言的编译平台(VS2015 以上、Qt5 以上)。

2. 开发环境注册

基于 C++开发 PMAC 上位机程序时,需要注意如下。

(1) 有关 License 文件:需要将 DkeyLib32. DLL、DKeyLib64. DLL、CLLLicFile. lic 三个文件包含在 C♯文件的 Debug 目录中。

(2) 拷贝 CLLLicFile. lic 文件到 C:\Windows\System32、C:\Windows\Syswow64 两个目录中。

（3）确保 PDK 目录（C:\DeltaTau\PowerPMAC\4\PDK）有 DkeyLib32. DLL、DKeyLib64. DLL。

如果上述没有操作，可能会在 Run C++应用程序时出现 License 认证对话框。按上述（1）～（3）步骤操作后，问题可以解决。

12.3.3 函数介绍

1. 连接控制器

函数：set_gpa_connect(const char * _ip,int _port,const char * _usr,const char * _pwd,unsigned char _client)。

参数 1：控制器 IP 地址。

参数 2：控制器连接端口号。

参数 3：控制器连接登录账号名。

参数 4：控制器连接登录密码。

参数 5：控制器连接的编号。

返回值：1 为成功；−1 为未初始化；−2 为失败。

2. 控制器连接状态查询函数

函数：get_gpa_isconnected(unsigned char _client)。

参数 1：控制器连接的编号。

返回值：1 为连接中；0 为未连接；−1 为连接未初始化。

3. 控制器断开连接函数

函数：set_gpa_disconnect(unsigned char _client)。

参数 1：控制器连接的编号。

返回值：1 为断开连接成功；−2 为断开连接失败；−1 为连接未初始化。

4. 数据交互

函数：get_gpa_responese(const char * _cmd, unsigned char _client)。

参数 1：要发送的命令字符串。

参数 2：控制器连接的编号。

返回值类型：Type_Return。

返回值：1 为命令发送成功；−1 为连接未初始化；−2 为命令异常；−3 为超时；−4 为未连接；−5 为错误；−6 为未知错误。

返回值 2：指令反馈字符串。

备注：函数须在 gpa 连接正常的情况下才可使用。

5. ftp 连接

函数：set_ftp_connect(const char * _ip, int _port, const char * _usr, const char * _pwd, unsigned char _client)。

参数 1：控制器 IP 地址。

参数 2：控制器连接端口号。

参数 3：控制器连接登录账号名。

参数 4：控制器连接登录密码。

参数 5:控制器连接的编号。

返回值:1 为成功;－1 为未初始化;－2 为失败。

6. ftp 连接状态查询

函数:get_ftp_isconnected(unsigned char _client)。

参数 1:控制器连接的编号。

返回值:1 为连接中;0 为未连接;－1 为连接未初始化。

7. cmd 连接

函数:set_cmd_connect(const char * _ip, int _port, const char * _usr, const char * _pwd, unsigned char _client)。

参数 1:控制器 IP 地址。

参数 2:控制器连接端口号。

参数 3:控制器连接登录账号名。

参数 4:控制器连接登录密码。

参数 5:控制器连接的编号。

返回值:1 为成功;－1 为未初始化;－2 为失败。

8. ftp 断开连接

函数:set_ftp_disconnect(unsigned char _client)。

参数 1:控制器连接的编号。

返回值:1 为断开连接成功;－2 为断开连接失败;－1 为连接未初始化。

9. cmd 连接状态查询

函数:get_cmd_isconnected(unsigned char _client)。

参数 1:控制器连接的编号。

返回值:1 为连接中;0 为未连接;－1 为连接未初始化。

10. cmd 断开连接

函数:set_cmd_disconnect(unsigned char _client)。

参数 1:控制器连接的编号。

返回值:1 为断开连接成功;－2 为断开连接失败;－1 为连接未初始化。

11. 文件下载

函数:set_ftp_prog_download(const char * _cc_file, const char * _pmac_file, unsigned char _client)。

参数 1:本地文件地址(包含文件名及拓展名)。

参数 2:控制器文件地址(包含文件名及拓展名);pmac 加工文件默认文件夹路径为//var//ftp//usrflash//Temp//。

参数 3:控制器连接的编号。

返回值:1 为下载成功;－1 为连接未初始化;－2 为下载失败;－3 为未连接。

备注:函数须在 ftp 连接正常的情况下才可使用。

12. 文件上传

函数:get_ftp_fileupload(const char * _local_file, const char * _pmac_file, unsigned char _client)。

参数 1：本地文件地址（包含文件名及拓展名）。

参数 2：控制器文件地址（包含文件名及拓展名）。

参数 3：控制器连接的编号。

返回值：1 为上传成功；－1 为连接未初始化；－2 为上传失败；－3 为未连接。

备注：函数须在 ftp 连接正常的情况下才可使用。

13. 文件加载

函数：set_cmd_prog_load(const char * _pmac_file, unsigned char _client)。

参数 1：要加载的文件路径_绝对路径。

参数 2：控制器连接的编号。

返回值：1 为加载成功；－1 为连接未初始化；－2 为加载失败。

返回值 2：指令反馈字符串。

备注：函数须在 cmd 连接正常的情况下才可使用。

12.3.4　PDK 应用

1. 工程建立

（1）打开 VS2015 及以上版本，在菜单栏依次电机"文件"→"新建"→"项目"，进入新项目创建向导，选择开发语言为 C++，程序类型为控制台，如图 12.15 所示。

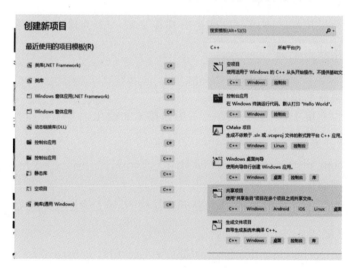

图 12.15　新项目向导

（2）在项目配置中，依次修改"项目名称""位置""解决方案名称"，如图 12.16 所示。

（3）点击"创建"即完成新工程创建。

2. 工程环境配置

（1）在新项目中，右击项目，进入项目属性配置页面，依次点击"配置属性"→"链接器"→"常规"，在附加库目录：下添加 PMAC_CPP_x86.lib/PMAC_CPP_x64.lib 所在文件夹，如图 12.17 所示。

（2）点击"输入"，在"输入"界面的"附加依赖项"增加 PMAC_CPP_x86.lib/PMAC

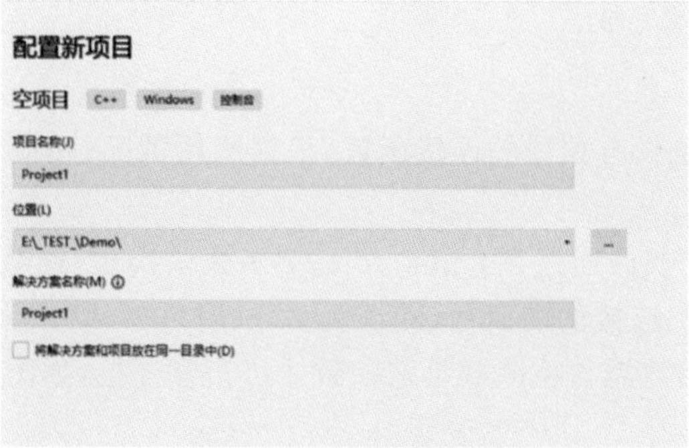

图 12.16　新项目配置

图 12.17　项目属性页链接器配置

_CPP_x64.lib,如图 12.18 所示。

（3）编译"重新生成项目"后在 exe 所在文件夹下包含如图 12.19 所示的相关 dll 文件。

图 12.18　项目属性页输入页面配置　　　**图 12.19　软件运行页面所需包含的 dll**

（4）工程环境配置完成。

3. 连接控制器

C++的三个对象具有独立的连接函数，根据使用情况，相应的对象需要进行连接处理。

GPA 对象连接控制器通过 set_gpa_connec 函数来实现，函数包含控制器的 IP（默认为 192.168.0.200）、连接的端口号（默认为 22）、用户名（默认为 root）、密码（默认为 deltatau）四个参数，参数需与控制器设定一致才可正常连接，如图 12.20 所示。

```
const char* _ip = "192.168.0.200";
int _i_port = 22;
const char* _usr = "root";
const char* _pwd = "deltatau";
int _i_ret = -1;
_i_ret = PMAC::set_gpa_connect(_ip, _i_port, _usr, _pwd, 0);
if (_i_ret == 1) {
    cout << "连接GPA1成功！" << endl;//连接控制器终端
}
else {
    cout << "连接GPA1失败！"<< _i_ret << endl;//连接控制器终端
    system("pause");
    return 0;
}
_ip = "192.168.0.200";
_i_ret = PMAC::set_gpa_connect(_ip, _i_port, _usr, _pwd, 1);
if (_i_ret == 1) {
    cout << "连接GPA2成功！" << endl;//连接控制器终端
}
else {
    cout << "连接GPA2失败！" << _i_ret << endl;//连接控制器终端
    system("pause");
    return 0;
}
```

图 12.20　GPA 连接

FTP 对象连接控制器通过 set_ftp_connect 函数来实现，函数包含控制器的 IP（默认为 192.168.0.200）、连接的端口号（默认为 22）、用户名（默认为 root）、密码（默认为 deltatau）四个参数，参数需与控制器设定一致才可正常连接，如图 12.21 所示。

```
_i_ret = PMAC::set_ftp_connect(_ip, _i_port, _usr, _pwd, 0);
if (_i_ret == 1) {
    cout << "连接FTP成功" << endl;//连接文件传输
}
else {
    cout << "连接FTP失败" << endl;//连接文件传输
    system("pause");
    return 0;
}
```

图 12.21　FTP 连接控制器

CMD 对象连接控制器通过 set_cmd_connect 函数来实现，函数包含控制器的 IP（默认为 192.168.0.200）、连接的端口号（默认为 22）、用户名（默认为 root）、密码（默认为 deltatau）四个参数，参数需与控制器设定一致才可正常连接，如图 12.22 所示。

```
_i_ret = PMAC::set_cmd_connect(_ip, _i_port, _usr, _pwd, 0);
if (_i_ret == 1) {
    cout << "连接CMD成功" << endl;//连接系统终端
}
else {
    cout << "连接CMD失败" << endl;//连接系统终端
    system("pause");
    return 0;
}
```

图 12.22 CMD 连接控制器

4. 数据交互

PDK 与控制器的数据交互与 IDE 的终端窗口一样,通过相应的指令(指令列表查阅 PowerPMAC 指令集),实现数据读取与写入,这里以典型的读取当前电动机位置介绍数据交互的操作。

当前电动机位置是上、下位机交互的必读参数,在 PDK 上,由 get_gpa_responese 函数来实现功能。get_gpa_responese 函数有指令参数,返回值有 2 个,返回值 1 为反馈获取的状态,返回值 2 为反馈指令返回的信息。图 12.23 所示的是设置 echo 为 echo1,图 12.24 所示的是读取当前 echo 模式,运行结果如图 12.25 所示。

```
std::string _str = "echo1";
_cc_cin = _str.c_str();
_type_ret = PMAC::get_gpa_responese(_cc_cin);
if (_type_ret._i_ret == 1) {
    cout << _type_ret._cc_ret << endl;
}
```

图 12.23 设置 echo 模式为 1

```
_cc_cin = "echo";
_type_ret = PMAC::get_gpa_responese(_cc_cin);
if (_type_ret._i_ret == 1) {
    cout << "Echomode模式:" << _type_ret._cc_ret << endl;
}
```

图 12.24 读取当前 echo 模式

5. 加工文件下载与执行

PDK 加工文件的传输分为加工文件的下载与加工文件的加载。

加工文件的下载通过 FTP 对象来实现,传输对应函数为 set_ftp_prog_download,包含本地文件路径、控制器端文件路径两个参数。下载 prog777.pmac 加工文件如图 12.26 所示。

```
请选择命令
────────────────────────
1、获取控制器GPA连接状态
2、获取FTP连接状态
3、获取CMD连接状态
4、获取控制器Echomode模式
5、设置控制器Echomode模式
6、发送控制器终端命令
7、下载加工文件
8、上传加工文件
9、发送系统终端命令

4
2023年5月29日22时52分59秒
控制器Echomode模式
Echomode模式:1
```

图 12.25 读取 echo 模式的样例展示

```
_cc_cin = "C://prog777.pmac";
_cc_cin_2 = "//var//ftp//usrflash//test.pmac";
_i_ret = PMAC::set_ftp_prog_download(_cc_cin, _cc_cin_2);
if (_i_ret == 1) {
    cout << "文件下载成功" << endl;
}
```

图 12.26 下载文件命令

下载的文件可通过 xftp 等软件进行检查,如图 12.27 所示。

文件下载成功后需发给控制器文件加载命令,控制器才能在任务进程中找到对应编号的加工程序,如图 12.28 所示。此处以 test.pmc 文件的加载为例。

图 12.27　下载的文件

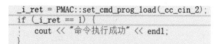

图 12.28　加载指定加工文件

加载执行成功后,可通过 IDE 任务管理器查看到指定编号的加工程序。

12.4　C 程序与脚本程序数据互转

12.4.1　C 程序介绍

PowerPMAC 集成开发环境(IDE)程序为实现 C 功能和程序提供了广泛的工具集。IDE 中的项目管理器便于组织所有脚本和 C 软件,以及声明和设置变量。这个组织可以在项目管理器的"解决方案浏览器"中看到,显示在屏幕截图的右上角。

IDE 还提供了一个复杂的文本编辑器,如图 12.29 所示,显示在屏幕截图的中心,用于脚本和 C 程序的颜色编码和语法检查。大多数用户会直接在这个文本编辑器中编写代码,但其他用户可能只是从他们喜欢的另一个编辑器中粘贴代码。IDE 包括一个内置的 GNU C/C++交叉编译器,它可以在 PC 上为 PowerPMAC 的处理器自动编译 C/C++代码。这种公共领域和开源编译器在软件社区中非常受欢迎。要编译 C 软件并将生成的可执行代码加载到 PowerPMAC,只需在解决方案资源管理器中右键

```
demo box setup.plc | usrcode.h | usrcode.c | rtiplcc.c | global definitions.pmh | plc1.plc | plcc.c

    void user_phase(struct MotorData *Mptr)
    {
        int PresentEnc, PhaseTableOffset;
        float *SineTable;
        double DeltaEnc, PhasePos, IqVolts, IaVolts, IbVolts;

        PresentEnc = *Mptr->pPhaseEnc;          // New rotor position
        DeltaEnc = (double) (PresentEnc - Mptr->PrevPhaseEnc);  // Change
        Mptr->PrevPhaseEnc = PresentEnc;        // Store for next cycle
        PhasePos = Mptr->PhasePos + Mptr->PhasePosSf * DeltaEnc;  // Scale to table
        if (PhasePos < 0.0) PhasePos += 2048.0;           // Negative rollover
        else if (PhasePos >= 2048.0) PhasePos -= 2048.0;  // Positive rollover
        PhaseTableOffset = (int) PhasePos;      // Table entry
        Mptr->PhasePos = PhasePos;              // Store for next cycle
        IqVolts = Mptr->IqCmd;                  // Get torque command
        SineTable = Mptr->pVoltSineTable;       // Start address of lookup table
        IaVolts = IqVolts * SineTable[(PhaseTableOffset + 512) & 2047];
        IbVolts = IqVolts * SineTable[(PhaseTableOffset + Mptr->PhaseOffset + 512) & 2
        Mptr->pDac[0] = ((int) (IaVolts*65536));          // Output Phase A
        Mptr->pDac[1] = ((int) (IbVolts*65536));          // Output Phase B
    }

    double user_pid_ctrl(struct MotorData *Mptr)
    {
        double ctrl_effort;

        ctrl effort = Mptr->Servo.Kp * Mptr->PosError - Mptr->Servo.Kvfb * Mptr->ActVe
```

图 12.29　C 程序展示

单击项目名称,然后单击"构建并下载所有程序"。

12.4.2 C 程序访问共享内存和结构

1. 简介

PowerPMAC 提供了一种简单的方法,用于让用户的 C 代码访问 PowerPMAC 上的变量、数据结构和缓冲区。PowerPMAC 上的这些变量、数据结构和缓冲区中的绝大多数都放在共享内存中,多个任务可以同时访问它们。

2. 应用

所有使用 C 代码的文件如果想访问共享内存中的任何内容,都必须以下列指令开头:

```
#include<RtGpShm.h>
```

这将使文件中的软件能够访问所提供的头文件"RtGpShm. h",其中包含共享内存(Shm)中可访问变量、数据结构和缓冲区的定义,用于实时(Rt)(即中断驱动)和通用(Gp)(即后台例程和程序)。

对于 PowerPMAC(用户编写的相位和伺服,C PLC)自动调用的 C 例程,代码自动访问从调用软件"继承"的几个预定义指针变量如下。

pshm:指向完全共享内存数据结构的指针。

piom:指向 I/O 空间的指针。

push:指向用户定义缓冲区内存空间的指针。

独立的后台 C 应用程序必须显式声明共享内存数据结构的指针变量,如

挥发性结构 SHM * pshm。

数据结构元素名称与 Script 环境中的基本名称相同。当然,在 C 中,元素名称必须以"phsm->"开头(独立程序中也可以使用其他名称。)

3. 注意事项

数据结构和元素名称在 C 中区分大小写,而在 Script 环境中则不区分大小写。此外,在 Script 环境中,许多元素都是写保护的,因此用户代码不能更改它们的值,但这些元素可以随时读取。在 C 环境中,任何提供访问权限的元素(即其名称在 RtGpShm. h 头文件中提供)都可以写入。但是,许多在 Script 环境中受写保护的元素在 C 环境下根本没有提供。

12.4.3 C 程序访问 ASIC 硬件寄存器

1. 简介

从 C 程序访问 PowerPMAC 系统中伺服、MACRO 和 I/O 在 ASIC 中表示硬件寄存器的数据结构元素与软件访问数据结构元素不同。在 ASIC 数据结构中访问的基址为 piom 而不是 pshm。此外,对 I/O 寄存器的读写访问必须使用完整的 32 位数据总线;需要显式移位和屏蔽操作来隔离这些 I/O 数据结构中的部分字元素(这是在脚本环境中"后台"自动完成的)。

访问这些寄存器可以使用寄存器的预定义数据结构元素来完成,也可以直接使用指针变量来完成。

在这两种情况下,变量都应该声明为"volatile",这样每次使用变量都会导致对硬件寄存器的完全 32 位访问。这使得优化编译器(如 GNU)不会尝试可能产生不可预测结果的快捷方式。

注意:对硬件寄存器的实际读或写访问大约需要 100 个指令周期,因此应仔细限制此类访问的次数。如果要在多条指令中使用从硬件寄存器读取的值,应首先将其复制到软件变量中。如果在同一硬件输出寄存器中有多个设置不同位的操作(如离散输出),则应在软件中操作相应变量中的位,然后再一次性将该变量值传输到输出寄存器中。

2. 使用数据结构形式

这些 ASIC 使用预定义的数据结构,产生与 Script 环境中的方法非常相似的方法。在这种方法中,使用 RtGpShm. h 中的引用为每个 IC 声明结构变量,然后使用 RtPmacApi. h 中的函数调用将其映射到特定的 IC。

首先,声明变量如图 12.30 所示。

```
volatile GateArray1 *MyFirstGate1IC, *MySecondGate1IC;
volatile GateArray2 *MyFirstGate2IC, *MySecondGate2IC;
volatile GateArray3 *MyFirstGate3IC, *MySecondGate3IC;
volatile GateIOStruct *MyFirstGateIoIC, *MySecondGateIoIC;
```

图 12.30 数据结构形式声明样例

然后,这些声明的变量可以通过如下程序语句中的函数调用分配给特定的 ICs。每次启动 PowerPMAC 时,都必须执行图 12.31 所示的这些操作。

```
MyFirstGate1IC = GetGate1MemPtr(4);
MySecondGate1IC = GetGate1MemPtr(6);
MyFirstGate2IC = GetGate2MemPtr(0);
MySecondGate2IC = GetGate2MemPtr(1);
MyFirstGate3IC = GetGate3MemPtr(0);
MySecondGate3IC = GetGate3MemPtr(1);
MyFirstGateIoIC = GetGateIoMemPtr(0);
MySecondGateIoIC = GetGateIoMemPtr(1);
```

图 12.31 PMAC 重启必须执行 IC 操作

注意:如果 PowerPMAC 在通电/复位时未自动检测到相应的 IC,则函数将返回 NULL 值。如果检测到 IC,它将始终是有效的数值。这可用于检查系统的预期配置。

此后,这些结构中的元素可以用于程序语句引用,如图 12.32 所示。

```
MyFirstGate1IC->Chan[0].CompA = MyCompPos << 8;
MyTriggerFlag = (MySecondGate1IC->Chan[3].Status & 0x80000) >> 19;
MyFirstGate2IC->Macro[2][1] = My16BitOutBlock << 16;
My24BitInBlock = MySecondGate2IC->Macro[6][0] >> 8;
MyFirstGate3IC->Chan[1].AdcOffset[0] = My12BitSineOffset << 20;
MySumOfSquares = MySecondGate3IC->Chan[2].AtanSumOfSqr & 0xffff;
MyFirstGateIoIC->DataReg[3] = My8BitOutBlock << 8;
My8BitInBlock = (MySecondGateIoIC->DataReg[0] & 0xff00) >> 8;
```

图 12.32 定义元素在程序中的引用

3. 使用直接指针形式

使用通过地址直接分配给 ASIC 寄存器的指针变量,绕过结构和元素。这将稍微提高效率,但也更难使用和记录。

在这种情况下,声明变量如图 12.33 所示。

然后使用 PowerPMAC 的地址自动检测元件将 IC 指针变量分配给 IC。这可以通过如下程序语句来完成。对于全局变量,每次启动 PowerPMAC 时必须执行一次。对于局部变量,每次进入例程时都必须执行图 12.34 所示的变量操作。

```
volatile int MyFirstGate1Ptr, MySecondGate1Ptr;
volatile int MyFirstGate2Ptr, MySecondGate2Ptr;
volatile int MyFirstGate3Ptr, MySecondGate3Ptr;
volatile int MyFirstGateIoPtr, MySecondGateIoPtr;

volatile int *MyFirstGate1Ch0CompAPtr;
volatile int *MySecondGate1Ch3StatusPtr;
volatile int *MyFirstGate2MacroNode2Reg1Ptr;
volatile int *MySecondGate2MacroNode6Reg0Ptr;
volatile int *MyFirstGate3Ch1AdcOfs0Ptr;
volatile int *MySecondGate3Ch2AtanSoSPtr;
volatile int *MyFirstGateIoDataReg3Ptr;
volatile int *MySecondGateIoDataReg0Ptr;
```

图 12.33　指针形式元素声明

```
MyFirstGate1Ptr = pshm->OffsetGate1[4];
MySecondGate1Ptr = pshm->OffsetGate1[6];
MyFirstGate2Ptr = pshm->OffsetGate2[0];
MySecondGate2Ptr = pshm->OffsetGate2[1];
MyFirstGate3Ptr = pshm->OffsetGate3[0];
MySecondGate3Ptr = pshm->OffsetGate3[1];
MyFirstGateIoPtr = pshm->OffsetCardIo[0];
MySecondGateIoPtr = pshm->OffsetCardIo[0];
```

图 12.34　PMAC 重启元素必须执行的操作

注意:如果电源 PMAC 在通电/复位时未自动检测到相应的 IC,则其中一个元件的值将为 0。如果检测到 IC,它将始终为非零。这可用于检查系统的预期配置。

下一步是根据 IC 的基址偏移量计算所讨论的 IC 寄存器的地址偏移量。为此,用户必须参考《软件参考手册》中"PMAC ASIC 寄存器元件地址"章节。手册给出了寄存器地址相对于 IC 基址偏移量的偏移值。然后可以将寄存器元件的净地址计算为 piom、IC 的基址偏移量和寄存器与 IC 基址的偏移量之和。

注意:特定通道的伺服 IC 寄存器须使用通道 IC 基址的偏移量和通道中的寄存器偏移量之和表示。

寄存器指针变量可以用如下程序语句计算。对于全局变量,每次启动 PowerPMAC 时必须执行一次。对于局部变量,每次进入例程时都必须执行这些操作,如图 12.35 所示。

```
MyFirstGate1Ch0CompAPtr = (int *) piom + ((MyFirstGate1Ptr+0x3C) >> 2);
MySecondGate1Ch3StatusPtr = (int *) piom + ((MySecondGate1Ptr+0x80+0x20) >> 2);
MyFirstGate2MacroNode2Reg1Ptr = (int *) piom + ((MyFirstGate2Ptr+0x100+0x20+4) >> 2);
MyFirstGate2MacroNode6Reg0Ptr = (int *) piom + ((MySecondGate2Ptr+0x100+0x60) >> 2);
MyFirstGate3Ch1AdcOfs0Ptr = (int *) piom + ((MyFirstGate3Ptr+0x80+0x60) >> 2);
MySecondGate3Ch2AtanSoSPtr = (int *) piom + ((MySecondGate3Ptr+0x100+0xC) >> 2);
MyFirstGateIoDataReg3Ptr = (int *) piom + ((MyFirstGateIoPtr+0xC) >> 2);
MySecondGateIoDataReg0Ptr = (int *) piom + (MySecondGateIoPtr >> 2);
```

图 12.35　指针元素操作

12.4.4　捕获/判断中断服务

1. 简介

PowerPMAC 可设置在 Gate3ASIC 芯片的中断接口上是否自动执行用户编写的中断服务例程(ISR),如在 ACC-24E3 UMAC 轴接口板或 Power Brick 控制板上。ASIC 有一个内置的可编程中断控制器(PIC),可以配置为在 ASIC 中四个通道中的任何一个通道上的硬件位置捕获事件或硬件位置比较事件(通道内部"EQU"位的上升沿)上生成中断。该中断是 PowerPMAC 中优先级最高的中断,高于相位和伺服中断。

用户编写的 ISR 允许软件对这些硬件事件做出极其快速的响应。这允许用户非常快速地为下一个事件设置电路,从而促进这些事件的非常高的更新率。通常,ISR 会简单地将最新捕获的位置值记录到存储器阵列中,或者从存储器阵列中播种下一个比较位置值。使用此技术可以支持 60 kHz 及以上的更新速率。

2. ASIC 中断控制寄存器介绍

ASIC 中的 PIC 具有分配给数据结构元素 IntCtrl 的单个控制/状态寄存器。此寄存器使用 32 位总线的低 24 位,并按三个字节组织。

高位字节(位 16~23)是"中断使能"字节,它允许用户控制可能的 4 个捕获和 4 个比较事件中的哪一个将产生中断。

中位字节(位 8~15)是"中断源"字节,这个只读字节允许 ISR 检查哪些信号触发了中断。

低位字节(位 0~7)是"中断状态"字节,将 1 写入该字节中的一位将清除相应的中断,并为下一个中断做准备。当 1 被写入该低位字节中的任何一位时,无论写入该字节的内容如何,都不会对"中断源"字节进行任何更改。

在每个字节内,可以创建中断的 8 个信号中的每个信号的比特排列如下:

(1) Bit0:Chan[0].PosCapt(第一通道捕获标志);

(2) Bit1:Chan[1].PosCapt(第二通道捕获标志);

(3) Bit2:Chan[2].PosCapt(第三通道捕获标志);

(4) Bit3:Chan[3].PosCapt(第四通道捕获标志);

(5) Bit4:Chan[0].Equa(第一通道内部比较标志);

(6) Bit5:Chan[1].Equa(第二通道内部比较标志);

(7) Bit6:Chan[2].Equa(第三通道内部比较标志);

(8) Bit7:Chan[3].Equa(第四通道内部比较标志)。

3. 捕获/判断中断服务例程建立

要在 IDE 中创建捕获/比较中断服务例程,请进入项目管理器的"解决方案资源管理器",展开"C 语言"分支,然后展开"实时例程"分支。在此分支中,选择要编辑的文件"usrcode.c"。请记住,该文件可以包含多个例程,包括相位和伺服算法。

捕获/比较 ISR 必须用以下形式声明:

```
void CaptCompISR (void)
```

在 PowerPMAC 中只能有一个这种类型的例程,并且它必须有确切的名称和声明。起始的"void"表示没有值返回到调用程序(PowerPMAC 实时调度器),括号中的最后一个"void"表示该函数不接受任何参数。

注意:捕获/比较 ISR 中不能使用浮点变量或数学运算。例如,这意味着不能使用功率 PMAC P 或 Q 变量,因为它们是浮点变量。最常见的是,用户共享存储器缓冲器中的整数变量阵列分别用于存储或加载 ASIC 的捕获或比较寄存器。

4. 运行捕获/判断中断服务例程

为了在处理器接收来自 DSP Gate3 IC 的中断时执行捕获/比较 ISR,必须将掉电不存储设置参数 UserAlgo.CaptCompIntr 值设置为 1。由于该参数的值掉电不存储,并且其开机默认值为 0,因此必须在用户的应用程序中设置该参数才能执行例程。

5. 捕获中断示例

图 12.36 是一个例程的示例,该例程将第一通道中的每个捕获位置记录到用户共享内存缓冲区中的数组中。触发计数器和索引值存储在缓冲器中的 Sys.Idata[65535] 中;捕获的位置从 Sys.Idata[65536] 开始存储。

Gate3[i].Chan[j].HomeCapt 中捕获的位置值是一个 32 位整数,单位为计数的 1/256(即低 8 位为小数,如果 Gate3[i].Chan[j].TimerMode 设置为其默认值 0,则通过基于定时器的扩展估计),相对于通电/复位位置,单位与 Gate3[i].Chan[j].PhaseCapt 相同,其保持当前位置(在最近的相位周期中锁定)。这是通过将其复制到用户缓冲区中的 32 位整数 Sys.Idata 元素来记录的。读取频道的 HomeCapt 寄存器的变化,为下一个触发边缘做准备。将 1 写入 IntCtrl 寄存器清除中断,为该通道上的下一个捕获触发器做准备。示例程序如图 12.36 所示。

```
// Script command to set up interrupt on first channel capture
Gate3[0].IntCtrl = $10000                     // Unmask PosCapt[0] (not saved)
// Script command to initialize trigger counter
Sys.Idata[65535] = 0
// Script command to enable capture/compare ISR
UserAlgo.CaptCompIntr = 1

void CaptCompISR (void)
{
  volatile GateArray3 *MyFirstGate3IC;        // ASIC structure pointer
  int *CaptCounter;                           // Logs number of triggers
  int *CaptPosStore;                          // Storage pointer

  MyFirstGate3IC = GetGate3MemPtr(0);         // Pointer to IC base
  CaptCounter = (int *)pushm + 65535;         // Sys.Idata[65535]
  CaptPosStore = (int *)pushm + *CaptCounter + 65536;
  *CaptPosStore = MyFirstGate3IC->Chan[0].HomeCapt; // Store in array
  (*CaptCounter)++;                           // Increment counter
  MyFirstGate3IC->IntCtrl = 1;                // Clear interrupt source
}
```

图 12.36 捕获中断信息示例

在同一目录中的头文件"usrcode.h"中,必须进行如图 12.37 所示的声明。

```
void CaptCompISR (void);
EXPORT_SYMBOL (CaptCompISR);
```

图 12.37 捕获中断信息附加声明

6. 判断中断示例

图 12.38 所示的是从用户共享存储器中的数组加载第一个通道的每个比较位置的例程示例。比较计数器和索引值存储在缓冲区的 Sys.Idata[65535] 中;比较位置从系统 Sys.Idata[65536] 中开始的寄存器加载。(第一个比较位置在单独的例程中预加载。)

Gate3[i].Chan[j].CompA 和 CompB 中的比较位置值是以计数的 1/4096 为单位的 32 位整数。也就是说,如果 Gate3[i]Chan[j].TimerMode 设置为其默认值 0,则低 12 位是分数计数,由基于定时器的扩展估计。这些值比 Gate3[i].Chan[j].PhaseCapt 的值大 16 倍,Gate3[i][j].PphaseCapt 以计数的 1/256(8 个小数比特)为单位保持当前计数器位置(在最近的相位周期中锁存)。

Gate3[i].Chan[j].CompA 是通过复制用户缓冲区中当前引用的 32 位整数 Sys.Idata 元素的值来设置的。在本例中,通道内部比较状态的 0 到 1 转换触发中断。示例例程将 Gate3[i]. Chan[j]. CompB 设置为比 CompA 的值正 10 计数的值,并且在到达 CompB 位置时,比较状态将被迫返回到 0。请注意,在本例中并不真正需要 CompB,因为例程会在软件中将比较状态强制返回到 0,这可能发生在到达 CompB 位置之前。但是设置 CompB 确实可以强制执行最大脉冲宽度。

在每次比较中断(由通道的内部 Equ 状态变为 1 引起)之后,例程通过将通道的 32 位 OutCtrl 寄存器的位 7 设置为 0、位 6 设置为 1,强制 Equ 状态返回 0。这是通过将硬件寄存器读取到软件变量中,屏蔽有问题的位,并写回修改后的完整 32 位值来完成的(此操作相当于在 Script 环境中将 2 位元素 Gate3[i]. Chan[j]. EquaWrite 设置为 1)。示例程序如图 12.38 所示。

```
// Script command to set up interrupt on first channel compare
Gate3[0].IntCtrl = $100000                    // Unmask PosComp[0] (not saved)
// Script command to initialize compare counter
Sys.Idata[65535] = 0
// Script commands to initialize compare registers
Gate3[0].Chan[0].CompA = Sys.Idata[65536]
Gate3[0].Chan[0].CompB = Sys.Idata[65536] + 40960    // + 10 counts
Gate3[0].Chan[0].CompAdd = 0                   // Disable hardware increment
Gate3[0].Chan[0].EquWrite = 2                  // Force internal state to 0
// Script command to enable capture/compare ISR
UserAlgo.CaptCompIntr = 1

void CaptCompISR(void)
{
  volatile GateArray3 *MyGate3;                // DSPGATE3 IC structure variable
  int *CompCounter;                            // Pointer to compare event index
  int *CompPosStore;                           // Pointer to next compare position
  int Temp;

  MyGate3 = GetGate3MemPtr(0);                 // Set to Gate3[0] structure
  CompCounter = (int *)pushm + 65535;          // Set to Sys.Idata[65535]
  (*CompCounter)++;                            // Increment event index
  CompPosStore = (int *)pushm + *CompCounter + 65536;      // Point to next
  MyGate3->Chan[0].CompA = *CompPosStore;                  // Next CompA pos
  MyGate3->Chan[0].CompB = *CompPosStore + 40960;          // Next CompB pos
  Temp = MyGate3->Chan[0].OutCtrl;            // Read present word
  Temp &= 0xFFFFFF7F;                          // Clear bit 7 (EQU state to force)
  MyGate3->Chan[0].OutCtrl = Temp | 0x40;     // Set bit 6 and write
  MyGate3->IntCtrl = 0x10;                     // Clear interrupt
}
```

图 12.38 判断中断服务示例

注意:在设置新的比较位置之后进行。向 IC 的 IntCtrl 寄存器写入 10(十六进制)将清除中断,为该通道上的下一个捕获触发做好准备。

在同一目录中的头文件"usrcode. h"中,必须进行如图 12.39 所示的声明。

```
void CaptCompISR (void);
EXPORT_SYMBOL (CaptCompISR);
```

图 12.39 判断中断服务附加声明

12.4.5 CfromScript 函数

1. 简介

CfromScript 是一个 C 语言函数,用户可以通过 PowerPMAC 脚本调用它。这个函数允许用户直接通过 PMAC 脚本访问他们的 C 子程序。CfromScript 主要用于运动学计算,并且足够灵活,用户可以将其用于许多不同的应用场景。这个函数非常适用于运动学计算(众所周知,运动学的计算量非常大),因为这个 C 函数执行计算的速度比编写在基于脚本的子例程中的计算速度要快得多。

PowerPMAC 只能有一个 CfromScript 函数。但是,可以通过传递参数和内部逻辑从多个脚本程序中调用这个函数,甚至可以在同一时间进行调用。

2. CfromScript 函数声明

CfromScript 函数必须在项目管理器的"实时例程"文件夹中的"usrcode. c"文件中编写。声明必须符合图 12.40 所示格式。

```
double CfromScript(double arg1, double arg2, double arg3, double arg4, double arg5,double
arg6, double arg7, LocalData *Ldata)
```

图 12.40 CfromScript 函数声明

虽然用户可以为八个参数指定任意名称,但前七个参数的类型必须是"double",最后一个参数是一个"LocalData"的结构类型。同一文件夹中的"usrcode. h"文件必须包含完全匹配图 12.41 所示的原型和符号导出声明。

```
double CfromScript(double arg1,double arg2,double arg3,double arg4,double arg5,double
arg6,double arg7,LocalData *Ldata);
EXPORT_SYMBOL(CfromScript);
```

图 12.41 CfromScript 函数头文件声明

3. CfromScript 函数使用局部变量

如果用户希望在 CfromSript 函数中使用局部变量,可以将通常称为"Ldata"的局部数据指针传递给内置的 C 函数,这些函数返回指向 LocalData 空间中 R、L、C 和 D 变量数组的指针。这些函数分别是 R、L、C 和 D 局部变量的 GetRVarPtr、GetLVarPtr 等。有关语法,请参考图 12.42 示例。

```
double CfromScript(double arg1, double arg2, double arg3 double arg4, double arg5, double
arg6, double arg7, LocalData *Ldata)
{
  double *R;
  double *L;
  double *C;
  double *D;

  R = GetRVarPtr(Ldata);            //Ldata->L + Ldata->Lindex + Ldata->Lsize;
  L = GetLVarPtr(Ldata);            //Ldata->L + Ldata->Lindex;
  C = GetCVarPtr(Ldata);            //Ldata->L + Ldata->Lindex + MAX_MOTORS;
  D = GetDVarPtr(Ldata);            // Ldata->D;
// User places additional calculations here
return 0.0;                         // Can change this to return anything else if needed
}
```

图 12.42 CfromScript 函数使用局部变量

一旦分配了这些指针,R、L、C 和 D 变量就可以与指针寻址的方法一起使用。例如,R[0] 将等效于访问调用 CfromScript 函数的脚本程序中的 R0,L[0] 与 L0 一样,C[0] 与 C0 一样,D[0] 与 D0 一样,R[1] 与 R1 一样,依此类推。在运动学例程中,变量 L[n] 是电动机 n 的位置——正向运动学的输入和反向运动学的结果。变量 C[n] 是轴 α 的位置——反向运动学的输入和正向运动学的结果。

4. CfromScript 函数调用

CfromScript 函数通常从实时中断中执行的脚本例程调用,例如前台 PLC 程序(其编号由 Sys. MaxRtPlc 设置)、运动学子程序或运动程序。但是,如果用户首先将掉电不存储设置参数 UserAlgo. CFunc 设置为 1,则可以从后台例程调用该函数。如果用户计划从后台例程调用 CfromScript 函数,建议在"PMAC Script Language"的"Global Includes"文件夹的"global definitions. pmh"文件中设置 UserAlgo. CFunc＝1。在 Script 程序中调用命令的形式为

```
MyReturnVar= CfromScript(arg1、arg2、arg3、arg4、arg5、arg6、arg7);
```

调用程序必须将 double 类型的所有七个参数传递给 CfromScript 函数,即使 CfromString 函数内部没有使用所有参数。如果 CfromScript 函数不使用其中一个参数,则建议仅将零传递给该参数。PowerPMAC 中的所有通用用户变量(P、Q、L、R、C、D)都是 double 类型。对于非 double 类型的数据结构元素,可以通过将不同类型的元素中的值复制到通用变量中,将其转换为 double。PowerPMAC 自动将指向用户调用函数的程序的本地数据结构的指针传递给 CfromScript 函数的第 8 个参数中。用户不应在函数调用中显式包含此参数。调用程序必须将 CfromScript 函数的结果存储在变量(R、L、C、D、P、Q 或 M 变量)中,即使不需要该结果。否则,该命令将被标记为语法错误。请注意,在 CfromScript 函数调用期间,调用程序将停止执行,不需要编写额外的代码来强制 PMAC 等待 CfromSript 函数调用完成。

图 12.43 示例简单地从前台 PLC 0 调用 CfromScript(),将零传递给函数的所有参数,并将结果存储在 P1000 中。

```
open plc 0
P1000 = CfromScript(0,0,0,0,0,0,0);
close
```

图 12.43 CfromScript 函数调用简单示例

5. CfromScript 应用于运动学样例

若将 CfromScript 函数用于许多不同的目的,可以将 CfromScript 函数设计为状态机类型的处理程序函数。然后,调用程序只需将状态号传递给 CfromScript 函数,使其成为七个可用参数中的一个,并可能传递任何其他有用的数据,例如调用程序的坐标系号。然后,CfromScripth 函数将根据接收到的状态信息调用相应的后续 C 函数。

如图 12.44 所示,本例使用 CfromScript 函数从多个坐标系执行正向和反向运动学。它使用从调用脚本运动学例程传递给它的参数来决定要采取的操作。在这种情况下,它从根本上决定调用哪个 C 子例程,而真正的计算是在这些进一步的子例程中完成的。如图 12.44 至图 12.47 所示 usrcode. c 文件内额代码。

```c
// #defines - For determining the states and kinematics types to use
#define Forward_Kinematics_State 0
#define Inverse_Kinematics_State 1
#define KinematicsType1 1
#define KinematicsType2 2

// Prototypes
int ForwardKinematics(int CS_Number,int Kinematics_Type, LocalData *Ldata);
int InverseKinematics(int CS_Number,int Kinematics_Type, LocalData *Ldata);
int ForwardKinematicsSubroutine1(int CS_Number,LocalData *Ldata);
int InverseKinematicsSubroutine1(int CS_Number,LocalData *Ldata);
int ForwardKinematicsSubroutine2(int CS_Number,LocalData *Ldata);
int InverseKinematicsSubroutine2(int CS_Number,LocalData *Ldata);

double CfromScript(double CS_Number_double,double State_double,double
KinematicsType_double,double arg4,double arg5,double arg6,double arg7,LocalData *Ldata)
```

图 12.44 CfromScript 正逆解声明

```
{
// CfromScript() functions as a State Machine handler.
// Inputs:
// CS_Number_double: Coordinate System number of the coordinate system
// program that called this instance of CfromScript().
// State_double: State number.  Pass in the state corresponding to
// what the user wants CfromScript() to do; e.g., design CfromScript() such
// that Forward_Kinematics_State ( = 0) will make CfromScript() run the
// forward kinematics routine.
// KinematicsType_double: Type of kinematics to use. Only need to use this
// argument if using kinematics; otherwise, set to 0.
// arg4 - arg7: unused in this example.
// Output: ErrCode - error code of function calls.
// Will return -11 if invalid state entered.

int CS_Number = (int)CS_Number_double;
intState = (int)State_double;
int KinematicsType = (int)KinematicsType_double;
int ErrCode = 0;

switch(State)
    {
        case Forward_Kinematics_State:
        {
                ErrCode = ForwardKinematics(CS_Number,KinematicsType,Ldata);
                break;
        }
        case Inverse_Kinematics_State:
        {
                ErrCode = InverseKinematics(CS_Number,KinematicsType,Ldata);
                break;
        }
        default:
        {
                ErrCode = -11; // InvalidState Entered
                break;
        }
    }
return (double)ErrCode;
}

int ForwardKinematics(int CS_Number,int Kinematics_Type, LocalData *Ldata)
{
        int ErrCode = 0;
        switch(Kinematics_Type)
        {
                case KinematicsType1:
                        ErrCode = ForwardKinematicsSubroutine1(CS_Number,Ldata);
                        break;
                case KinematicsType2:
                        ErrCode = ForwardKinematicsSubroutine2(CS_Number,Ldata);
                        break;

                // Can implement other types of forward kinematics handling
                // here by adding other case statements for other
                // Kinematics_Type values
                default:
                        ErrCode = -1; // Invalid Kinematics Type Entered
                        break;
        }
        return ErrCode;
}
```

图 12.45　CfromScript 正逆解内容 1

```
int InverseKinematics(int CS_Number,int Kinematics_Type, LocalData *Ldata)
{
        int ErrCode = 0;
        switch(Kinematics_Type)
        {
                case KinematicsType1:
                        ErrCode = InverseKinematicsSubroutine1(CS_Number,Ldata);
                        break;
                case KinematicsType2:
                        ErrCode = InverseKinematicsSubroutine2(CS_Number,Ldata);
                        break;

                // Can implement other types of inverse kinematics handling
                // here by adding other case statements for other
                // Kinematics_Type values
                default:
                        ErrCode = -1; // Invalid Kinematics Type Entered
                        break;
        }
        return ErrCode;
}

int ForwardKinematicsSubroutine1(int CS_Number,LocalData *Ldata)
{
        int ErrCode = 0;
        double *R;
        double *L;
        double *C;
        double *D;

        R = GetRVarPtr(Ldata);//Ldata->L + Ldata->Lindex + Ldata->Lsize;
        L = GetLVarPtr(Ldata);//Ldata->L + Ldata->Lindex;
        C = GetCVarPtr(Ldata);//Ldata->L + Ldata->Lindex + MAX_MOTORS;
        D = GetDVarPtr(Ldata);// Ldata->D;

//** Put forward kinematics calculations here **//
        return ErrCode;
}

int InverseKinematicsSubroutine1(int CS_Number,LocalData *Ldata)
{
        int ErrCode = 0;
        double *R;
        double *L;
        double *C;
        double *D;

        R = GetRVarPtr(Ldata);//Ldata->L + Ldata->Lindex + Ldata->Lsize;
        L = GetLVarPtr(Ldata);//Ldata->L + Ldata->Lindex;
        C = GetCVarPtr(Ldata);//Ldata->L + Ldata->Lindex + MAX_MOTORS;
        D = GetDVarPtr(Ldata);// Ldata->D;
//** Put inverse kinematics calculations here **//
        return ErrCode;
}

int ForwardKinematicsSubroutine2(int CS_Number,LocalData *Ldata)
{
        int ErrCode = 0;
        double *R;
        double *L;
        double *C;
        double *D;

        R = GetRVarPtr(Ldata);//Ldata->L + Ldata->Lindex + Ldata->Lsize;
```

图 12.46 CfromScript 正逆解内容 2

```
        L = GetLVarPtr(Ldata);//Ldata->L + Ldata->Lindex;
        C = GetCVarPtr(Ldata);//Ldata->L + Ldata->Lindex + MAX_MOTORS;
        D = GetDVarPtr(Ldata);// Ldata->D;
//** Put forward kinematics calculations here **//
        return ErrCode;
}

int InverseKinematicsSubroutine2(int CS_Number,LocalData *Ldata)
{
        int ErrCode = 0;
        double *R;
        double *L;
        double *C;
        double *D;

        R = GetRVarPtr(Ldata);//Ldata->L + Ldata->Lindex + Ldata->Lsize;
        L = GetLVarPtr(Ldata);//Ldata->L + Ldata->Lindex;
        C = GetCVarPtr(Ldata);//Ldata->L + Ldata->Lindex + MAX_MOTORS;
        D = GetDVarPtr(Ldata);// Ldata->D;

//** Put inverse kinematics calculations here **//
        return ErrCode;
}

// Add any to usrcode.c other functions one might need for other
// kinematics calculations or anything else CfromScript() might need
// to call

This CfromScript() function can then be called from Script kinematics routines such as
the following:
// Define the same state values as defined in usrcode.c
#define Forward_Kinematics_State 0
#define Inverse_Kinematics_State 1
#define KinematicsType1 1
#define KinematicsType2 2
#define CS_Number_1    1
#define CS_Number_2    2

// Define storage flags for the error code returns
csglobal ForwardKin1ErrCode,ForwardKin2ErrCode,InvKin1ErrCode,InvKin2ErrCode;

// Forward Kinematics Buffers
open forward (1)       // Put Coordinate System number inside "(cs)"
ForwardKin1ErrCode =
CfromScript(CS_Number_1,Forward_Kinematics_State,KinematicsType1,0,0,0,0);
close

open forward (2)       // Put Coordinate System number inside "(cs)"
ForwardKin2ErrCode =
CfromScript(CS_Number_2,Forward_Kinematics_State,KinematicsType2,0,0,0,0);
close

// Inverse Kinematics Buffers
open inverse (1)       // Put Coordinate System number inside "(cs)"
InvKin1ErrCode =
CfromScript(CS_Number_1,Inverse_Kinematics_State,KinematicsType1,0,0,0,0);
close

open inverse (2)       // Put Coordinate System number inside "(cs)"
InvKin2ErrCode =
CfromScript(CS_Number_2,Inverse_Kinematics_State,KinematicsType2,0,0,0,0);
close
```

图 12.47　CfromScript 正逆解内容 3

12.4.6 电动机控制示例

1. 简介

PowerPMAC 可以为任何电动机执行"用户编写的相位"例行程序。在每次相位中断时,PowerPMAC 将调用每个电动机的相位子程序,Motor[x]. PhaseCtrl>0。这可以是用于相位换向和可能的电流回路闭合的内置例行程序,也可以是由电动机单独选择的用户编写的例行程序。不同的电动机可以执行不同的用户编写的例行程序;多个电动机可以执行相同的例行程序。

大多数编写相位程序的用户都会使用它们来执行电动机相位切换和/或电流回路闭合的自定义算法,提供内置算法所不具备的功能。但是,相位程序也经常用于快速 I/O 操作等与这些任务无关的操作。

要在 IDE 中创建用户编写的相位例程,请进入视图的"解决方案资源管理器",展开"C Language"分支,然后展开"Realtime Routines"分支。在此分支中,选择要编辑的文件"usrcode. c"。请记住,该文件可以包含多个用于相位和伺服的例行程序。

2. 声明

用户编写的相位例程必须按以下形式声明。

```
void MyPhaseAlg (MotorData* Mptr)
```

"void"表示不会向调用程序返回任何值。"MyPhaseAlg"是程序的用户名。"MotorData * Mptr"必须作为参数包含(即使在例程中未使用)。"Mptr"是指向当前电动机的电动机数据结构的指针。这允许单个例程用于多个电动机,从而提供对调用电动机的所有数据结构元素的访问。

3. 例程准备

在调用用户编写的相位例程之前,PowerPMAC 将自动读取由 Motor[x]. pPhaseEnc 指定的寄存器中的值,并通过将该值乘以 Motor[x]. PhasePosSf 将其缩放为换向单位。所得值放入状态元素 Motor[x]PhasePos 中,用户编写的算法可以在其中访问该值。

执行此功能的基本代码如图 12.48 所示。

```
PresentEnc=*Mptr->pPhaseEnc;                          // New rotor position
DeltaEnc=(double)(PresentEnc-Mptr->PrevPhaseEnc);     // Change
Mptr->PrevPhaseEnc=PresentEnc;                        // Store for next cycle
PhasePos=Mptr->PhasePos+Mptr->PhasePosSf*DeltaEnc;    // Scale to table
```

图 12.48　例程准备代码

这种自动准备不会为该值添加任何"滑移"或其他偏移量,并且它不能确保它被滚动到所需的范围($0.0 <= \text{PhasePos} < 2048.0$),这将需要使用 PowerPMAC 的内置 2048 个单位正弦表。

4. 输入输出访问

与用户编写的伺服算法不同,实际执行电动机功能的用户编写的相位算法必须将其产生的命令值直接写入输出寄存器。为了使用电动机的命令输出寻址元件(这是推荐的,但不是必需的),例程的代码如图 12.49 所示。

```
Mptr->pDac[0]=PhaseACmd;
Mptr->pDac[1]=PhaseBCmd;
Mptr->pDac[2]=PhaseCCmd;
```

图 12.49　输入输出访问

5. 基本示例展示

电动机控制基本示例代码如图 12.50 所示。

```
void user_phase(struct MotorData *Mptr)
{
  int TableOfs;
  float *SineTable;
  double PhaseAng, IqVolts, IaVolts, IbVolts;

  PhaseAng=Mptr->PhasePos;                              // Copy into local var
  if (PhaseAng<0.0) PhaseAng+=2048.0;                   // Negative rollover?
  else if (PhaseAng>=2048.0) PhaseAng-=2048.0;          // Positive rollover?
  TableOfs=(int)PhaseAng;                               // Table entry
  Mptr->PhasePos=PhaseAng;                              // Store for next cycle
  IqVolts=Mptr->IqCmd;                                  // Get torque command
  SineTable=Mptr->pVoltSineTable;                       // Start addr of lookup table
  IaVolts=IqVolts*SineTable[(TableOfs+512)&2047];
  IbVolts=IqVolts*SineTable[(TableOfs+Mptr->PhaseOffset+512)&2047];
  Mptr->pDac[0]=((int)(IaVolts*65536));                 // Output Phase A
  Mptr->pDac[1]=((int)(IbVolts*65536));                 // Output Phase B
}
```

图 12.50　基本示例

注意:不要将用户代码嵌入到例行程序的不确定循环中,因为内置的 PowerPMAC 测序软件每次中断都会调用该例行程序,导致该例行程序被反复执行,这可能会使得 PowerPMAC"卡"在例行程序中,其他任务无法在所需时间内执行,甚至会引发看门狗计时器跳闸。

6. 编译下载

在同一目录的头文件"usrcode. h"中,必须进行图 12.51 所示声明。

```
void MyPhaseAlg (struct MotorData *Mptr);
EXPORT_SYMBOL (MyPhaseAlg);
```

图 12.51　基本示例

编译此代码并将其下载到 PowerPMAC,需在"解决方案资源管理器"中右键单击项目名称,然后选择"构建并下载所有程序"。

PowerPMAC 使用编译并下载的用户编写的相位例程,需右键单击"C Language"分支中的"Realtime Routines"。选择"User Servo Setup"以获得窗口,允许用户将用户例程分配给电动机。如果用户尚未将例程名称添加到可选例程列表中,需单击"添加新函数",在对话框中键入例程名称,然后单击"应用"。

然后,要为电动机"x"选择此例程,可单击与"User Phasex"相关的向下箭头,并从拾取列表中选择例程名称,如图 12.52 所示。当所有电动机都完成了这项操作后,点击大窗口的"应用"。

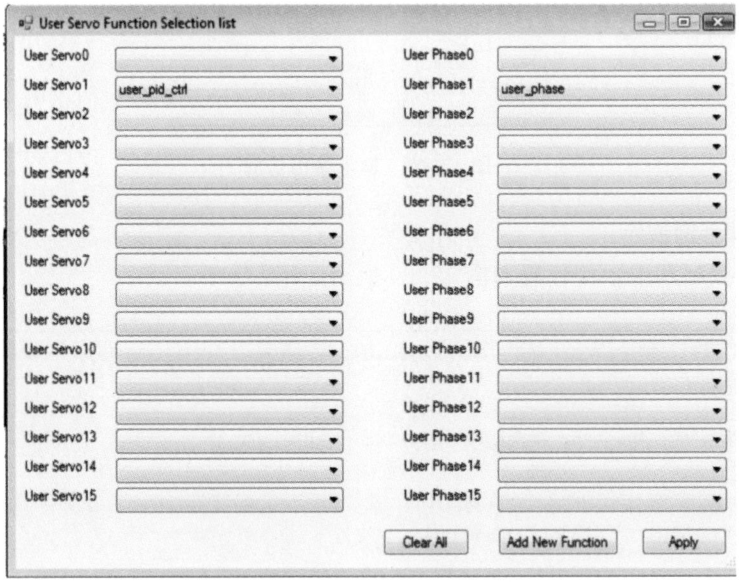

图 12.52　IDE 用户阶段和伺服选择控制

12.4.7　伺服程序样例

1. 简介

PowerPMAC 可以为任何电动机执行"用户编写的伺服"程序。在每次伺服中断时，PowerPMAC 将调用每个电动机的伺服子程序，Motor[x].ServoCtrl＞0。这可以是用于反馈和前馈的内置例程，也可以是由电动机单独选择的用户编写的例程。不同的电动机可以执行不同的用户编写的例程；多个电动机可以执行相同的例程。

大多数编写伺服例程的用户都会使用它们来执行电动机反馈和前馈的自定义算法，提供内置算法所不具备的功能。但是，伺服程序也可以用于执行快速 I/O 操作等与这些任务无关的操作。

要在 IDE 中创建用户编写的伺服例行程序，需进入视图的"解决方案资源管理器"，展开"C Language"分支，然后展开"Realtime Routines"分支。在此分支中，选择要编辑的文件"usrcode.c"。记住，该文件可以包含多个用于相位和伺服的例行程序。

2. 声明

用户编写的伺服例程必须按以下形式声明。

```
double MyServoAlg (MotorData * Mptr)
```

"double"表示双精度浮点值（伺服输出命令）返回到调用程序。"MyServoAlg"是例程的用户名。"MotorData * Mptr"必须作为参数包含（即使在例程中未使用）。"Mptr"是指向当前电动机的电动机数据结构的指针。允许单个例程用于多个电动机，从而提供对调用电动机的所有数据结构元素的访问。

3. 例程准备

PowerPMAC 在每个周期调用用户编写的伺服算法之前，自动计算几个常用量的值。以下自动计算的元素特别有用,都是"double"格式的浮点值。

Motor[x].DesPos:指令位置(轨迹、主控、补偿)。

Motor[x].DesVel:指令速度(DesPos$_{new}$-DesPos$_{old}$)。

Motor[x].ActPos:外环实际位置(与测量、补偿、间隙有关)。

Motor[x].ActVel:闭环实际速度(ActPos2$_{new}$-ActPos2$_{old}$)。

例程将其结果值返回给调用程序,所以它不需要将结果写入输出寄存器,或者写入换向算法的适当输入寄存器。PowerPMAC 固件将处理该任务。

4. 基本示例展示

伺服程序基本示例代码如图 12.53 所示。

```
double user_pid_ctrl(struct MotorData *Mptr)
{
  double ctrl_out;

  if (Mptr->ClosedLoop) {
    // Compute PD terms
    ctrl_out=Mptr->Servo.Kp*Mptr->PosError-Mptr->Servo.Kvfb*Mptr->ActVel;
    Mptr->Servo.Integrator+=Mptr->PosError*Mptr->Servo.Ki;  // I term
    ctrl_out+=Mptr->Servo.Integrator;                       // Combine
    return ctrl_out;
  }
  else {
    Mptr->Servo.Integrator=0.0;
    return 0.0;
  }
}
```

图 12.53　基本示例

注意:不要将用户代码嵌入例行程序的不确定循环中,因为内置的 PowerPMAC 测序软件每次中断都会调用该例行程序,导致该例行程序被反复执行,这可能会使得 PowerPMAC"卡"在例行程序中,导致其他任务无法在所需时间内执行,甚至会引发看门狗计时器跳闸。

5. 多电动机示例

可以编写用于多个电动机耦合控制的伺服例程。事实上,这是采用自定义伺服算法的关键原因之一。PowerPMAC 有一个内置的多电动机伺服算法——双电动机交叉耦合龙门架算法。

使用这种耦合算法的电动机必须连续编号,伺服算法实际上由这些电动机中编号最低的电动机执行的。掉电保持设置参数 Motor[x].ExtraMotors 必须设置为此算法控制的额外电动机数量。例如,如果电动机 3~7 由单一伺服算法控制,则该算法将由电动机 3 和电动机[3]执行。ExtraMotors 将设置为 4。电动机 4~7 将不执行任何伺服算法。

传递给自定义算法的 Mptr 结构指的是这个编号最小的电动机的结构。有以下几种方法可以访问其他受控电动机的结构。

在"相对寻址"中,可以声明新的结构变量,如 Mptr2 和 Mptr3,并在例程中引用它们,如图 12.54 所示。

在"绝对寻址"中,可以简单地使用这些电动机的完整结构名称,如图 12.55 示例所示。

```
Mptr2 = Mptr + 1;
Mptr3 = Mptr + 2;
```

图 12.54　相对寻址样例

```
pshm->Motor[4].ActPos…
pshm->Motor[5].ActPos…
```

图 12.55　绝对寻址样例

实际执行程序的电动机的伺服命令是返回值。对于其他电动机,例程应直接写入该电动机的 ServoOut 元素(double),如图 12.56 所示写入相对地址元素,如图 12.57 所示写入绝对地址元素。

```
Mptr2->ServoOut
```

图 12.56　相对寻址写入元素形式

```
pshm->Motor[4].ServoOut
```

图 12.57　绝对寻址写入元素形式

6. 编译下载

在同一目录中的头文件"usrcode. h"中,必须进行图 12.58 所示的声明。

```
double MyServoAlg (struct MotorData *Mptr);
EXPORT_SYMBOL (MyServoAlg);
```

图 12.58　usrcode. h 中声明

要编译此代码并将其下载到 PowerPMAC,需在解决方案资源管理器中右键单击项目名称,然后选择"构建并下载所有程序"。

要指示 PowerPMAC 使用编译并下载的用户编写的阶段例程,需进入视图的"解决方案资源管理器",展开"C Language"分支,然后展开"Realtime Routines"以获得窗口,允许将用户例程分配给电动机。如果要将例程名称添加到可选例程列表中,可单击"添加新函数",在对话框中键入例程名称,然后单击"应用"。

然后,要为电动机"x"选择此例程,可单击与"用户服务箱"相关的向下箭头,并从拾取列表中选择例程名称。当所有电动机都完成了这项操作后,点击大窗口的"应用"。

12.5　CPLC 程序编写

12.5.1　实时中断 CPLC

1. 简介

在每个实时中断(RTI)中,PowerPMAC 将启用一个特殊的 CPLC 程序。在 RTI 中开始的任何运动程序或运动段计算完成,且扫描脚本 PLC 0 之后,如果 RTI 存在且处于活动状态,则在每周期(Sys. RtIntPeriod+1)进行中断,但如果先前的 RTI 没有在新一周期中启用,则跳过该周期。

2. CPLC 应用

要在 IDE 中创建 RTI CPLC,需进入项目管理器的"解决方案资源管理器",首先展开"C Language"分支,再展开"CPLCs"分支,接着展开"rticplc"分支,如图 12.59 所示。在这个分支中,选择文件"rticplc. c"进行编辑。这个例程必须命名为"realtimeinterrupt_plcc",并且必须声明为:void realtimeinterrupt_plcc()"void"表示不向调用程序返回任何值。与用户编写阶段不同和伺服算法不同,用户不能为这个例程选择自己的名字,如图 12.60 所示。

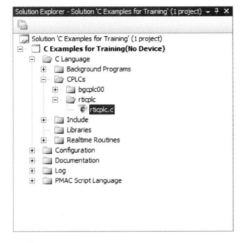

图 **12.59** rticplc **目录**

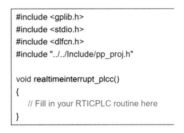

图 **12.60** rticplc **内容**

3. 样例展示

图 12.61 所示的代码实现了一个简单的例子——向离散输出库写入交替开/关模式。

```c
#include <RtGpShm.h>
#include <stdio.h>
#include <dlfcn.h>

#define IoCard0Out0_7  *(piom + 0xA0000C/4)
#define IoCard0Out8_15 *(piom + 0xA00010/4)
#define IoCard0Out16_23     *(piom + 0xA00014/4)
#define OutputData(x)  (x << 8)

void realtimeinterrupt_plcc()          // RTI C PLC function
{
  static int i = 0;
  if (i++>1000) {                      // > 1 sec from cycle start
      IoCard0Out0_7=OutputData(0xAA);  // Odd-numbered outputs on
      IoCard0Out8_15=OutputData(0xAA);
      IoCard0Out16_23=OutputData(0xAA);
      if (i>2000) i=0;                 // Reset to start of cycle
  }
  else {                               // < 1 sec from cycle start
      IoCard0Out0_7=OutputData(0x55);  // Even-numbered outputs on
      IoCard0Out8_15=OutputData(0x55);
      IoCard0Out16_23=OutputData(0x55);
  }
}
```

图 **12.61** 交替开/关样例

4. 编译下载

要编译并下载此代码到 PowerPMAC,需在"解决方案资源管理器"中右键单击项目名称,然后选择"构建并下载所有程序"。

要执行此例程,只需设置数据结构元素 UserAlgo 即可。RtiCplc 设为 1。

注意:若要禁用执行,请设置 UserAlgo、RtiCplc 为 0。

注意:不要将用户代码嵌入例行程序的不确定循环中,因为内置的 PowerPMAC 排序软件每次中断都会调用该例行程序,导致该例行程序被反复执行,这可能会使得 PowerPMAC"卡"在例行程序中,导致其他任务无法在所需时间内执行,甚至会引发看门狗计时器跳闸。

12.5.2 后台 CPLC

1. 简介

在每次扫描每个启用的后台脚本 PLC 程序后,PowerPMAC 将调用作为函数存在的每个活动的后台 PLC 程序。PowerPMAC 最多支持 32 个使能单独控制的后台 CPLC 程序,使能单独控制。这些后台 CPLC 程序相当于调度 Turbo PMAC 的后台编译(脚本)PLC 程序。

2. CPLC 应用

要在 IDE 中创建后台 CPLC,需进入项目管理器的"解决方案资源管理器",展开 "C Language"文件夹,右键单击"CPLCs"文件夹,如图 12.62 所示。在弹出的窗口中,从选择列表中选择一个 CPLC 编号(0 ~ 31)。解决方案资源管理器将创建一个子文件夹"bgcplcnn",并在该文件夹中创建一个文件"bgcplcnn. c",其中 nn 是所选的 CPLC 编号(总是两位数字),创建后的文件夹的内容如图 12.63 所示。选择该文件进行编辑。所有后台 CPLC 程序的例程必须命名为"user_plcc",并且必须声明为:void user_plcc ()"void"表示不向调用程序返回任何值,如图 12.64 所示。与用户编写的相位和伺服算法不同,用户不能为这个例程选择自己的名字。请注意,例程本身不包含 CPLC 的编号信息-这是由文件和文件夹名称决定的。

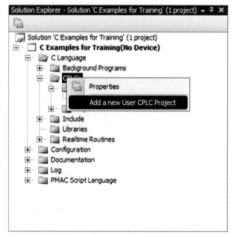

图 12.62　右键单击 CPLCs 文件夹　　　图 12.63　bgcplc 目录

3. 编译下载

要编译并下载此代码到 PowerPMAC,需在解决方案资源管理器中右键单击项目名称,然后选择"构建并下载所有程序"。

启用 CPLC 程序只需设置数据结构元素 UserAlgo. BgCplc[n]为 1。若要禁用执行 CPLC 程序,则设置 UserAlgo. BgCplc[n]为 0。

```
#include <gplib.h>
#include <stdio.h>
#include <dlfcn.h>
#include "../../Include/pp_proj.h"

void user_plcc()
{
    // Fill in your CPLC routine here
}
```

图 12.64　bgcplc 内容

在所有启用的 CPLC 程序执行完成或开始执行 100 μs 后,下一个后台 PLC 脚本程序才会被运行。

注意:不要将用户代码嵌入到例程的无限循环中,因为内置的 PowerPMAC 排序软件会在每个后台周期调用这个例程,导致该例行程序被反复执行,这可能会使得 PowerPMAC"卡"在例行程序中,导致其他任务无法在所需时间内执行,甚至会引发看门狗计时器跳闸。

12.5.3　CPLC 相关指令

enable bgcplc{list}:开始执行指定的后台 CPLC 程序。List 为指定 CPLC 程序的编号。

enable rticplc:开始执行中断 CPLC 程序。

disable bgcplc{list}:停止执行指定的后台 CPLC 程序。

disable rticplc:停止执行中断 CPLC 程序。

12.6　练习与实验

12.6.1　入门练习

练习 1　点动控制 LED

问题:编写一个 PLC,从演示机架上的输入 M-Variables 读取机器输入开关(输入 1~8),并在开关闭合时使用输出 1~8 的相应输出 M-Variables 激活 LED 作为响应。

提示:

(1)实现这一点的效率最低、但最具指导性的方法是使用 while 循环,该循环通过两个 ptr 变量数组进行索引,一个用于输入,一个用于输出;

(2)最有效的方法是简单地将输入词复制到输出词中。

解决方案如下。

(1)首先,为数字 I/O 分配指针如下。

```
ptr Inputs(8)-> * ;
Inputs(0)->GateIo[0].DataReg[0].0.1;
Inputs(1)->GateIo[0].DataReg[0].1.1;
Inputs(2)->GateIo[0].DataReg[0].2.1;
```

```
Inputs(3)->GateIo[0].DataReg[0].3.1;
Inputs(4)->GateIo[0].DataReg[0].4.1;
Inputs(5)->GateIo[0].DataReg[0].5.1;
Inputs(6)->GateIo[0].DataReg[0].6.1;
Inputs(7)->GateIo[0].DataReg[0].7.1;
ptr Outputs(8)->* ;
Outputs(0)->GateIo[0].DataReg[3].0.1;
Outputs(1)->GateIo[0].DataReg[3].1.1;
Outputs(2)->GateIo[0].DataReg[3].2.1;
Outputs(3)->GateIo[0].DataReg[3].3.1;
Outputs(4)->GateIo[0].DataReg[3].4.1;
Outputs(5)->GateIo[0].DataReg[3].5.1;
Outputs(6)->GateIo[0].DataReg[3].6.1;
Outputs(7)->GateIo[0].DataReg[3].7.1;
```

提醒：这里假设用户拥有 ACC-65E 或 ACC-68E 数字 I/O 卡。不同的产品可能有不同的数字 I/O 映射，读者可以查看各产品的手册。

（2）读写 PLC I/O，标准读写 PLC I/O 的例程如图 12.65 所示。

```
open plc 1
local index;        // Loop counter and array index
local Latches(8);           // Input latches

index = 0;       // Initialize counter
while(index < 8) {          // Loop through all latches
        Latches(index) = Inputs(index);                       // Latch initial input states
        index++;                // Increment index
}

while(1){        // Keep loop alive now that it is initialized
        index = 0;      // Initialize loop counter
        while(index < 8) {              // Loop through all inputs
                if(Inputs(index)) {
                        if(!(Latches(index))) {// If the input is high but the latch low
                        Outputs(index) = 1;                     // Activate output
                        Latches(index) = 1;                     // Latch input
                        }
                }
                else {
                        if(Latches(index)) {// If the input is low but latch high
                                Outputs(index) = 0;                     // Deactivate output
                                Latches(index) = 0;                     // Delatch input
                        }
                }
                index++;        // Increment index
        }
}
close
```

图 12.65 读写 PLC I/O 的例程

（3）练习 1 备选解决方案：更精练的解决方案如图 12.66 所示。

```
open plc exercise_1_alternative
Gatelo[0].DataReg[3] = Gatelo[0].DataReg[0];
close
```

图 12.66 读写 PLC I/O 备选方案

练习 2　点动电动机

编写一个 PLC,使其中一个触摸开关保持时向前(jog+)点动电动机 1;使另一个触摸开关保持时向后(jog-)点动释放时闭环停止(jog/)。

点动电动机的解决方案如图 12.67 所示。

```
open plc exercise_2
local index;
local Latches(4);
index = 0;
while(index < 4){ // Initialize input latches
            Latches(index) = Inputs(index);
            index++;
}

while(1){ // Keep loop alive once latches are initialized
            if(Inputs(0) && !(Latches(0)))              {
                        jog+1;        // Jog mtr1 positive, set this latch and clear others
                        Latches(0) = 1; Latches(1) = 0; Latches(2) = 0; Latches(3) = 0;
            } else
            if(Inputs(1) && !(Latches(1)))              {
                        jog-1;        // Jog mtr 1 negative, set this latch and clear others
                        Latches(1) = 1; Latches(0) = 0; Latches(2) = 0; Latches(3) = 0;
            } else
            if(Inputs(2) && !(Latches(2)))              {
                        home 1;       // Home mtr 1, set this latch and clear others
                        Latches(2) = 1; Latches(1) = 0; Latches(0) = 0; Latches(3) = 0;
            } else if(Inputs(0) == 0 && Inputs(1) == 0 && Inputs(2) == 0 && Latches(3) == 0){
                        jog/ 1;       // Jog stop mtr 1, set this latch and clear others
                        Latches(3) = 1; Latches(1) = 0; Latches(2) = 0; Latches(0) = 0;
            }
}
close
```

图 12.67　练习 2 解决方案

练习 3　定时器亮灯

编写一个 PLC,该 PLC 使用计时器按选择的时间间隔打开和关闭灯。使用之前制作的定时器子程序,并使用语法调用 timer(duration)调用它。

定时器亮灯的解决方案如图 12.68 所示。

```
open plc exercise_3
Outputs(0) = 1;          // On
call Timer(0.5);         // Wait 0.5 seconds
Outputs(0) = 0;          // Off
call Timer(0.5);         // Wait 0.5 seconds
close
```

图 12.68　练习 3 解决方案

练习 4　电动机定位

编写一个可编程逻辑控制器,使电动机 2(原点 2)复位,检查原点是否完成(while(motor[2]. InPos==0||motor[2]. HomeComplete==0){}),然后将电动机点动至 5000 计数(jog2=5000),检查是否停止(while(Motor[2]. InPos==0){})。注意,可能需要稍微加宽 Motor[2]. InPosBand,以便 InPos 检查在调谐不良的情况下返回 1。

电动机定位的解决方案如图 12.69 所示。

```
open plc PLC_Exercise_4
Motor[2].InPosBand = 0.5; // Widen position band
home 2;      // Initiate the home on motor 2
call Timer(0.01); // Wait a short period to force the home to start
// Wait for the home to finish
while(Motor[2].InPos == 0 && Motor[2].HomeComplete == 0){}
jog2=5000; // Start the jog
call Timer(0.01); // Wait a short period for the jog to start
while(Motor[2].InPos == 0){} // Wait for the jog to finish
disable plc PLC_Exercise_4
close
```

图 12.69   练习 4 解决方案

练习 5   电动机联动绘制"X"

改变示例运动程序,在方框内从一个角到另一个角绘制一个"X"。绘制结果以验证代码更改是否正确。

提示:记得从终端窗口下载更改后的程序并将电动机回零(例如♯1..2hm);也不要忘记,如果将其命名为 prog2,那么 run 命令将以类似 &1b2r 的形式执行。

图 12.70 所示代码用于在框内绘制"X"。

```
// Question 1: In-Program Data Gathering
//
// Motion Program
// Draw an X inside the box  (Hint: &1b2r)
/***************************************/
&1
#1->1000X;
#2->1000Y;

open prog 2
          linear; abs;
          tm500; ta100; ts100;
           dwell 0  Gather.Enable = 2; dwell 0  // Turn on gathering
          // Box
          X0 Y10;
          X10 Y10;
          X10 Y0;
          X0 Y0;
          // "X" Inside Box
          X10 Y10;
          X0 Y10;
          X10 Y0;
          dwell 100; // allow settling
          Gather.Enable = 0; dwell 0 // Turn off gathering
close
/***************************************/
```

图 12.70   练习 5 解决方案

采集方框图中的"X"应该与图 12.71 类似。

12.6.2   基础练习

以下练习提供了建议的程序流程图。每个步骤都有编号,这些编号在本文档附录中相应示例代码的注释中重复出现。这个想法是自己做容易的事情,并在需要或希望时参考例子寻求帮助,从而自行设定难度。

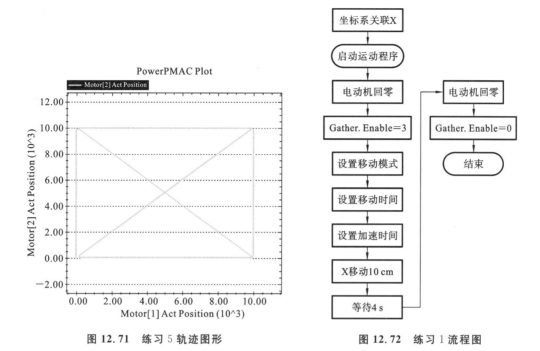

图 12.71　练习 5 轨迹图形　　　　　图 12.72　练习 1 流程图

画出每个程序的动作,确保它们按照提示的意图去做。

练习 1　电动机往返

要求:在步进应用中使用 PPMAC,PPMAC 必须控制电动机♯1 步进驱动丝杠移动 10 cm 距离,在此位置暂停 4 s,然后返回其原始位置。每个动作必须在 1 s 内完成。

注意:需要放松对 Motor[x].MaxSpeed、Motor[x].InvAMax 和 Motor[x].InvD-Max 的约束,以达到本练习(以及后续练习)中所需的速度。

注意:设置 Coord[x].NoBlend＝0 以启用混合。

硬件:分辨率 2000 编码器、齿轮减速比 5:1、1 cm/rev 螺距导螺杆。设计思路流程图如图 12.72 所示。

练习 1 解决方案程序样例如图 12.73 所示。

Motion Program Solution Component:

```
undefine all;
&1
#1->10000X              // | 2000*5 cts for 1 cm
Open Prog Exercise1     // 1
Home 1                  // 2 Home motor #1
Dwell 0
Gather.Enable = 2       // 3 Start Gathering
Dwell 0
Linear                  // 4
Abs
TM 900                  // 5
TA 100                  // 6
X 10                    // 7 Move 10 user units (cm) in 1 sec
Dwell 4000              // 8 Wait for 4 sec
X 0                     // 9 Move to origin in 1 sec
Dwell 0 Gather.Enable = 0 Dwell 0    // 10 Disable Gathering
Close                   // 11
```

图 12.73　练习 1 解决方案

练习 2　电动机间断运动

要求:(1) 系统现在必须从零位置移动到 10 cm 位置,暂停 4 s,然后再移到 20 cm 位置,再停止 1 s,然后必须在 1.5 s 内回到零位置。

(2) 只用厘米编程。

(3) 系统中还增加了一个进给速率控制开关,现在编程延时应随着进给速率控制状态的变化而变化(即使用延迟,而不是停留)。这意味着在 50% 进给速率下,1.5 s 的暂停将持续 3 s。在 PLC 中,检查机器输入信号有效,并使用以下命令修改坐标系的进给速率:

```
Coord[x].DesTimeBase=Sys.ServoPeriod * 0.5;    // 50% feedrate
Coord[x].DesTimeBase=Sys.ServoPeriod;          // 100% federate
```

Coord[x].TimeBaseSlew 也需要从默认值增加(例如设置为 100)以允许进给速率的快速变化。

设计思路流程图如图 12.74 所示。

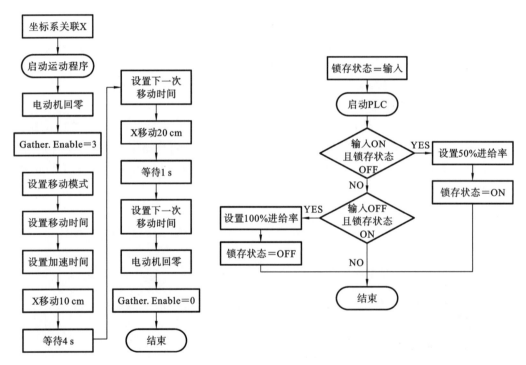

图 12.74　练习 2 流程图

练习 2 电动机控制运动程序样例如图 12.75 所示,修调控制 PLC 程序如图 12.76 所示。

练习 3　条件分支

要求:设计单位为欧洲客户设计的机器获得了很大的成功,客户有了额外的研发资金,希望设计单位基于同一平台编写另一个应用程序。机器的两个输入开关已分别连接到 PPMAC 设备的输入 1 和输入 2,客户希望这些开关按如下方式控制载物台的运动:如果机器输入 1 有效,则载物台应以 1 cm/s 的速度从零位置移动

```
undefine all;
&1
#1->10000X  // I 2000*5 cts for 1 cm
Open Prog Exercise2 // 1
Home 1                    // 2 Home motor #1
Dwell 0
Gather.Enable = 2         // 3 Start Gathering
Dwell 0
Linear        Abs TM 900 TA 100      // Steps 5 to 7
X 10                      // 8 Move to 10 user units (cm)
Dwell 0 Delay 4000 Dwell 0           // 9 Wait for 4 sec (delay scales to % cmd)
                                     // Padding Delay with Dwell 0s forces the full delay time
                                     // without causing move accel/decel to consume part of
the specified                        // value
TM 1900       TA 100      // 10
X 20                      // 11 Move to 20 user units (cm)
Dwell 0 Delay 1000 Dwell 0           // 12 Wait for 1 sec
TM 1400                   // 13
TA 100                    // 13
X 0                       // 14 Move to origin in 1.5 sec
Dwell 0 Gather.Enable = 0 Dwell 0 // 15 End Gathering
Close                     // 16
```

图 12.75   练习 2 解决方案运动程序

```
open plc Exercise2_PLC               // 1
local Latch1=Input1;
while(1)
{
        if (Input1==1 && Latch1==0)          // 2
        {
                // 3&4 Issue feedrate override and latch input
                Coord[1].DesTimeBase = 0.5*Sys.ServoPeriod; Latch1 = 1;
        }
        else if (Input1==0 && Latch1==1)// 5
        {
                // 6&7 Restore feedrate and delatch input
                Coord[1].DesTimeBase = Sys.ServoPeriod; Latch1 = 0;
        }
}
Close                                // 8
```

图 12.76   练习 2 解决方案修调程序

到 10 cm 位置,暂停 1 s;然后以相同速度返回零位置并暂停 100 ms,直到下一个有效输入。

如果机器输入 2 有效,载物台应以 2 cm/s 的速度从零位置移动到－10 cm 位置,暂停 1 s,然后以相同速度返回零位置并暂停 100 ms,直到下一个有效输入。

如果机器输入 1 和 2 都有效,或者两者都无效,则载物台不应从零位置移动,并且应暂停 100 ms,直到下一个有效输入。

电动机控制设计思路流程图如图 12.77 所示,PLC 控制设计思路流程图如图 12.78 所示。

练习 3 程序 1 设计程序样例如图 12.79 所示,程序 2 设计程序样例如图 12.80 所示,PLC 逻辑控制程序如图 12.81 所示。

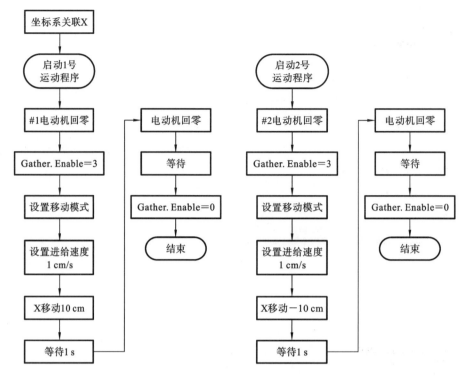

图 12.77 练习 3 运动控制流程图

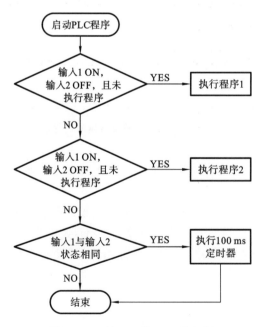

图 12.78 练习 3 的 PLC 流程图

```
undefine all//
&1
#1->10000X                                    // I 2000*5 cts for 1 cm
Open Prog Exercise3_Branch1                   // 1
Home 1                                        // 2 Homing motor #1
Dwell 0
Gather.Enable = 2                            // 3 Start Gathering
Dwell 0
Linear                                        // 4
Abs                                          // 5
F 1                                         // 6 Move at rate of 1 user unit/sec
X 10                                        // 7 Move 10 user counts (cm)
Dwell 0 Delay 1000 Dwell 0                   // 8 Wait for 1 sec (delay scales to feedrate adjustments)
X 0                                         // 9
Dwell 0 Delay 100 Dwell 0                   // 10
Gather.Enable = 0 Dwell 0                    // 11 End Gathering
Close                                        // 12
```

图 12.79   练习 3 程序 1

```
Open Prog Exercise3_Branch2                   // 1
Home 1                                        // 2 Home motor #1
Dwell 0
Gather.Enable = 2                            // 3 Start Gathering
Dwell 0
Linear                                        // 5
Abs                                          // 5
F 2                                         // 6
X-10                                        // 7 Move 10 user counts (cm)
Dwell 1000                                   // 8 Wait for 1 sec
X 0                                         // 9
Dwell 100                                    // 10
Gather.Enable = 0 Dwell 0                    // 11 End Gathering
Close                                        // 12
```

图 12.80   练习 3 程序 2

```
open PLC Exercise3_PLC                                          // 1
if(Input1 == 1 && Input2 == 0 && Coord[1].ProgRunning == 0)     // 2
{
            start 1:Exercise3_Branch1;                          // 3
}
if(Input1 == 0 && Input2 == 1 && Coord[1].ProgRunning == 0)     // 4
{
            start 1:Exercise3_Branch2;                          // 5
}
if((Input1==1 && Input2==1) || (Input1==0 && Input2==0))        // 6
            call Timer(0.10); // Wait 100 msec                  // 7
Close                                                           // 8
```

图 12.81   练习 3 的 PLC 程序

图 12.82   练习 4 需绘制形状

练习 4   电动机联动绘图

要求：希望通过 PMACX、Y 绘图仪进行编程，以绘制形状。需以 10 in/s 的进给速度进行切割，绘制出如图 12.82 所示图形。这两个绘图电动机都有转速为 500 个脉冲/r 的编码器和 1 in/r 的丝杠。

注意：为防止此形状的圆角，需在此程序开始时禁用 Coord[x].NoBlend＝1 的混合，并在结束时将其设置回零。

分析需求，梳理出程序设计思路流程图如图 12.83 所示。整体运动控制程序样例如图 12.84 所示。

练习 5   混合移动模式移动

要求：(1) 将电动机调至正交通道高电平。

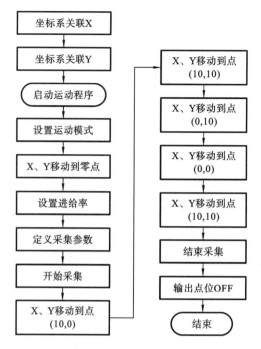

图 12.83 练习 4 流程图

```
undefine all;
&1
#1->2000X                              // I 2000 cts for 1 inch
#2->2000Y                              // II 2000 cts for 1 inch
Open Prog Exercise4                    // 1
local CSNumber = Ldata.Coord; // Obtain coordinate system
Linear                                 // 2
Abs                                    // 2
Home 1,2                               // 3 Move to (0,0)
F 10                                   // 4 Feedrate of 1 user unit per second
Dwell 0
Gather.Enable = 2                      // 5 Start Gathering
Dwell 0 Coord[CSNumber].NoBlend = 1; // Stop blending temporarily
X 10 Y 0                               // 6 Move to (10,0) user counts (inch)
X 10 Y 10                              // 7 Move to (10,10) user counts (inch)
X 0 Y 10                               // 8 Move to (0,10) user counts (inch)
X 0 Y 0                                // 9 Move to (0,0) user counts (inch)
X 10 Y 10                              // 10 Move to (10,10) user counts (inch)
Dwell 0 Coord[CSNumber].NoBlend = 0; // Reenable blending
Gather.Enable = 0                      // 12 End Gathering
Output1 == 0 Dwell 0                   // 13
Close                                  // 14
```

图 12.84 练习 4 运动程序样例

(2) 使用 Rapid 指令将三个电动机(电动机 1～3)移动到起始位置 (X5 Y2 Z1)。

(3) 将电动机 4 指定为主轴 (♯4 ->S) 或将其从坐标系中省略。

(4) 通过 Jog＋4(电动机 4)激活主轴并等待它达到最高速度。

(5) 使用 Circle1 模式在 X-Y 平面上切割一个半径为 1 的完整圆。

(6) PVT 在 1 s 内移动到 X1、Y1、Z3,终点速度为 3 用户单位/s。

(7) PVT 到 X0、Y0、Z0,终点速度为 0 并停止主轴(Jog/4)。

依据要求,梳理出程序设计思路流程图如图 12.85 所示。

根据图 12.85 所示的流程设计出的运动程序运动,采集的轨迹如图 12.86 所示。

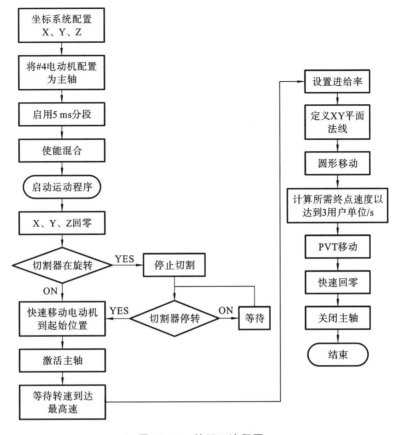

图 12.85　练习 5 流程图

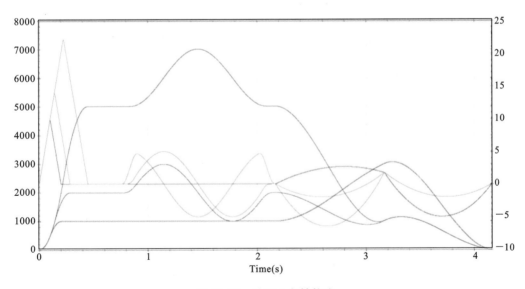

图 12.86　练习 5 各轴轨迹

练习 6　样条移动

要求:让电动机回到原点,然后做一个用户单元的样条移动。在三个样条段的总距离上移动的时间是 900 ms,其中第 1 段为 200 ms,第 2 段为 300 ms,第 3 段为 400 ms。采集的电动机位置轨迹如图 12.87 所示。

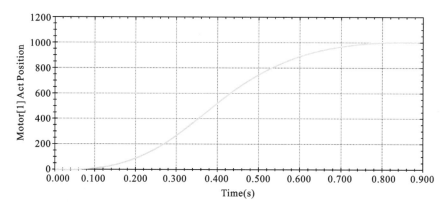

图 12.87 练习 6 电动机位置采集轨迹

根据要求,设计出的程序样例如图 12.88 所示。

```
open prog Exercise6
home 1          // Home motor 1
abs             // Select absolute position programming mode
spline 200 spline 300 spline 400 // Define 3-part spline segmentation
dwell 0
Gather.Enable = 2      // Start gathering
dwell 0               // Force gathering to start before the move
x 1                  // Move a short distance
dwell 0
Gather.Enable = 0     // Stop gathering
dwell 0              // Force gathering to stop at end of program (this is necessary)
close
```

图 12.88 练习 6 程序样例

12.6.3 进阶练习

练习 1 跑马灯

要求:(1) 编写一个 BGCPLC,使数字 I/O 设备(例如 ACC-68E)上的输出点位循环输出有效信号,即输出 1 先打开,然后输出 1 关闭,2 打开,以此类推,直到输出 24 打开,然后循环输出 1。

(2) 在输出之间设置 0.10 s 的延迟。

(3) 通过运行 BGCPLC(设置 UserAlgo. BgCplc[i]＝1,其中 i 是 BgCplc 编号)进行测试,然后观察 ACC-68E 控制的灯的光亮情况。

解决方案:当采用 ACC-68E 数字 I/O 硬件作为输出设备时,可采用如图 12.89 所示的程序样例实现跑马灯效果。

当采用 Power Clipper 数字 I/O 硬件作为输出设备时,可采用如图 12.90 所示的程序样例实现跑马灯效果。

练习 2 中断计数

要求:在 global definitions. pmh 中定义一个名为 MyRTICtr 的全局脚本变量。然后,编写一个 RTICPLC,以便在每次执行 RTICPLC 的一次迭代时增加这个全局变量。

```
#include <gplib.h>
#include <stdio.h>
#include <dlfcn.h>
#define _EnumMode_

#include "../../Include/pp_proj.h"
#define ByteSelect(word,byte) ((word << (32 - (8 * (byte + 1)))) >> 24)

struct timespec Sec2TimeSpec(double TimeSec);
void MySleepSec(double SleepTimeSeconds);

void user_plcc()
{
            unsigned int *udata = (unsigned int*)pushm;
            volatile GateIOStruct *ACC68E_0 = GetGateIOMemPtr(0);
            static unsigned int word = 1;
            struct timespec Timer;
            Timer.tv_sec = 0;
            Timer.tv_nsec = 1e8; // 0.1 seconds
            ACC68E_0->DataReg[5] = ByteSelect(word,2) << 8;
            ACC68E_0->DataReg[4] = ByteSelect(word,1) << 8;
            ACC68E_0->DataReg[3] = ByteSelect(word,0) << 8;
            word = word < 0x1000000 ? word << 1 : 1;

            nanosleep(&Timer, NULL);
}
```

图 12.89　练习 1ACC-68E 数字 I/O 硬件方案

```
#include <gplib.h>
#include <stdio.h>
#include <dlfcn.h>
#define _EnumMode_              // uncomment for Pmac enum data type checking on Set & Get global functions


#include "../../Include/pp_proj.h"

void user_plcc()
{
            volatile GateArray3* Gate3_0 = GetGate3MemPtr(0);
            char i;
            unsigned int OutputWord = 0;
            struct timespec Timer;
            Timer.tv_sec=0;
            Timer.tv_nsec=1e8;

            for(i = 16; i < 24; i++)
            {
                        OutputWord = 1 << i;
                        Gate3_0->GpioData[0] = OutputWord;
                        nanosleep(&Timer,NULL);
            }

}
```

图 12.90　练习 1Power Clipper 数字 I/O 硬件方案

根据要求,设计如图 12.91 所示的样例程序实现对中断 PLC 运行次数进行统计。

练习 3　自定义电动机点动

要求:(1) 创建一个名为 jogging 的后台 C 程序。

(2) 使用 CloseLoopEnable()关闭电动机♯1 的循环,然后使用 nanosleep()关闭
0.5 s。

```
#include <gplib.h>
#include <stdio.h>
#include <dlfcn.h>

#define _EnumMode_

#include "../../Include/pp_proj.h"

void realtimeinterrupt_plcc()
{
            pshm->P[MyRTICtr]++;
}
```

图 12.91   练习 2 解决方案

（3）使用 JogPosition()将电动机点动运行 1000 次。

（4）在 JogPosition()之后稍微延迟，以便在您判断电动机状态位之后再开始新一轮慢跑。

（5）轮询 Motor[1]. InPos 直到它为 1；确保在轮询时在 while 循环中调用 nanosleep()，以免锁定 CPU。

（6）将电动机转速降到 0 然后退出程序。

（7）设置 Motor[1]. InPosBand=1，并使用一些积分增益（Motor[x]. Servo. Ki），以便 InPos 在合理的时间内变为 1。

根据要求，为逐步实现各个功能，设计组合形式程序样例如图 12.92 所示。

```
#include <gplib.h>    // Global Gp Shared memory pointer
#define _EnumMode_
#include "../../Include/pp_proj.h"

int main(void)
{
            struct timespec Timer = {.tv_sec = 0, .tv_nsec = 5e8}; // 0.5 sec
            int ErrorCode = 0;
            InitLibrary();
            ErrorCode = CloseLoopEnable(1);
            nanosleep(&Timer,NULL);
            ErrorCode = JogPosition(1, 1000.0);
            Timer.tv_nsec = 1e8; // 0.1 sec
            nanosleep(&Timer,NULL);
            while(!pshm->Motor[1].InPos){nanosleep(&Timer,NULL);}
            ErrorCode = JogPosition(1, 0.0);
            CloseLibrary();
            return 0;
}
```

图 12.92   练习 3 解决方案

13

PMAC 控制器与
Copley 驱动器的配合使用

13.1 Copley 产品简介

13.1.1 关于 Copley Controls

Copley Controls 为广泛的工业应用提供高性能的运动控制解决方案,产品标识如图 13.1 所示。从可实现网络连接控制的伺服和步进驱动器到传统的力矩控制驱动器,Copley 可根据客户的应用需求提供专业的解决方案。Copley 可提供功率在 50W~ 6 kW 范围内、安装结构灵活的驱动器,并提供交流和直流两种供电方式以供选择。Copley 驱动器可提供全面的电动机反馈接口。先进的整定和寻相算法极大地提高了电动机的使用性能。

图 13.1 产品标识

13.1.2 系统兼容性

1. 控制

Copley 驱动器可实现基于不同架构进行控制。在 PC 架构下,驱动器可无缝连接 CANopen 和 EtherCAT 两种网络,以实现基于 PC 架构的多轴运动控制解决方案。也支持通过 RS232 接口的 ASCII 或者二进制协议实现驱动器间基于 CAN 连接的串行多点控制方式。所有驱动器支持传统的 ±10 V 和 PWM 电流/速度命令接口。针对 Delta Tau 控制卡,Macro 总线驱动器提供了最优的运动控制系统方案。基于 PLC 控制除传统的脉冲/方向接口外,还可以通过 I/O 选择执行预定好的索引控制程序,也可以通过 ASCII 指令进行控制。

2. 反馈

数字增量编码器和数字 HALL 是所有驱动器的标准反馈接口。部分标准版本的驱动器可额外支持 Analog SIN/COS, BISS 和 SSI 协议的编码器。Plus 系列驱动器可提供更多开放式标准的绝对值编码器接口,包括 BISS,SSI,HIPERFACE,ENDAT,Absolute A 和 Tamagawa 等。CSR 适配器可使驱动器扩展兼容旋转变压器。

3. 产品系列

产品系列的参数说明如表 13.1 所示。

表 13.1 参数说明

Feature	Xenus	Accelnet	Nano	Argus	Multi-Axis	Accelus	Junus
电动机	无刷/有刷	无刷/有刷	无刷/有刷	无刷/有刷	无刷/有刷/步进	无刷/有刷	有刷
输入电源	100-240VAC	9-180VDC	9-180VDC	9-90VDC	14-90VDC	20-180VDC	20-180VDC
持续电流	1-20A	1-50A	1-35A	1-30A	1-5A	1-12A	1-15A
反馈*	E,S	E,S	E,S	N/A	N/A	E	V
Plus 反馈*	E,S,A	E,R,S,A	E,S,A	E,R,S,A	E,S,A	N/A	N/A
CSR 适配器	•	•	•	•	•		
R 系列	•	•	•	•			
CANopen	•	•	•	•			
EtherCAT	•	•	•	•			
MACRO	•	•					
STO	•	•	•	•			
CPL	•	•	•				
Indexer	•	•	•				
电子齿轮/电子凸轮	•	•	•	•	•	•	
脉冲/方向	•	•	•	•	•	•	
PWM 速度/电流	•	•	•	•	•	•	•
±10V 速度/电流	•	•	•	•	•	•	•

* E=增量编码器,R=旋转变压器,S=模拟编码器,A=绝对值编码器,V=反电动势

4. 定制驱动器设计

Copley 凭借专业的技术和强大的团队,可根据 OEM 客户需求迅速响应并进行高性价比的定制。定制内容包括如下各项。

(1) 最优的封装:连接器和外形结构。

(2) 额定功率:定制电流和电压。

(3) 多轴方案:2～4 轴封装。

(4) Java Beans:定制索引功能。

(5) 反馈:特殊编码器接口。

(6) 固件:定制特殊需求功能。

5. R 系列驱动器

R 系列支持 Xenus,Accelnet,Argus 系列。R 系列设计以适应宽温、潮湿、震动、冲击等恶劣环境。R 系列驱动器主要应用于 COTS 军工、航海、航空、炼油和车载等领域。

(1) 150W～7 kW 功率范围。

(2) CANopen,EtherCAT,RS232,RS422 通信接口。

(3) 环境温度:−40 ℃～70 ℃。

(4) 温度冲击:−40 ℃～70 ℃,1 min 内。

(5) 相对湿度:95% 非冷凝状态,在 60 ℃。

(6) 震动:5 Hz～500 Hz,高达 3.85 grms。

(7) 海拔:从 −400 m 到 5,000～16,000 m。

（8）冲击：40 g 峰值加速度。

6．尖端技术

1）磁场定向控制

（1）最优的磁场导向。

（2）电动机运行更快，发热更小。

2）伺服 & PWM 性能

（1）高带宽嵌套环路。

（2）四阶限波或低通滤波。

（3）高效动态 PWM。

7．设计标准

（1）UL/IEC 61010-1。

（2）UL/IEC 61800-5-1。

（3）UL/IEC 61800-5-2。

（4）IEC 61800-3。

（5）EN 55011。

（6）EN 61000-6-1。

（7）ISO 13849-1(Cat3，PLe)。

8．认证体系

（1）UL，CE，RoHS 3 和 REACH。

（2）21CFR-820：质量体系。

（3）ISO 13485：质量管理。

（4）ISO 9001：质量管理。

（5）ISO 14971：风险管理。

13.1.3　系列产品介绍

1．基于 ARM 的标准 CANopen AC 伺服驱动器

Xenus 系列可以提供两种封装形式的交流供电驱动器，功率可达 6 kW。为确保控制电路工作，需要提供＋24VDC 输入作为控制电源。控制接口包括 CANopen 和传统的模拟量输入。典型产品如图 13.2、图 13.3 所示。产品参数简介如下。

（1）控制模式：

● Indexer，Point to Point，PT，PVT；

● 电子凸轮，电子齿轮，位置，速度，力矩。

（2）命令、通信接口：

● CANopen DS-402；

● ASCII，二进制串口协议和离散 I/O；

● 脉冲/方向，正反转脉冲，正交脉冲；

● ±10 V，位置/速度/力矩指令；

● PWM 速度/力矩指令；

● PWM UV 指令；

● 主编码器(电子凸轮/电子齿轮)。

（3）反馈：

- 数字正交 A/B 编码器；
- 数字 HALL；
- 辅助编码器/编码器输出；
- 模拟 SIN/COS 编码器；
- BISS/SSI（主编码器通道）；
- 旋转变压器（外置 CSR 模块）；
- 双闭环反馈。

（4）数字 I/O：

- XTL 为 12 输入、4 输出；
- XSJ 为 14 输入、4 输出。

（5）模拟量输入：

- XTL 为 1、12 位；
- XSJ 为 1、12 位。

（6）附件：

- XTL 外部再生电阻 XTL-RA-XX；
- XTL,XSJ 外部边缘滤波器 XTL-FA-01。

（7）尺寸（单位 mm）：

- XTL 为 191×146×65；
- XSJ 为 126×89×53。

（8）特点：

- 32 位浮点数多环滤波器；
- 频率分析。

Model	VAC	Ic(Apk)	Ip(Apk)
XTL-230-18	100-240	6	18
XTL-230-36	100-240	12	36
XTL-230-40	100-240	20	40

图 13.2 XTL Panel

Model	VAC	Ic(Apk)	Ip(Apk)
XSJ-230-06	100-240	3	6
XSJ-230-10	100-240	5	10

图 13.3 XSJ Micro Panel

2. 基于 ARM 的标准 CANopen DC 伺服驱动器

Accelnet 系列直流供电驱动器，功率可达 2.7 kW。控制接口，包括 CANopen 和传统的模拟量输入。典型产品如图 13.4、图 13.5 所示。产品参数简介如下。

（1）控制模式：

- Indexer, Point to Point, PT, PVT；
- 电子凸轮,电子齿轮,位置,速度,力矩。

（2）命令、通信接口：

- CANopen DS-402；
- ASCII，二进制串口协议和离散 I/O；
- 脉冲/方向,正反转脉冲,正交脉冲；
- ±10 V,位置/速度/力矩指令；
- PWM,速度/力矩指令；
- PWM,UV 指令；
- 主编码器（电子凸轮/电子齿轮）。

（3）反馈：

- 数字正交 A/B 编码器；
- 数字 HALL；

Model	VDC	Ic(Apk)	Ip(Apk)
ADP-055-18	20-55	6	18
ADP-090-09	20-90	3	9
ADP-090-18	20-90	6	18
ADP-090-36	20-90	12	36
ADP-180-09	20-180	3	9
ADP-180-18	20-180	6	18
ADP-180-30	20-180	15	30

图 13.4 ADP Panel

- 辅助编码器/编码器输出；
- 模拟 SIN/COS 编码器；
- BISS/SSI(主编码器通道)；
- 旋转变压器(外置 CSR 模块)；
- 双闭环反馈。

(4) 数字 I/O:

- ADP 为 12 输入、3 输出；
- ACJ 为 9 输入、4 输出。

(5) 模拟量输入：

- ADP 为 1、12 位；
- ACJ 为 1、12 位。

(6) 尺寸(单位 mm)：

- ADP 为 168×104×30；
- ACJ 为 97×63×33。

(7) 特点：

- 32 位浮点数多环滤波器；
- 频率分析。

Model	VDC	Ic(Apk)	Ip(Apk)
ACJ-055-09	20-55	3	9
ACJ-055-18	20-55	6	18
ACJ-090-03	20-90	1	3
ACJ-090-09	20-90	3	9
ACJ-090-12	20-90	6	12

图 13.5　ACJ Panel

3. 基于 FPGA 的 Plus CANopen AC 伺服驱动器

Xenus Plus 系列交流供电驱动器可提供三种型号选择,多轴型号提供最优的性价比。该驱动器提供了丰富的编码器接口。针对安全要求的应用,驱动器可提供 STO 接口。典型产品如图 13.6、图 13.7、图 13.8 所示。产品参数简介如下。

(1) 控制模式：

- Indexer, Point to Point, PT, PVT;
- 电子凸轮,电子齿轮,位置,速度,力矩。

(2) 命令、通信接口：

- CANopen DS-402;
- ASCII,二进制串口协议和离散 I/O;
- 脉冲/方向,正反转脉冲,正交脉冲;
- ±10 V,位置/速度/力矩指令;
- PWM,速度/力矩指令;
- PWM,UV 指令;
- 双路模拟量 UV 命令(XPL);
- 主编码器(电子凸轮/电子齿轮)。

(3) 反馈：

- 数字正交 A/B 编码器,数字 HALL;
- BISS, SSI, Hiperface, Endat, Absolute A;
- Panasonic, Tamagawa, Sanyo Denki;
- 模拟 SIN/COS 编码器;
- 旋转变压器(-R 选项);
- 辅助编码器/编码器输出;

Model	VAC	Ic(Apk)	Ip(Apk)
XPC-230-09	100-240	3	9
XPC-230-12	100-240	6	12
XPC-230-15	100-240	7.5	15

图 13.6　XPC Panel

- 双闭环反馈,双绝对值反馈(XPC,XPL)。

(4) 数字 I/O:

- XPC 为 11 输入、5 输出;
- XPL 为 15 输入、6 输出;
- XP2 为 22 输入、7 输出。

(5) 模拟量输入/输出:

- XPC 为 1、12 位输入;
- XPL 为 2、16 位输入,1、12 位输出;
- XP2 为 2、14 位输入。

(6) 附件:

- XPL 外置再生电阻 XTL-RA-XX。

(7) 尺寸(单位 mm):

- XPC 为 191×120×54;
- XPL 为 201×145×59;
- XP2 为 235×143×91。

(8) 特点:

- 32 位浮点数多环滤波器/频率分析;
- 内置 CPL 高级语言编程;
- Safe Torque Off;
- 高速位置捕捉/位置比较输出。

Model	VAC	Ic(Apk)	Ip(Apk)
XPL-230-18	100-240	6	18
XPL-230-36	100-240	12	36
XPL-230-40	100-240	20	40

图 13.7 XPL Panel

Model	VAC	Ic(Apk)	Ip(Apk)
XP2-230-20	100-240	10	20

图 13.8 XP2 Panel 2 **轴**

4. 基于 FPGA 的 Plus CANopen DC 伺服驱动器

Accelnet Plus 系列直流供电驱动器可提供两种型号选择,多轴型号提供最优的性价比。该驱动器提供了丰富的编码器接口。针对安全要求的应用,驱动器可提供 STO接口。典型产品如图 13.9、图 13.10 所示。产品参数简介如下。

(1) 控制模式:

- Indexer, Point to Point, PT, PVT;
- 电子凸轮,电子齿轮,位置,速度,力矩。

(2) 命令、通信接口:

- CANopen DS-402;
- ASCII,二进制串口协议和离散 I/O;
- 脉冲/方向,正反转脉冲,正交脉冲;
- ±10 V,位置/速度/力矩指令;
- PWM,速度/力矩指令;
- PWM,UV 指令;
- 主编码器(电子凸轮/电子齿轮)。

(3) 反馈:

- 数字正交 A/B 编码器,数字 HALL;
- BISS, SSI, Hiperface, Endat, Absolute A;
- Panasonic, Tamagawa, Sanyo Denki;

Model	VDC	Ic(Apk)	Ip(Apk)
BPL-090-06	14-90	3	6
BPL-090-14	14-90	7	14
BPL-090-30	14-90	15	30

图 13.9 BPL Panel 2 **轴**

- 模拟 SIN/COS 编码器；
- 旋转变压器(-R 选项)；
- 辅助编码器/编码器输出；
- 双闭环反馈,双绝对值反馈(BPL)。

(4) 数字 I/O：

- BPL 为 11 输入、4 输出；
- BP2 为 18 输入、7 输出。

(5) 模拟量输入/输出：

- BPL 为 1、12 位输入；
- BP2 为 2、12 位输入。

(6) 尺寸(单位 mm)；

- BPL 为 $129 \times 92 \times 51$；
- BP2 为 $172 \times 124 \times 44$。

(7) 特点：

- 32 位浮点数多环滤波器/频率分析；
- 内置 CPL 高级语言编程；
- Safe Torque Off；
- 高速位置捕捉/位置比较输出。

Model	VDC	Ic(Apk)	Ip(Apk)
BP2-090-06	14-90	3	6
BP2-090-14	14-90	7	14
BP2-090-20	14-90	10	20

图 13.10　BP2 Panel 2 **轴**

5. 基于 FPGA 的 Plus EtherCAT AC 伺服驱动器

Xenus 系列交流供电驱动器可提供三种型号选择,多轴型号提供最优的性价比。该驱动器提供了丰富的编码器接口。针对安全要求的应用,驱动器可提供 STO 接口。典型产品如图 13.11、图 13.12、图 13.13 所示。产品参数简介如下。

(1) 控制模式：

- Indexer, Point to Point, PT, PVT, CSP, CSV, CST；
- 电子凸轮,电子齿轮,位置,速度,力矩。

(2) 命令、通信接口：

- EtherCAT CoE DS-402；
- ASCII, 二进制串口协议和离散 I/O；
- 脉冲/方向,正反转脉冲,正交脉冲；
- ± 10 V,位置/速度/力矩指令；
- PWM,速度/力矩指令；
- PWM,UV 指令；
- 双路模拟量 UV 命令(XEL)；
- 主编码器(电子凸轮/电子齿轮)。

(3) 反馈：

- 数字正交 A/B 编码器,数字 HALL；
- BISS,SSI,Hiperface,Endat,Absolute A；
- Panasonic, Tamagawa, Sanyo Denki；
- 模拟 SIN/COS 编码器；

Model	VAC	Ic(Apk)	Ip(Apk)
XEC-230-09	100-240	3	9
XEC-230-12	100-240	6	12
XEC-230-15	100-240	7.5	15

图 13.11　XEC Panel

- 旋转变压器(-R 选项)；
- 辅助编码器/编码器输出；
- 双闭环反馈,双绝对值反馈(XEC,XEL)。

（4）数字 I/O：

- XEC 为 11 输入、5 输出；
- XEL 为 15 输入、6 输出；
- XE2 为 22 输入、7 输出。

（5）模拟量输入/输出：

- XEC 为 1、12 位输入；
- XEL 为 2、16 位输入,1、12 位输出；
- XE2 为 2、14 位输入。

（6）附件：

- XEL 外置再生电阻 XTL-RA-XX。

（7）尺寸(单位 mm)：

- XEC 为 191×120×54；
- XEL 为 201×145×59；
- XE2 为 235×143×91。

（8）特点：

- 32 位浮点数多环滤波器/频率分析；
- 内置 CPL 高级语言编程；
- Safe Torque Off；
- 高速位置捕捉/位置比较输出。

Model	VAC	Ic(Apk)	Ip(Apk)
XEL-230-18	100~240	6	18
XEL-230-36	100~240	12	36
XEL-230-40	100~240	20	40

图 13.12 XEL Panel

Model	VAC	Ic(Apk)	Ip(Apk)
XE2-230-20	100~240	10	20

图 13.13 XE2 Panel 2 轴

6. 基于 FPGA 的 Plus EtherCAT DC 伺服驱动器

Accelnet Plus 系列直流供电驱动器可提供两种型号选择,多轴型号提供最优的性价比。该驱动器提供了丰富的编码器接口。针对安全要求的应用,驱动器可提供 STO 接口。典型产品如图 13.14、图 13.15 所示。产品参数简介如下。

（1）控制模式：

- Indexer, Point to Point, PT, PVT；
- 电子凸轮,电子齿轮,位置,速度,力矩。

（2）命令、通信接口：

- CANopen DS-402；
- ASCII,二进制串口协议和离散 I/O；
- 脉冲/方向,正反转脉冲,正交脉冲；
- ±10 V,位置/速度/力矩指令；
- PWM,速度/力矩指令；
- PWM,UV 指令；
- 主编码器(电子凸轮/电子齿轮)。

（3）反馈：

- 数字正交 A/B 编码器,数字 HALL；

Model	VDC	Ic(Apk)	Ip(Apk)
BEL-090-06	14~90	3	6
BEL-090-14	14~90	7	14
BEL-090-30	14~90	15	30

图 13.14 BEL Panel 1 轴

- BISS,SSI,Hiperface,Endat,Absolute A;
- Panasonic，Tamagawa，Sanyo Denki;
- 模拟 SIN/COS 编码器;
- 旋转变压器(-R 选项);
- 辅助编码器/编码器输出;
- 双闭环反馈,双绝对值反馈(BEL)。

（4）数字 I/O:

- BEL 为 11 输入、4 输出;
- BE2 为 18 输入、7 输出。

（5）模拟量输入/输出:

- BEL 为 1、12 位输入;
- BE2 为 2、12 位输入。

（6）尺寸(单位 mm):

- BEL 为 129×92×51;
- BE2 为 172×124×44。

（7）特点:

- 32 位浮点数多环滤波器/频率分析;
- 内置 CPL 高级语言编程;
- Safe Torque Off;
- 高速位置捕捉/位置比较输出。

Model	VDC	Ic(Apk)	Ip(Apk)
BE2-090-06	14-90	3	6
BE2-090-14	14-90	7	14
BE2-090-20	14-90	10	20

图 13.15　BE2 Panel 2 **轴**

7. 基于 FPGA 的 Plus MACRO 伺服驱动器

MACRO 促进了 Delta Tau 控制器和 Copley 驱动器之间的强大联合。MACRO 驱动器包含交流供电的 Xenus Plus 系列和直流供电的 Accelnet Plus 系列。两种系列都提供全面的编码器接口,并提供 STO 接口。典型产品如图 13.16、图 13.17、图 13.18 所示。产品参数简介如下。

（1）控制模式:

- Indexer, Point to Point, PT, PVT;
- 电子凸轮,电子齿轮,位置,速度,力矩。

（2）命令、通信接口:

- MACRO(光纤);
- ASCII, 二进制串口协议和离散 I/O;
- 脉冲/方向,正反转脉冲,正交脉冲;
- ±10 V, 位置/速度/力矩指令;
- PWM,速度/力矩指令;
- PWM,UV 指令;
- 双路模拟量 UV 命令(XML);
- 主编码器(电子凸轮/电子齿轮)。

（3）反馈:

- 数字正交 A/B 编码器,数字 HALL;

Model	VDC	Ic(Apk)	Ip(Apk)
BML-090-06	14-90	3	6
BML-090-14	14-90	7	14
BML-090-30	14-90	15	30

图 13.16　BML Panel

- BISS，SSI，Hiperface，Endat，Absolute A；
- Panasonic，Tamagawa，Sanyo Denki；
- 模拟 SIN/COS 编码器；
- 旋转变压器(-R 选项)；
- 辅助编码器/编码器输出；
- 双闭环反馈,双绝对值反馈(BML,XML)。

（4）数字 I/O：

- BML 为 11 输入、4 输出；
- XML 为 15 输入、6 输出；
- XM2 为 22 输入、7 输出。

（5）模拟量输入/输出：

- BML 为 1、12 位输入；
- XML 为 2、16 位输入,1、12 位输出；
- XM2 为 2、14 位输入。

（6）附件：

- XML 外置再生电阻 XTL-RA-XX。

（7）尺寸(单位 mm)：

- BML 为 129×92×51；
- XML 为 201×145×59；
- XM2 为 235×143×91。

（8）特点：

- 32 位浮点数多环滤波器/频率分析；
- 内置 CPL 高级语言编程；
- Safe Torque Off；
- 高速位置捕捉/位置比较输出。

Model	VAC	Ic(Apk)	Ip(Apk)
XML-230-18	100-240	6	18
XML-230-36	100-240	12	36
XML-230-40	100-240	20	40

图 13.17 XML Panel

Model	VAC	Ic(Apk)	Ip(Apk)
XM2-230-20	100-240	10	20

图 13.18 XM2 Panel 2 轴

13.2 基于 PMAC 控制器的 UV 控制模式

13.2.1 介绍

控制器可以绕开驱动器直接接收电动机反馈信号进行外部换相,并且发送数字 PWM UV 电流指令或者模拟量±10 V UV 电流指令给驱动器,驱动器根据基尔霍夫电流定律自动生成 W 相电流,使用 FOC(磁场定向控制)算法实现对无刷电动机的控制。如图 13.19 所示。

Delta Tau 控制器可以被用于数字 PWM UV 电流或者模拟量±10 V UV 电流指令来控制 Copley 数字驱动器。与传统的直接 H 桥控制相比,数字 PWM UV 电流或者模拟量±10 V UV 电流指令控制方式可以具有更高的电流环带宽,磁场定向控制可以获取更大扭矩,空间矢量调节可以获取更高速度等 Copley 数字驱动器可支持的更高性能。

Copley Xenus 系列(AC 供电)和 Accelnet 系列(DC 供电)控制器可以支持数字

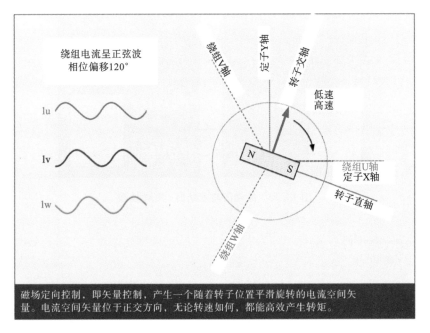

绕组电流呈正弦波
相位偏移120°

Iu

Iv

Iw

绕组V轴

定子Y轴

转子交轴

低速
高速

绕组U轴
定子X轴

转子直轴

绕组W轴

磁场定向控制，即矢量控制，产生一个随着转子位置平滑旋转的电流空间矢量。电流空间矢量位于正交方向，无论转速如何，都能高效产生转矩。

图 13.19　磁场定向控制

PWM UV 电流指令模式。其中 XPL,XEL 两款型号既可以支持数字 PWM UV 电流指令模式，也可以支持模拟量 ±10 V UV 电流指令模式。典型产品如图 13.20、图 13.21所示。

图 13.20　Xenus AC 驱动器　　　　**图 13.21　Accelnet DC 驱动器**

13.2.2　数字 PWM UV 方式连接

控制器可以输出两路 50% PWM 信号给 Copley 驱动器用于控制 UV 电流，Copley 驱动器将自动生成 W 相电流。控制器与驱动器的 PWM 连接如图 13.22 所示。

1. 下载 CME 并安装

打开网页浏览器导航至 Copley Controls 网站：http://www.coupleycontrols.com，点击"Support"菜单，下拉网页到"General Resources"，单击"Software"，选择下载 CME，如图 13.23 所示。

保存到电脑，解压文件，并且运行 Setup.exe，如图 13.24 所示。

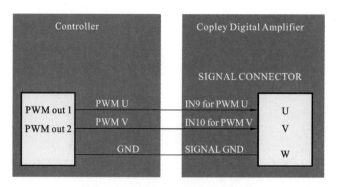

图 13.22　控制器与驱动器 PWM 连接

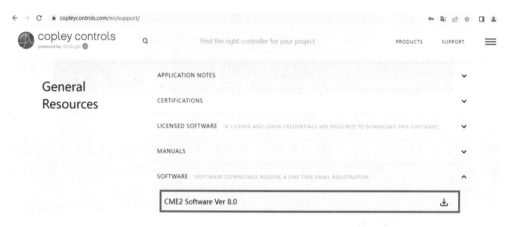

图 13.23　下载 CME

2. CME 设置

（1）在 CME 基本配置窗口单击 Change Settings，如图 13.25 所示。

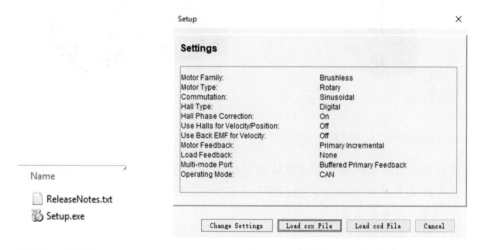

图 13.24　运行 Setup.exe　　　　　　　**图 13.25　点击 Change Settings**

（2）在电动机选项界面选择对应的电动机类型，如图 13.26 所示。

（3）在反馈选项窗口,将所有的选项设置为 NONE,如图 13.27 所示。

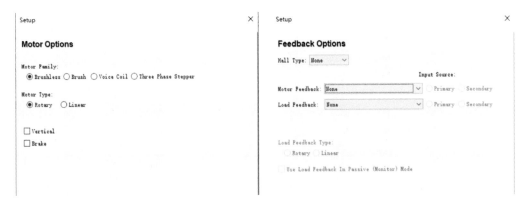

图 13.26　选择对应的电动机类型　　　**图 13.27　反馈选项设置**

（4）工作模式窗口设置如图 13.28 所示。

（5）UV 命令窗口设置如图 13.29 所示。图中,Scaling 用于设置 100％PWM 命令时对应的驱动器输出电流值。

（6）I/O 窗口:IN9、IN10 为 PWM 命令输入接口,如图 13.30 所示。

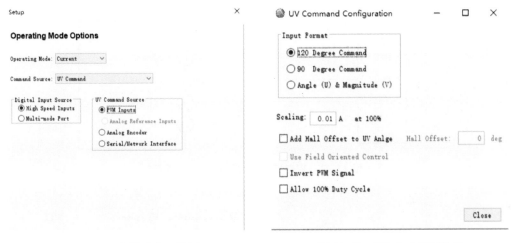

图 13.28　工作模式窗口设置　　　　**图 13.29　UV 命令窗口设置**

13.2.3　模拟量±10 V UV 方式连接

控制器可以输出两路±10 V 模拟量信号给 Copley 驱动器用于控制 UV 电流,Copley 驱动器将自动生成 W 相电流。控制器与驱动器的±10 V 连接如图 13.31所示。

在模拟量±10 V UV 控制模式下,CME 基本配置与数字 PWM UV 控制模式基本相同。不同的窗口配置有如下三种。

（1）工作模式窗口设置一,如图 13.32 所示。

（2）UV 命令窗口设置如图 13.33 所示。图中,Scaling 用于设置＋10 V 命令对应的驱动器输出电流值。

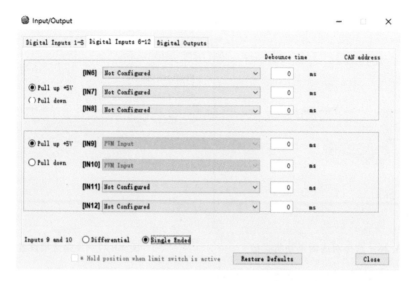

图 13.30 IN9、IN10 为 PWM 命令输入接口

XEL-XPL CONNECTIONS

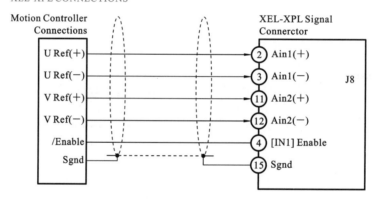

图 13.31 控制器与驱动器的 ±10 V 连接

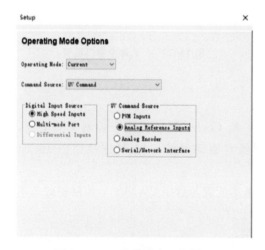

图 13.32 工作模式窗口设置一

图 13.33 UV 命令窗口设置

以 120°指令为例,看输入电压和输出电流之间的对应关系。

先通过 CME Tools 菜单下 ASCII Command Line 窗口输入指令 s r 0x180 262145 和 s f 0x180 262145 将 0x180 参数的 BIT18 置 1。如图 13.34 所示,可见两路模拟量输入口的电压指令与实际输出电流之间的对应关系。

Scaling (0xA9)		500 (5A = %100 = 10V)		
Analog Ref 1		1.73 V	1 V	0.57 V
Analog Ref 2		1 V	1 V	1 V
Scope Tace Variables				
Command U = UV mode U input (ID 60)		5200	3000	1720
Command V = UV mode V input (ID 61)		3000	3000	3000
Actual Current U = Current reading winding A (ID 3)		0.87 A	0.5 A	0.29 A
Actual Current V = Current reading winding B (ID 4)		0.5 A	0.5 A	0.5 A
Actual Current = Actual current (Q rotor axis) (ID 14)		0.87 A	0.5 A	0.29 A
Actual Current D = Actual current (D rotor axis) (ID 13)		-1.08 A	-0.87 A	-0.75 A
Motor Phase Angle (ID 36)		52°	60°	69°

1.73V * 0.5A/V = 0.865 A = 0.87A
1V * 0.5A/V = 0.5A
0.57V * 0.5A/V = 0.285A/V = 0.29A

图 13.34   模拟量输入电压与实际电流输出关系

(3) 工作模式窗口设置二,如图 13.35 所示。

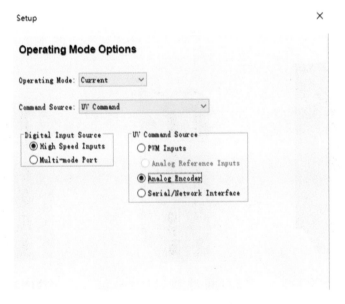

图 13.35   工作模式窗口设置二

当驱动器没有双路模拟量±10 V 接口时,Copley 驱动器可以通过反馈接口的双路 ±0.5 V(1 VPP)sin/cos 输入接口接收外部模拟量 UV 命令信号。

如图 13.36 所示:以 APV 驱动器为例,在编码器的 sin/cos 差分接口前各串联一个 1.12 kΩ 的电阻,一个简单的电压除法器电路可以将±10 V 转化为±0.5 V 接入 sin/cos 电路。

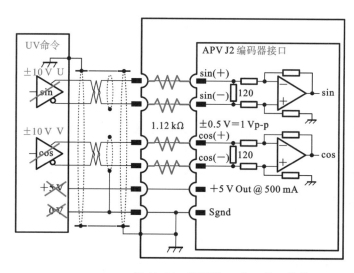

图 13.36 编码器 sin/cos 接口转换 ±10 V 接口

13.3 基于 PMAC 控制器的 EtherCAT 控制模式

13.3.1 EtherCAT 设置

交流驱动器 EtherCAT 连接器的典型产品如图 13.37、图 13.38、图 13.39 所示。直流驱动器 EtherCAT 连接器的典型产品如图 13.40、图 13.41 所示。

图 13.37 XEL

图 13.38 XEC

图 13.39 XE2

图 13.40 BEL, TEL

图 13.41 BE2, TE2

1. EtherCAT 线缆

EtherCAT 网络的物理层是 100BASE-TX,使用 Cat 5(或更高)布线。网络上节点之间的最大长度为 100 m(328 英尺)。驱动器上的 EtherCAT 连接器具有 IN 和 OUT 端口,当电缆穿过驱动器时应使用该端口。这些是 CANopen 驱动器上使用的相同电缆和 RJ-45 连接器。然而,EtherCAT 网络布线不需要在网络中的最后一个驱动器上安装终端电阻。网络中最后一个驱动器的 PHY(物理接口)将自动传输数据从输入的对导线到返回的对导线。

保持 EtherCAT 电缆与连接到驱动器的 PWM 输出的电动机电缆分开。这将消除从电动机电缆耦合到网络电缆的噪声。

2. EtherCAT LEDs 指示灯

EtherCAT LEDs 指示灯的典型产品如图 13.42 所示,每个插口的使用说明如下。

L/A　一个绿色 LED 指示 EtherCAT 网络的状态:

LED	Link	活动状态	
ON	Yes	No	端口打开
Flickering	Yes	Yes	端口打开并活动
Off	No	(N/A)	端口关闭

RUN　绿色:显示 EtherCAT 状态机的状态(EtherCAT State Machine)

Off	=	Init(初始化)
Blinkong	=	Pre-operational(预操作)
Single-flash	=	Safe-operational(安全操作)
On	=	Operational(操作)

ERR　红色:显示错误比如看门狗超时和 XE2 因本地错误导致的未知状态变化

Off	=	EtherCAT 通信工作正常
Blinking	=	无效配置,通用配置错误
Single Flash	=	本地错误,从站自主改变 EtherCAT 状态
Double Flash	=	PDO 或者 EtherCAT 看门狗超时,或者二个应用看门狗超时发生

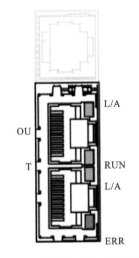

图 13.42　指示灯 EtherCAT LEDs

3. 设备 ID 开关、站点别名

在 EtherCAT 网络中,根据从站在总线上的位置自动分配固定地址。但是,当设备必须具有独立于布线的正数标识时,则需要设备 ID。在 Plus 面板式驱动器中,这是由两个十六进制编码的 16 位旋转开关提供的。这些可以设置驱动器的设备 ID,范围从 0x01~0xFF(1~255 十进制)。表 13.2 显示了每个开关十六进制设置的十进制值。

示例:查找十进制设备 ID 52 的开关设置。

(1) 找到 S1 中小于 52 的最大数字,并将 S1 设置为相应的十六进制值:48 < 52 且 64 > 52,因此 S1=48=Hex 3,如图 13.43 所示。

(2) 从期望的设备 ID 中减去 48,得到开关 S2 的十进制值。将"S2"设置为相应的"Hex"值:S2=(52−48)=4=Hex 4,如图 13.44 所示。

EtherCAT 设备 ID 开关十进制值如表 13.2 所示。

Device ID

图13.43　设置十六进制

CME → Amplifier → Network
Configuration

图 13.44　设置参数

表 13.2　EtherCAT 设备 ID 开关十进制值

HEX	S1 DECIMAL	S2
0	0	0
1	16	1
2	32	2
3	48	3
4	64	4
5	80	5
6	96	6
7	112	7
8	128	8
9	144	9
A	160	10
B	176	11
C	192	12
D	208	13
E	224	14
F	240	15

4. 驱动器轴指示灯

驱动器轴指示灯典型接口如图 13.45 至图 13.48 所示。

图 13.45　XEL

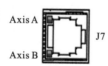

图 13.46　XE2

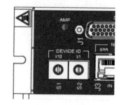

图 13.47　BEL，TEL

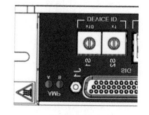

图 13.48　BE2，TE2

双色 LED 给出每个轴的状态。颜色不交替,可以是纯开或闪烁。当多个条件同时出现时,只显示最上面的条件。当该条件被清除后,将显示下一个条件。

(1) 红色/闪烁=锁存故障,直到驱动器复位,操作才会恢复。

(2) 红色/固态=故障状态,驱动器将恢复运行直到故障条件清除。

(3) 绿色/双闪=STO 电路激活,驱动器输出为安全转矩断开。

(4) 绿色/慢闪=驱动器正常但非使能,将在使能后运行。

(5) 绿色/快闪=正或负限位开关激活,驱动器只沿不受限位开关限制的方向移动。

(6) 绿色/固态=驱动器正常且已使能,将运行响应参考输入或 EtherCAT 命令。

锁存故障如下。

默认

- 短路(内部或外部)
- 驱动器过温
- 电动机过温

可选(可编程)

- 过压
- 欠压
- 电动机相位错误

- 反馈错误   - 命令输入错误
- 跟随误差

5. 驱动器接线

在驱动器工作于 EtherCAT 控制模式之前,必须建立其他非网络连接。以下是流程清单,详细信息可以在特定驱动器的数据表中找到。

交流供电驱动器:连接到主电源,考虑好开/关控制,保护,滤波和浪涌保护装置(SPD)。

直流供电驱动器:连接变压器隔离直流电源到＋HV 和可选的 HV-Aux。

通用接线:连接输入到任何限位或者原点开关,以及任何控制系统输出可作为使能或者其他控制信号。连接输出到电动机刹车(假如使用)或者其他需要控制的装置。连接电动机和反馈装置。反馈线缆和电动机动力线缆分开布放以减少 PWM 输出与反馈信号产生耦合。

重要提示:提供一个来自控制系统的硬件使能信号,或者为给驱动器供电的电源提供一个紧急关闭开关。在由于软件控制或者接线原因导致网络失效并失去使能驱动器能力的情况下,有能力防止驱动器使电动机产生扭矩是非常重要的。除了这些措施以外,STO 功能可以提供停止电动机产生扭矩的能力。

接线完成后,启动 CME 软件配置驱动器进入 EtherCAT 控制模式。

13.3.2   配置驱动器为 EtherCAT 模式

1. RS-232 串口连接

推荐使用串口通信进行 EtherCAT 配置操作,因为 CME 和 EtherCAT 主站软件不能同时使用 EtherCAT 接口。在串口通信下,CME 可以在驱动器进入网络控制模式之前访问驱动。串口线电缆套件可用于插入电脑的 COM 口并连接到驱动器。

线缆套件	适用驱动器型号
SER-CK	XEL,XE2,BE2,BEL

(1)串口连接:Xenus 交流供电驱动器,如图 13.49 所示。

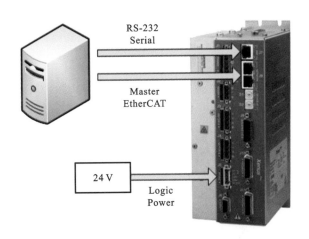

图 13.49   Xenus 交流供电驱动器

SER-CK 串口电缆套件集成了 Dsub-9M 连接器,该连接器通常用于计算机上的 COM1(2,3,4)端口。另一端则适应于 Xenus 驱动器的串口。主电不需要用于网络操作,+24 VDC 输入可以为串口和网络操作提供电源。

(2)串口连接:Accelnet 直流供电驱动器。

BE2 2 轴驱动器有一个用于串行数据端口的 RJ-11 模块化插座。它使用 SER-CK 串行电缆套件与 Dsub-9M 连接器连接到电脑的 COM1(2,3,4)端口,如图 13.50 所示。

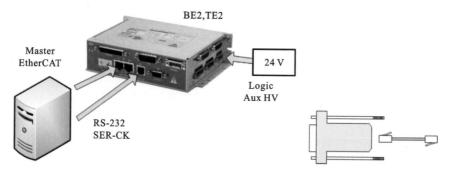

图 13.50　BE2 2 轴驱动器

BEL 1 轴驱动器也有一个用于串行数据端口的 RJ-11 模块化插座,也使用 SER-CK 串行电缆套件,如图 13.51 所示。

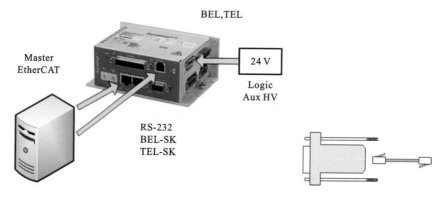

图 13.51　BEL 1 轴驱动器

(3)EtherCAT 连接。

在串行通信中,CME 不可能使用已经被其他设备占用的 COM 端口来连接驱动器。当 EtherCAT 用于 CME 连接时,即使 EtherCAT 主站程序正在运行并连接到驱动器,网卡也可用于 CME。

因为 CME 可以写入和修改可能被主站使用的驱动器参数,所以推荐在主站控制时不要用 CME 做 EtherCAT 连接。

在用 CME 通过 EtherCAT 连接驱动器之前,请确保 EtherCAT 主站是禁用的。图 13.52 说明了这个概念。图中所示的物理开关不是必须的,但是在打开一个任务时关闭另一个任务在这里表示为开关。

2. CME 安装

(1)下载 CME。打开网页浏览器导航至 Copley Controls 网站:http://www.co-

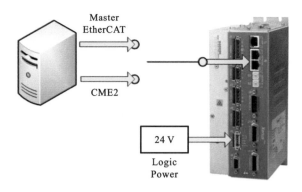

图 13.52 确保 EtherCAT 主站禁用

pleycontrols. com 单击"Support"菜单,下拉网页到"General Resources",单击"Soft-ware",选择下载 CME,如图 13.53 所示。

图 13.53 选择下载 CME

保存到电脑,解压文件,并且运行 Setup. exe,如图 13.54 所示。

(2) 配置驱动器为 EtherCAT 工作模式,图 13.55 所示的是 CME 的主界面。

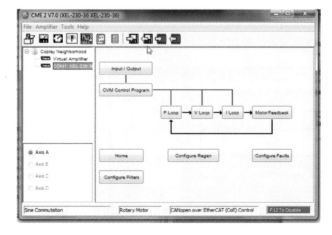

图 13.54 运行 Setup. exe   图 13.55 CME 的主界面

Amplifier→Basic Setup（菜单栏）或者单击图标栏第一个图标,单击[Change Settings]开始如图 13.56;选择电动机家族和电动机类型如图 13.57 所示。

图 13.56　单击[Change Settings]开始　　　　**图 13.57　选择电动机家族和电动机类型**

反馈选项:Hall 类型为电动机反馈类型,如图 13.58 所示。选择工作模式为位置(CoE),如图 13.59 所示。

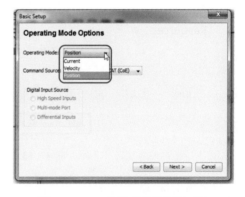

图 13.58　电动机反馈类型　　　　　　**图 13.59　工作模式为位置(CoE)**

命令源:EtherCAT,选择 CANopen over EtherCAT (CoE),如图 13.60 所示;多样化选项,针对大多数应用默认选择为 OK,单击[Finish]退出基本配置,单击[OK]保存设置到闪存,如图 13.61、图 13.62 所示。这将返回到 CME 主界面,单击打开[Mo-

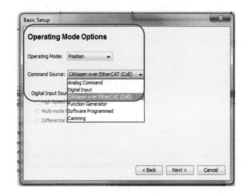

图 13.60　选择 CANopen over EtherCAT (CoE)　　**图 13.61　默认选择为 Sinusoidal**

图 13.62　单击[OK]保存设置到闪存

tor/Feedback]。

（3）电动机设置。当基本配置完成后，在 CME 主界面打开 Motor/Feedback，填入电动机数据，接着设置反馈和刹车（假如使用），如图 13.63 所示。

继续前往 Amplifier→Auto Phase 配置电动机换相。然后使用 CME 示波器调节速度环和位置环。参考 CME User Guide 可了解操作的详细细节。这可以在 CME 帮助菜单下找到，如图 13.64 所示。

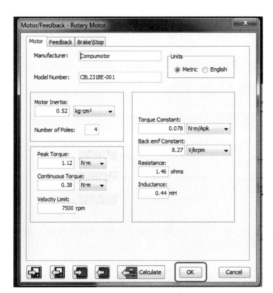

点击 [OK] 计算参数并显示如下窗口。
点击 [OK] 退出主界面。

图 13.63　填入电机数据，设置反馈

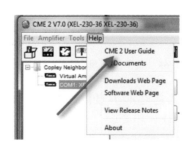

图 13.64　在 CME 帮助菜单了解详情

（4）激活驱动器进入 EtherCAT 控制模式。

当电动机配置并调试完进入位置工作模式，打开控制面板。假如按下［Disable］按钮，驱动器将显示如图 13.65 所示的"Disabled"状态。

图 13.65 显示"Disabled"状态

要使用 EtherCAT 控制,需要 CME 软件显示为"software enabled"状态。在控制面板按下［Enable］按钮,然后界面显示如图 13.66 所示。

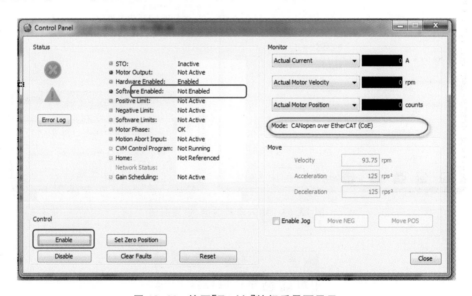

图 13.66 按下［Enable］按钮后界面显示

重要提示:现在的工作模式是 CoE 并且控制面板上的 Software Enabled 指示灯与控制驱动器的 EtherCAT 主站软件相关联。

因为 CME 配置通常先于 EtherCAT 主站软件配置,驱动器的 Software Enabled 还没有被 EtherCAT 主站软件激活。结果是 Software Enabled 和 Motor Output 的指示灯为红色,显示为关闭状态。

(5) 下载 ESI (EtherCAT Slave Information)文件,通常称为 XML 文件,它描述了文件的格式而不是内容。这些文件可以在 Copley 网站被找到。https://www. cop-

leycontrols. com/en/support/,如图 13.67 所示。单击下载按钮即可,并将文件保存到电脑。

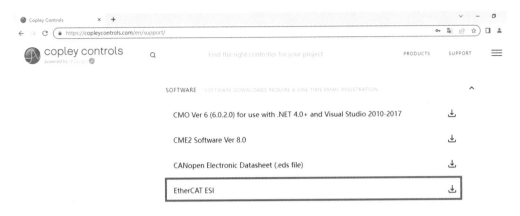

图 13.67 查找 EtherCAT ESI 文件

解压 ecatxml. zip 文件并生成包含如图 13.68 所示内容的 ecatxml 文件夹。

flat	3/5/2014 1:41 PM	File folder	
slots	3/5/2014 1:41 PM	File folder	
readme.txt	3/5/2014 1:41 PM	Text Document	1 KB

图 13.68 ecatxml 文件夹

Copley Controls 为其 EtherCAT 驱动器提供两种格式的 ESI 文件。

slots 文件夹包含了可以支持 MDP (modular device profile) EtherCAT 主站使用的 ESI 文件,它被定义在 ETG 5001 文件中。slots 文件夹内的文件可适用于 Twin-CAT 2、TwinCAT 3。

flat 文件夹包含了不支持 MDP 主站使用的 ESI 文件,比如 Delta Tau PMAC 控制器。

13.3.3 Delta Tau PowerPMAC EtherCAT 快速指南

1. 介绍

这一章节介绍了如何使用 PowerPMAC Suite 软件控制 Copley Controls Ether-CAT 伺服驱动器的相关信息。当执行以下步骤,可以用 PMAC 控制器和 Copley Controls 伺服驱动器让一台电动机运行起来。有关更高级的运动控制需求可以咨询 Delta Tau。

2. IDE 安装

第一步是下载所有的 Delta Tau 软件和数据从而生成一个可工作的 PMAC 系统。可以下载所有软件的 Delta Tau 网站网址如下。

http://forums. deltatau. com/showthread. php? tid=152

点击 File Depot,然后当窗口打开时,点击 PowerPMAC→PowerPMAC IDE,有

http://forums. deltatau. com/filedepot/

点击 Release 链接。最新版本的 IDE 显示在列表的最下方。

http://www.deltatau.com/DT_Products/SoftwareDevelopment.aspx

Download the latest release of the IDE.

最新版本的 PMAC 固件，前往这个链接。新用户可以点击 Login-Register 获取密码进入固件下载页面，如图 13.69 所示。

图 13.69　进入固件下载页面

在 Forum Announcements 章节，点击链接下载 Firmware 和 IDE，如图 13.70 所示。

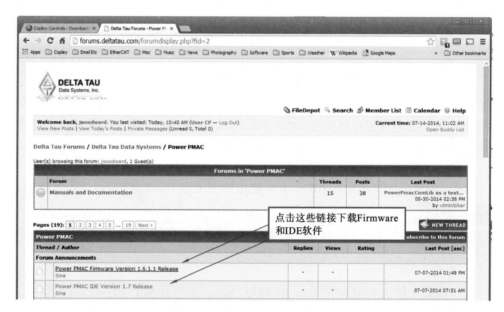

图 13.70　点击链接下载 Firmware 和 IDE

固件在 PowerPMAC→Firmware 文件夹，IDE 在 PowerPMAC IDE→Release 文件夹。解压这些文件夹并且在电脑里安装 IDE 软件。

重要提示：在 Copley ESI 文件没有安装之前不要安装 PowerPmacSuite.exe。

3. ESI(XML)文件

前往 Copley Controls 网站下载 ESI 文件。保存 ecatxml.zip 文件到电脑，然后解压文件。解压后会生成两个文件夹："flat"和"slots"。拷贝 flat 文件夹中的所有文件到 PMAC ECATDeviceFiles 文件夹，如图 13.71 所示。

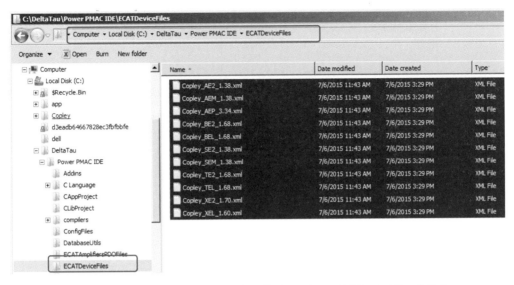

图 13.71　拷贝 flat 文件夹中的所有文件到 PMAC ECATDeviceFiles 文件夹

4. 打开 PowerPMAC IDE

打开 PowerPMAC IDE,如图 13.72 所示。

图 13.72　打开 PowerPMAC IDE

5. 本地网络配置

在电脑的网卡和 PMAC 的 Eth 0 端口之间连接一根以太网线缆。

PMAC 也可以通过网络交换机来工作。打开 Windows Control Panel 并且选择
Network and Sharing Center 。当串口打开时,点击 Change adapter settings。选择用
于 EtherCAT 操作的适配器,如图 13.73 所示。

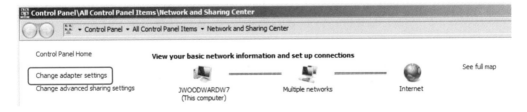

图 13.73　选择用于 EtherCAT 操作的适配器

选择本地端口并且打开,如图 13.74 所示。

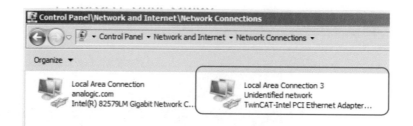

图 13.74　选择本地端口并且打开

当端口串口打开时,点击 [Properties]。PMAC 需要 TCP/IPv4,所以必须确保 TCP/IPv4 协议选项被选择。点击 IPv4 使其突出显示,然后点击[Properties],如图 13.75 所示。

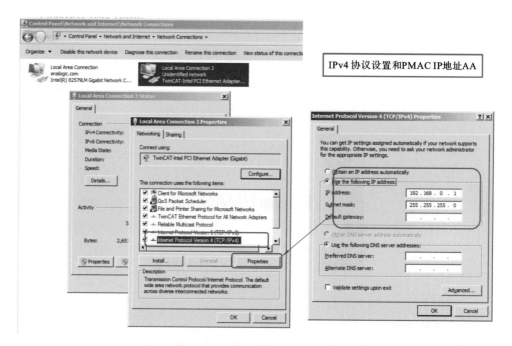

图 13.75　IPv4 协议设置和 PMAC IP 地址 AA

设置 IPv4 属性如图 13.75 所示,这是 PMAC 网络端口的默认设置。假如 PMAC 已经被设置为一个不同的 IP 地址,然后进入这个窗口进行设置。

从 PMAC IDE 选择 Tools→Options→PowerPMAC。图 13.76 所示的界面显示了 PowerPMAC 在网络上的身份。假如 IDE 连接成功,然后打开 IDE 到主界面。

6. 更新固件

从 IDE 检查 PMAC 固件版:Tools→ Task Manager→ Firmware Version,如图 13.77所示。

检查下载的固件版本号。假如高于 Task Manager→CPU Information 显示的固件版本号,然后安装它。打开窗口:PowerPMAC→ Delta Tau→Configure→Download Firmware 然后跟随说明。如图 13.78 所示。

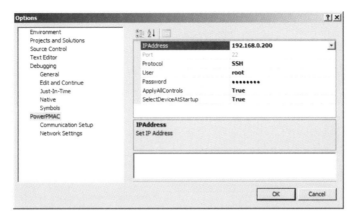

图 **13.76** PowerPMAC 在网络上的身份

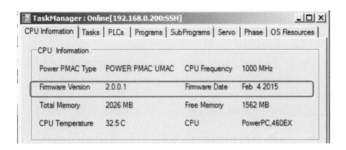

图 **13.77** 检查 PMAC 固件版

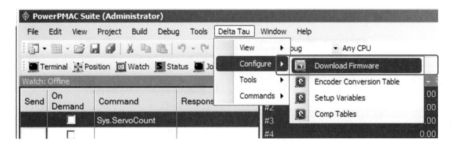

图 **13.78** 打开 Download Firmware

7. 开始一个新的 PMAC 工程

在主界面,创建如图 13.79 所示的一个新的 PMAC 工程。

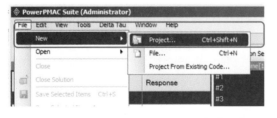

图 **13.79** 新建一个 PMAC 工程

命名新项目并点击[OK],如图 13.80 所示。

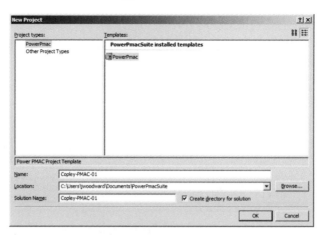

图 13.80 复位 PowerPMAC

8. 复位 PowerPMAC

这将"擦除"PMAC,并为新的完整配置做好准备。

使用终端窗口,复位 PMAC 闪存到出厂设置。这将擦除 PMAC 闪存中以前配置的任何设置。

键入:|$$$***|,这将清除 RAM 并将出厂设置从闪存下载到缓存。

下一步键入:|save|,这将拷贝缓存设置到闪存,覆盖任何现有的设置。

从闪存重新启动,下载出厂设置到缓存。

9. 系统设置

打开系统设置:PowerPMAC→Tools→System Setup,图 13.81 所示的是 System

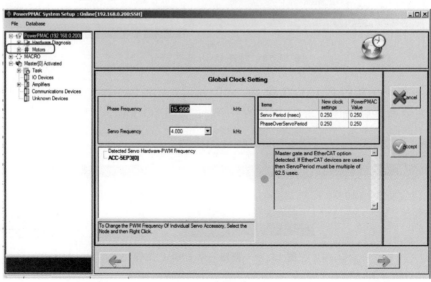

图 13.81 系统设置

Setup 打开后的显示串口。注意:PowerPMAC 是突出显示的默认选择。

10. 新建一个新的设置

在系统设置中,选择 New→Setup 清除包含的任何 Motors。点击通过图 13.82 所示的两个提示。

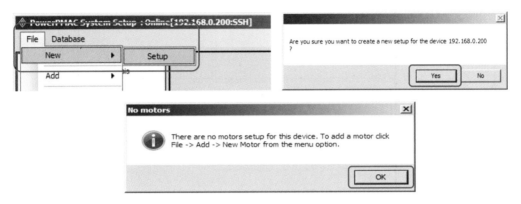

图 13.82　新建一个新的设置

11. 复位所有主站并扫描 EtherCAT 网路中的新设备

右键点击 Master[0]Deactivated 打开菜单并选择 Reset All Masters。

PowerPMAC→Master[0]→Reset All Masters. 点击[Yes]当有提示弹出。然后选择 Scan Devices. 接着点击[Yes]复位 scan devices on the network,如图 13.83 所示。

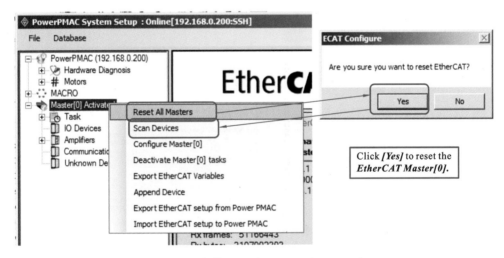

图 13.83　复位 scan devices on the network

12. 设置系统时钟频率

设置全局时钟频率匹配 Copley 驱动器。PowerPMAC→Global Clock Setting Phase Frequency (Copley PWM frequency)设置为 16.000 kHz,Servo Frequency(Copley 驱动器伺服环路频率) 设置为 4.000 kHz。

点击[Accept]完成,如图 13.84 所示。

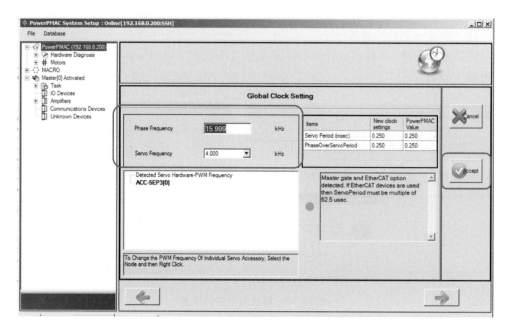

图 13.84　设置系统时钟频率

13. 更新设备文件

复位完成后,主站将扫描网络上的 EtherCAT 设备。Copley 驱动器应该出现在
Master[0]目录下的 Amplifiers 菜单下。右键点击第一个设备并且选择 Update Device
File,如图 13.85 所示。

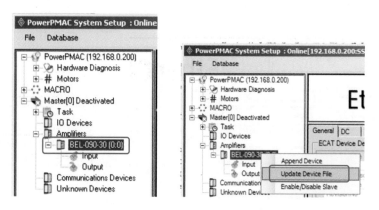

图 13.85　选择 Update Device File

下图窗口的顶部框架中显示了所选设备的数据信息。注意"BEL"在 Device
Specification File 项。打开树状文件夹中的同名文件,并且打开直到 Accelnet Ether-
CAT Drive (CoE) 显示。点击此项,确认 Device Details 方框中的产品编号与顶部框架
中的驱动器信息保持一致。点击[Update Device File],如图 13.86 所示。

对出现在 Amplifiers 菜单下的其他驱动器重复这个操作。

14. 配置 Master[0]

右键点击 Master[0]Deactivated 并选择 Configure Master[0],如图 13.87 所示。

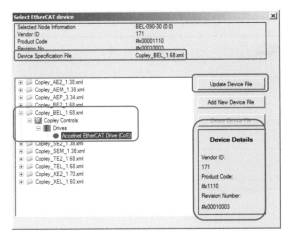

确保ESI (XML) file与关联的设备相匹配。点击OK，然后关闭*Select EtherCAT Device* 窗口[X]。

图 13.86　更新设备文件

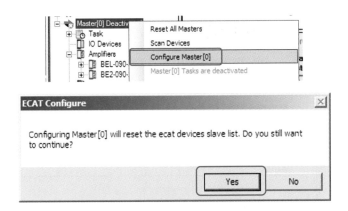

图 13.87　选择 Configure Master[0]

15. 驱动器设置

1）通用项

点击 Amplifiers 菜单下的第一个设备，在 General 项显示 Product Code. 例如：#x00001110。

检查 Slave Index。它应该≥0。假如它＜0，然后重复 Configure Master 步骤。假如 Slave Index 没问题，然后检查 IsDetectedByECATNetwork 并且它应当是 Yes，如图 13.88 所示。

2）DC 项

接下来，点击 Amplifiers 设备，然后选择 DC 项。关于网络上的第一个设备，注意 Is Reference Clock 被勾选。主站将以从站时钟与网络上的其他从站保持同步。如图 13.89所示。

重要提示：当有多个 Amplifiers 时，只有它们中的一个可以被设置为 Reference Clock。

现在，在 PowerPMAC Value 列填入数据。Assign Activate 值拷贝于 Default Value 列。Sync0Cycle 时间应该是 Copley 伺服驱动器的位置/速度环更新速率时间。

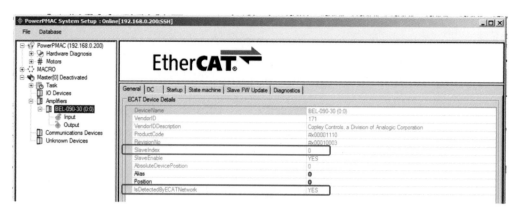

图 13.88 设置通用项

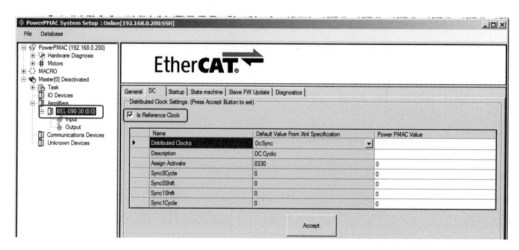

图 13.89 主站将以从站时钟与网络上的其他从站保持同步

这个频率是 4 kHz 因此时间是 250 μs, 或者 250000 ns 填入到 PowerPMAC Value 列。Sync0Shift 时间应该是其值的一半, 125 μs, 或者 125000 ns。

点击[Accept]完成这项操作, 如图 13.90 所示。

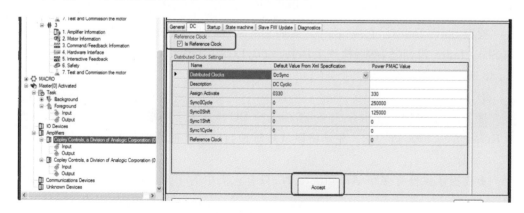

图 13.90 完成设置

3) 启动项

(1) 1-轴:驱动器。

打开 DC 项的下一项来访问 Startup 模式设置,如图 13.91 所示。Cyclic Sync Position (CSP)是默认的并且源自于 ESI 文件。下拉列表显示了可以支持的其他操作模式。

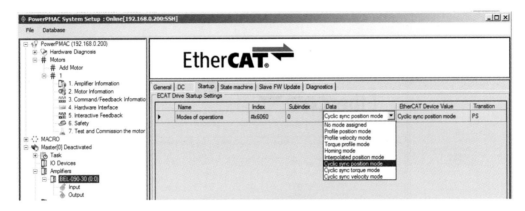

图 13.91　访问 Startup 模式设置

选择 Cyclic Sync Position mode 并点击[Accept]继续。

(2) 2-轴:驱动器。

像前面轴 A 一样设置 DC 项。轴 B 不要勾选 reference-clock 项。在 Startup 项,点击方框 Add New from Dictionary object 去设置轴 B 的启动工作模式。

轴 A CSP 的工作模式是 ♯x6060。轴 B 将＋♯x0800,或者 ♯x6860

点击突出显示这一行,并且按下 Add 按钮,如图 13.92 所示。

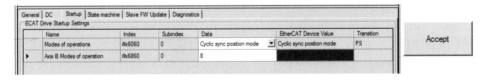

图 13.92　点击突出显示这一行,并按下 Add 按钮

点击在 ♯x6860 行的 Data 框并且填入“8”,CSP 模式的数值,并且按下[Accept]完成 Startup 项,如图 13.93 所示。

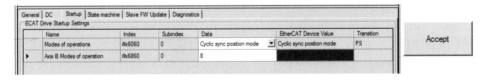

图 13.93　填入 8

注意:在将来版本的 IDE 中,轴 B 的工作模式将基于 ESI 文件自动设置。

4）输入 PDO 配置：1-轴

点击驱动器的 Input 项显示 TxPdo。注意 PMAC 的输入是一个设备的输出。这意味着驱动器传输数据到 PMAC 并且这个数据是驱动器的 TxPDO（Transmit PDO）。PDO 列表显示了所有的 TxPDO，♯x1b00 是 ESI 文件默认的 PDO。这也分配给 Sync Manager（SM）3 并包含了所有的位置、速度、扭矩和状态字信息。

当选择♯x1b00 后，点击[Load PDOs to PMAC]。这将更新 PDO 内容，如图13.94 所示。

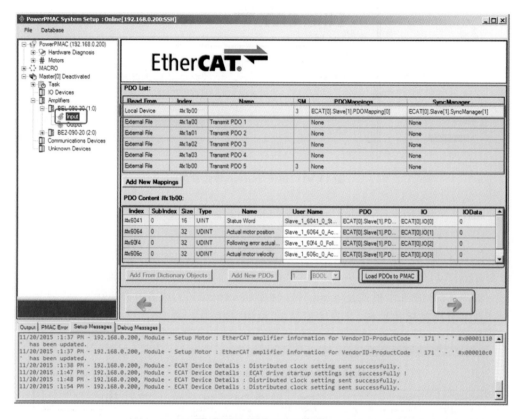

图 13.94　更新 PDO 内容

注意：当下载 PDO 到 PMAC 后，PDO、I/O 和 IOData 列都会更新并显示数据。

点击窗口下方的[→]进入下一步设置。

5）输入 PDO 配置：2-轴

首先选择 1-轴设置中的♯x1b00，然后点击 Load PDOs to PMAC，如图 13.95 所示。

然后，突出显示♯x1b40 行，并且点击 Load PDOs to PMAC，如图 13.96 所示。

6）输出 PDO 配置：1-轴

点击设备下的 Output 项显示 PMAC 发送给设备的 PDO。♯x1700 是驱动器的 RxPdo，它包含了控制字、目标位置、速度偏置（速度前馈）、扭矩偏置（加速度前馈）信息。点击[Load PDOs to PMAC]，PDO 内容将更新。

点击窗口下方的[→]进入下一步设置，如图 13.97 所示。

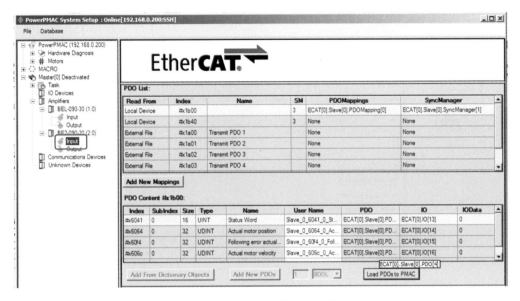

图 13.95　点击 Load PDOs to PMAC

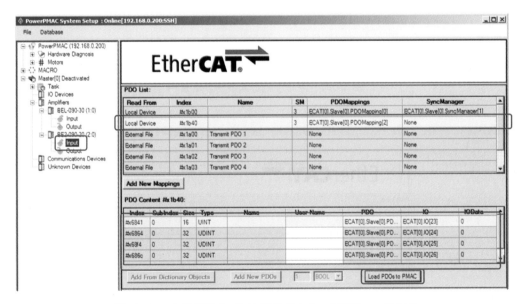

图 13.96　突出显示♯x1b40 行并点击 Load PDOs to PMAC

7）输出 PDO 配置：2-轴

点击设备下的 Output 项显示 PMAC 发送给设备的 PDO。♯x1700 是驱动器轴-A 的 RxPdo，它包含了控制字、目标位置、速度偏置（速度前馈）、扭矩偏置（加速度前馈）信息。点击[Load PDOs to PMAC]，PDO 内容将更新。

点击窗口下方的[→]进入下一步设置，如图 13.98 所示。

下一步，突出显示♯x1740 行，点击[Load PDOs to PMAC]轴-B 的 PDO 内容将更新。点击窗口下方的[→]进入下一步设置，如图 13.99 所示。

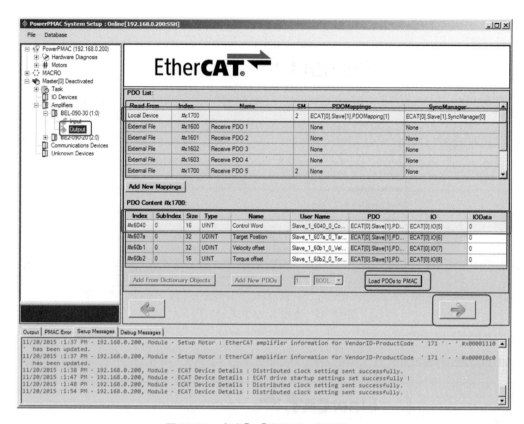

图 13.97　点击[→]进入下一步设置一

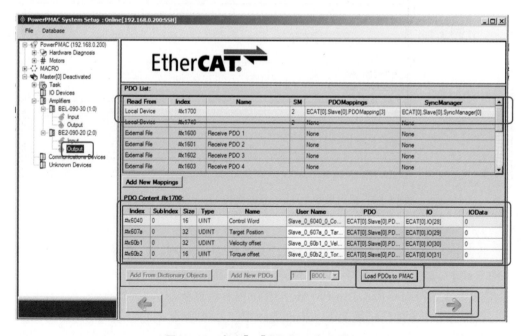

图 13.98　点击[→]进入下一步设置二

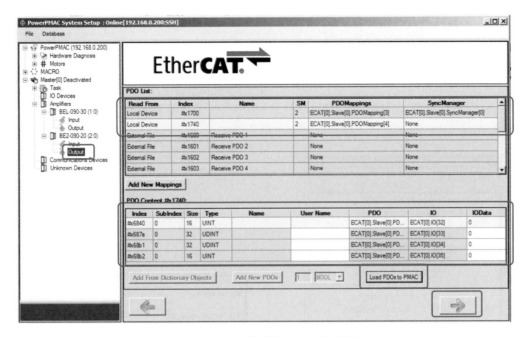

图 13.99 点击[→]进入下一步设置三

16. 电动机配置

需要注意的是，在 PMAC 里"Motor"有两重含义。通常在别的 EtherCAT 主站里的轴在 Delta-Tau 控制器里称为 Motor。并且，一个 Motor 包含了伺服驱动器，电动机和任何连接到电动机或者负载的反馈元件，如图 13.100 所示。

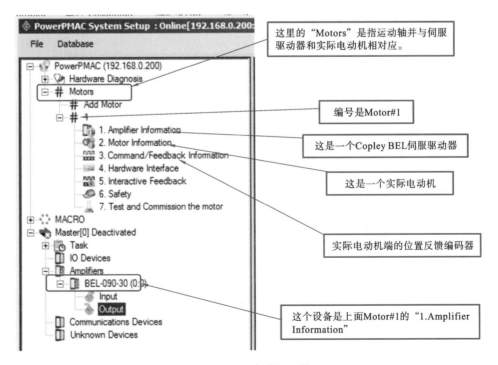

图 13.100 电动机配置

1）添加一个新的电动机

点击 Motors 添加一个新的电动机。从"1"开始。在本例中，Motors ♯1 将被链接到 BEL 驱动器，如图 13.101 所示。

2）驱动器信息

点击 Motor ♯1 目录下的 Amplifier Information 项。这显示了 Master[0] 文件夹树下 Amplifiers 部分的设备信息，如图 13.102 所示。

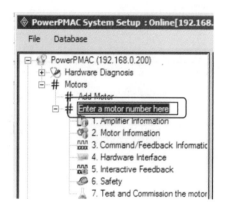

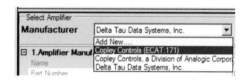

图 13.101　添加新电动机　　　　　　　　　**图 13.102　驱动器信息**

点击 Manufacturer 并选择 Copley Controls（EtherCAT：171），如图 13.103 所示。接着，点击 Part Number，并且找到产品描述与 Master[0] Deactivated→Amplifiers：匹配的型号。

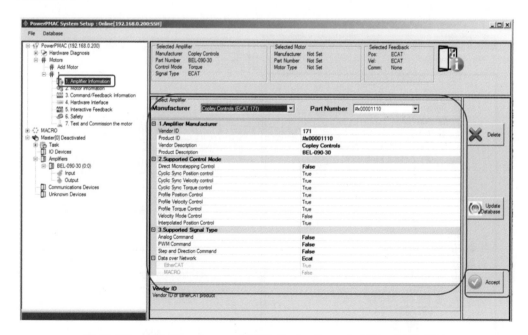

图 13.103　点击 Manufacturer 并选择 Copley Controls（EtherCAT：171）

在驱动器被选择后，Supported Control Mode 和 Supported Signal Type 设置应该如图 13.103 所示，点击［Accept］继续。

3）电动机信息

因为实际的电动机已经在 BEL 配置中进行了设置，所以在此步骤中没有必要添加电动机信息。点击［→］继续，如图 13.104 所示。

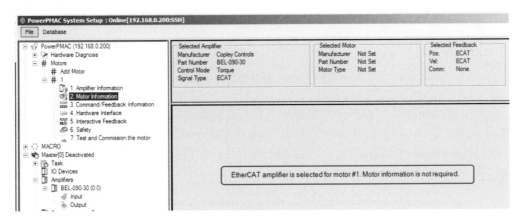

图 13.104　电动机信息

4）命令/反馈信息

在 Amplifier Control/Signal 项下，有一个下拉列表。选择与设备配置中设置的 CSP 工作模式相匹配的 Cyclic Position。在本例中，唯一的反馈是来自电动机编码器的 Primary Feedback，该编码器通过 EtherCAT 将位置数据发送到 PMAC。

如果负载端有第二反馈编码器，则在 Dual Feedback 下输入。如图 13.105 所示。

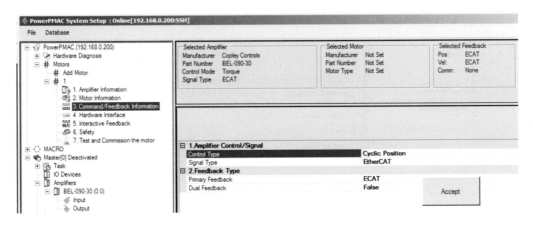

图 13.105　反馈信息

5）硬件接口：1-轴驱动器

驱动器控制/信号：从图 13.106 所示的下拉列表中为每一项做选择。

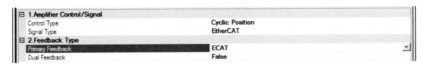

图 13.106　选择驱动器控制信号

驱动器接口:配置图 13.107 所示的这些项,点击 Please select etherCAT address, 如图 13.107 所示。

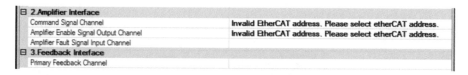

图 13.107 配置驱动器接口

向下滚动并选择 ♯x607a 为 Motor ♯1 下驱动器的 Command Signal Channel,选择 ♯x6040 为 Amplifier Enable Signal Output Channel,选择 ♯x6041 为 Amplifier Fault Signal Input Channel,选择 ♯x6064 为 Primary Feedback Channel,如图 13.108 所示。

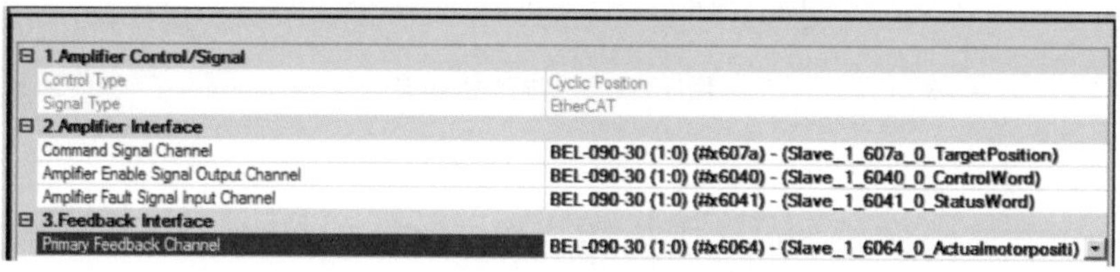

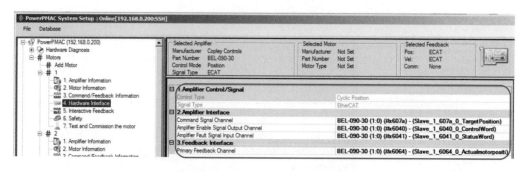

图 13.108 选择参数

选择完成后的界面显示如图 13.109 所示,点击[Accept]继续。

图 13.109 选择完成后的界面显示

6)硬件接口:2-轴驱动器,轴 A

点击 Motors 添加一个新的电动机。在本例中,Motor ♯2 将被链接到 BE2 驱动器、轴 A。

注意:2-轴驱动器的每一个轴将被配置为单独的 Motor ♯。

驱动器信息:选择 BE2 驱动器,如图 13.110 所示,点击[Accept]继续。

命令/反馈信息:Amplifier Control/Signal 和 Feedback Type 应该显示如图13.111 所示,点击[Accept]继续。

硬件接口:配置图 13.112 所示这些项,点击 Please select etherCAT address。

向下滚动并选择 ♯x607a 为 Motor ♯2 下驱动器的 Command Signal Channel,选择 ♯x6040 为 Amplifier Enable Signal Output Channel,选择 ♯x6041 为 Amplifier

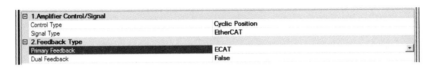

图 13.110 选择 BE2 驱动器

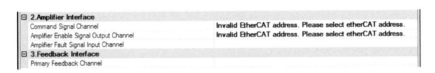

图 13.111 反馈信息

图 13.112 硬件接口配置

Fault Signal Input Channel，选择 ♯x6064 为 Primary Feedback Channel，如图 13.113
所示，点击［Accept］继续。

图 13.113 选择

安全：本小节中的项目在 Copley 伺服驱动器中配置，包括如下三项。

（1）I2T 电流限制；

（2）位置跟随错误限制；

（3）软件正/负位置限制。

7）硬件接口：2-轴驱动器，轴 B

点击 Motors 添加一个新的电动机。在本例中，Motor ♯3 将被链接到 BE2 驱动
器、轴 B。

注意：2-轴驱动器的每一个轴将被配置为单独的 Motor ♯。

驱动器信息：选择 BE2 驱动器，如图 13.114 所示，点击［Accept］继续。

命令/反馈信息：Amplifier Control/Signal 和 Feedback Type 应该显示如图
13.115所示，点击［Accept］继续。

硬件接口：配置图 13.116 所示这些项，点击 Please select etherCAT address。

注意：轴 B 的对象地址编号是 $xn8nn。

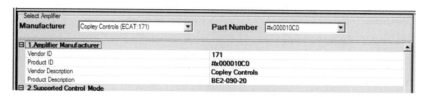

图 13.114　选择 BE2 驱动器

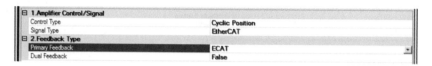

图 13.115　反馈信息

图 13.116　硬件接口配置

　　向下滚动并选择 ♯x687a 为 Motor ♯3 下驱动器的 Command Signal Channel,选择 ♯x6840 为 Amplifier Enable Signal Output Channel,选择 ♯x6841 为 Amplifier Fault Signal Input Channel,选择 ♯x6864 为 Primary Feedback Channel,如图 13.117 所示,点击 [Accept] 继续。

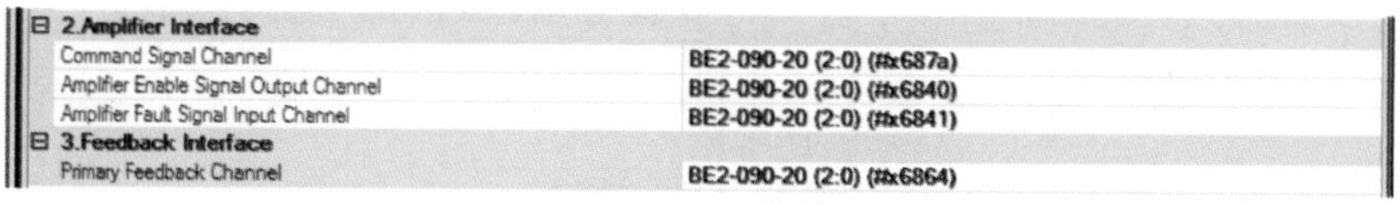

图 13.117　选择

　　安全:本小节中的项目在 Copley 伺服驱动器中配置,包括以下三项。

　　(1) I2T 电流限制;

　　(2) 位置跟随错误限制;

　　(3) 软件正/负位置限制。

17. 创建设置文件并且保存 EtherCAT 工程

1) Export EtherCAT Variables

　　从 System Setup,点击导出 EtherCAT 变量,如图 13.118 所示。这将创建以下三个文件:

　　(1) filename.h;

　　(2) ecatactivate0.cfg;

　　(3) filename.pmh。

文件名是文件的用户名。

.h、.cfg 和*.pmh文件是由Export
EtherCAT Variables创建。

这是通过点击Export EtherCAT Variables
创建的文件确认（文件名可能不同，但它
们总是进入这些文件夹）。

当这个窗口打开时点击 Yes to All

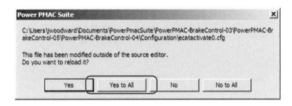

图 13.118　导出 EtherCAT 变量

2）PowerPMAC 工程文件组织

PowerPMAC 工程文件组织如图 13.119 所示，此操作创建的文件只保存到电脑的硬盘上。

3）生成并保存一个配置文件

在 Solution Explorer 中，右键点击 Configuration folder 并选择 Generate Configuration File。此文件包含在 System Setup 中做的所有设置，如图 13.120 所示。

4）下载所有的设置到电脑的硬盘

下载所有的设置到电脑的硬盘上，如图 13.121所示。

5）PMAC 系统架构

PMAC 系统有三个组件，每个组件都有易失性（RAM）和非易失性（Flash）存储。当"保存"一词在以下讨论中使用时，意味着数据从 RAM 存储器复制到 FLASH 存储器。但是，如图 13.122 所示，理解清楚 from→to 操作在哪里发生是非常重要的。

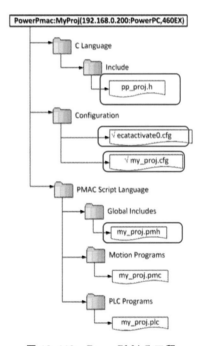

图 13.119　PowerPMAC 工程
文件组织

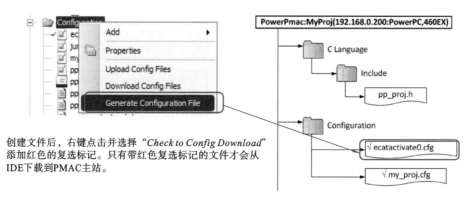

创建文件后，右键点击并选择"*Check to Config Download*"添加红色的复选标记。只有带红色复选标记的文件才会从IDE下载到PMAC主站。

图 13.120　生成并保存一个配置文件

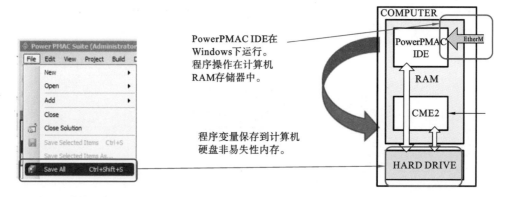

PowerPMAC IDE在Windows下运行。程序操作在计算机RAM存储器中。

程序变量保存到计算机硬盘非易失性内存。

图 13.121　下载所有的设置到电脑的硬盘上

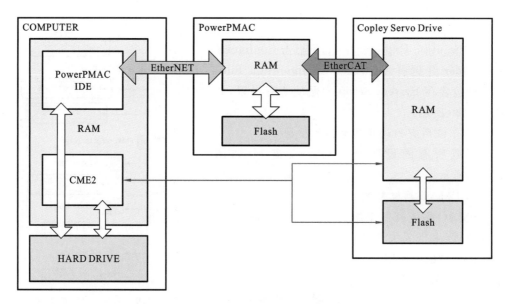

图 13.122　PMAC 系统架构

6）生成并保存 ecatactivate0. cfg 文件

该文件在每次激活 EtherCAT Master[0] 时运行。当在终端窗口输入 EtherCAT [0]. Enable=1 时激活发生。图 13.123 所示的是文件的内容。

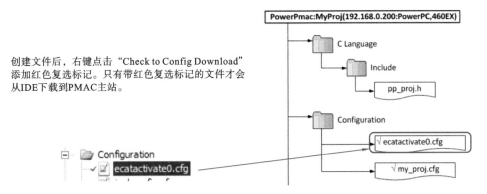

PowerPmac:MyProj(192.168.0.200:PowerPC,460EX)
C Language
Include
pp_proj.h
Configuration
√ ecatactivate0.cfg
√ my_proj.cfg
创建文件后，右键点击“Check to Config Download”添加红色复选标记。只有带红色复选标记的文件才会从IDE下载到PMAC主站。
Configuration
ecatactivate0.cfg

图 13.123　文件的内容

如图 13.124 所示，图中的“l0”实际上是一个小写的 L0，它是一个“局部 L-变量”。

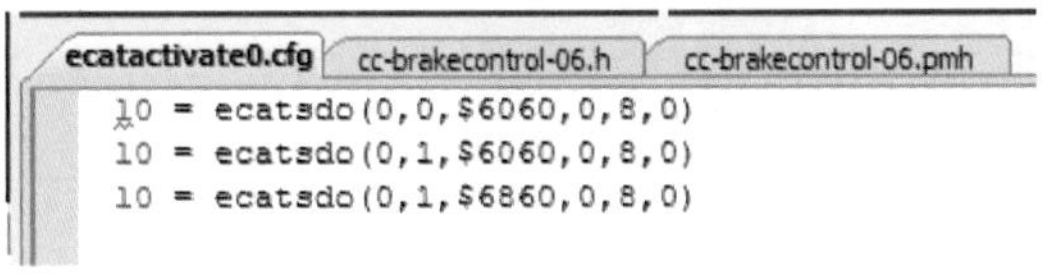

ecatactivate0.cfg
cc-brakecontrol-06.h
cc-brakecontrol-06.pmh
l0 = ecatsdo(0,0,$6060,0,8,0)
l0 = ecatsdo(0,1,$6060,0,8,0)
l0 = ecatsdo(0,1,$6860,0,8,0)

图 13.124　局部 L-变量

这些配置 EtherCAT SDOs 设置驱动器的操作模式。第一个数字 0 表示这是一个可写的 SDO，将数据发送到驱动器。第二个是从站索引，其中 0 代表本例中的第一个从站，即 1-轴 BEL。当它是 1 时，它是第二个从站，即 2-轴 BE2。

注意：两个 SDOs 被写入 BE2，设置轴-A 和轴-B 的操作模式。

索引 $ 6060 像设置单-轴驱动器的操作模式一样用于设置两-轴驱动器的轴-A。索引 $ 6860 是基于 $ 6060 加上 0x0800 偏置用于设置 2-轴驱动器的轴-B。

7）下载配置文件

下载配置文件如图 13.125 所示。

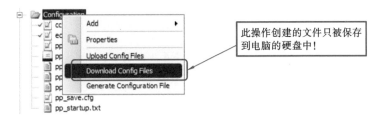

Add
Properties
Upload Config Files
Download Config Files
Generate Configuration File
pp_save.cfg
pp_startup.txt
此操作创建的文件只被保存到电脑的硬盘中！

图 13.125　下载配置文件

8）保存配置

保存配置文件。

9）复位 PMAC

复位 PMAC。

18. 命令输入和响应

终端窗口是 PMAC 的主要用户接口，这是命令输入的地方，参数可以作为在线指令进行读写。指令在输入后立即生效。终端窗口上方的框架是输入命令的滚动显示，以及 PMAC 对这些指令的响应。如图 13.126 所示。

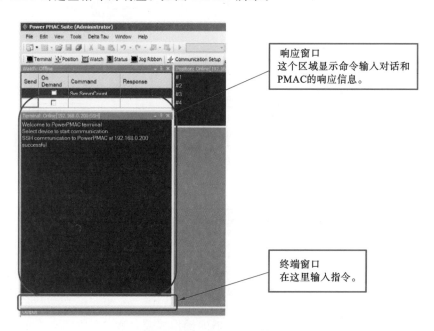

图 13.126 命令的输入与响应

一些典型的在线指令如下。

设置 EtherCAT 操作为运行状态：	ECAT[0].Enable＝1
使能 Motor ♯1：	♯1/
使能 Motors ♯1,2,3：	♯1..3/ or ♯1,2,3
Jog Motor ♯1 positive：	♯1j＋
Jog Motor ♯1,2,3 positive：	♯1..3j＋
去使能 all Motors：	k

13.4 基于 PMAC 控制器的 MACRO 控制模式

13.4.1 MACRO 介绍

本章讨论 Copley Controls 如何支持使用 MACRO 网络实现分布式运动控制。

1. MACRO 网络

MACRO 由 Delta Tau 公司开发，用于通过光纤或双绞铜线对多轴运动控制器、驱动器和 I/O 进行单电缆连接。Copley 驱动器通过 SC 型光纤连接器连接到 MACRO 环路。Copley 的 MACRO 驱动器可恶意使用 Copley 的 CME 软件或通过带有通信协议的 I 变量进行配置。本手册描述了最常用的 I 变量。有关全面的参数列表,请参考 Copley 驱动器参数字典。

MACRO 网络由一个或多个主控制器(通常是 Delta Tau PMAC 卡)和许多从站设备组成。主控制器向环上的每个从站发送消息,每个从站将消息传递到环上的下一个设备,直到它们返回到主控制器。

在环上传递的每个 MACRO 消息长度为 12 字节,它包括一个环命令字节、一个 ID 字节(包含主/从地址)、一个校验字节(用于验证数据完整性)和 9 个数据字节。MAC-RO 消息中的 9 个数据字节被分组到一个 24 位寄存器和三个 16 位寄存器中(参见循环寄存器)。

环上的每个主控制器都被分配了一个 0~3 范围内的标识号。环上的每个从站都分配了一个主号码和一个从标识符(参见从 ID 分配)。

2. 传输速率

MACRO 使用 125 Mbit/s 的传输速率,这将闭合整个 MACRO 环的伺服回路,从而可以灵活地选择分布式智能控制或集中控制。

13.4.2　从站 ID 设置

本章介绍如何为 Copley Controls MACRO 驱动器设置从站 ID 值。

1. 介绍

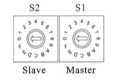

图 13.127　旋转开关

Copley 的 MACRO 驱动器外部框架上有两个旋转开关,用于 MACRO 从机地址识别,如图 13.127 所示。图中,S1 用于选择从站关联的主站 ID 值,S2 用于选择从站 ID 的值。驱动器必须将两个开关设置为计划与它响应的主站消息相匹配的值。

当消息在环上传递时,每个从站都会对消息进行评估,以确定该消息是否发送给该从站。如果消息中包含的 Master ID 值或 Slave ID 值与从站的 ID 值不匹配,则该消息将不加修改地传递给环上的下一个设备。如果 Master ID 值和 Slave ID 值都与从站的 ID 值匹配,则响应消息将被传递到网络上的下一个设备。

注意:没有必要使用 MACRO ASCII 来设置从站 ID,因为 Copley 驱动器上的开关将覆盖任何设置。另外,不需要使用环序法配置从站 ID。Delta Tau 也指向一个 Station ID 或编号(这是节点号之外的)。工作站 ID(或编号)仅被 Copley 驱动器用于 ASCII 通信。

2. 设置节点 ID 开关

表 13.3 所示的是 S1 和 S2 的可用选项。灰底的表格是无效的选择,没有任何功能。开关位置用十六进制编号。该表显示了这些位置,并以十进制表示主站地址和从站地址。

表 13.3 可用选项

Switch	S2	S1
Address	SLAVE	MASTER
HEX	DEC	
0	0	0
1	1	1
2		2
3		3
4	4	
5	5	
6		
7		
8	8	
9	9	
A		
B		
C	10	
D	11	
E		
F		

13.4.3 用 CME 软件进行配置

本章介绍如何使用 CME 2 配置 Copley 驱动器和 MACRO 网络。建议在 MACRO 环路上驱动器使用扭矩(电流)模式。

注意:在使用 CME 2 的控制面板操作电动机之前,必须禁用 MACRO 网络。

1. 设置驱动器为电流模式

本小节介绍使用 CME 中的 Basic Setup 将驱动器设置为电流模式。Command Source 必须是 Software Programmed (步骤 5)。执行下面列出的步骤。

(1) 在 CME 主界面点击  打开 Basic Setup 窗口。

(2) 在 Basic Setup 窗口,点击 Change Settings 开始 Basic Setup 向导。窗口内容因驱动器型号和模式选择而异,如图 13.128 所示。

(3) 设置 Motor Options,如图 13.129 所示。

(4) 设置 Feedback Options,如图 13.130 所示。

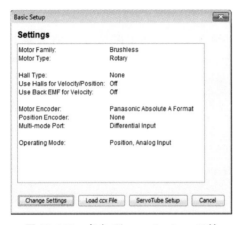

图 **13.128**　点击 Change Settings 开始
　　　　　　 Basic Setup 向导

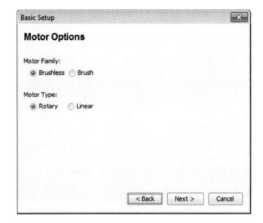

图 **13.129**　设置 Motor Options

（5）设置 Operating Mode 为 Current，Command Source 为 Software Programmed，如图 13.131 所示。

图 **13.130**　设置 Feedback Options

图 **13.131**　设置 Operating Mode

（6）设置 Miscellaneous Options. 点击 Finish，如图 13.132 所示。

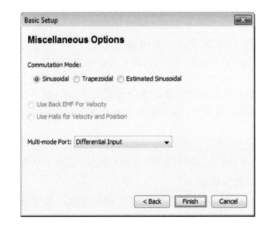

图 **13.132**　设置 Miscellaneous Options

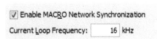

图 **13.133**　电流环频率调节

2. 同步功能

MACRO 环更新频率为环主控制器的相位时钟频率。它必须以 Copley 驱动器电流环更新频率的倍数运行。这对于建立同步操作至关重要。Copley 驱动器的电流环频率可以在 CME 2 的 MACRO 配置窗口中进行调整（参见配置 MACRO 网络）。

在 CME 2 的 MACRO 配置窗口有一个复选框可以开启电流环频率调节，如图 13.133 所示。

注意：Copley 的 Accelnet MACRO (AMP)驱动器加载了 15 kHz 的电流环频率。这通常应该用 CME 设置为 16kHz。Copley 的 Xenus Plus MACRO (XML)驱动器的默认电流环频率为 16 kHz，通常默认使用。

如果环上有多个 PMAC 控制器，则其中只有一个可以成为环主控制器。如果 MACRO 环上有超量的节点，PMAC 环更新频率可能必须降低至驱动器电流环频率的倍数才能平稳运行。

注意：改变 PWM 频率会影响电流环调节。因此，需要检查电流环调节。具体操作请参见《CME 2 用户指南》。

3. 配置 MACRO 网络

Accelnet MACRO 驱动器可以使用 CME 软件经过串口来配置 MACRO 接口。

（1）核实 S1 和 S2 开关设置；

（2）在 CME 菜单选择 Amplifier Network Configuration 打开 MACRO Configuration 窗口如图 13.134 所示。

（3）核实或调整表 13.4 所示参数。

图 13.134 MACRO Configuration 窗口

表 13.4 核实或调整参数

Parameter	Description
Scaling Input Command	电流模式：+10 VDC 输入产生的输出电流。 范围：0～10,000,000 A，默认为峰值电流值。 速度模式：+10 VDC 输入产生的输出速度。 范围：0～100,000 rpm（mm/s），默认为最大速度值
Heart Beat Time Out	驱动器产生心跳信息的频率。建议设置为 1 ms。默认值为 0 ms，但这将禁用心跳产生，不会检测到环中断，并可能导致飞车情况
Home Status Bit	Use Motor Encoder index：在 MACRO 状态字的原点状态位中返回主编码器索引状态。 Use Home Input：在 MACRO 状态字的原点状态位中返回被配置为原点输入的通用输入口的状态

续表

Parameter	Description
Auxiliary Data Registers	定义在每个 MACRO 响应消息的辅助数据寄存器中传输的附加数据的类型。 First Register：数字输入值，第二个模拟输入值。 Second Register：模拟输入，电动机编码器，位置编码器
Enable Position Output Scaling	当选择时，通过 MACRO 网络发送的位置数据向上移动 5 位以与 Delta-Tau 控制器兼容
Enable MACRO Network Synchronization	允许驱动器的 PWM 频率进行调整，并允许与 MACRO 环同步操作。注意，改变 PWM 频率将影响电流环调节。因此，需要检查当前循环调节
Current Loop Frequency	
Active Network Required for Drive to Enable	如果选择，加入网络没有激活驱动器将无法使能

13.4.4   PMAC 及驱动器同步频率

本章介绍如何建立主站控制器（PMAC）与电动机之间的连接，以及如何同步连接在 MACRO 环路上的驱动器。保证 PMAC 的更新率与 MACRO 主站或从站电流环频率匹配是非常紧要的。下列表格是推荐的设置过程。

1. 示例表格

为了设置 PMCA 环路更新率和需要的伺服驱动器频率，请将下列的 PMAC I 变量设为表 13.5 推荐的值。

表 13.5   PMAC I 变量推荐值

需要的伺服频率	MACRO 通信频率（相位频率）	Ultralite/UMAC 设置
4 kHz	16 kHz	I6800＝3684 I6801＝0 I6802＝3，I10＝2096640
4 kHz	8 kHz	I6800＝7371 I6801＝0 I6802＝1，I10＝2097066
2 kHz	8 kHz	I6800＝737 I6801＝0 I6802＝3，I10＝4194133
8 kHz	16 kHz	I6800＝3684 I6801＝0 I6802＝1，I10＝1048320

注：MACRO 环路带宽最高上限约为 48 个激活的伺服驱动器或 I/O 节点。

说明：参考 Delta Tau Turbo SRM 和 Turbo Users Manuals 进行 I70-I82 和 MACRO IC 1-3 的设置。

2. PMAC 通信设置示例

表 13.6 的示例演示了如何设置 PMAC 的 I 变量来为连接在 MACRO 环路上的前

4 个伺服轴(节点 0、1、4、5)建立一个 16kHz 的 MACRO 环路频率和 4kHz 的伺服环路频率(使用 Ultralite 或 UMAC PMAC)。

表 13.6　PMAC 通信设置示例

输入	说明
I6800＝3684	最大相位时钟频率
I6801＝0	系统相位时钟信号频率——控制最大相位时钟频率的一个分部
I10＝2096640	伺服更新率
I6840＝＄4030	MACRO IC 0 主站配置
I6841＝＄0FC033	MACRO IC 0 节点激活控制
I70＝＄0033	节点辅助功能使能
I71＝＄0033	节点协议类型控制
I78＝128	主站/从站辅助通信超时值

3. PMAC 电动机设置示例

表 13.7 给出的例子介绍了如何使用指令来设置 Delta Tau PMAC 控制器与 Copley 驱动器以及电动机配合工作。

表 13.7　PMAC 电动机设置示例

输入	说明
I100＝1	激活电动机
I101＝0	禁止控制器换相,由 Copley 驱动器执行换相
I102＝＄078420	指令输出地址(取决于运行模式)
I103＝@＄I8001	位置环反馈地址,将转换表的 I 变量地址分配给此值
I104＝@＄8001	速度环反馈地址,将转换表的 I 变量地址分配给此值
I111＝16*25000	设置跟随误差限制值
I119＝1	设置加速度限制值
I122＝500	设置点动速度
I125＝＄003440	标志地址
I124＝＄840001	设置标志模式。驱动器状态高有效,从 MACRO 捕获标志,PMAC2 类型 bit 置位
I130＝7172	I 变量 130~135 为伺服环增益,仅针对本示例有效
I131＝1934	伺服环增益
I132＝1934	伺服环增益
I133＝197466	伺服环增益
I134＝0	伺服环增益
I135＝15714	伺服环增益
I8000＝＄2F8420	编码器转换表数值
I8001＝＄018000	编码器转换表数值

13.4.5　循环寄存器

本节描述了 MACRO 环中的循环寄存器。

1. MACRO 报文

MACRO 环上传递的每个 MACRO 消息的长度为 12 个字节。该消息包括一个环命令字节、一个 ID 字节(包含主/从地址)、一个校验字节(用于验证数据完整性)和 9 个数据字节。

MACRO 消息中的 9 个数据字节被分组为一个 24 位寄存器和三个 16 位寄存器,共计 72 位,这些位循环通过 MACRO 环上的每个节点。如图 13.135 所示。

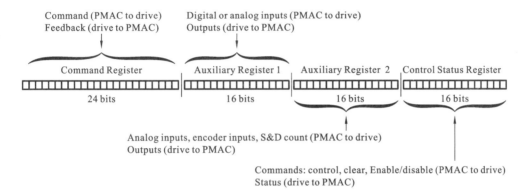

图 13.135　数据字节

当消息在环形网络中传递时,每个从设备都会评估该消息,以确定该消息是否针对该从设备。如果消息中包含的主设备或从设备标识符与该从设备的 ID 值不匹配,则该消息将不经修改地传递到环形网络中的下一个节点。如果主设备和从设备 ID 值都与该从设备匹配,则该从设备将向网络中的下一个设备传递响应消息。

2. 命令寄存器

MACRO 消息中的 24 位寄存器用于向驱动器传递命令值,并将电动机位置从驱动器传递回主站。发送的命令值可以是电流命令或速度命令,具体取决于驱动器的操作模式(建议使用电流命令)。来自驱动器的响应消息将始终使用此 24 位寄存器将主编码器位置发送回主站。

当驱动器配置为以电流模式运行时,会在命令寄存器中传递 24 位电流命令。此电流命令的缩放可以通过驱动器的 I 变量 1193 进行编程。此 I 变量给出了与最大正 24 位输入值对应的实际电流(以 0.01 A 为单位)。

当驱动器配置为以速度模式运行时,命令寄存器中传递的值将被视为速度命令。此命令也由系统进行缩放,以每秒 0.1 编码器计数为单位的最大速度进行编程。

在电流模式和速度模式下,24 位命令寄存器位置用于将当前编码器位置返回到 MACRO 主控制器。报告位置的单位可以配置为编码器计数或 1/32 编码器计数。后一种选择仅为提高与 Delta Tau 主控制器软件的兼容性而提供。但是,驱动器本身不解决编码器计数的小数。因此,如果选择使用 1/32 编码器计数单位,则位置反馈的低

5 位始终为零。

3. 辅助寄存器 1

MACRO 消息中的第一个 16 位寄存器用于在主站和驱动器之间发送通用数字输入和输出引脚的状态。

Copley 驱动器具有多个通用输出引脚,可以编程以多种不同的方式工作。这些引脚可以配置为由驱动器本身控制(如刹车或故障输出),也可以配置为由 MACRO 主站手动控制。

任何配置为由 MACRO 主控手动控制的引脚都可以使用数字 I/O 寄存器中的值进行设置。每次驱动器接收到 MACRO 更新时,每个手动控制的数字输出引脚都将根据该寄存器中相应的位进行更新。

注意:每个周期返回的 MACRO 状态字都具有正负限制位。如果在 CME 中将某个输入引脚配置为正限制,则当其变为激活状态时,将导致响应的状态位被置位。无论输入引脚值是否在辅助寄存器 1 中返回,这都是成立的。

输出引脚 1 的设置取决于位 0 的值,输出引脚 2 的设置取决于位 1 的值,以此类推。在从驱动器发送回主站的响应消息中,该寄存器的值可以采用多个可编程值之一。MACRO 网络配置参数(驱动器参数 0x121 或 I 变量 0x521)的位 4~7 用于选择存储在此处的数据。

目前支持表 13.8 所示的数据值。

表 13.8 目前支持的数据值

值	数据
0	发送数字输入值
1	发送第二模拟量参考值

4. 辅助寄存器 2

第二个 16 位寄存器值可以编程用于在主站和从站之间传输各种类型的数据。

对于从主站发送到驱动器的消息,该寄存器传递一个 16 位的值,该值将被写入驱动器(型号如 XML)的模拟输出。对于 AMP,此值被保留。为了使模拟输出值产生效果,必须将 XML 的通用模拟输出口配置为手动控制,可通过将驱动器 33 参数 0x134(或 I 变量 0x534)设置为零来配置手动模式。

对于从从站发送到主站的响应消息,该寄存器的内容是可配置的。MACRO 网络配置参数的位 8~11 用于选择要在此寄存器位置发送回主站的数据。表 13.9 所示的是

表 13.9 辅助寄存器 2 的各项参数

值	数据
0	驱动器模拟量参考输入,单位 mV
1	驱动器电机端编码器输入低 16 位
2	驱动器负载端编码器输入低 16 位(被动模式或者主动模式)
3	脉冲/方向计数器原始 16 位值

辅助寄存器 2 的各项参数。

5. 控制状态寄存器

第三个 16 位寄存器是一个不可编程的控制状态寄存器。它是一个命令寄存器,其中包含以下位映射。

1) PMAC 到驱动器

PMAC 发送给驱动器的消息是一个控制字,位映射如表 13.10 所示。

表 13.10　位映射

值	数据
3	触发锁存启用。置位时启用位置捕捉。0→边缘跳变时清除捕捉的位置
4	置位时清除编码器位置
6	驱动器使能(1)或禁能(0)。0→1 跳变时清除锁存错误。其他位为保留位

2) 驱动器到 PMAC

该响应是一个状态字,位映射如表 13.11 所示。

表 13.11　位映射

值	数据
0	编码器错误
1	位置比较输出置位
2	安全输入禁能驱动器时置位
3	位置捕捉标志位
4	节点重启
5	检测到环路断开
6	驱动器使能
7	关断错误
8	回零标志位
9	正限位
10	负限位
11	未使用
12	未使用
13	相位初始化
14	电流限制
15	电压限制

13.4.6　I 变量

本节讨论如何在支持 MACRO 的 Copley 驱动器中使用 I 变量。其中包括常用的 I

变量表格,以及位置捕捉和位置比较示例。

1. 与驱动器建立通信

使用 Copley 的 CME 2 软件配置驱动器是最简单的方法,但也可以使用 MACRO 通信访问驱动器的内部参数。这些内部参数可以使用 MACRO 节点 14(ASCII)或节点 15 通信进行访问。

在节点 15 通信中,PMAC 实现了一个带有 ms(node)前缀的 I 变量命令。(node)是从站的 ID 值。例如,要读取从站 0 的最近捕捉的索引位置,使用以下 I 变量 921 命令:

```
ms0,i921
```

在节点 14(ASCII)通信中,PMAC 通过输入以 i 为前缀的 I 变量来实现命令。在使用节点 14 之前,必须打开一个 ASCII 通信窗口。这可以通过在通信协议窗口中键入 macsta(站号)来完成(I 变量 11 保存站号)。例如:要在节点 14 通信窗口中读取最近捕捉的索引位置,使用以下 I 变量 921 命令:

```
i921
```

本节列出了最有用的参数。有关完整的参数列表,请参阅 Copley 驱动器参数字典。(http://www.copleycontrols.com/Motion/Downloads/protocols.html)

注意:使用 ASCII 设置 3 个或更大字长的参数时,必须使用十六进制值。

2. 访问驱动器参数

每个驱动器参数都在 Copley ASCII 程序员指南中有详细文档记录(http://www.copleycontrols.com/Motion/Downloads/protocols.html),并用 0~511 的 ASCII 参数编号进行标识。要通过 MACRO 访问驱动器参数,需要在参数 ID 上加上 1024。例如:I 变量 1025 与参数 ID 1 相同。

由于节点 15 通信的限制,使用此方法无法直接读取/写入大于 48 位的值。某些驱动器型号具有大于此值的内部参数(如双二次滤波器系数)。如果使用相关的 I 变量读取此类参数,将返回前 48 位。使用此 I 变量写入此类参数将仅设置前 48 位,其他位将设置为零。扩展访问命令(I 变量 1018)用于解决此限制(参见扩展命令访问)。

注意:本手册中的 I 变量表已经进行了插值处理。

3. 支持的 Delta Tau I 变量

表 13.12 所示的是用于访问 MACRO 环路中 Copley 驱动器的有用的 I 变量列表。

表 13.12 I 变量列表

Ixx	名称	描述
0	固件版本	返回驱动器的固件版本号,只读
1	固件日期	返回固件创建日期,格式:<月/日/年>
2	站点 ID 和用户配置字	读/写,保存到闪存
3	拨码开关值	传达两个硬件拨码开关的值

续表

Ixx	名称	描述
4	驱动器状态	返回一个 32 位状态寄存器值。状态位映射如下： **位** ｜ **描述** 0 ｜ 电流限制事件发生时置位 2 ｜ 短路事件发生时置位 4 ｜ 电动机过温事件发生时置位 6 ｜ 驱动器过温事件发生时置位 8 ｜ 编码器错误事件发生时置位 20 ｜ 欠压事件发生时置位 21 ｜ 过压事件发生时置位 24 ｜ 驱动器错误发生时置位 25 ｜ MACRO 网络错误发生时置位(检测到中断时置位) 所有其他位当前作为保留项并应该忽略
5	环路错误计数器	自启动后 MACRO 错误的数量,只读
8	Macro 环路校验周期	MACRO 环路校验周期,代表 Copley 驱动器的一个看门狗周期,读/写,单位为 ms
11	站点编号	等同于 STN ASCII 指令,读/写,保存到闪存
12	设备 ID	返回 Copley Controls 的硬件类型设备 ID 值,当前可支持的值如下： **值** ｜ **类型** $ 0390 ｜ AMP panel drive rev 0 $ 0391 ｜ AMP panel drive rev 1 $ 0392 ｜ AMP panel drive rev 2 $ 1010 ｜ XML A/C powered drive
910	设置编码器方向	使用正常方向,假如位 2 被清除;使用相反方向,假如位 2 被置位;其他值被忽略
921	获取捕捉位置	返回最近的被捕捉的索引位置(32-位),写被忽略
923	比较自动增量值	输出比较增量值
925	比较 A 位置值	输出比较位置 A
926	比较 B 位置值	输出比较位置 B
928	比较状态写使能	通过写强制比较输出为去使能状态(读被忽略)

续表

Ixx	名称	描述
974	显示编码	获取标准站显示编码,支持编码值如下: **值** / **描述** 0 / 去使能 1 / 使能 10 / 驱动器错误 14 / 编码器反馈错误
992	最大相位频率控制	传达 PWM 频率以 10 ns 为单位,读/写,不同于 Delta Tau
995	MACRO 环配置/状态	位 7 置 1 当环路同步被开启,只读
996	MACRO 节点激活控制	节点 14 和 15 总是处于使能状态,位 0～3 是 SW2 值,节点编号;位 24～27 是 SW1 值,主站地址;只读
1018	扩展命令访问	请见扩展指令访问
1020	输出比较控制寄存器	比较模块配置。 **位** / **描述** 0 / 置位使能模块 1 / 置位是输出激活状态取反 2 / 如果置位,进入比较匹配时切换输出模式;如果清除,进入可编程时间的脉冲输出模式 3-4 / 定义比较模块的模式 5-31 / 保留为将来使用。应置为 0
1021	输出比较状态寄存器	比较模块状态寄存器。 **位** / **描述** 0 / 比较输出的当前值(只读) 1 / 当位置与比较寄存器 0 匹配时置位,写 1 清除 2 / 当位置与比较寄存器 1 匹配时置位,写 1 清除 3-31 / 保留
1022	输出比较周期寄存器	读/写比较周期值
1023	输出比较位置寄存器	读/写比较位置值

4. Copley 驱动器特有的 I 变量

表 13.13 所示的是用于访问 MACRO 环路上 Copley 驱动器特有的 I 变量。使用以下这些十进制 I 变量值来设置 Copley 驱动器。本节列出了一些最有用的参数。有关完整列表,请参阅 Copley 驱动器参数词典。

表 13.13　Copley 驱动器特有的 I 变量

Dec Ixx	Hex I $ xx	名称	描述和注释
1024	0x400	电流环比例增益	电流环 KP 值(比例增益)
1025	0x401	电流环积分增益	电流环 KI 值(积分增益)
1026	0x402	电流环可编程值	这个电流将用于命令驱动器运行当驱动器处于 state 1 模式,单位为 0.01 A
1027	0x403	线圈 A 电流	线圈 A 测得的实际电流,单位为 0.01 A
1028	0x404	线圈 B 电流	线圈 B 测得的实际电流,单位为 0.01 A
1045	0x415	命令电动机电流	这是发送给电流环的当前值。它可能来自于编程值,模拟量输入,速度环,等等;取决于驱动器的 state 模式,单位为 0.01 A
1053	0x41d	A/D 参考输入电压	这是在经过偏置和死区后被应用的模拟量命令电压,单位为 mV
1054	0x41e	高压 A/D 参考	这是当前在高压母线上的电压,单位为 0.1 V
1056	0x420	驱动器温度 A/D 读取	单位为摄氏度
1057	0x421	峰值电流限制	这个值不能超过驱动器的额定峰值电流值,单位为 0.01 A
1058	0x422	持续电流限制	这个值必须小于峰值电流限制值,单位为 0.01 A
1059	0x423	峰值电流限制时间	单位为 ms
1060	0x424	期望的驱动器状态	<table><tr><td>值</td><td>描述</td></tr><tr><td>0</td><td>去使能</td></tr><tr><td>1</td><td>电流环工作于可编程电流值模式</td></tr><tr><td>2</td><td>电流环工作于模拟量输入模式</td></tr><tr><td>3</td><td>电流环工作于 PWM 模式</td></tr><tr><td>4</td><td>驱动器工作于内部函数发生器模式</td></tr><tr><td>5</td><td>电流环工作于通过 PWM 输入的 UV 命令模式</td></tr></table>
1061	0x425	限制的电动机电流命令	电流限制器的输出(电流环的输入),单位为 0.01 A
1136	0x470	输出引脚配置(OUT 1)	数据类型取决于配置,并使用 1~5 个双字。 第一个双字是位-映射的配置值。其他的双字给出输出引脚的额外参数数据。通常第二和第三个双字用作 32 位掩码,以确定输出应该跟随状态寄存器的哪一位。如果状态寄存器中所选的任何位被设置,那么输出将被激活。如果所选的位都没有设置,那么输出将是不活动的。输出引脚 0~7(OUT1~8)可以编程为同步输出,用于同步多个放大器。在此配置中,该变量的第一个双字应设置为 0x0200(即只设置第 9 位),其余字应设置为零。请注意,只有输出引脚 #0 具有此功能。试图编程任何其他输出引脚作为同步输出将没有效果。

续表

Dec Ixx	Hex I $ xx	名称	描述和注释

下面是第一个双字的位映射:

位	配置		
0~4	定义哪个内部寄存器驱动输出,这些位的可接受值如下:		
	值	描述	
	0	双字 2 和双字 3 用作驱动器事件状态寄存器的掩码。当掩码中设置的任何位也在驱动器事件状态寄存器中设置时,输出变为活动	
	1	双字 2 和双字 3 用作放大器锁存事件状态寄存器的掩码。当掩码中设置的任何位也在锁存事件状态寄存器中设置时,输出变为活动并保持活动,直到锁存事件状态寄存器中必要的位被清除	
	2	将输出置于手动模式。在此模式中不使用额外的双字,并且输出状态遵循在参数输出状态和程序控制中编程的值	
	3	双字 2 和双字 3 用作轨迹状态寄存器的掩码。当掩码中设置的任何位也在轨迹状态寄存器中设置时,输出变为活动	
	4	如果轴位置介于双字 2 和 3 中指定的低位(16~47 位)和双字 4 和 5 中指定的高位(48~80 位)之间,则输出变为活动	
	5	如果实际轴位置交叉,具有从低到高的转变,输出变为活动;位置被指定在双字 2 和 3 中(位 16~47)。输出将在单词 4 和 5(位 48~80)中指定的毫秒数内保持活动状态	
	6	与 5 相同,但用于高到低交叉	
	7	与 5 相同,但用于任何交叉	
	8	如果电动机相位角(加上偏移量)在 0~180°之间,则激活。偏移量是使用额外数据的第一个双字设置的,单位为 32k/180°	
3~7	保留为将来使用		
8	如果设置,输出为高电平;如果清除,则输出为低电平		
9	如果设置,将输出编程为同步输出。这个位保留给除引脚 0 以外的所有输出引脚		
10~11	保留为将来使用		
12~13	多轴驱动器的轴编号		
14~15	用途取决于选择的输出功能		

1136 | 0x470 | 输出引脚配置(OUT 1)

续表

Dec Ixx	Hex I $ xx	名称	描述和注释
1137	0x471	输出引脚配置(OUT 2)	输出引脚♯1(output 2)。详见 I 变量 1136,输出引脚配置
1138	0x472	输出引脚配置(OUT 3)	输出引脚♯2(output 3)。详见 I 变量 1136,输出引脚配置
1139	0x473	输出引脚配置(OUT 4)	输出引脚♯3(output 4)。详见 I 变量 1136,输出引脚配置
1140	0x474	输出引脚配置(OUT 5)	输出引脚♯4(output 5)。详见 I 变量 1136,输出引脚配置
1141	0x475	输出引脚配置(OUT 6)	输出引脚♯5(output 6)。详见 I 变量 1136,输出引脚配置
1142	0x476	输出引脚配置(OUT 7)	输出引脚♯6(output 7)。详见 I 变量 1136,输出引脚配置
1143	0x477	输出引脚配置(OUT 8)	输出引脚♯7 (output 8)。详见 I 变量 1136,输出引脚配置
1144	0x478	输入引脚配置(IN 1)	输入引脚♯0 (input 1),为输入引脚分配一个功能,下表中所有未列出的数值为保留项。位 8~11 可用于向输入引脚分配的功能传送相关参数,位 12~13 用于选择多轴型驱动器上的某一个轴来分配功能。

下表(位于 1144 描述内):

值	功能
0	不分配功能
1	保留项(不分配功能)
2	在输入信号的上升沿重启驱动器
3	在输入信号的下降沿重启驱动器
4	正限位开关,高有效
5	正限位开关,低有效
6	负限位开关,高有效
7	负限位开关,低有效
8	电动机温度报警开关,高有效
9	电动机温度报警开关,低有效
10	上升沿清错,并在信号电平为高时禁能驱动器
11	下降沿清错,并在信号电平为低时禁能驱动器
12	上升沿重启,并在信号电平为高时禁能驱动器

Dec Ixx	Hex I $ xx	名称	描述和注释		
1144	0x478	输入引脚配置(IN 1)	**值**	**功能**	
			13	下降沿重启,并在信号电平为高时禁能驱动器	
			14	零位开关,高有效	
			15	零位开关,低有效	
			16	信号电平为高时禁能驱动器	
			17	信号电平为低时禁能驱动器	
			19	下降沿同步输入	
			20	信号电平为高时,中止电动机运动,并禁止开始新的轨迹运动	
			21	信号电平为低时,中止电动机运动,并禁止开始新的轨迹运动	
			22	信号电平为高时,按比例缩放模拟量输入指令	
			23	信号电平为低时,按比例缩放模拟输量入指令	
			24	上升沿进行高速位置捕捉,此功能仅适用于高速输入引脚	
			25	下降沿进行高速位置捕捉,此功能仅适用于高速输入引脚	
			26	将信号上升沿的计数值记录至索引寄存器(寄存器编号使用位 8~11 来指定)	
			27	将信号下降沿的计数值记录至索引寄存器(寄存器编号使用位 8~11 来指定)	
			28~35	保留项	
			36	若实际位置超过目标位置 N 个 count,则检测到信号上升沿时终止运动,数值 N 存放在使用 bit8-11 指定编号的某个寄存器中	
			37	若实际位置超过目标位置 N 个 count,则检测到信号下降沿时终止运动,数值 N 存放在使用 bit8-11 指定编号的某个寄存器中	
			38	信号电平为高时禁能驱动器,并标注交流电源掉电	
			39	信号电平为低时禁能驱动器,并标注交流电源掉电	

续表

Dec Ixx	Hex I \$ xx	名称	描述和注释
1144	0x478	输入引脚配置(IN 1)	<table><tr><td>值</td><td>功能</td></tr><tr><td>40</td><td>上升沿更新轨迹运动</td></tr><tr><td>41</td><td>下降沿更新轨迹运动</td></tr><tr><td>42</td><td>上升沿清除锁存的错误和事件</td></tr><tr><td>43</td><td>下降沿清除锁存的错误和事件</td></tr></table> 所有其他数值都为保留项;如有需要,位 8~11 可用于向输入引脚分配的功能传送相关参数;位 12~13 用于选择多轴型驱动器上的某一个轴来分配功能
1145	0x479	输入引脚配置(IN 2)	详见输入引脚配置(IN 1)
1146	0x47A	输入引脚配置(IN 3)	详见输入引脚配置(IN 1)
1147	0x47B	输入引脚配置(IN 4)	详见输入引脚配置(IN 1)
1148	0x47C	输入引脚配置(IN 5)	详见输入引脚配置(IN 1)
1149	0x47D	输入引脚配置(IN 6)	详见输入引脚配置(IN 1)
1150	0x47E	输入引脚配置(IN 7)	详见输入引脚配置(IN 1)
1151	0x47F	输入引脚配置(IN 8)	详见输入引脚配置(IN 1)
1152	0x480	驱动器型号	
1153	0x481	驱动器产品序列号	
1154	0x482	驱动器峰值电流	单位为 0.01 A
1155	0x483	驱动器持续电流	单位为 0.01 A
1156	0x484	对应于 A/D 读数最大值的驱动器电流	单位为 0.01 A
1157	0x485	驱动器 PWM 周期	单位为 10 ns
1158	0x486	驱动器伺服周期	伺服环路更新周期,以驱动器 PWM 周期(电流环更新周期)的倍数表示
1160	0x488	驱动器峰值电流时间	驱动器输出峰值电流时能够维持的最大时间,单位为 ms
1172	0x494	固件版本号	版本号由主要数字和次要数字组成,次要数字为位 0~7,主要数字为位 8~15,例如版本号 1.12 将被编码为 0x010C

Dec Ixx	Hex I $ xx	名称	描述和注释		
			数值的每个位分别对应不同含义		
			位	描述	
			0	检测到短路	
			1	驱动器过温	
			2	过压	
			3	欠压	
			4	电动机温度传感器信号被激活	
			5	编码器反馈错误	
			6	电动机相位错误	
			7	电流受限警告	
			8	电压受限警告	
			9	正限位开关信号被激活	
			10	负限位开关信号被激活	
			11	使能信号未激活	
			12	驱动器被软件禁能	
			13	正在停止电动机运动	
1184	0x4a0	驱动器事件状态	14	电动机刹车信号被激活	
			15	PWM 输出被禁能	
			16	正方向软限位生效	
			17	负方向软限位生效	
			18	跟随误差错误	
			19	跟随误差警告	
			20	驱动器被重启	
			21	位置被回卷,位置值不能无限增加;当达到某个特定的数值时,位置值将发生回滚。这种计数方式被称为回卷或取模	
			22	驱动器报错,被配置成锁存的驱动器错误曾发生过,更多关于锁存的驱动器错误信息,请参加 CME 2 User Guide	
			23	速度达到限制值	
			24	加速度达到限制值	
			25	跟随误差超出到位检测窗口范围	
			26	零位开关信号被激活	

续表

Dec Ixx	Hex I $ xx	名称	描述和注释
1184	0x4a0	驱动器事件状态	<table><tr><th>位</th><th>描述</th></tr><tr><td>27</td><td>运动正在进行或电动机还没有运动到位；在电动机运动到位之后，下一次运动开始之前，此位都将处于非置位状态</td></tr><tr><td>28</td><td>如果速度误差的绝对值超出速度窗口范围，此 bit 将被置位</td></tr><tr><td>29</td><td>相位未初始化，如果驱动器不使用 hall 寻相，则在驱动器完成相位初始化之前，此位将处于置位状态</td></tr><tr><td>30</td><td>指令输入错误，表示 PWM 指令或其他形式的运动指令丢失或中断，若"允许 100％ 输出"功能被启用（数字输入指令设置变量 I-1192 的位 3 被置位），则当 PWM 指令丢失或中断时，驱动器将不会报告本错误</td></tr></table>
1185	0x4a1	锁存的驱动器事件状态	本变量是驱动器事件状态的锁存版本。变量数值对应的每个位由驱动器自动置位，但需要外部指令才能复位。 当这个变量被执行写操作时，写入数据的每个置位为 1 的位，将清除该 bit 在本变量原来读数值中所对应的位的置位状态，如写入数值 1，将清除本变量原读数值中的位 0，即短路错误状态
1188	0x4a4	锁存的驱动器错误	每个位分别表示何种锁存的驱动器错误曾发生过。如果锁存的驱动器错误曾发生过，则驱动器事件状态变量的驱动器报错位（位 22）会被置位，导致错误的具体原因可以从本变量中读取。 可以向本变量中对应的 bit 写入 1 来清除某个指定的错误。 导致驱动器锁存错误的条件是可编程的。 <table><tr><th>位</th><th>错误条件</th></tr><tr><td>0</td><td>驱动器 flash 存储器文件 CRC 校验错误</td></tr><tr><td>1</td><td>A/D 偏置值超出范围</td></tr><tr><td>2</td><td>检测到短路</td></tr><tr><td>3</td><td>驱动器过温</td></tr><tr><td>4</td><td>电动机过温</td></tr><tr><td>5</td><td>过压</td></tr></table>

续表

Dec Ixx	Hex I $ xx	名称	描述和注释
1188	0x4a4	锁存的驱动器错误	<table><tr><th>位</th><th>错误条件</th></tr><tr><td>6</td><td>欠压</td></tr><tr><td>7</td><td>编码器反馈错误</td></tr><tr><td>8</td><td>电动机相位错误</td></tr><tr><td>9</td><td>跟随误差错误</td></tr><tr><td>10</td><td>电流受 I2T 算法限制</td></tr><tr><td>11</td><td>无法初始化驱动器硬件(FPGA)</td></tr><tr><td>12</td><td>指令输入错误</td></tr><tr><td>13</td><td>无法初始化驱动器硬件(Co processor)</td></tr><tr><td>14</td><td>安全电路一致性检测错误</td></tr><tr><td>15</td><td>无法控制电动机的电流</td></tr></table>
1190	0x4a6	输入引脚状态	读取本变量时返回一个 16 位的数值,表示驱动器各输入引脚去抖动之后的高/低状态。每个位对应的引脚如下: <table><tr><th>位</th><th>描述</th></tr><tr><td>0</td><td>可编程输入引脚 0 (In 1)的状态</td></tr><tr><td>1</td><td>可编程输入引脚 1 (IN 2)的状态</td></tr><tr><td>2</td><td>可编程输入引脚 2 (IN 3)的状态</td></tr><tr><td>3</td><td>可编程输入引脚 3 (IN 4)的状态</td></tr><tr><td>4</td><td>可编程输入引脚 4 (IN 5)的状态</td></tr><tr><td>5</td><td>可编程输入引脚 5 (IN 6)的状态</td></tr><tr><td>6</td><td>可编程输入引脚 6 (IN 7)的状态</td></tr><tr><td>7</td><td>可编程输入引脚 7 (IN 8)的状态</td></tr><tr><td>8</td><td>可编程输入引脚 8 (IN 9)的状态</td></tr><tr><td>9</td><td>可编程输入引脚 9 (IN 10)的状态</td></tr><tr><td>10</td><td>可编程输入引脚 10 (IN 11)的状态</td></tr><tr><td>11</td><td>可编程输入引脚 11 (IN 12)的状态</td></tr><tr><td>12</td><td>可编程输入引脚 12 (IN 13)的状态</td></tr><tr><td>13</td><td>可编程输入引脚 13 (IN 14)的状态</td></tr><tr><td>14</td><td>可编程输入引脚 14 (IN 15)的状态</td></tr><tr><td>15</td><td>可编程输入引脚 15 (IN 16)的状态</td></tr></table>

Dec Ixx	Hex I $ xx	名称	描述和注释
1192	0x4a8	数字输入配置控制字	当驱动器工作在电流或者速度模式时,控制字 0~7 位用于配置 PWM 的工作模式:

位	描述
0	0 位置位,PWM 为四象限斩波模式;0 位复位,PWM 为 50% 占空比模式
1	置位,PWM 输入信号取反
2	置位,带方向的输入信号取反
3	置位,允许 100% 占空比
4	置位,0xB6 用于设定 PWM 的死区
5	置位,允许较长的 PWM 周期(最长 50 ms)
6	置位,在 UV 模式下计算角度时会加上霍尔补偿量(0x4f)(注意,改选项仅适用于 8367 处理器的驱动器)

8~15 位设置输入信号的类型,用于控制驱动器位置模式:

位	描述	
8~9	该位用于选择输入信号的类型	
	值	描述
	0	脉冲与方向
	1	正向与反向
	2	Master encoder inputs 作为主编码器输入口
	3	PWM 控制绝对位置
12	置位,驱动器会以脉冲的上升沿来计数,若复位,驱动器以脉冲的下降沿来计数。注意,倘若设置的输入模式为编码器信号,则该位不起作用	
13	置位,将输入信号取反(适用于所有的输入信号类型)	
14~15	用于配置对应的输入引脚作为输入源(注意,并不是所有类型的驱动器都支持以下所提及的模式)	
	值	描述
	0	单端高速输入口作为输入源
	1	多模式编码器口作为输入源
	2	差分高速输入口作为输入源
	3	主编码器口作为输入源(多用于 Stepnet 系列驱动器)

Dec Ixx	Hex I $ xx	名称	描述和注释
1193	0x4a9	输入控制信号的幅值设置	该参数用于控制100％PWM输入所对应的控制信号幅值,不同的对象所对应的赋值也不同。 电流模式:单位为0.01 A。 速度模式(Junus系列驱动器):单位为0.01RPM。 速度模式(Accelus系列驱动器):单位为0.1counts/s。 位置模式下,该参数可分为两个16位的数据,前面的字代表分子,后面的字代表分母,用于设置输入脉冲与目标位移脉冲的比例。比如将比例设成1/3,分子代表电动机实际走的位移脉冲,分母代表收到的控制脉冲量,1/3意味着当收到3个脉冲信号后驱动器会控制电动机行走1个脉冲。如前所述,分子和分母组成了该设置参数,也即0001与0003,合起来就是0x10003,对应的十进制读数为65539。 PWM位置模式下,该参数用于设定控制的位置脉冲数。最小占空比(MACRO的地址为0x53C)时驱动器控制电动机的实际位置为0,最大占空比(MACRO的地址为0x53D)时驱动器控制电动机的实际位置为该设定值。此外,可通过MACRO对象0x50F设置偏移量
1196	0x4ac	事件状态寄存器的"粘滞"版本	该寄存器为只读类型,每个位的映射定义与事件状态寄存器一样(0x4A0),但与之不同的是,该状态锁存寄存器的状态显示的是过去发生的状态,并不是实时的状态。 它与事件锁存状态类似(0x4A1),不同的是它不用进行清除操作,一旦读取便会自动清除
1282	0x502	网络状态字	该寄存器值用于指示网络的状态,具体位映射如下所示: 表格: 位 / 含义 0 / 识别到MACRO网络 1 / 驱动器处于断使能状态,由MACRO主站控制 2 / MACRO网络连接断开(比如之前能识别到MACRO网络,而后又断开了) 3 / 心跳信号错误 4～15 / 保留位,未定义

网络状态字表格:

位	含义
0	识别到 MACRO 网络
1	驱动器处于断使能状态,由 MACRO 主站控制
2	MACRO 网络连接断开(比如之前能识别到 MACRO 网络,而后又断开了)
3	心跳信号错误
4～15	保留位,未定义

续表

Dec Ixx	Hex I $ xx	名称	描述和注释
1313	0x521	网络设置	用于设置驱动器网络的位映射定义。 <table><tr><td>位</td><td>含义</td></tr><tr><td>0</td><td>置位,即对 MACRO 发送的位置数据左移5位,以便兼容 Delta-Tau 控制器数据格式</td></tr><tr><td>1</td><td>置位,驱动器在一上电会处于断使能状态,直至 MACRO 发送了使能信号才会上使能。复位,即使没有连接 MACRO 驱动器也能工作</td></tr><tr><td>2</td><td>置位,会将主编码器的 index 信号映射到 MACRO 状态字的回原状态位上。复位,则会将普通的回原开关状态映射到 MACRO 的状态字上</td></tr><tr><td>3</td><td>置位,驱动器会尝试将其电流环与 MAC-RO 网络同步。同步周期必须是驱动器 PWM 周期(0x85)的整数倍</td></tr><tr><td>4~7</td><td>用于设置 MACRO 返回的状态信息的前16位,具体如下所示。 0,发送驱动器 IO 输入的状态;1,发送驱动器第二通道的模拟量值;2~15,暂未定义</td></tr><tr><td>8~11</td><td>用于设置 MACRO 返回的状态信息的后16位,具体如下所示。 0,发送模拟量输入值;1,发送电机端编码器值;2,发送负载端编码器值;3,保留,未定义</td></tr><tr><td>12~15</td><td>保留,未定义</td></tr></table>
1317	0x525	MACRO 定制捕获模式配置	设置 MACRO 驱动器捕获编码器信号的模式,用于进行高精度回原点或者位置控制,如下所示: <table><tr><td>位</td><td colspan="2">含义</td></tr><tr><td rowspan="4">0~3</td><td colspan="2">回原类型设置</td></tr><tr><td>Value</td><td>Description</td></tr><tr><td>0</td><td>通过编码器的 Index 捕获原点</td></tr><tr><td>1</td><td>通过普通的原点 I/O 信号捕获原点</td></tr><tr><td>2~15</td><td colspan="2">保留,未定义</td></tr><tr><td>4~7</td><td colspan="2">假如先前设定了普通 I/O 信号回原,那么4~7位用于选择具体的 I/O 输入通道作为原点开关信号</td></tr></table>

Dec Ixx	Hex I \$ xx	名称	描述和注释
1317	0x525	MACRO 定制捕获模式配置	<table><tr><td>位</td><td>含义</td></tr><tr><td>8</td><td>设定信号的有效方式,复位意味着高电平有效,置位意味着低电平有效</td></tr><tr><td>9</td><td>置位,原点捕获的位置生效后会立刻将捕获的状态置位;若复位,驱动器仅在收到特别的清除指令后才会将原点捕获状态置位</td></tr><tr><td>10</td><td>置位,将捕获被动型的负载端编码器信号(倘若系统存在负载端编码器,并且捕获模式位普通原点 I/O 信号)</td></tr><tr><td>11~15</td><td>保留,未定义</td></tr></table>
1322	0x52a	电动机编码器设定	用于设定各种电机编码器的类型,具体位映射如下所示: <table><tr><td colspan="2">Quadrature 正交信号</td></tr><tr><td>位</td><td>描述</td></tr><tr><td>0</td><td>置位,忽略差分信号错误(倘若系统支持该类型)</td></tr><tr><td>1</td><td>置位,将编码器输入信号设置为单端信号(倘若系统硬件支持该类型)</td></tr><tr><td>2</td><td>置位,忽略差分信号错误(倘若系统支持该类型)</td></tr><tr><td colspan="2">EnDat(type 11)</td></tr><tr><td>0~5</td><td>设定编码器单圈的位数</td></tr><tr><td>8~12</td><td>设定编码器多圈的位数</td></tr><tr><td>16</td><td>置位,编码器包含模拟量</td></tr><tr><td>17</td><td>置位,编码器通过多功能输入口接入</td></tr><tr><td>18</td><td>置位,驱动器以 EnDat2.2 协议与编码器通信;复位,驱动器以 EnDat2.1 协议与编码器通信</td></tr><tr><td>20~23</td><td>设定忽略编码器数据的位数</td></tr><tr><td colspan="2">SSI(type 12)</td></tr><tr><td>0~5</td><td>设定编码器数据的位数</td></tr><tr><td>8~10</td><td>设定编码器多余的状态位,该状态位在位置数据之后</td></tr><tr><td>12</td><td>置位,忽略编码器数据的第一位</td></tr></table>

续表

Dec Ixx	Hex I $ xx	名称	描述和注释		
1322	0x52a	电动机编码器设定	位	描述	
			13	置位,驱动器将以格雷码的格式与编码器通信	
			14	置位,接收数据之后稍微降低通信时钟(专为 Codechamp 编码器定制的模式)	
			15	置位,编码器数据的最低有效位在前	
			16~21	设定编码器通信波特率,单位为 100 kHz;若为 0,默认波特率为 1 MHz	
			22	置位,将编码器每圈的脉冲数作为有效位	
			24	置位,编码器数据发送的首位为"数据有效位"	
			Encoder type 14		
			0~5	设定编码器单圈的位数	
			8~12	设定编码器多圈的位数	
			16~19	设定忽略编码器数据的位数	
			20~22	编码器 CRC 错误计数阈值,当读到连续的 CRC 错误次数超过阈值时才会触发 CRC 错误	
			24~27	设定编码器的子类型,具体如下。 0,代表 Tamagawa;1,代表松下绝对值;2,代表 HD 类型;3,代表松下增量式;4,代表三洋绝对值编码器	
			28	设置编码器通信波特率,其中置位代表波特率为 4 Mbit/s,复位代表 2.5 Mbit/s	
			30	置位,将编码器电池错误状态作为警告状态	
			BiSS（type 13)		
			0~5	设定编码器单圈的位数	
			8~12	设定编码器多圈的位数	
			15	置位,忽略编码器多圈数据（在读取数据前编码器发送 0 位比较有效)	
			16	置位,驱动器将以 BissC 格式与编码器通信	
			20	置位,编码器错误位和警告位为低电平有效	

续表

Dec Ixx	Hex I $ xx	名称	描述和注释		
1322	0x52a	电动机编码器设定	位	描述	
			21	置位,编码器状态位在位置数据之前发送给驱动器;复位,编码器状态位在位置数据之后发送给驱动器	
			22	置位,编码器错误位在警告位之前,复位则反之,警告位在前	
			24~26	校准位设定(屏蔽编码器位置数据之前的位数,比如某些编码器发送 28 位的数据,其中前 5 位并不是位置数据,设置成 5 便可忽略)	
			28	置位,编码器通过多功能输入口接入;复位则代表编码器通过主编码器口接入	
			30	设置编码器通信波特率,其中置位代表波特率为 2.5 Mbit/s,复位代表 4 Mbit/s	
			Gurley virtual absolute (type 17)		
			0	置位,将正弦/余弦信号取反	
			1	置位,将虚拟绝对值信号取反	
			2	置位,采用定制的接口板(针对特定客户)	
			3	置位,将编码器的数字 Index 作为 VABS;复位,将编码器的模拟量 index 作为 VABS	
			8	置位,读到绝对值位置后将算法寻向切换成编码器绝对位置寻向	
			9	置位,将任何警告信号都配置成编码器错误信号;复位,不以警告信号作为错误信号	
			Kawasaki absolute (type 18)		
			28	置位,编码器通过多功能输入口接入;复位,编码器通过主编码器口接入	
			S2 custom		
			0~4	设定编码器单圈的位数	
			8	置位,编码器位增量式;复位,编码器为绝对值	
			9	置位,编码器通过多功能输入口接入;复位,编码器通过主编码器口接入	
			10	置位,将编码器电池错误状态作为警告状态	

续表

Dec Ixx	Hex I $ xx	名称	描述和注释
1325	0x52b	负载编码器选项	内容与 1322（0x52a）相同，但只适用于负载或位置编码器
1326	0x52e	电动机编码器状态	该参数为编码器提供附加的状态信息。在状态值被读取时，被设置的位会被锁存并清除。 该状态字的格式取决于编码器类型。许多错误位直接从编码器数据流中获取。有关这些错误位的详细描述，请咨询编码器制造商。

Quadrature

位	描述
0	仅用于 Yaskawa Sigma-I 省线型增量编码器。如果在启动时编码器没有成功传输霍尔信息，则置位
1	编码器输入的任意差分信号异常，则置位

BiSS（类型 13）

位	描述
0	从编码器接收的数据 CRC 校验错误
1	编码器向驱动器传送数据失败
2	编码器数据流中错误位激活
3	编码器数据流中警告位激活
4	编码器传输延迟过长

EnDAT（类型 11）

位	描述
0	从编码器接收的数据 CRC 校验错误
1	检测编码器连接到驱动器失败
2	编码器数据流中错误位激活
3	编码器响应位置请求失败

SSI（类型 12）

位	描述
0~6	编码器返回错误置位
15	编码器数据无效位置位

Tamagawa & Panasonic（类型 14）

位	描述
0	编码器报告超速错误
1	编码器报告绝对位置错误
2	编码器报告计数错误
3	编码器报告计数器溢出
5	编码器报告多圈错误

Dec Ixx	Hex I $ xx	名称	描述和注释		
			位	描述	
			6	编码器报告电池错误	
			7	编码器报告电池警告	
			8	编码器报告错误位 0	
			9	编码器报告错误位 1	
			10	通信错误 0	
			11	通信错误 1	
			15	从编码器接收的数据 CRC 校验错误	
			Sanyo Denki & Harmonic Drives（类型 14）		
			0	编码器报告电池警告	
			1	编码器报告电池错误	
			3	编码器报告超速错误	
			4	编码器报告存储错误	
			5	编码器报告 STERR	
			6	编码器报告 PSERR	
1326	0x52e	电动机编码器状态	7	编码器报告繁忙错误	
			8	编码器报告存储繁忙	
			9	编码器报告过温	
			15	从编码器接收的数据 CRC 校验错误	
			Harmonic Drive（类型 15）		
			0	编码器报告系统错误	
			1	编码器报告溢出错误	
			2	编码器报告模式错误	
			3	编码器报告电池错误	
			4	从编码器接收的数据 CRC 校验错误	
			5	读取时没有从编码器接收到数据	
			Gurley virtual absolute（类型 17）		
			0	正弦/余弦信号幅值超出范围	
			1	编码器供电电流受限	
			2	编码器初始化时移动过快	
			3	触发信号丢失（仅在使用定制接口硬件时发生）	

续表

Dec Ixx	Hex I $ xx	名称	描述和注释
1326	0x52e	电动机编码器状态	<table><tr><th>位</th><th>描述</th></tr><tr><td>4</td><td>虚拟绝对值信号在错误时刻改变状态</td></tr><tr><td>5</td><td>接收到无效的虚拟绝对值数据</td></tr><tr><td>6</td><td>编码器位置初始化还未完成</td></tr><tr><td colspan="2">Kawasaki absolute（类型 18）</td></tr><tr><td>0</td><td>编码器繁忙位置位</td></tr><tr><td>1</td><td>编码器 ABSALM 位置位</td></tr><tr><td>2</td><td>编码器 INPALM 位置位</td></tr><tr><td>8</td><td>从编码器接收的数据 CRC 校验错误</td></tr><tr><td colspan="2">S2 custom（类型 19）</td></tr><tr><td></td><td>编码器电池错误位</td></tr><tr><td></td><td>编码器错误位</td></tr><tr><td></td><td>编码器电池警告位</td></tr><tr><td></td><td>编码器绝对值错误位</td></tr><tr><td></td><td>编码器超速错误位</td></tr><tr><td></td><td>编码器过热警告位</td></tr><tr><td></td><td>从编码器接收的数据 CRC 校验错误</td></tr><tr><td></td><td>编码器未响应驱动器的查询请求</td></tr></table>
1327	0x52f	负载编码器状态	内容与 1326（0x52e）相同，但适用于负载编码器
1328	0x530	有效值电流计算周期	这设置了计算有效值电流的时间周期（单位为 ms）。如果将该值设置为零，则每次读取有效值电流时都会更新其自上次读取以来的周期。在这种情况下，为了获得准确的返回值，必须至少每 65536 个电流循环周期（大约每 4 s）读取一次有效值电流，单位为 ms
1329	0x531	有效值电流	经过变量 0x530 设置周期内的有效值电流，单位为 0.01 A
1330	0x532	负载电流限制累加总和	单位为 0.01%（如 0 to 10000）
1331	0x533	驱动器电流限制累加总和	单位为 0.01%（如 0 to 10000）

续表

Dec Ixx	Hex I $ xx	名称	描述和注释
1332	0x534	D/A 转换器配置	该参数设置驱动器配置的 D/A 转换器的模式。 | 位	描述
---	---
0~3	定义 D/A 转换器的模式
16~17	指定 D/A 转换器相应的轴
模式	描述
0	手动配置(使用参数 0x535 设置)
1	所配置轴的实际电流	
1333	0x535	D/A 转换器输出值	对于支持辅助 D/A 转换器的驱动器,当 D/A 转换器在手动模式时,该参数设定输出值,单位为 mV。可以从这里读取 D/A 上正在输出的电流值
1337	0x539	安全电流控制/状态	驱动器安全电路状态。该参数允许查询内建在某些驱动器中的安全电路状态。对于不具备安全电路的驱动器,该参数保留。 | 位	描述
---	---
0	当安全输入 0 正阻止驱动器使能时置位
1	当安全输入 1 正阻止驱动器使能时置位
8	该位可读可写,用于强制激活安全电路的"驱动器不安全"输出,主要用于测试目的。写入 1 强制激活	
1413	0x585	比较模块配置	该参数位映射如下: | 位	描述
---	---
0	置位以激活模块
1	置位以取反输出激活状态
2	如置位,切换在比较位置匹配时输出;如清零,则输出可编程时间内的脉冲
3~4	定义比较模块的模式
5~31	保留供将来使用,应设置为 0	 参考比较位置窗口举例

续表

Dec Ixx	Hex I $ xx	名称	描述和注释
1414	0x586	比较状态寄存器	该参数位映射如下： | 位	描述
---	---
0	比较输出当前值(只读)
1	当位置与比较寄存器 0 匹配时置位,写 1 以清除
2	当位置与比较寄存器 1 匹配时置位,写 1 以清除
3~31	保留位	 参考比较位置窗口举例
1415	0x587	比较值 A(0)	参考比较位置窗口举例
1416	0x588	比较值 B(1)	参考比较位置窗口举例

5. 节点 14(ASCII)特有的命令

表 13.14 所示的这些 ASCII 命令可用于节点 14 的通信。

表 13.14　节点 14(ASCII)特有的命令

Ixx	名称	描述
?	站点全局状态		位	描述
---	---
0	电流限制事件发生时置位
2	短路事件发生时置位
4	电动机过温事件发生时置位
6	驱动器过温事件发生时置位
8	编码器错误事件发生时置位
20	低压事件发生时置位
21	过压事件发生时置位
24	驱动器错误发生时置位
25	MACRO 网络错误发生时置位(检测到中断时置位)	
$$$	站点重启以存储参数	驱动器软件禁能,清除所有错误,从 flash 恢复读取参数
$$$**	站点重新初始化到默认参数	驱动器软件禁能,清除所有错误,从 flash 恢复读取参数(同 $$$一样)
BKUP	报告保存的 I 变量	备份保存在 flash 存储中的所有参数
CID	报告卡 ID 号	报告硬件类型号

续表

Ixx	名称	描述
CLRF	清除站点错误	清除驱动器所有错误
STN	站点号	可读可写,存到 flash 中。该参数按照 Delta Tau 的描述来行动,用于 ASCII 通信
DATE	报告固件日期	报告固件内建日期,格式为 MM/DD/YYYY
MACSTAN	站点初始化变量	报告初始化变量 n 的值,n 是正初始化的站点号。例如,与 Macro 站点号 1 通信,则输入 MACSTA1
SAVE	保存站点 I 变量	驱动器将把所有参数设置从易失性 RAM 保存到非易失性 flash 存储中
SID	报告序列 ID 号	报告驱动器序列号
TYPE	报告 MACRO 站点类型	报告"Copley XML"或"Copley AMP",取决于驱动器
VERS	报告固件版本	报告驱动器固件内建版本号
VID	报告供应商 ID 号	报告"7 Copley"

6. 拓展命令访问

Copley 驱动器应用一个特殊的 I 变量 1018,可以用于访问长于 48 位的参数。

当写入 I 变量 1018 时,写入值的高 16 位被视为命令代码,低 32 位被视为数据。通过多次写入,数据可以被写入一个内部缓冲区,然后可以使用这些数据来设置驱动器的长参数。同样的,可以通过首先发出命令将参数内容复制到内部缓冲区,然后使用 I 变量 1018(允许读取此缓冲区的内容)来读取驱动器中的长参数。

1) 写入 I 变量 1018

写入 I 变量 1018 时,写入值的高 16 位被视为命令码,当前支持表 13.15 所示的命令。

表 13.15　当前支持的命令

Code	描述
0	清除内部缓冲区并将内部指针设置为第一个缓冲区位置。对于此命令,写入到 I-1018 值的位 0~31 将被忽略。此命令还将清除上一次执行的扩展命令的内部错误代码
1	将内部指针设置为位 16~31 传递的位置。如果位 16~31 位所存的值大于当前写入缓冲区的数据长度,则指针将设置为缓冲区的末尾
2	首先清除内部缓冲区,然后将位 16~31 传递的值写入第一个缓冲区位置,并将位 0~15 传递的值写入第二个缓冲区位置。完成此命令后,缓冲区将保存两个字的数据,并且内部指针将指向缓冲区的末尾
3	将两个字的数据追加到缓冲区的末尾。位 16~31 中传递的值将存储在当前内部指针所指向的缓冲区位置中,位 0~15 中的值将存储在随后的位置中。 命令完成后,缓冲区的长度将被设置为两个字,位于缓冲区末尾,并且缓冲区位置指针将被设置为缓冲区末尾

续表

Code	描述
4	将一个驱动器参数设置等于当前保存在内部缓冲区中的值。如果写入缓冲区的字数大于此参数所需的字数,则会忽略任何多余的数据。如果缓冲区中没有足够的数据来设置参数,则会产生错误。 要设置的参数的 ID 号应在写入到 I-1018 值的位 16～31 中传递。请注意,这是原来的参数 ID 号,而不是 I 变量号(比正常参数 ID 号大 1024)。 Copley 驱动器的参数存在于 RAM 或 Flash 存储器中,或者两者都存在。用于访问参数值的参数号使用一位数据来标识被引用的存储空间。当使用 I-1018 技术通过 MACRO 读取/写入参数时,位 28 的值标识应访问哪个存储空间。如果位 28 清零,则将设置参数的 RAM 版本。如果位 28 置位,则将设置参数的 Flash 版本。 例如,驱动器参数号 0x006B 包含一组双二阶滤波器系数,用于控制驱动器速度环中使用的滤波器。此参数既存在于工作 RAM 中,也存在于 Flash 存储器中。要设置此参数,首先应使用上述命令将参数的新值上传到内部缓冲区,然后使用以下命令之一设置参数: ms0,i1018＝\$0004006B0000;设置 RAM 版本。 ms0,i1018＝\$0004106B0000;设置 Flash 版本
5	读取一个驱动器参数的值并将结果存储到内部缓冲区。然后可以通过读取 I-1018 来读取该缓冲区的内容。 写入 I-1018 值的位 16～31 应存有要读取的参数号。此参数号与上述命令码 4 描述的格式相同
6	执行轨迹命令。轨迹命令用于驱动器在使用其内部轨迹生成器运行位置模式时使用。有许多不同的轨迹命令,比如开启新的运动,开启回零序列或终止正在进行的运动。各种命令的详细信息请参阅程序员指南。传递给 I-1018 值的位 16～31 标识要执行的轨迹命令(运动、终止、回零等)
7	执行通用串口命令。这允许 MACRO 几乎可以通过二进制串口接口执行任何命令。命令操作码在位 16～31 中传递。 任何内部缓冲区中的数据都将被视为与串口命令一起传递的数据。 返回时,内部缓冲区将填充由该命令返回的任何响应数据

2)读取 I 变量 1018

当从 I 变量 1018 读取时,返回的值将包含负的错误代码,或从内部缓冲区返回数据。

如果在执行上一条扩展命令时发生错误,则读取 I 变量 1018 时返回的值将包含该错误码乘以－1。

如果上一条命令没有发生错误,则读取 I 变量 1018 时返回的值将为正数。从 I 变量 1018 读取的 48 位响应将包含表 13.16 所示的信息。

表 13.16　包含的信息

Bits	内容
47	总是置 0(代表正值)
46～40	返回数据首字的缓冲区位置

Bits	内容
39～32	当前存储在内部缓冲区中的数据字数
31～16	内部缓冲区返回数据的第一个字
15～0	内部缓冲区返回数据的第二个字

每次读取 I 变量 1018 时，内部缓冲指针会增加两个位置，直到达到内部缓冲的末尾。这样，通过重复读取 I 变量 1018，就可以轻松地读出整个内部缓冲区的内容。

例如，驱动器参数 0x0092 被称为 "axis name" 参数。这个参数有 40 个字节长，通常包含一个 ASCII 字符串，可用于描述轴的名称。与 Copley 驱动器上大多数字符串类型参数一样，这个参数仅存储在 Flash 中。在 RAM 中没有该参数的版本。由于参数存储在 Flash 中，因此需要使用参数编号 0x1092（设置位 12 表示 Flash 页面）来访问该参数。

3）读取参数

为了读取该参数，首先发送一条读取命令到 i1018：

```
ms0,i1018=$ 000510920000
```

以上命令将设置一个命令码 5（读取参数），参数 ID 为 0x1092（在 Flash 中的轴名称）。然后，通过反复读取 i1018，可以读取返回的值：

```
ms0,i1018
$ 0014582D6178
```

在这里，返回的值在高 8 位中给出了缓冲区位置（0x00），在接下来的 8 位中给出了缓冲区中数据的总字数（0x14＝20），并在剩余的位中给出了来自缓冲区的 32 位数据（0x58 0x2D 0x61 0x78）。

```
ms0,i1018
$ 021469730000
```

继续从缓冲区读取数据会导致缓冲区位置每次增加 2 个字，每次读取缓冲区会返回更多的 ASCII 数据。

```
ms0,i1018
$ 041400000000
ms0,i1018
$ 061400000000
ms0,i1018
$ 081400000000
ms0,i1018
$ 0A1400000000
ms0,i1018
$ 0C1400000000
ms0,i1018
```

```
$ 0E1400000000
ms0,i1018
$ 101400000000
ms0,i1018
$ 121400000000
ms0,i1018
$ 141400000000
```

一旦从缓冲区读取完所有数据，完整的轴名称将可用。十六进制表示为 0x58 0x2D 0x61 0x78 0x69 0x73 0x00 0x00 ...

在 ASCII 中，该名称为"X-axis"。

示例：设置轴名称为 ABCDEF。

要设置轴名称为"ABCDEF"，可以使用表 13.17 所示的一组命令。

表 13.17　设置轴名称为"ABCDEF"所使用的命令

输入	描述
ms0,i1018＝$ 000241424344	写入前 4 个字符 0x41 0x42 0x43 0x44（十六进制）。使用命令码 2 来执行此操作，它会在添加传递的数据之前重置缓冲区
ms0,i1018＝$ 000345460000	使用命令码 3 将接下来的 4 个字符添加到缓冲区末尾
ms0,i1018＝$ 000410920000	对于字符串参数，不必附加所有额外的零。如果写入的字节数少于 40 个，则缺少的字符会自动假定为零。然后，现在使用命令码 4 将此值写入轴名称参数
	执行此命令后，轴名称参数将设置为"ABCDEF"

13.4.7　位置捕捉举例

本节展示了三个设置 I 变量以进行位置捕捉的示例。

示例一

表 13.18 所示的示例展示了如何从输入 4 设置一次位置捕捉（要自动重新启用捕捉，请设置 I 变量 1317 的第 9 位）。有关位信息，请参见 I-variable 1317。

表 13.18　设置一次位置捕捉

命令	描述
ms1,i1317＝$ 331	设置 I 变量 1317 来捕捉输入位置
♯2j＋	手动运行电动机 2
当输入 4 从高到低转变，位置捕捉发生	
ms1,i921	捕捉的值从 I 变量 921 读取

示例二

表 13.19 所示的示例展示了如何从输入 4 设置一次位置捕捉，使用回零命令。有关位信息，请参见 I-variable 1317。

表 13.19　使用回零命令设置一次位置捕捉

命令	描述
ms1,i1317＝$331	设置 I 变量 1317 来捕捉输入位置
#2hm	开始回零
当输入 4 从高到低转变,位置捕捉发生	
ms1,i921	捕捉的值从 I 变量 921 读取

示例三

表 13.20 所示的示例展示了如何从输入 4 设置一次位置捕捉,使用索引信号回零命令。有关位信息,请参见 I-variable 1317。

表 13.20　使用索引信号回零命令置一次位置捕捉

命令	描述
ms1,i1317＝0	设置 I 变量 1317 来捕捉输入位置
#2hm	电动机 2 索引信号回零
当输入 4 从高到低转变,位置捕捉发生	
ms1,i921	捕捉的值从 I 变量 921 读取

13.4.8　比较位置窗口举例

本节展示了在输出 2 上设置比较位置窗口的 I 变量示例,位置范围为 100～1000 counts。示例如表 13.21 所示。

表 13.21　比较位置窗口举例

命令	描述
ms0,i1137＝$1000000000	设置输出 2 为比较模式
ms0,i1413＝$11	设置比较模块配置
ms0,i1415＝100	设置比较值 A(值 0)
ms0,i1416＝1000	设置比较值 B(值 1)
ms0,i1414	读取比较状态寄存器,确认第 0 位值为 0
将电动机移动到 100 到 1000 counts 之间的位置	
ms0,i1414	读取比较状态寄存器,确认第 0 位正确设为 1
另外,请检查输出 2 的逻辑电平是否已经切换	

13.5　PMAC、Copley 案例分享

1. 手术机器人

手术机器人的典型产品如图 13.136 所示。

行业:医疗行业。

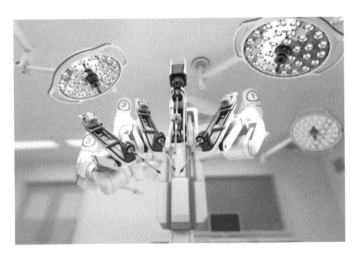

图 13.136 手术机器人

应用：手术机器人。40-50 轴，同步运动。

控制架构：±10 V，模拟量指令。

解决方案：

(1) PMAC 控制器；

(2) Copley Nano 驱动器；

(3) 直流无刷电动机。

关键优势：

(1) PMAC 控制器强大的处理能力；

(2) 驱动器的高功率密度和高输出效率；

(3) 驱动器较小的体积和优秀的散热性能；

(4) 驱动器优越的电流环性能。

2. 离子注入机

离子注入机的典型产品如图 13.137 所示。

图 13.137 离子注入机

行业：半导体行业。

应用：离子注入机。5～10 轴，点到点运动，同步运动。

控制架构：MACRO 总线-光纤。

解决方案：

（1）PMAC 控制器；

（2）Copley XML，BML，BTM 驱动器；

（3）直线电动机，直流无刷电动机。

关键优势：

（1）PMAC MACRO 总线基于光纤通信的高传输速率和高精度的控制性能；

（2）驱动器特有的 MACRO 定制能力；

（3）驱动器优越的电流环性能；

（4）驱动器驱动线圈的优越性能；

（5）驱动器可提供全面的电动机编码器接口。

参 考 资 料

［1］Programmable Multi-Axis Controller Hardware User's Manual.

［2］PowerPMAC User's Manual.

［3］PowerPMAC Software Reference Manual.

［4］PowerPMAC IDE User's Manual.

［5］PowerPMAC 5-Day Training.

［6］DeltaTau Brochure.

［7］PowerPMAC IDE User's Manual.

［8］ck3e Training.

［9］Startup Guide for OMRON G5-Series Servo Drive.

［10］Startup Guide for 1S-Series Servo Drive（IDEv4）.

［11］EtherCAT-The Ethernet Fieldbus.